JN205694

新版 赤外線工学

―基礎から応用まで―

一般社団法人 日本赤外線学会 編

八千代出版

は し が き

　1970 年に発足した赤外線技術研究会が創立 20 周年記念事業の一つとして 1991 年 3 月に我が国において最初と考える赤外線工学全般にわたって解説した『赤外線工学 −基礎と応用−』を刊行した。この記念すべき年の 7 月に赤外線技術研究会は組織を拡大して発展させ「日本赤外線学会」として再出発した。その後も、赤外線技術は半導体技術や検出 / 計測技術等々の発展に伴い、赤外線の応用も多岐に渡るようになり、学会創立 20 周年を機に、赤外線技術研究会時代から学会を牽引してきた故板倉安正滋賀大学名誉教授の助言下で、赤外線工学本の見直しを開始し最新のものとすべく、ほぼ 10 年かけて本書を刊行するに至った。この間、執筆後に故人となった方もおられ、ここに深く感謝申し上げると共に謹んでご冥福をお祈り申し上げます。

　赤外線は電波や光あるいは X 線と同じく電磁波の一つであり、電波や光学、X 線に関する著書は多く見られるが、電波と光の狭間にある赤外線に集約した日本語の解説書は多くは無い。しかし、赤外線の技術は、理学・工学などの各研究分野の発展と相俟って進歩し、新素材，半導体，エネルギー，通信，宇宙，環境，食品，医療など社会の基盤となる先端技術から日常生活に直結する分野まで広く活用されており，将来に向けて益々その発展が期待され、その果たす役割も重要となってきている。このようなことから本書では、関連するところも多い可視光やミリ波の領域は他書に譲り、急速に発展し多くの期待が寄せられている遠赤外・テラヘルツ波を含む赤外線の全領域に亘って著している。

　本書では赤外線に関する様々な事象を、その基礎から理解できるように留意し、それぞれの分野を専門とする研究者や技術者によって解説されている。すなわち、赤外線の歴史・基礎から始まり、光源、検出器、光学素子、真空・冷却、分光等、科学と赤外線に関わる基本を網羅して詳しく、そして現在応用されている赤外線技術や今後に期待される応用技術について、各種工業・医学・農業・食品・環境・防災・天文・・・等々に亘って幅広く解説する。

編集委員記

編集委員(50音順)

浅川 誠(関西大学システム理工学部)

太田 仁(神戸大学分子フォトサイエンス研究センター)

岡村英一(徳島大学大学院社会産業理工学研究部)

木股雅章(立命館大学理工学部)

綱脇惠章(大阪産業大学工学部)

中里英明(㈱富士通システム統合研究所)

廣本宣久(静岡大学創造科学技術大学院)

執筆者一覧(50音順)

浅川 誠(関西大学システム理工学部)[2.5節]

朝倉雅之(浜松ホトニクス㈱)[3.2.2項，3.6節]

石田明広(静岡大学学術院工学領域)[2.2.3，2.2.4項，2.3節]

石原正敏(浜松ホトニクス㈱)[8.3.2項]

一圓健治(オプテックス㈱)[8.1.3項]

井出江一(オプテックス㈱)[3.6節，8.1.3項]

入江 満(大阪産業大学工学部)[6.8節]

王 鎮(情報通信研究機構未来 ICT 研究所)[3.2.5[2]項]

大久保晋(神戸大学分子フォトサイエンス研究センター)[7.4.1項]

太田 仁(神戸大学分子フォトサイエンス研究センター)[7章]

大道英二(神戸大学大学院理学研究科)[7.4.2，7.4.5項]

岡島茂樹(中部大学工学部(故人))[2.2.1項]

岡村英一(徳島大学大学院社会産業理工学研究部)[4章，8.2.2，8.2.4，8.2.8，8.2.9，8.2.10項]

小田直樹(日本電気㈱)[5.1.1，8.5.6項]

貴田徳明(㈶高輝度光科学研究センター)[7.4.3項]

木部道也(防衛装備庁)[8.7節]

木股雅章(立命館大学理工学部)[3章，8.3.1項]

桐山博光(量子科学技術研究開発機構関西光量子科学研究所)[2.2.2項]

草場光博(大阪産業大学工学部)[6.5節]

斉藤輝雄(福井大学遠赤外領域開発研究センター)[2.6節]

櫻井敬博(神戸大学研究基盤センター)[7.1，7.2節]

笹森宣文(東京都立産業技術研究センター)[2.1節，8.1.1項]

芝井 広(大阪大学大学院理学研究科)[8.6節]

高野恵介(キオクシア㈱)[4.10節]

田中美奈子(㈱島津製作所)[8.2.3項]

玉川恭久(三菱電機㈱情報技術総合研究所)[3.5，3.6節]

綱脇惠章(大阪産業大学工学部)[2.6.1項，4.3，6.1，6.2，6.3，8.1節，8.4.1，8.4.3，8.4.5項]

土井靖生(東京大学大学院総合文化研究科)[3.2.5[1]項]

富永圭介(神戸大学分子フォトサイエンス研究センター)[7.3節]

中里英明(㈱富士通システム統合研究所)[3.2.3項，5章，8.1.2，8.4.5項]

西村克美(㈱堀場製作所)[8.2.3項]

播磨 弘(京都工芸繊維大学大学院工芸科学研究科)[6.6節]

萩行正憲(大阪大学レーザーエネルギー学研究センター(故人))[4.10節]

廣本宣久(静岡大学創造科学技術大学院)[1章，8.5，8.8節]

深澤亮一(㈲スペクトルデザイン)[2.4，6.7節]

古谷祐詞(名古屋工業大学大学院／分子科学研究所)[7.5節]

部谷 学(近畿大学工学部)[8.4.4項]

梅干野晃(東京工業大学大学院総合理工学研究科)[8.5.1項]

堀中博道(大阪府立大学大学院工学研究科(故人))[8.2.5，8.2.6，8.2.7項]

前澤裕之(大阪公立大学大学院理学研究科)[6.4節]

松浦義雄(㈱富士通システム統合研究所)[5章]

松田耕一郎(㈱堀場製作所)[8.2.3項]

宮永俊之(㈶電力中央研究所)[8.4.2項]

山岸貴俊(能美防災㈱研究開発センター)[8.2.1項]

和田健司(大阪公立大学大学院工学研究科)[8.2.5，8.2.6，8.2.7項]

執筆にあたってご協力頂いた方(50音順)

朝倉雅之(浜松ホトニクス㈱)[8章]

井澤利之(浜松ホトニクス㈱)[8章]

石井順太郎(産業技術総合研究所)[2章]

猪口康博(住友電気工業㈱伝送デバイス研究所)[8章]

大東延久(関西大学工学部物理学教室)[2章]

片山晴善(宇宙航空研究開発機構第一宇宙技術部門)[8章]

川上 彰(情報通信研究機構未来ICT研究所)[3章]

川畑 剛(日本アビオニクス㈱)[3，8章]

久世暁彦(宇宙航空研究開発機構地球観測研究センター)[8章]

阪井清美(情報通信研究機構未来ICT研究所)[3章]

阪上隆英(神戸大学大学院工学研究科)[8章]

高橋宏典(浜松ホトニクス㈱)[1，8章]

服部武志(東北大学多元物質科学研究所)[4章]

水谷耕平(情報通信研究機構電磁波計測研究所)[8章]

若森和彦(浜松ホトニクス㈱)[8章]

目　次

1章　赤外線の基礎

4章　赤外光学材料と光学素子

7章　物質の赤外分光スペクトル

8章　赤外線応用

1章　赤外線の基礎

　目に見えない熱さや冷たさが空中を伝搬し，鏡で反射され，人に感じられることは，16 世紀以前から知られていた．19 世紀初頭，プリズムを用いた太陽光の分光測定により，その正体が赤色の光より波長の長い，目に見えない光であることが発見され，後に赤外線と名付けられた．その後の物理学の発展により，赤外線は，ガンマ線，X 線，紫外線，可視光や電波などと同じ，電磁波・光子の一つであることが明らかになった．赤外線の特性が，周波数・波長・エネルギーに依存する，物質との相互作用の違いに起因することが理解され，赤外線のさまざまな応用が進んだ．

　赤外線の「線」は，放射線の「線」に由来する．（本書では，単独の時は「赤外線」，他の単語につなげて用いる時は「赤外」の語を用いる．）

　参考文献 1) ～ 10)に，本章の学習の基礎となる参考図書を挙げた．

1.1　赤外線

　はじめに現代物理学の電磁波・光子の知識に基づいて，赤外線の実体が何であるかを理解し，次に広大な電磁波・光子の世界での位置を俯瞰し，赤外線の分類，物質との相互作用にもとづく性質について説明する．

1.1.1　現代の物理学における赤外線

　赤外線は電磁波・光子であることから，電磁波と光子に関する物理学が，赤外線の科学技術の基礎となっている．

[1] 電磁気学

　赤外線(infrared)は眼に見えない光(light)の 1 つであるとともに，巨視的(マクロスコピック，macroscopic)な条件で，波(wave)の法則と電磁気学(electromagnetism)の法則で記述される．電磁気学の集大成であるマクスウェル方程式(Maxwell's equation)にもとづくと，空間(space)を伝搬する電界(または電場，electric field)と磁界(または磁場，magnetic field)の波動，すなわち電磁波(electromagnetic wave)の存在が導かれる．電磁波の電界・磁界は，波であるので，周波数(あるいは振動数，frequency)，周期(period，周波数の逆数)，波長(wavelength)および振幅(amplitude)と位相(phase)を持つ．さらに，波の性質として，伝搬速度＝周波数×波長の関係を持つ．電界は電荷(electric charge)に，磁界は磁荷(magnetic charge)・電流(electric current)に，振幅に比例した力(force)を作用する．電界・磁界の振動方向はお互い直交し，伝搬方向に対して垂直，すなわち横波(transverse wave)であり，電界・磁界は，それぞれ 2 つの偏光(polarization)成分を持っている．電磁気学において，電磁波の伝搬速度は空間の媒質の電磁気的性質で決まり，真空(vacuum)空間では，真空の誘電率(permittivity)と透磁率(permeability)から求められる．その理論値は，光速

(light speed)の測定値と一致し，自然定数の光速 c として位置付けられる．電磁波はエネルギー(energy)を持ち，その大きさは伝搬する電界と磁界のそれぞれの振幅の自乗の和に比例し，やはり電磁界の伝搬方向に光速で伝搬する．真空など一様で等方的な媒質(medium)中では，電界と磁界のエネルギーはお互いに等しい．

ただし，電磁気学の方程式では，電磁波が本来持つはずの運動量(momentum)を導くことができない．

[2] アインシュタインの特殊相対論

電磁波・光子の伝搬速度が自然定数の光速と同じであるという意味は，よく理解しておく必要がある．すなわち，電磁波・光子は，静止系(ここでは XYZ 座標系を取る)の観測者が計測しても，また一定の相対速度で移動している系(慣性系という)の観測者が計測しても，同じ速度である．このことを光速不変の原理(principle of invariant light speed)と呼ぶ．この振る舞いは，質量(mass)を持つ物質の運動の場合とは著しく異なる．例えば，人が投げるボールの速度が一定であるとして，静止系の人が受けるボールは，一定の相対速度で近づく系の人が投げた場合は速く，遠ざかる系の人が投げた場合は遅くなるからである．

光速不変の原理と，すべての慣性系において物理法則が同じでなければならないという仮定である相対性原理(principle of relativity)から，アインシュタイン(Einstein)の特殊相対論(special theory of relativity)が確立された．特殊相対論にもとづき，空間 3 次元＋時間の仮構的な 4 次元空間(ミンコフスキー空間，Minkowski space)の慣性系間での座標の変換則(ローレンツ変換，Lorentz transformation という)が導かれる．ローレンツ変換は，もともと電磁気学にもとづき，座標系の移動方向によらず光速が一定であることを説明するために導かれたものである．電磁気学の方程式は，特殊相対論が確立する以前に作られたにもかかわらず，もともと光速の電磁波が内在し，特殊相対論の座標変換を満たしている(付録 A.5 および付録 A.6 を参照)．

特殊相対論より以前は，絶対的な静止系の存在と全ての系での時間の同一性($t' = t$)を前提とし，静止系から慣性系への座標変換は，慣性系の静止系に対する移動速度 v により，慣性系の移動方向の空間座標が時間とともにずれる($z'=z-vt$)，ガリレイ変換(Galilean transformation)に従うとされてきた．しかし，特殊相対論により，全ての慣性系で物理法則が同じ形を持つとされたことから，静止系のような特別な系はなく，静止系は相対的な仮定でしか存在しないということが明確にされた．特殊相対論にもとづく座標系の変換則(特殊相対論の変換式については，付録 A.5 を参照)では，系の移動方向の位置座標と時間座標が混合されるので，ある慣性系の異なる 2 つの位置で同時事象があっても，他の慣性系から観測した場合，同時の事象ではないこと(同時性のずれ)が起こる．また，特殊相対論では，ある慣性系に固定した空間的な物の長さおよび時計の経過時間を観測した場合と，相対的に一定速度 v で移動している他の慣性系に固定された物および時計を観測した場合を比較すると，後者で物の長さおよび時計の経過時間がそれぞれ $\sqrt{1-\beta^2}$ ($\beta = v/c$)の割合だけ短くなる．

この長さの短縮のことをローレンツ収縮(Lorentz contraction)といい，時計の経過時間の短縮は時計が遅れることに対応するので，時計の遅れ(time dilation)という．

　観測者の系を入れ替え，逆の側から観測した場合は，移動速度 v を $-v$ に置き換えるだけで，完全に同じ変換則を適用することができる．$v \ll c$ の場合，$\sqrt{1-\beta^2}$ は 1 に近づき，特殊相対論は従来のガリレイ変換で近似できることになる．

[3] 光量子論と素粒子標準模型の中の光子

　電磁波は，アインシュタインの光量子(light quantum)仮説と光電効果(photoelectric effect)の理論・実験により，エネルギーを持つ粒子であることが明らかにされ，自然定数(プランク定数 h, Planck constant)×周波数のエネルギーの量子，すなわち光子(photon)であることが確定し認知されている．1 個の光子エネルギーに空間の光子数密度を乗じたエネルギー密度と，同じ場所の電磁波のエネルギー密度は等しいはずであるので，光子数密度と電磁波の電界強度の換算が可能である．これにより，「光子数密度が高い」場合は，「電界強度が強い」という関係式が導かれる．

　特殊相対論にもとづく力学(付録 A.7 を参照)により，物質粒子は静止していても質量(m)に伴う静止エネルギー($E = mc^2$)を持っており，さらに速度 v で運動している物質粒子は運動量 p に伴うエネルギーを合わせたエネルギー($E=\sqrt{(mc^2)^2+(pc)^2}$)を持つ．したがって，質量が 0 の光子のような粒子も，運動量×光速のエネルギー($E = pc$)を持つことが分かる．このエネルギーは，光子エネルギー($E = h\nu$)と等しいので，電磁波・光子がその周波数に比例した運動量($p = h\nu/c$)を持つことが導かれる(付録 A.7 を参照)．

　さらに，電磁波・光は，不確定性原理(Uncertainty Principle)にもとづく量子論(quantum theory)および，素粒子標準模型(standard model of particle physics)により，電荷 0，質量 0，スピン(spin)(内部自由度)の量子数 1 のボーズ粒子(Bose particle)で，無限遠まで到達する電磁気力(electromagnetic force)を媒介する素粒子(elementary particle)，光子(フォトン)として位置付けられる．質量 0 の粒子は常に光速で運動しているため自由度が制限され，取り得るスピン状態が -1 と 1 の 2 つになる．2 つのスピン状態は，偏光，ヘリシティ(helicity)の 2 つの状態に対応している．また，平面波(plane wave)あるいは平行光(parallel light)では，軌道角運動量(orbital angular momentum)が 0 で，磁気双極子モーメント(magnetic dipole moment)も 0 である．1 つの量子状態に 1 個の粒子が入るフェルミ粒子に対して，ボーズ粒子は 1 つの状態に無限個の粒子が入ることができるので，光子の密度(エネルギー密度)は無限に増大できるとともに，その揺らぎの大きさも無限大になり得る．

　これらの全ての電磁波・光子の固有の性質は，赤外線の基礎であり，全ての性質を利用できる可能性がある．

1.1.2　電磁波の世界の中の赤外線

　電磁波・光子の周波数[Hz](ヘルツ)は，0(ゼロ)から∞(無限大)まで存在し，それに伴う多様な性質を持ち，それぞれの名前が付けられてきた．電磁波・光子の実用上の名前と周波数，真空空間中での波長，波数(wavenumber)および光子のエネルギーを図 1.1 に示す．

　赤外線は，周波数で 385 THz(テラヘルツ，テラは 10^{12}) $\sim$ 300 GHz(ギガヘルツ，ギガは 10^9)，波長で 0.78 μm(ミクロン：マイクロ μ は 10^{-6}) $\sim$ 1000 μm(1 mm)の電磁波である．すなわち，赤外

線は可視光(visible light, 波長 0.38 〜 0.78 μm)と波長が mm 帯の電波(radio wave)であるミリ波 (millimeter wave)の間にある.

赤外線は,波であるので,周波数 ν (ニュー),波長 λ (ラムダ)を用いて,波の速度 v と,$v = \nu \lambda$ の関係を持つ.真空空間の電磁波・光子の伝搬速度 v は,自然定数の光速 c (2.997925×10^8 m/s) であり,常に一定である.なお,空間の媒質が真空でなく,物質(原子・イオンなど)が分布する媒質の場合は,電磁相互作用により,電磁波・光子の実効的な伝搬速度 v が媒質の巨視的な電磁気的性質に依存し,光速 c より遅くなる.

図 1.1 中の波数は,分光で用いられる波数で,ここでは k に下付き ν を付けた k_ν で表わし,定義は $k_\nu = 1/\lambda$ [cm^{-1}](カイザー,センチメートル・インバース)である.ただし,主に波動物理では,波数として,$k = 2\pi/\lambda$ [rad/m]が用いられている.

エネルギーは,ジュール[J]と電子ボルト(エレクトロン・ボルト;electron volt)[eV]の 2 つの単位で表している.電子ボルト(1 eV=1.602177×10^{-19} J)は,電子(electron)の電気量である素電荷 (elementary charge) e (1.602177×10^{-19} C;[C]はクーロン)と等しい正の電荷を持つ粒子を 1 V(ボルト)高い電位に引き上げるのに必要なエネルギー([J] =[C]×[V])である.電磁波と原子(atom)との相互作用を記述する時は,電子ボルトを用いるのが便利である.

光子 1 個のエネルギーを E に下付き ν を付けた E_ν で表わすと,プランク定数(Planck constant)h (6.626070×10^{-34} Js)と周波数 ν により,$E_\nu = h\nu$ である.

また,絶対温度 T[K]の粒子が持つ平均の運動エネルギーは,ボルツマン定数(Boltzmann constant)k_B (1.380648×10^{-23} J/K)を用いて,$k_B T$ [J]程度であり,そのエネルギーに対応する光子の周波数は,$\nu = \dfrac{k_B T}{h}$ となる.したがって 1440 K という高い温度の粒子の運動エネルギーと,波長 10 μm(30 THz)の赤外線の光子エネルギーが等しい.しかし,よく知られているように,絶対温度

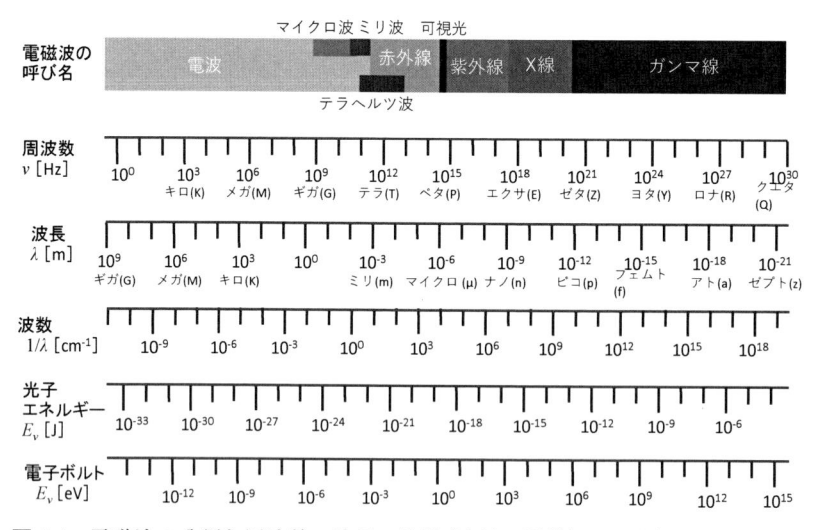

図 1.1 電磁波の分類と周波数,波長,波数(波長の逆数)および光子のエネルギー(ジュールと電子ボルト)での表示.

300K の常温近くの物質が出す熱放射エネルギーのスペクトルを波長の関数で表したとき，その強度のピークは，波長 10 μm あたりに存在する．

1.1.3 赤外線の分類

赤外線は，波長の短い方から近赤外(near infrared, NIR)，中赤外(mid infrared, MIR)および遠赤外(far Infrared, FIR)と呼ばれる．国際標準化機構(ISO)の赤外線の分類(2007 年)[11]に従うと，近赤外が 0.78 ～ 3 μm，中赤外が 3 ～ 50 μm，および遠赤外が 50 ～ 1000 μm の波長である(**表 1.1**)．

ただし，これまでにいろいろな分類が存在し，同じ用語を用いていても，研究分野や利用分野によって，対応する波長領域が異なって定義されている場合があるので注意が必要である[12]．

近赤外・中赤外の帯域では，短波長赤外(short-wavelength infrared, SWIR；1.4 ～ 3μm)，中間波長赤外(medium-wavelength infrared, MWIR, 3~5μm)および長波長赤外(long-wavelength infrared, LWIR；8~15μm)という用語も用いられる．

遠赤外の帯域では，波長 100 ～ 1000 μm(3 ～ 0.3 THz)をサブミリ波(submillimeter wave)，おおよそ 30 ～ 3000 μm(10 ～ 0.1 THz)をテラヘルツ波(terahertz wave)と呼ぶ．

表 1.1 赤外線分類の定義(ISO 20473)

分 類 名	略語 1	略語 2	波長[μm]	周波数[THz]
近赤外 near infrared	NIR	IR-A	0.78 ～ 1.4	385 ～ 215
		IR-B	1.4 ～ 3	215 ～ 100
中赤外 mid infrared	MIR	IR-C	3 ～ 50	100 ～ 6
遠赤外 far infrared	FIR		50 ～ 1000	6 ～ 0.3

1.1.4 赤外線の性質

地球に存在するほとんどの物質は原子から成りたっている．原子は正電荷(positive charge)をもつ原子核(nucleus)とその周囲に雲のように拡がる負電荷(negative charge)の電子から構成されているので，電磁気力により電磁波・光子と相互作用する．分子(molecule)，液体(liquid)，固体(solid*)などの物質(matter)を構成する原子と原子の間の結合は，特に多くの赤外線領域の周波数に共鳴する性質(固有バンド)を持ち，赤外線のエネルギーを吸収し，放出する．(*英語では liquid, solid の両方を含めて condensed matter と呼んでいる．)

赤外線を吸収し，物質の内部エネルギーが増加することは，温度の上昇に対応するので，このことから赤外線は物質の温度を上昇させる熱線の性質を持つと言われる．

物質は赤外線を吸収するとともに放射する性質を持つので，夜間や暗がり，照明のないところで，物質の出す赤外線を検知，撮像し，目で見えないものを，識別することができる．このとき，高い温度の物質ほど，赤外線を強く放射するので，より明るく検出される．

赤外線は，可視光よりも波長が長いため，細かい粒子や表面粗さなどによって散乱されにくく，透過しやすい．これは波長 λ に比べ小さいサイズの粒子による電磁波の散乱強度が，レイリー散乱(Rayleigh scattering)の $1/\lambda^4$ 則に従うことによる．そのため，大気中に微粒子や空気の揺らぎがある

場合も，赤外線を用いて，高い空間分解能で計測し，狭いビームで送受信することが可能となる．同じ理由で，赤外線は薄い衣服を透過するので，赤外カメラの撮影では，個人のプライバシーを侵害しないよう十分に対策しなければならない．

　また，多くの物質が赤外線に固有バンドを持つことから，波長を分けて測定する，分光（spectroscopy）やマルチバンド計測（multi-band measurement）により，特定の物質の検出や識別が可能である．物質の同定のため，多くの物質の赤外スペクトルが測定され，データベースにまとめられている（e.g. 文献[13]）．

以上に述べた赤外線の性質を，**表1.2**にまとめる．

表1.2　赤外線の性質

不可視光	人の眼で見えない
熱線	物質に吸収され熱エネルギーに変わり，温度を上げる
熱放射	夜間・暗所でも検出・撮像が可能
透過性	可視光より散乱されにくい
物質の固有バンド	分析・識別に有効

1.2　赤外放射の測定

　放射（radiation）は，電磁波，音波等の波，アルファ線（α-rays；ヘリウム原子核のビーム）やベータ線（β-rays；電子・陽電子のビーム）等の粒子線など，物質から放出され，伝搬し，検出されるもの，または現象のことである．なお，ガンマ線（γ-rays）は物質粒子ではなく非常に周波数が高い（波長が短い）電磁波であり，すなわち光子のビームである．

　測定に用いられる物理量は，放射の種類によって，いろいろ用いられるが，すべての放射に共通して重要なものは，エネルギー[J]である．

　本節は，赤外線などの電磁波の放射のエネルギーの測定に関する物理量，厳密にいうと，振幅・位相がランダムな，インコヒーレント（incoherent）な電磁波のエネルギーの測定に関する物理量[3]について説明する．

　さらに，電磁波が伝搬する空間が，原子・分子サイズの微視的（ミクロスコピック；microscopic）な変化を平均化した，巨視的な誘電率・透磁率，屈折率（refractive index）など電磁的・光学的性質で記述される媒質であることを前提としている．媒質には，物質がない真空も含まれ，真空は自然定数である真空の誘電率 ε_0・透磁率 μ_0・屈折率 n_0 を持つ．

　なお，視覚に基づいて，可視光の照明の明るさなどを表すために使われる，SI基本単位のカンデラ（candela）および組立単位のルーメン（lumen），ルクス（lux）は，それぞれ，放射エネルギーに関する物理量の放射源の放射輝度×面積の大きさ[W/sr]（[sr]は立体角の単位）および放射束[W]，放射束密度[W/m^2]に換算できる物理量であるが，可視光域の特定の波長だけに関するものなのでここでは説明しない．

1.2.1 放射エネルギーの測定に用いる物理量

[1] 放射エネルギーおよび放射エネルギー（体積）密度

放射は3次元空間を伝搬するエネルギーで，大きさと伝搬方向を持つので，一般的にベクトルで表わされる．ベクトルは，矢で図示され，その長さでエネルギーの大きさ[J]，向きで伝搬方向が表される．空間を放射が伝搬している場合，空間中の体積 V の中の放射エネルギー（radiant energy）Q_e[J]は，一定の時間内に V の中に存在するいろいろな方向に伝搬する放射のエネルギーの大きさを平均したものになる．放射エネルギー（体積）密度（radiant energy (volume) density）w_e[J/m³]は，Q_e[J]/V で求められる．放射が一様である場合，V に出入りするエネルギーの量は変わらないので，Q_e[J]，w_e[J/m³]は時間的に一定である．

[2] 放射束

放射が伝搬している空間中に面 S[m²]を設定する．**図 1.2(a)**に，x-y 平面上に面 S をとり，その微小部分ごとに，z のプラス側に出射する放射のベクトルのイメージを示す．面 S 全体から出射する放射のベクトルは，微小部分の放射のベクトルを足し合わせたベクトルになる（**図 1.2(b)**）．

面 S から出射する放射のベクトルの単位時間当りのエネルギー量を P_s[W]$(=[J/s])$とし，方向が面 S の垂線から θ[rad]の角度傾いているとする（**図 1.3**）．放射のベクトルを面に垂直な成分と面内の成分に分解すると，後者は面内に留まるので，面から出射するのは前者の成分だけである．この面に垂直方向に単位時間当り出射するエネルギーの大きさが，放射束（radiant flux）Φ_e[W]である．すなわち，放射束は次式で表される．

$$\Phi_e = P_s \cos\theta \quad [\mathrm{W}]. \tag{1.1}$$

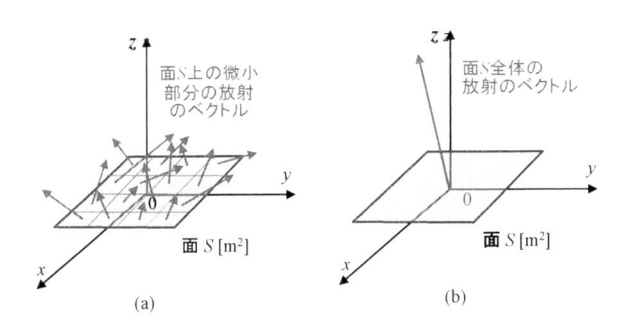

(a)　(b)

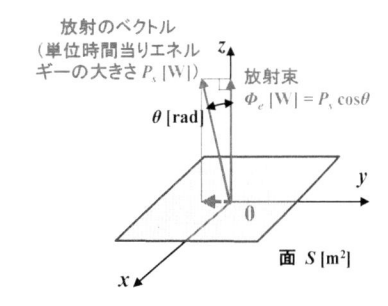

図 1.2 x-y 平面上の面 S [m²] 上の(a)微小部分から +Z 側へ出射する放射のベクトルと(b)それらを足し合わせた面 S 全体から +Z 側へ出射する放射のベクトルのイメージ．

図 1.3 放射の単位時間当りのエネルギーの大きさ P_s [W] と放射束 Φ_e [W]．放射の面内成分は面内にとどまり出射しない．

また，面 S に入射する放射のベクトルについても，同様に放射束を定義することができる．

面 S は，平らな面で厚みは零（ゼロ）であるので，一様で等方的な1つの媒質中に設定したときは，面 S から出射する放射のベクトルは，入射した放射のベクトルと同じで，電磁波はそのまま透過する．面 S が2つの異なる媒質の境界に設定したときには，反射が起こるとともに，ベクトルの大き

さ・向きに変化(i.e. 屈折)が生じ，入射と出射で放射束が変化する．

[3] 放射束密度

放射束密度(radiant flux density) ϕ_e[W/m^2] は，単位面積当たりの放射束である．放射束密度は次式で表される．

$$\phi_e = \Phi_e / S = P_s \cos\theta / S \ [\text{W/m}^2] \tag{1.2}$$

放射が平行光あるいは平面波の電磁波である場合，波面(wave front)は伝搬方向に垂直であるので，電磁波の伝搬方向への単位面積当たりのエネルギー流であるポインティング・ベクトル(Poynting vector)の大きさ[W/m^2] は，放射束密度と同じである．

以下，真空空間を一様に満たしている電磁波の放射エネルギー密度 w_e と，その中に設定した面 S を通過する放射束密度 ϕ_e との関係を検討する．

電磁波が一方向に伝搬している場合，面 S を電磁波の伝搬方向に垂直に置くと，電磁波は常に光速 c で伝搬しているので，単位面積当り毎秒 $1[\text{m}^2] \times c[\text{m/s}] \times 1[s]$ の体積内の放射エネルギーが，面 S を垂直に通過するので，

$$\phi_e = w_e \times c \ [\text{W/m}^2] \quad (\text{電磁波の放射が一方向の場合}) \tag{1.3}$$

となることが分かる．

次に，電磁波の放射が 3 次元空間の全ての方向に等方的である場合は，面 S をどの向きに設定しても，面 S を通過する放射のエネルギーは同じである．さらに，面 S の一方側に出射する放射と反対側に出射する放射のエネルギーは等しいので，全方向の和は実質 0 となる．面 S の一方側に出射する放射束密度 と放射エネルギー密度の関係は，面 S から出射する放射のベクトルの面に垂直な成分について，半球の範囲で積分することにより，次式が得られる．

$$\phi_e = (1/4) \times w_e \times c \ [\text{W/m}^2] \,(\text{電磁波の放射が等方的な場合}) \tag{1.4}$$

この関係式を用いて，空洞内の熱放射のエネルギー密度を，小さな穴から出射する放射束密度の測定から知ることができる．

[4] 放射照度

放射照度(irradiance) E_e[W/m^2] は，放射源から出射した放射を，離れた位置で測定するため，放射源の方向に向けて置かれた検出器面を通過する放射束密度として定義される．検出器(面積 S_d[m^2])に入射する放射束の大きさ Φ_e[W] は，$\Phi_e = E_e \times S_d$ である．

[5] 放射輝度

放射輝度(radiance) L_e[W/m^2/sr] は，放射源の面上からある方向へ拡がって出射する放射の単位面積[m^2]，単位立体角(solid angle)[sr]当りの放射束[W]の大きさとして定義される．ここで，立体角の単位[sr]は SI 単位でステラディアン(steradian)と読み，2 次元の角度[rad]を用いて，[sr] = [rad^2]の関係がある．(付録 A.3 参照)

図 1.4(a)に示すように，放射源の L_e を測定するため，離れた測定位置に放射源の方向に向けて置かれた検出器面の面積を S [m²]，立体角を Ω [sr]とし，測定された放射束の大きさを Φ_e [W]とすると，拡がった放射源の放射輝度は次式で求められる．

$$L_e = \Phi_e /(S \times \Omega) \quad [\mathrm{W/m^2/sr}]. \tag{1.5}$$

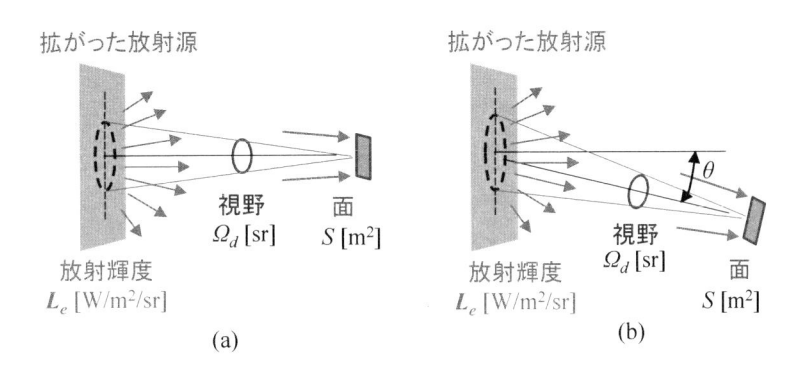

(a)

(b)

図 1.4　放射輝度 L_e [W/m²/sr] の拡がった放射源から離れた距離での面積 S [m²]，測定の視野 Ω [sr] の面に入射する放射束の測定．(a)検出器が放射源面の垂線上．(b)検出器が放射源面の垂線より θ 傾いた線上．

放射源の面の垂線方向が，放射源と検出器を結ぶ線から角度 θ [rad] 傾いている場合（図 1.4(b)）は，垂直（$\theta = 0$ rad）の場合に比べ，放射源から検出器方向に発出する放射束は $\cos\theta$ だけ小さいが，放射源の面上での検出器の視野の射影に対応する面積が $1/\cos\theta$ 倍に大きくなり相殺するので，L_e は式(1.5)と同じである．

なお，放射輝度は，検出器の視野[sr]が張る最小の 2 次元の角度[rad]の放射源の位置で見込む長さが，放射源と検出器間の距離より十分小さいという近似のもとでの測定量である．

[6] 放射発散度

放射発散度(radiant exitance あるいは radiant emittance) [W/m²]は，放射源の表面から出射する放射源面の面積当りの放射束密度として定義される．離れた位置から，放射源の放射発散度を求めるには，放射源を囲う面の全面で放射束密度を測定して積分し，全放射束(total radiant flux) [W]を求め，放射源の面積で割る．ここで求めた全放射束は，エネルギー保存則により，放射源が発出する時間当り全放射エネルギー P_s [W]に等しい．

表 1.3 に，放射測定に関する物理量についてまとめる．

表 1.3　放射測定に関する物理量

日本語名	英語名[3]	単位(SI)	記号[3,6]	定義
放射エネルギー	radiant energy	[J]	Q_e	ある体積の中に在る放射のエネルギーの大きさの和
放射エネルギー(体積)密度	radiant energy (volume) density	[J/m³]	w_e	単位体積当りの放射エネルギーの大きさ
放射束	radiant flux	[W]	Φ_e	ある面から出射または面に入射する単位時間当りの放射のエネルギー
放射束密度	radiant flux density	[W/m²]	φ_e	単位面積当りの放射束
放射照度	irradiance	[W/m²]	E_e	検出器面を含む測定面に照射される放射束密度
放射輝度	radiance	[W/m²/sr]	L_e	放射源面からある方向へ拡がって出射する放射の単位面積・単位立体角当りの放射束
放射発散度	radiant exitance, radiant emittance	[W/m²]	M_e	放射源の表面から出射する放射源面の単位面積当りの放射束

1.2.2　放射源から検出器に入射する放射エネルギー

　赤外放射の測定は，放射源が出射した放射のエネルギーの一部が，赤外検出器の感度面に入射し，信号として検出されることにより行われる．したがって，赤外検出器にどれだけの放射エネルギーが，放射源から入射するかを解析し評価する必要がある．ここでは，点放射源と拡がった拡散放射源に分けて，検出器に入射する放射エネルギーの測定と計算の方法を説明する．検出器に入射する放射エネルギーの正確な評価のためには，検出器面積×視野(S Ω，エス・オメガ)を知ることが重要である．

[1] 点放射源から検出器に入射する時間当り放射エネルギー

　点放射源(point-like source of radiation)は，点光源と同様で，放射源のサイズ d_s[m]が放射源－検出器間の距離 r[m]より十分小さく，放射源を見込む角度 d_s/r[rad]が，実用上必要とされる検出の分解角より小さい放射源と定義される．天空の恒星(star)は点放射源の典型的な例である．

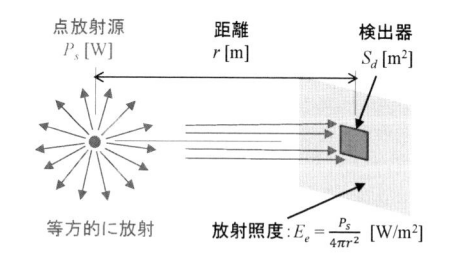

図 1.5　点放射源から r の距離での放射照度 E_e [W/m²] と面積 S_d [m²] の検出器に入射する時間当り放射エネルギーの測定．

　点放射源から 3 次元空間へ等方的に出射した時間当り放射エネルギー P_s[W]は，半径 r の距離で球面の表面積 $4\pi r^2$ に拡がる．半径 r 方向が放射の伝搬方向で，球面に垂直に接しているので，点放射源から距離 r の面上での放射束密度が $\phi_e = P_s/(4\pi r^2)$ [W/m²] となる．したがって，放射照度が $E_e = P_s/(4\pi r^2)$ [W/m²] であり，その位置に感度面の面積 S_d[m²]の検出器を点放射源に向けて置くと(**図 1.5**)，検出器に入射するエネルギー P_d は次式となる．

$$P_d = E_e \times S_d \ [\mathrm{W}] \tag{1.6}$$

　もし検出器の面が，点放射源の方向に垂直な面に対し，θ [rad] 傾いて置かれた場合，検出器に入射するエネルギー P_d は次式で表される.

$$P_d = E_e \times S_d \times \cos\theta \ [\mathrm{W}]. \tag{1.7}$$

[2] 拡散放射源から検出器に入射する時間当り放射エネルギー

　拡散放射源(diffuse radiation source)は，放射源あるいは放射源の上で測定しようとする部分のサイズ(d_s[m])を，距離 r[m]の位置に放射源の方向を向けて置かれた検出器から見込む角度 d_s/r[rad]が，検出器の視野 Ω_d[sr]の中の2次元の角度[rad]($\approx\sqrt{\Omega_d}$)と比べ同じか大きい，拡がった放射源と定義される(**図 1.4** 参照). 拡散放射源の典型的な例は，全天に拡がる宇宙背景放射(cosmic background)である.

　拡散放射源の放射輝度を L_e [W/m^2/sr]とすると，感度面の面積 S_d [m^2]，視野 Ω_d [sr]の検出器に入射する時間当りの放射エネルギーは，次式となる.

$$P_d = L_e \times S_d \times \Omega_d \ [\mathrm{W/m^2/sr}]. \tag{1.8}$$

[3] 検出器面積×視野(SΩ)

　前項[2]で見たように，拡がった拡散光源からの放射エネルギーの測定には，検出器の面積と視野の積が必要で，この検出器の面積×視野を，SΩ(エス・オメガ)と呼ぶ. 放射エネルギーの測定においては，SΩの正確な評価が重要となる.

　図 1.6(a)に示すように，面積 S_d [m^2]の検出器が，測定する放射源の範囲 S_s [m^2]を見込む視野 Ω_d [sr]から受ける放射エネルギーは，$S_d \times \Omega_d$ [m^2 sr]に比例

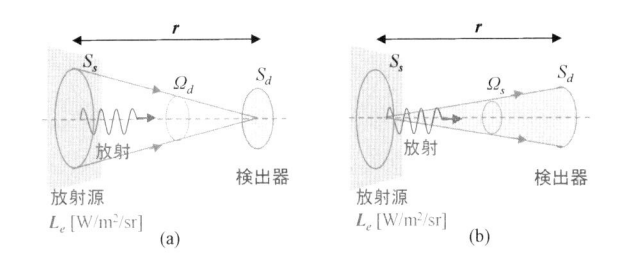

図 1.6　拡がった放射源と距離 r 離れた検出器による放射エネルギーの測定での SΩ(エス・オメガ)の説明. (a)検出器が放射源面の測定部分の面積 S_s [m^2]を見込む視野 Ω_d. (b)放射源から面積 S_d [m^2]の検出器を見込む視野 Ω_s.

する. ここで，距離 r[m]を考慮すると，$\Omega_d = S_s/(4\pi r^2)$ である.

　また，**図 1.6**(b)から，放射源から検出器を見込む視野 Ω_s [sr]は，検出器の面積 S_d と距離 r から，$\Omega_s = S_d/(4\pi r^2)$ であるので，次式が成り立つ.

$$S_d \times \Omega_d = \frac{S_d S_s}{4\pi r^2} = S_s \times \Omega_s \tag{1.9}$$

すなわち，検出器から放射源を測定するときのSΩと，逆に放射源から検出器を測定するとしたときのSΩは等しい. このことが，放射輝度 L_e の測定の基礎となっている.

[4] 点放射源から集光レンズ付き検出器に入射する時間当り放射エネルギー

　赤外線検出器は感度面積が小さい方が雑音が小さく，応答速度が速く，さらにコストも小さいという傾向があり，大きくすることのマイナス面が大きいので，より多くの放射エネルギーを検出器に入射するため，レンズや軸外し凹面鏡などが用いられる．

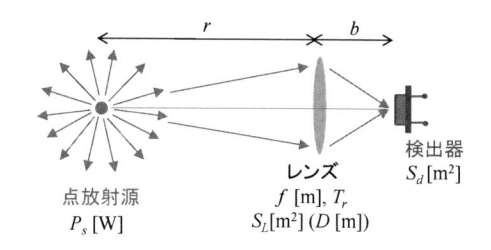

図 1.7 に，点放射源からの放射のエネルギーを，集光レンズ(condenser lens)付きの検出器で測定するための構成を示す．集光レンズの口径 D[m]，面積 S_L[m²]($=\pi(D/2)^2$)，焦点距離 f[m]，放射エネルギーの透過率 T_r とし，集光レンズと検出器面との間隔 b

図 1.7　点放射源から r の距離に置かれた面積 S_L[m²] の集光レンズで集光され検出器に入射する時間当り放射エネルギーの測定．

[m]は，レンズの公式により $b = \dfrac{fr}{r-f} \cong f$ にとる．点放射源と集光レンズの間の距離を r とし，その距離での放射照度 $E_e = P_s/(4\pi r^2)$[W/m²]が，面積 S_L の集光レンズにより，検出器の面上(S_d[m²])に入射される．このとき，集光レンズが検出器の面上につくる点放射源の像のサイズは，検出器面のサイズより小さいものとする(点放射源なので容易に満たされている)．

　集光レンズを通って検出器に入射する点放射源の放射エネルギー P_d は次式となる．

$$P_d = E_e \times S_L \times T_r \ [\text{W}] \tag{1.10}$$

[5] 拡散放射源から集光レンズ付検出器に入射する時間当り放射エネルギー

　拡がった拡散放射源(放射輝度 L_e[W/m²/sr])からの放射のエネルギーを集光レンズ付きの検出器で測定するための構成を，**図 1.8** に示す．集光レンズの仕様，集光レンズ−検出器面距離 b および検出器の面積 S_d を，前項[4]の条件と同じとする．拡散放射源と集光レンズの間の距離を r とし，その距離で集光レンズから拡散放射源の面上の測定部分を見込む視野を Ω_L[sr]とする．拡散放射源からの視野 Ω_L の範囲内の放射エネルギーが，面積 S_L の集光レンズにより，検出器の面上(S_d[m²])に入射される．こ

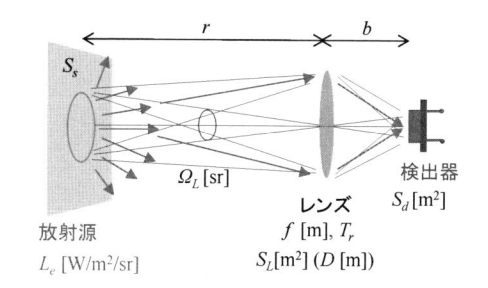

図 1.8　拡散放射源から r の距離に置かれた面積 S_L[m²]，視野 Ω_L[sr]の集光レンズで集光され検出器に入射する単位時間当り放射エネルギーの測定．

のとき，集光レンズが検出器面上につくる拡散放射源の測定部分のサイズが b/r ($\ll 1$)だけ縮小され($\approx\sqrt{\Omega_L}\times b$ 程度のサイズになる)，検出器面のサイズ($\approx\sqrt{S_L}$)より小さく，完全に検出器面の中に入っているものとする．

　集光レンズを通って検出器に入射する拡散光源からの放射エネルギー P_d は次式となる．

$$P_d = L_e \times \Omega_L \times S_L \times T_r \ [\text{W}] \tag{1.11}$$

1.3 赤外放射の理論

　赤外線の電磁気的な放射および量子論的な光子放出について説明した後，赤外線科学において重要な，熱放射に関するキルヒホッフの法則と黒体放射を完全に記述するプランクの放射法則について説明する．最後に，光子の放射と吸収に関するアインシュタイン係数について述べる．

1.3.1 赤外放射の電磁気的説明

　電磁気学のマクスウェル方程式にもとづくと，電流密度の時間の 1 階微分および電荷密度の 2 階微分により，電磁波が放射されることが予想できる．このことから，微小なヘルツダイポール（Hertzian dipole），電気ダイポールアンテナへの交流給電による電波の放射が説明される．金属の半波長ダイポールアンテナ（half-wave dipole antenna）に交流電流を入力することによって放射される電波の電界分布を，**図 1.9** に示す．このような電波放射は，無線通信やテレビジョン放送に利用されている．

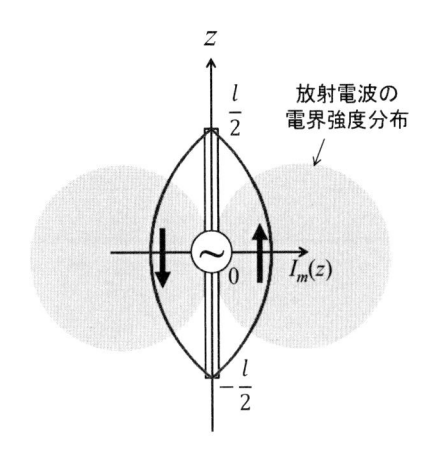

図 1.9 長さ l の半波長アンテナ上の電流分布と放射電界強度の分布

　光伝導アンテナへのフェムト秒レーザ入射によるテラヘルツ波発生もこの原理に依っている．さらに，非線形光学結晶にフェムト秒レーザを入射し，テラヘルツ波を発生する方法は，結晶中の分極電流の時間変動による電磁波放射である．

　特殊相対論に従い，点電荷が等速度直線運動をしている場合は電磁波・光子が放射されないが，加速度運動をする場合は電磁波・光子が放射される．真空中の高エネルギー電子を用いるシンクロトロン放射，遷移放射などの光源は，この原理を用いたものである．

1.3.2 赤外放射の量子論的説明

　原子や分子などの量子状態（quantum state）が，選択則（selection rule）に従い高いエネルギー準位（energy state）E_2 から低いエネルギー準位 E_1 に遷移する時，エネルギー保存則より，その差に等しいエネルギー $h\nu$ を持つ光子が放出される（**図 1.10**）．また，E_1 から E_2 に遷移

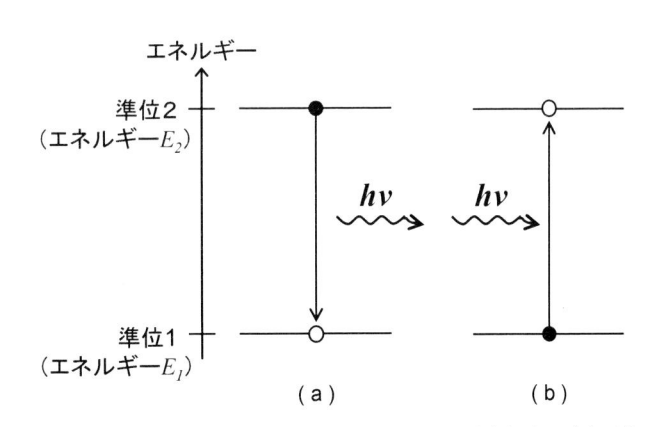

図 1.10 物質の量子状態の遷移による光子の (a) 放出と (b) 吸収　$h\nu = E_2 - E_1$ である

する時は光子の吸収が起こる.

　気体は分子間の相互作用が小さく，エネルギー準位が離散的なため，放出または吸収される放射のエネルギーが飛び飛びの値を取り，線スペクトル(line spectrum)となる．固体や液体は構成する原子，分子などが密接に相互作用するため，エネルギー準位が広がって重なり，連続スペクトル(continuous spectrum)となる．

　物質が熱平衡にあると，これら全ての量子状態の存在確率が絶対温度Tのボルツマン因子$e^{-\frac{E}{k_B T}}$で決定されるので，放射のスペクトルがTに依存する．この放射を熱放射(thermal radiation)と言う．

1.3.3　熱放射に関するキルヒホッフの法則

[1] 物質の放射率と吸収率の関係

　物質から熱放射されるエネルギーは，同じ温度でも物質により異なり，この物質の性質が放射率(emissivity)で表される．放射率$\varepsilon(\lambda)$は物質と波長に依存し，無次元で最大値が1である．$b_\lambda(\lambda, T)$を物質に依らず温度Tで決定される放射輝度とすると，物質の放射輝度は$\varepsilon(\lambda) b_\lambda(\lambda, T)$である．

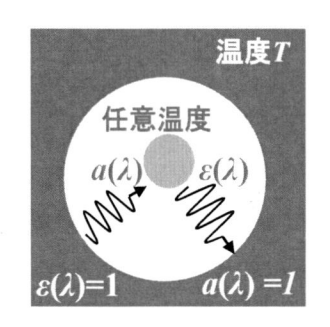

図 1.11　温度Tの黒体の壁の空洞中に，孤立して置かれた任意の放射率$\varepsilon(\lambda)$，吸収率$a(\lambda)$，温度の物体

　一方，物質に赤外線が入射すると，物質はそれを吸収率(absorptance)$a(\lambda)$の割合で吸収する．$a(\lambda)$も物質と波長に依存し，最大値が1である．

　温度，放射率および吸収率が任意の物体が，放射率と吸収率が1で一定の温度Tの壁に囲まれた真空の箱(空洞，cavity)の中に置かれているとする(図 1.11)．十分に時間が経つと，この物体は，壁と熱平衡に達し温度がTとなる．このとき，物体は$\varepsilon(\lambda) b_\lambda(\lambda, T)$のエネルギーを放射し，壁から放射されたエネルギーのうち$a(\lambda) b_\lambda(\lambda, T)$を吸収するが，2つのエネルギーは等しいはずであるので，

$$\varepsilon(\lambda) = a(\lambda) \tag{1.12}$$

が導かれる．この放射率と吸収率が等しいという関係をキルヒホッフの熱放射に関する法則と言い[2,3]，いかなる物質でも成り立つ関係式である．ただし，1.3.5節で説明するように，この法則はあくまでも近似的なものである．

　赤外線が物体に入射する時に，境界面で反射と透過が起こるが，物体の光学的厚みが十分大きく，透過赤外線を完全に吸収する場合，透過率$T_r(\lambda)$は吸収率$a(\lambda)$に等しい．このとき吸収率$a(\lambda)$と反射率$R(\lambda)$の間に，

$$a(\lambda) + R(\lambda) = 1 \tag{1.13}$$

の関係が成り立つ．この式より，反射率と吸収率の一方を測定すれば，他方を求めることができる．

[2] 黒体放射と空洞放射

吸収率が1の物体は入射光を完全に吸収し反射しないので黒体(black body)と呼ばれ，式(1.12)より放射率も1であるので，黒体はその温度での最大の熱放射を出す．この放射を黒体放射(black body radiation)と呼ぶ．すなわち，最も光をよく吸収する「黒い」物体が，最も明るく熱放射する．

空洞は，その壁が任意の放射率(＝吸収率)の物質であっても，壁が放射するエネルギーと吸収するエネルギーが等しくなければならないため，空洞内の放射が物質に依らない放射 $b_\lambda(\lambda, T)$ になることが分かる．空洞の壁に小さな穴を開けて，そこから洩れ出る電磁放射を観測すると放射率1の黒体放射が観測され，外部の電磁波がその小さな穴から空洞に入射した場合は，何度も壁で反射されるうちに完全に吸収されてしまうため，吸収率も1となる．

この原理に基づいて開発された黒体放射光源が，赤外放射の標準として製品化され，赤外線・テラヘルツ波検出器の感度評価に用いられる [3,6]．

[3] 灰色体放射と一般の物質の放射

全波長で放射率 ε が1より小さい一定の値を持つ物体は，灰色体(gray body)と呼ばれる．また，現実の物質の ε はそれぞれ波長に依存し，固有のさまざまな値を持つ(図 1.12)．色々な物質の放射率を表 1.4 に示す [3]．

1.3.4 プランクの放射法則

[1] 黒体放射のエネルギー密度スペクトル

温度 T の壁で囲われた空洞中で，壁と熱平衡にある電磁界の単位周波数当りの黒体放射のエネルギー密度 $u(v, T)$ [J/(m³

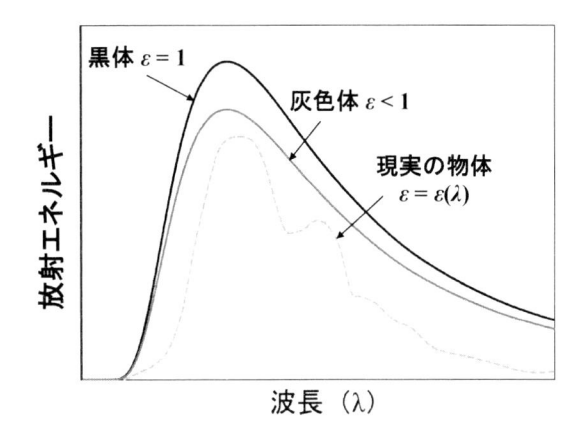

図 1.12 黒体，灰色体，現実の物体の放射エネルギースペクトル

表 1.4 いろいろな物質の放射率(全放射，垂直方向) [3]

物質名	放射率	温度[K]
アルミニウム(研磨)	0.05	373
アルミニウム(真空蒸着)	0.04	293
真鍮(研磨)	0.03	373
真鍮(酸化)	0.61	373
銅(研磨)	0.05	373
金(研磨)	0.02	373
鉄(鋳造，研磨)	0.21	313
鉄(鋳造，酸化)	0.64	373
銀(研磨)	0.03	373
ステンレス(布磨)	0.16	293
鋼(研磨)	0.07	373
炭素(煤)	0.95	293
炭素(グラファイト)	0.98	293
コンクリート	0.92	293
ガラス板(研磨)	0.94	293
ラッカー塗料(白)	0.92	393
ラッカー塗料(つや消し黒)	0.97	393
油性ペンキ(16色の平均)	0.94	393
ボンド紙(白)	0.93	293
皮膚(人)	0.98	305
砂	0.90	293
乾燥した土	0.92	293
水で濡れた土	0.95	293
蒸留水	0.96	293
氷	0.96	263
雪	0.85	263
木板(オーク)	0.90	293

Hz)］は，プランクの放射法則(Planck's law of radiation)，

$$u(v, T)\,dv = \frac{8\pi h v^3}{c^3} \cdot \frac{1}{e^{\frac{hv}{k_B T}} - 1}\,dv \tag{1.14}$$

で記述される．ある周波数帯域 $v = v_1 \sim v_2$ のエネルギー密度を求めるには，この式を v で積分する必要があるので，ここではそのことを明示するため，dv を掛けた形で示す．式(1.14)を全周波数帯 $(v = 0 \sim \infty)$ で積分すると，全放射エネルギー密度 $U(T)\,[\mathrm{J/m^3}]$ について，温度の4乗則が導かれる．(この導出に，定積分 $\int_0^{\infty} \frac{x^3}{e^x - 1}\,dx = \frac{\pi^4}{15}$ を用いた．)

$$U(T) = \frac{8\pi^5 k_B^4}{15 h^3 c^3} T^4 \tag{1.15}$$

この式をステファン・ボルツマンの法則(Stefan-Boltzmann's law)という．

[2] 黒体放射の放射輝度スペクトル

　空洞中の各点の放射エネルギーは，全立体角 $4\pi\,[\mathrm{sr}]$(ステラジアン)の方向に光速 c で伝搬しているので，単位立体角，単位面積，単位時間当りのエネルギーは $\frac{c}{4\pi} u(v, T)$ となる．これが，黒体放射の放射輝度スペクトル $b_v(v, T)\,[\mathrm{W/(m^2\,sr\,Hz)}]$ である．

$$b_v(v, T)\,dv = \frac{2 h v^3}{c^2} \cdot \frac{1}{e^{\frac{hv}{k_B T}} - 1}\,dv \tag{1.16}$$

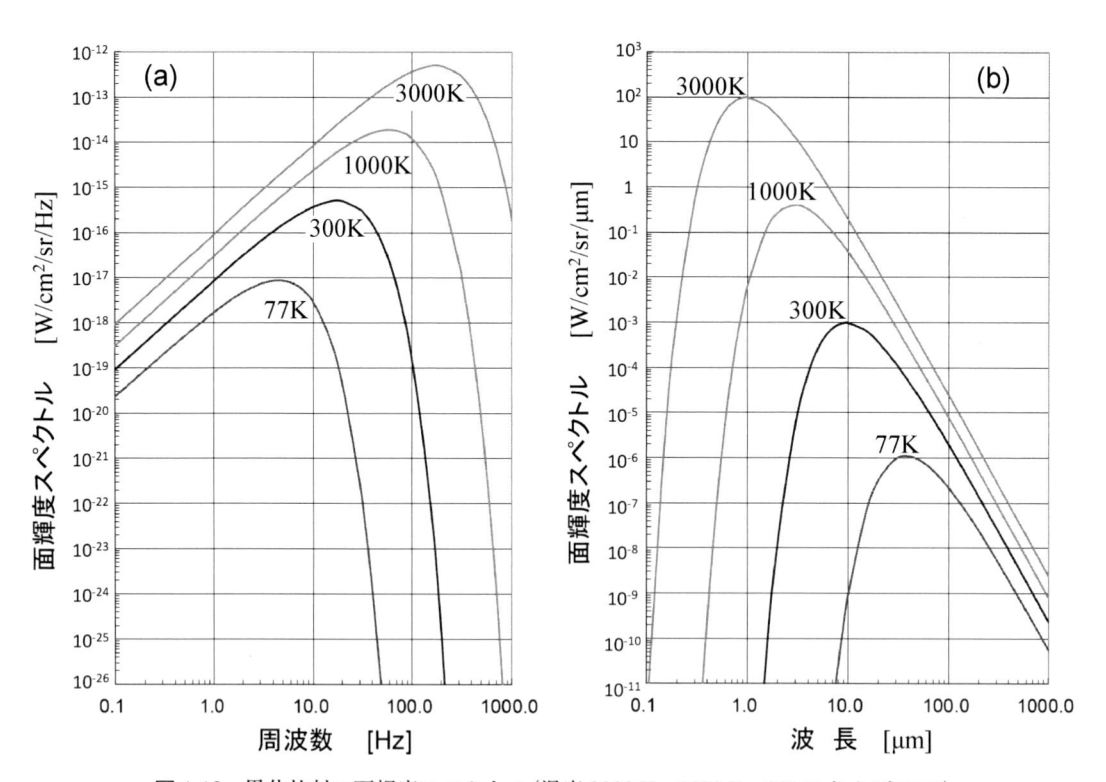

図 1.13　黒体放射の面輝度スペクトル(温度 3000 K，1000 K，300 K および 77 K)
横軸：(a)周波数，(b)波長

　上式から，$\lambda = c/v$ の関係を用いて波長の関数としての放射輝度スペクトル $b_\lambda(\lambda, T) [\mathrm{W}/(\mathrm{m}^2\,\mathrm{sr}\,\mu\mathrm{m})]$ を求めると，

$$b_\lambda(\lambda, T)\, d\lambda = \frac{2hc^2}{\lambda^5} \cdot \frac{1}{e^{\frac{hc}{k_B T \lambda}} - 1}\, d\lambda \tag{1.17}$$

となる．**図1.13**に，温度が 3000 K，1000 K，300 K および 77 K の黒体放射の放射輝度スペクトルを，周波数および波長に対して示す．

　温度 $T [\mathrm{K}]$ の黒体放射の放射輝度スペクトルが最大となる波長 $\lambda_{\max} [\mu\mathrm{m}]$ は，次の式で表すことができる．

$$\lambda_{max} = \frac{2898}{T} \tag{1.18}$$

すなわち常温 $T = 290$ K の黒体放射のピークは，10 μm の赤外線にある．

[3] ヴィーンの放射法則とレイリー・ジーンズの法則

　よく知られているように，式(1.16)は，高周波の極限 $hv \gg k_B T$ で，

$$b_v(v, T)\, dv \cong \frac{2hv^3}{c^2} e^{-\frac{hv}{k_B T}}\, dv \tag{1.19}$$

となり，ヴィーンの放射法則(Wien's radiation law)に一致する．また，低周波の極限 $hv \ll k_B T$ では，レイリー・ジーンズの法則(Rayleigh-Jeans' Law)

$$b_v(v, T)\, dv \cong \frac{2v^2 k_B T}{c^2}\, dv \tag{1.20}$$

となる．

[4] 黒体放射の放射束密度スペクトル

　拡がった放射源の面から単位面積，単位立体角，単位時間当りに放射される放射輝度スペクトルのうち，その面に垂直方向に放射されるエネルギーが放射束密度(ポインティングベクトルの大きさに等しい)のスペクトル $S_v(v, T) [\mathrm{W}/(\mathrm{m}^2\,\mathrm{Hz})]$ に対応する．すなわち，面に垂直な軸を z 軸，θ と φ をそれぞれ天頂角と方位角とし，$\theta = 0 \sim \frac{\pi}{2}$ および $\phi = 0 \sim 2\pi$ の領域で $\int_0^{2\pi} d\phi \int_0^{\frac{\pi}{2}} d\theta \sin\theta\, |b_v(v, T)\cos\theta|$ を計算すると，$S_v(v, T) = \pi b_v(v, T)$ が得られる．なお，波長表示の放射束密度スペクトルも式(1.17)を用いて，同様に $S_\lambda(\lambda, T) = \pi b_\lambda(\lambda, T)$ と求められる．

　$S_v(v, T)$ を全周波数帯($v = 0 \sim \infty$)で，あるいは $S_\lambda(\lambda, T)$ を全波長帯($\lambda = 0 \sim \infty$)で積分すると，放射束密度 $S(T) [\mathrm{W}/\mathrm{m}^2]$ に対する温度の4乗則，ステファン・ボルツマンの法則が得られる．

$$S(T) = \frac{2\pi^5 k_B{}^4}{15h^3 c^2}\, T^4 = \sigma T^4 \tag{1.21}$$

この式の T^4 の係数は，ステファン－ボルツマン定数 $\sigma\,(= 5.67036 \times 10^{-8}\ \mathrm{W}/(\mathrm{m}^2\,\mathrm{K}^4))$ として知られている．

表 1.5 に，計算の参考のため，プランク放射に関する式で用いる係数についてまとめた．

表 1.5　プランク放射に関する式で用いる係数

日本語	英語	記号	数値	単位
プランク放射則の係数	coefficients in Planck's law	$8\pi h/c^3$	6.18065E-58	J /(m³Hz⁴)
		$2h/c^2$	1.4745E-50	W Hz⁻³/(m² sr Hz)
		$2hc^2$	1.19104E-16	W Hz⁻⁵/(m² sr m)
		h/k_B	4.79925E-11	K/Hz
		hc/k_B	0.014387778	K m
ステファン - ボルツマン定数	Stefan-Boltzmann constant	σ	5.67036E-08	W/(m³ K⁴)
1 eV の光子周波数	frequency of 1 eV photon		2.41799E+14	Hz
1 eV の光子波長	wavelength of 1 eV photon		1.23984E-06	m

1.3.5　アインシュタイン係数とレーザ発振

[1] アインシュタインの光子吸収・放出に関する係数とキルヒホッフの法則

　物質による光の吸収・放射は，量子準位を持つ原子の系と平衡状態にある放射場での光子の量子論的考察により説明される．A. アインシュタイン（Einstein）（1917 年）に従い，放射場中の 2 準位の原子系を考える（図 1.14）．エネルギー準位 E_1，E_2 の状態にある原子の数をそれぞれ N_1，N_2 とする．この原子系に $E=h\nu= E_2 - E_1$ の光子が入射すると，入射光子に共振して，準位 1 にある電子が準位 2 に上がり励起状態になる誘導吸収（induced absorption）と準位 2 にある電子が $E=h\nu$ の光子を放出して準位 1 に遷移する誘導放出（stimulated emission）が起こる．また，励起状態の原子は，入射光がなくても，上の準位にある電子がある寿命で下の準位に落ち，自然放出（spontaneous emission）により光子を出す．放射場のエネルギー密度を $u(\nu)$ とし，原子系と放射光が平衡にあるとすると，以下の関係が成り立つ．

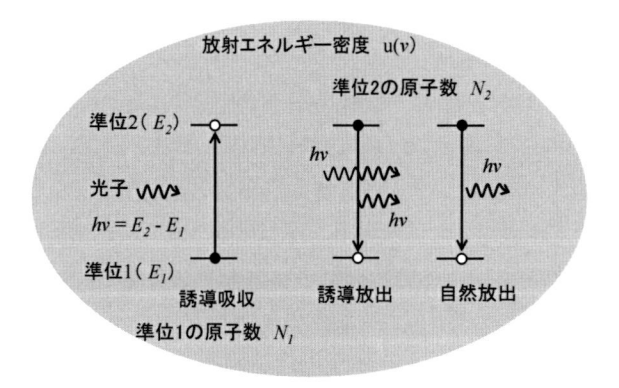

図 1.14　放射エネルギーと平衡状態にある 2 準位原子による誘導吸収，誘導放出および自然放出

$$N_1 B_{12} u(\nu) = N_2 A + N_2 B_{21} u(\nu) \tag{1.22}$$

ここで A, B_{12} および B_{21} は，それぞれ単位時間当たりの自然放出，誘導吸収および誘導放出に関する係数で，A, $B_{12}u(v)$ および $B_{21}u(v)$ がそれぞれの過程の遷移確率になる．式(1.22)より，$u(v)$ が次式のように導かれる．

$$u(v) = \frac{A}{B_{21}} \cdot \frac{1}{\dfrac{B_{12}}{B_{21}} \dfrac{N_1}{N_2} - 1} \tag{1.23}$$

$N_1 + N_2$ は全原子数で一定であり，原子が温度 T の熱平衡状態にあるとすると，準位の占有確率はボルツマン因子(Boltzmann factor)で表され，$\dfrac{N_2}{N_1} = e^{-\frac{hv}{k_B T}}$ である．したがって式(1.23)は，

$$u(v) = \frac{A}{B_{21}} \cdot \frac{1}{\dfrac{B_{12}}{B_{21}} e^{\frac{hv}{k_B T}} - 1} \tag{1.24}$$

となる．ここで得られた放射エネルギー密度は，温度 T の原子系と平衡にあるので，温度 T のプランク放射法則の式(1.14)と一致するはずである．実際に2つの式で温度依存性は同じである．さらに係数も一致しなければならないので，

$$B_{12} = B_{21} \equiv B \tag{1.25}$$

$$\frac{A}{B_{21}} = \frac{A}{B} = \frac{8\pi hv^3}{c^3} \tag{1.26}$$

の関係が得られる．これにより，係数は自然放出の A と誘導吸収・放出に関する B の2つだけになる．これらはアインシュタインの A 係数，B 係数と呼ばれる．

　式(1.25)は，誘導吸収係数と誘導放出係数が等しいことを示し，吸収率と放射率が等しいとするキルヒホッフの法則の量子論的な根拠を与える．しかし，自然放出が存在するので，吸収率と放射率が等しいというキルヒホッフの法則は厳密には正しくない．その法則が成り立つためには，式(1.22)において $B\,u(v) \gg A$ の条件が必要であり，したがって $k_B T \gg hv$ の高い温度が必要である．

[2] 反転分布とレーザ発振

　プランク放射の式(1.23)と式(1.24)から，$\dfrac{N_2}{N_1} = e^{-\frac{hv}{k_B T}}$ の関係が得られ，2つのエネルギー準位を占める原子数の比が，ボルツマン分布に従って，熱平衡状態にあることが示される．上の準位にある原子数が，熱平衡状態に比べ多い時は，同じく式(1.23)から，放射エネルギー密度がプランク黒体放射よりも大きくなることが分かる．上の準位の原子数をさらに増やすと，$N_2/N_1 > 1$ である反転分布(population inversion)が起こり，誘導放出が自然放出＋誘導吸収を上回るまで増やすと，正味の誘導放出が得られる．共振器(resonator)の中に，原子系を入れることにより，共振条件(共振器の鏡間の距離＝半波長の整数倍)を満たす周波数で電磁波の定在波が起こり，放射場が強められて，外に取り出す放射を含め，全ての減衰に打ち勝つまでに誘導放出が増大すると，レーザ発振(laser oscillation)が得られる．

1.3.6　自然の中の熱放射

既に述べたように，温度が絶対0度でない限り，温度を持つすべてのものが電磁波を放射している．

太陽（the Sun）表面の放射は，5,900 K の黒体放射で近似できる[3]．黒点（sunspot）は強い太陽磁場により対流が妨げられ，温度が下がった部分で，4,000 K 程度の熱放射となっている[3]．

太陽の年齢は46億年と考えられているが，若い星が集団で誕生しているオリオン星雲では，青色超巨星のオリオン座ε星（アルニラム）が太陽の35倍の質量[14]と275,000倍の光度を持ち，表面温度27,000 K の高温[15]で放射している．オリオン座α星（ベテルギウス）は太陽の20倍の質量と太陽の150,000倍の光度を持つ[16]が，既に主系列星の寿命を終えて膨張し，表面温度3,300 K 放射の赤色超巨星となっている．オリオン星雲内の原始星（protostar）と考えられる BN 天体[17]は，600 K の赤外天体[18]である．

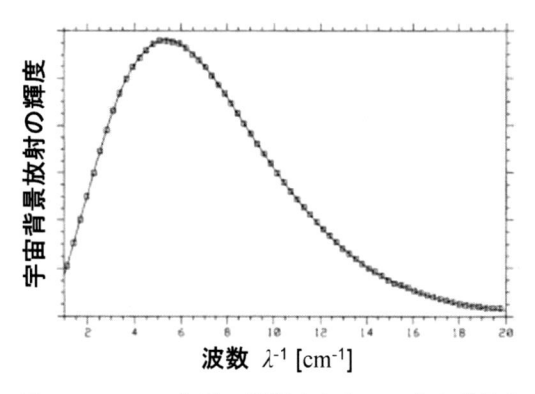

図1.15　COBE 衛星で観測された3 K 宇宙背景放射のスペクトル．測定データ（正方形マーク）と2.73 K プランク放射の曲線（実線）[19]

地球（the Earth）の表面は，おおよそ298 K で波長10 μm あたりに放射のピークを持つ熱放射をしている．ただし，太陽に照らされている所では，0.5 μm あたりにピークを持つ太陽光の反射が，熱放射に重ね合わされる[3]．

観測が可能な宇宙の果ての全天から降りそそぐ，絶対温度3 K の宇宙背景放射は，そのスペクトル（図1.15）が COBE 衛星によって観測され[19]，2.726 ± 0.010 K のプランク放射に合う完全な黒体放射であることが明かになっている[20]．

人体の内部の温度（体温）は37℃（310 K）程度であるが，皮膚表面の放射温度はそれより低く32℃（305 K）程度である[3]．皮膚は放射率が0.98と高く（**表1.4**），赤外線の放射が体温調節に寄与している．

1.4　赤外線の伝搬

真空と物質あるいは異なる物質の境界で起こる赤外線の透過と屈折および反射，散乱と回折，物質中の伝搬で生じる吸収について説明する．さらに遠隔計測や空間通信で重要になる大気伝搬について述べる．

1.4.1　透過と反射

［1］入射波，反射波，透過波とスネルの法則

2つの媒質が接している場合，赤外線が一方の媒質から入射すると，境界面で透過（transmission）

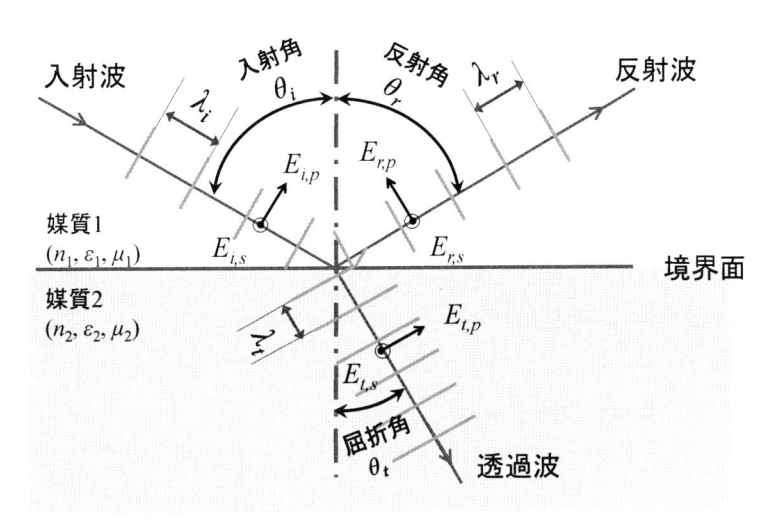

図 1.16 電磁波の入射波と反射波および透過波の光線，波面，電界ベクトル

と反射(reflection)が起こる．入射波の電界が入射面(plane of incidence)に平行か垂直かによって，透過と反射の仕方が異なるため，電界をこの 2 つの方向に分けて考え，それぞれ p 偏光(p 波または TM 波)と s 偏光(s 波または TE 波)と呼ぶ．ここでは，それらを p, s の下付き添字を付けて記述する．

図 1.16 に 2 つの媒質の境界面での，平面波の入射波(incident wave，下付き添字 i で表す)，透過波(transmitted wave，下付き添字 t)および反射波(reflected wave，下付き添字 r)を示す．図の面内が入射面であり，この面内を入射波，屈折した透過波，反射波がともに伝搬する．ここで，入射側および透過側の媒質をそれぞれ 1, 2 として屈折率，誘電率，透磁率のそれぞれを，n_1, ε_1, μ_1 および n_2, ε_2, μ_2 とする．媒質の比誘電率 ε^*_1，比透磁率 μ^*_1 は，真空の誘電率 ε_0，透磁率 μ_0 を基準として，$\varepsilon^*_1=\varepsilon_1/\varepsilon_0$, $\mu^*_1=\mu_1/\mu_0$ のように定義される．真空中の光速は $c=1/\sqrt{\varepsilon_0\mu_0}$，媒質中の光速が $v_1=1/\sqrt{\varepsilon_1\mu_1}$ であるので，屈折率と比誘電率，比透磁率は，$n=\dfrac{c}{v_1}=\sqrt{\varepsilon^*\mu^*}$ の関係がある．

境界面での電界と電束密度の境界条件から，入射波の入射角 θ_i と透過波の進行方向である屈折角 θ_t の間に，スネルの法則(Snell's law)

$$\frac{\sin\theta_i}{\sin\theta_t}=\frac{n_2}{n_1} \tag{1.27}$$

が導かれる．

[2] フレネル方程式のインピーダンス表示

媒質 1 および 2 の特性インピーダンスである $Z_1=\sqrt{\dfrac{\mu_1}{\varepsilon_1}}$ および $Z_2=\sqrt{\dfrac{\mu_2}{\varepsilon_2}}$ を用いると，境界面での境界条件から，透過波と入射波の電界の振幅の比である電界の振幅透過率 t は，p 波，s 波に対してそれぞれ次式で表される．

$$t_p=\frac{E_{t,p}}{E_{i,p}}=\frac{2Z_2\cos\theta_i}{Z_1\cos\theta_i+Z_2\cos\theta_t}, \quad t_s=\frac{E_{t,s}}{E_{i,s}}=\frac{2Z_2\cos\theta_i}{Z_1\cos\theta_t+Z_2\cos\theta_i} \tag{1.28}$$

　同じく，反射波に対しても，反射角と入射角が等しいこと，すなわち $\theta_r = \theta_i$ が導かれ，電界の振幅反射率 r は，p 波，s 波に対してそれぞれ次式で表される．

$$r_p = \frac{E_{r,p}}{E_{i,p}} = \frac{Z_1 \cos\theta_i - Z_2 \cos\theta_t}{Z_1 \cos\theta_i + Z_2 \cos\theta_t}, \quad r_s = \frac{E_{r,s}}{E_{i,s}} = \frac{Z_2 \cos\theta_i - Z_1 \cos\theta_t}{Z_1 \cos\theta_t + Z_2 \cos\theta_i} \tag{1.29}$$

　式(1.28)，(1.29)が，媒質の特性インピーダンスで表示したフレネル方程式(Fresnel equations)である．

[3] フレネル方程式の屈折率表示

　光や赤外線では，Z の代わりに屈折率 n を用いて，透過率と反射率を表すことが多い．媒質 1 および 2 が磁性体でない通常の誘電体の場合，ほぼ $\mu_1 = \mu_2 = \mu_0$ が成り立つので，$n = \sqrt{\varepsilon^* \mu^*} \fallingdotseq \sqrt{\varepsilon^*}$ の関係式より，屈折率で表示したフレネルの式が得られる．

　電界の振幅透過率は，p 波および s 波に対して，それぞれ

$$t_p = \frac{E_{t,p}}{E_{i,p}} = \frac{2n_1 \cos\theta_i}{n_1 \cos\theta_t + n_2 \cos\theta_i}, \quad t_s = \frac{E_{t,s}}{E_{i,s}} = \frac{2n_1 \cos\theta_i}{n_1 \cos\theta_i + n_2 \cos\theta_t} \tag{1.30}$$

である．そして電界の振幅反射率は，

$$r_p = \frac{E_{r,p}}{E_{i,p}} = \frac{n_2 \cos\theta_i - n_1 \cos\theta_t}{n_1 \cos\theta_t + n_2 \cos\theta_i}, \quad r_s = \frac{E_{r,s}}{E_{i,s}} = \frac{n_1 \cos\theta_i - n_2 \cos\theta_t}{n_1 \cos\theta_i + n_2 \cos\theta_t} \tag{1.31}$$

となる．式(1.30)，(1.31)は，複素屈折率 $\tilde{n} = n + i\kappa$（n: 屈折率，κ（ギリシャ文字のカッパ）: 消衰係数）に対して成り立つが，多くの誘電体では n は κ に比べて大きく（$n \gg k$），n だけで表すことができる．

[4] エネルギーの透過率と反射率

　透過率と反射率は，電界よりもエネルギーを用いて表すのが一般的である．エネルギーの透過率(transmittance)は，透過波の入射波に対する放射束密度の比であり，ここでは温度の T と区別するため添字 r を付けて透過率を T_r で表す．T_r は式(1.30)と $n^2 \fallingdotseq \varepsilon^*$ より，$T_{r,p} = \frac{n_2}{n_1} \frac{\cos\theta_t}{\cos\theta_i} |t_p|^2$，$T_{r,s} = \frac{n_2}{n_1} \frac{\cos\theta_t}{\cos\theta_i} |t_s|^2$ となる．式中の $\frac{\cos\theta_t}{\cos\theta_i}$ は，入射波と透過波の間の屈折によるビームの断面積変化に起因する放射束密度の変化の割合を示している．

　式(1.30)からわかるように，$n_2 < n_1$ の場合，電界の振幅透過率 t_p，t_s は 1 を超えるが，$T_{r,p}$，$T_{r,s}$ は 1 を超えることはなく，エネルギー保存則と矛盾しない．また，式(1.31)を用いて，エネルギーの反射率(reflectance)R_r は，$R_{r,p} = |r_p|^2$，$R_{r,s} = |r_s|^2$ となる．

　入射波は全て透過か反射かをするので，透過率と反射率の和は 1 に等しい．すなわち，

$$T_r + R_r = 1 \tag{1.32}$$

である．この式はエネルギー保存則であり，p 波，s 波それぞれの透過率，反射率について成り立つ．

[5] ブリュースタ角と全反射角

　赤外線（$\lambda = 10 \ \mu\mathrm{m}$）が空気（$n = 1.000$）からゲルマニウム (Ge)（$n = 4.005$）へ入射する時の，p 波および s 波の電界の振幅透過率，振幅反射率とエネルギーの透過率，反射率の入射角依存性を**図 1.17**

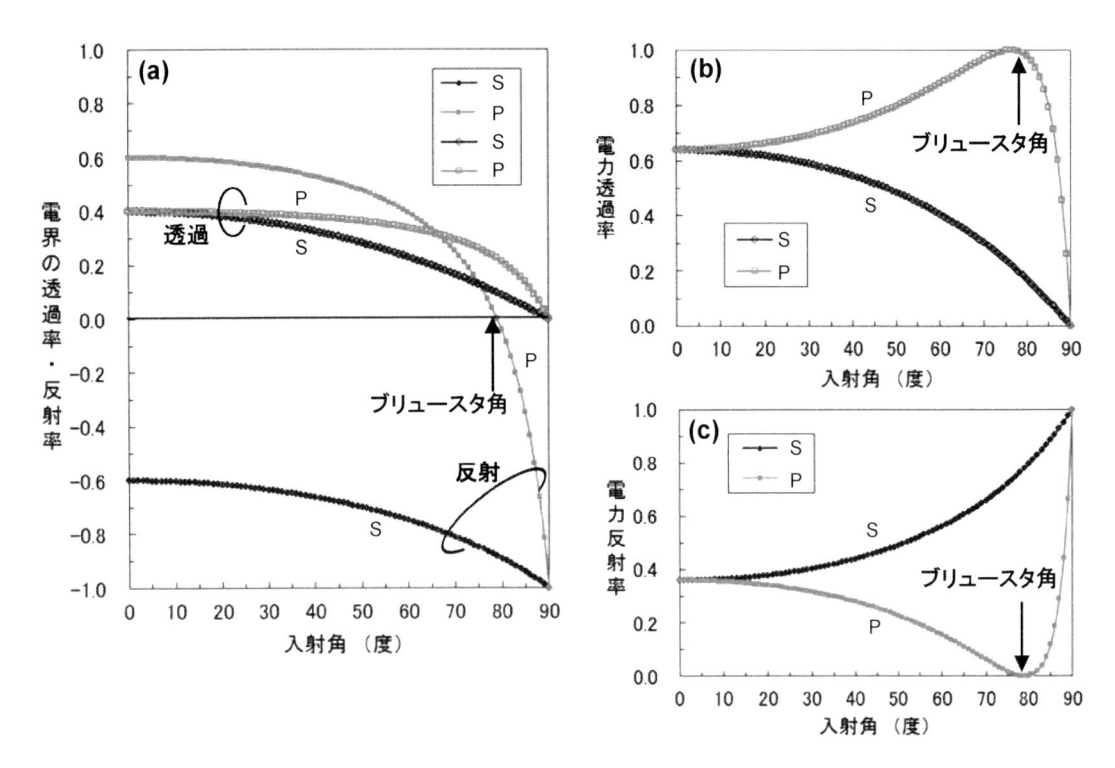

図 1.17　赤外線の 2 つの直線偏光成分の(a)電界の振幅透過率・反射率，(b)エネルギー透過率，(c)エネルギー反射率(空気からゲルマニウムに入射)

に示す．垂直入射$(\theta_i = 0)$の場合，入射面は任意と言えるが，$\theta_i \gtrsim 0$ の場合につながるよう，同じ入射面を仮定し，p 波，s 波を定義すると，p 波と s 波で電界の振幅透過率は等しい$(t_s = t_p)$が，電界の振幅反射率は絶対値が等しく，その符号が逆になる$(r_s = -r_p)$.

　入射角 θ_i を 0 から大きくすると，$\theta_i = 0 \sim \dfrac{\pi}{2}$ に変化させた時，式(1.31)とスネルの法則より，r_s の符号は変わらないが，r_p の符号は変化するので，$r_p = 0$ の場合が生じる．$r_p = 0$ のとき，$\cos\theta_t = \dfrac{n_2}{n_1}$ $\cos\theta_i$ であり，また $\sin\theta_i = \dfrac{n_2}{n_1}\sin\theta_t$ であるので，$\cos\theta_t = \sin\theta_i$ および $\cos\theta_i = \sin\theta_t$，すなわち $\theta_t = \dfrac{\pi}{2} - \theta_i$ であり，$\tan\theta_i = \dfrac{n_2}{n_1}$ となる．この p 波の反射が 0 となる入射角が，ブリュースタ角(Brewster angle)である．なお，図 1.17 のブリュースタ角は 75.98 度である．

　$n_2 < n_1$ の場合，入射角 θ_i を大きくしていくと θ_i が $\dfrac{\pi}{2}$ になる前に，屈折角 θ_t が $\dfrac{\pi}{2}$ に達し，透過波が境界面を伝搬するようになる．この角度よりさらに大きい入射角では媒質 2 の中を伝搬する透過波がなくなり，全反射(total reflection)が起こる．全反射が起こる臨界入射角は，$\sin\theta_t = 1$ より，$\sin\theta_i = \dfrac{n_2}{n_1}$である．

1.4.2　回折

[1] 回折の性質とホイヘンスの原理

　赤外線が伝搬する途中にスリット(slit)や穴(aperture)，あるいは遮へい物(obstacle)があると，図 1.18

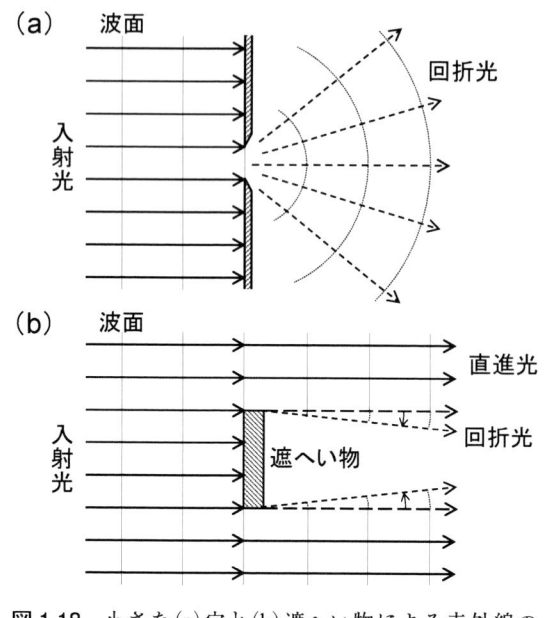

図 1.18　小さな(a)穴と(b)遮へい物による赤外線の
　　　　　　回折

に示すように回折(diffraction)が起こる．回折現象はあらゆる波動に共通する基本的な性質であり，伝搬する波の先端の各点が波源となって球面波が発生し，その包絡面により新しい波面(wave front)が作られるとするホイヘンスの原理(Huygens' principle)で説明される．

[2] フレネル回折

　点光源から放射され，スリットで回折し，観測面の一点に届く電磁波は，スリット上の各点を通る経路により，伝搬距離が変わるため，電界の位相が異なり，それらが合成された干渉波の電界の強度が観測点の位置により大きく変化する．このような回折は，光源－スリット間あるいはスリット－観測点間の距離 R が有限の場合に顕著に観測され，フレネル回折(Fresnel diffraction)と呼ばれる．

　スリット幅を $2d$ とすると，波長 λ と比較して，フレネル回折が起こる距離の目安が次式で与えられる．

$$R \approx \frac{d^2}{\lambda} \tag{1.33}$$

[3] フラウンホーファー回折

　スリットなどに平面電磁波が入射し，回折光を遠方で観測する場合をフラウンホーファー回折(Fraunhofer diffraction)という．スリット幅を $2d$，波長 λ とすると，「遠方」の距離 R の目安は，$R \gg \dfrac{d^2}{\lambda}$ である．

　スリット面($x=-d\sim+d$)に垂直な方向からの回折角を θ とすると，回折波の規格化したエネルギー強度分布は，次式で与えられる．

$$\frac{|E(\theta)|^2}{|E(0)|^2} = \left(\frac{1}{2d}\right)^2 \left|\int_{-d}^{d} e^{i\frac{2\pi x \sin\theta}{\lambda}} dx\right|^2 = \mathrm{sinc}^2\left(\frac{2\pi d \sin\theta}{\lambda}\right) = \left(\frac{\sin\dfrac{2\pi d \sin\theta}{\lambda}}{\dfrac{2\pi d \sin\theta}{\lambda}}\right)^2 \tag{1.34}$$

ここで，sinc 関数は，$\mathrm{sinc}(\mathrm{X}) = \dfrac{\sin\mathrm{X}}{\mathrm{X}}$ であり，$\mathrm{sinc}(0) = 1$ と定義される．式(1.34)より，間隙 $2d$ のスリットによるフラウンホーファー回折の電磁波のエネルギー強度分布は，**図 1.19** のようになり，最初の零点は $\sin\theta_x = \pm\dfrac{\lambda}{2d}$ に現れる．すなわち，回折光の拡がりは，零点間の大きさ(λ/d[rad])程度であるので，波長が長くスリット幅が小さいほど大きくなる．

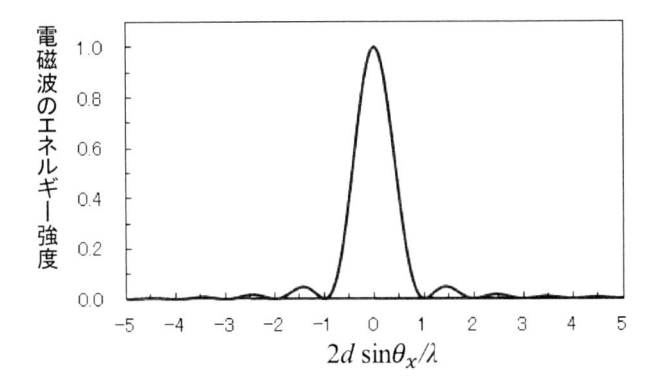

図 1.19 スリット(幅 $2d$)によるフラウンホーファー回折の電磁波のパワー分布(中心を 1 として規格化)

1.4.3 吸収

[1] ランベルトの法則と吸収係数,吸収率

平面電磁波が,誘電体の媒質中を z 方向に伝搬する場合を考え,その電界を $E(z, t) = E_0 e^{i(kz-\omega t)}$ とする.誘電体が複素屈折率 $\tilde{n} = n + i\kappa$ を持つとすると,波数が $\tilde{k} = \dfrac{\omega \tilde{n}}{c} = \dfrac{\omega}{c}(n + i\kappa) = k + i\dfrac{\omega \kappa}{c}$ で,複素数となる.平面電磁波の電界の式に代入すると,

$$E(z, t) = E_0 e^{i(\tilde{k}z - \omega t)} = E_0 e^{i(kz - \omega t) - \frac{\omega \kappa}{c} z} \tag{1.35}$$

となり,$e^{-\frac{\omega \kappa}{c} z}$ の項により,電界の振幅が伝搬とともに減衰する.

ポインティング・ベクトルの大きさ(放射束密度)は,

$$S(z) = \frac{v \varepsilon}{2} E_0^2 e^{-\frac{2\omega \kappa}{c} z} = \frac{v \varepsilon}{2} E_0^2 e^{-\alpha z} \tag{1.36}$$

となり,$\dfrac{c}{2\omega \kappa} = \alpha^{-1}$ の距離を伝搬すると電磁波のエネルギーが e^{-1} に減衰することがわかる.式 (1.36) はランベルトの法則(Lambert's law)と呼ばれる.エネルギーが吸収(absorption)によって e^{-1} に減衰する距離の逆数を,吸収係数(absorption coefficient)といい,α で表す.すなわち,

$$\alpha = \frac{2\omega \kappa}{c} \tag{1.37}$$

であり,α は長さの逆数の次元を持つ.吸収係数 α [m⁻¹] の誘電体中を d [m] の距離伝搬した場合の透過率は $e^{-\alpha d}$ であり,吸収率(absorptance)a は,$a = 1 - e^{-\alpha d}$ となる.

[2] 減衰のデシベル表示

電磁波の伝搬における吸収や散乱などによる減衰(attenuation)は,デシベル[dB]の単位が用いられることが多い.吸収による減衰[dB]は,α と d を用いて $-10 \log_{10} e^{-\alpha d}$ で計算される.

デシベル表示の減衰を $A = -10 \log_{10} e^{-\alpha d}$ [dB] とすると,単位長さ当りの減衰は A/d で計算され,$A/d = 10\alpha/\log_e 10 = 4.343\alpha$[dB/m] となる.長距離の伝搬の場合は,$\alpha$ と d を [km⁻¹],[km] の単位に取って,[dB/km] が用いられる.

1.4.4 散乱と消散

[1] 散乱と散乱係数

境界面がランダムな凹凸面の場合,少し異なる位置に入射した光は,異なる方向に反射し,また透過し屈折する(**図 1.20**).このような現象は散乱(scattering)と呼ばれる.

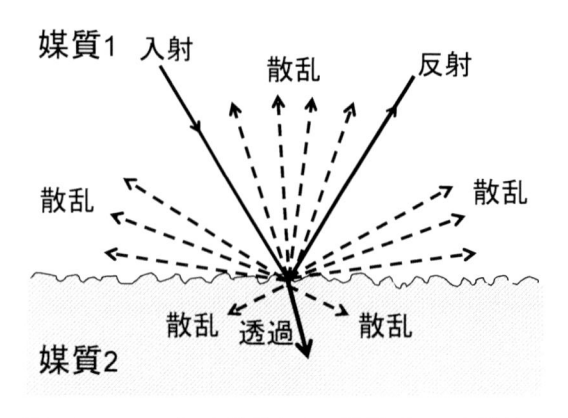

図1.20　ランダムな凹凸がある境界面での赤外線の
反射，透過と散乱

散乱は凹凸面を平坦と考えられる大きさ
まで細かく分割すれば，それぞれの局所的
な微小面（facet）で，反射と屈折の法則に従
うと考えてよい．波長程度の小さい各微小
面からの反射光・屈折光は回折を起こすの
で，散乱光には回折光が含まれる．

赤外線が屈折率むらのある媒質中を伝搬
する場合，ランダム面と同様に，散乱によ
る減衰が起こる．このとき，吸収係数と同
様に，電磁波のエネルギーが散乱によって
e^{-1}に減衰する距離の逆数を，散乱係数

（scattering coefficient）α_{sca}と定義する．α_{sca}を式(1.36)に適用することにより，散乱による電磁波の
エネルギーの減少を計算できる．

[2] 散乱，吸収および消散の断面積と効率

伝搬路中に粒子などの障害物があると散乱や吸収による電磁波のエネルギーの減衰が生じる（図

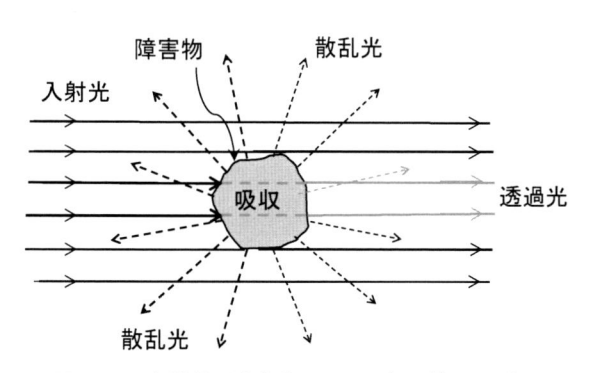

図1.21　赤外線の障害物による吸収，散乱と透過

1.21）．その程度を表す指標として，断
面積（cross section）（単位は，[m²]または
[cm²]など）が用いられる．断面積は，
放射束密度 S [W/m²] の赤外線が，障害
物を通過した後，強度が δI [W] だけ減
少した時，伝搬ビームの一部が遮蔽され
たために減少したとして求めた面積のこ
とである．断面積 C は，$C = \delta I / S$ [m²]に
より計算される．散乱によって減少した
分が散乱断面積 C_{sca}，吸収によるものが
吸収断面積 C_{abs} である．

赤外線強度の減少は，吸収と散乱の両方が寄与するので，両者を合わせて消散（extinction）という
語が用いられる．したがって，消散断面積 C_{ext} は散乱断面積と吸収断面積の和である．

$$C_{ext} = C_{sca} + C_{abs} \tag{1.38}$$

赤外線の入射方向から見た完全遮蔽の障害物（粒子）の幾何学的断面積を G[m²] とすると，消散
効率（efficiency for extinction）は，消散断面積と幾何学的断面積の比 $Q_{ext} = C_{ext}/G$ で定義される．散
乱効率 Q_{sca}，吸収効率 Q_{abs} も同様に定義される．

[3] ミー散乱

波長に近い半径 a_s，複素屈折率 $\tilde{n} = n + i\kappa$ の球粒子による消散断面積は，ミー散乱（Mie scattering）

の理論により計算できる．ミー散乱では，消散断面積の振舞いは，電磁波の粒子内での波数($2\pi n/\lambda$)と粒子半径 a_s の積であるサイズパラメータ(size parameter) $\dfrac{2\pi n a_s}{\lambda}$ によって特徴づけられる．

ミー散乱における消散断面積のサイズパラメータ依存性の特徴は，(1) $a_s/\lambda < 1$ ($a_s < \lambda$)の領域での急激な立ち上り，(2)規則的に変化する大きな周期でのリップル，および(3)不規則な細かい振動である(**図 1.22** [1])．

ミー散乱は，波長より小さい粒子の極限($a_s \ll \lambda$)では，$C_{sca} \propto \dfrac{n a_s^6}{\lambda^4}$ の依存性を持つレイリー散乱に一致する．

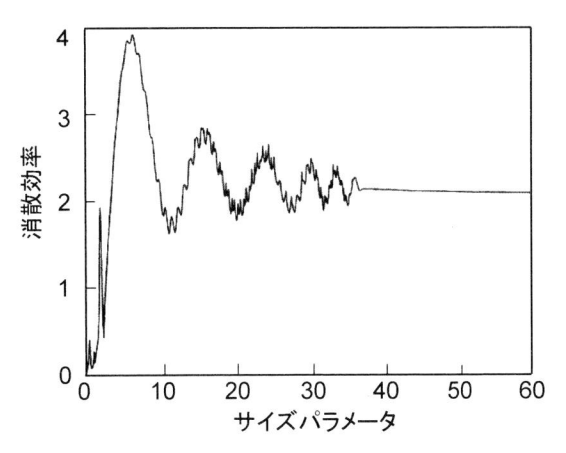

図 1.22　ミー散乱による空気中の水粒子(半径 a_s = 1 μm, 屈折率 $\tilde{n} = 1.33 + i10^{-8}$)の消散効率のサイズパラメータに対する依存性 [1]

ミー散乱の正確な計算では，幾何学的断面積 G の障害物(粒子)による消散断面積は $C_{ext} = 2G$ となる．この値は幾何光学から予想される消散断面積の 2 倍であり，明らかに矛盾しているように見えるため，消散パラドックス(extinction paradox)と呼ばれる．この矛盾は，ミー散乱では，幾何光学で考慮されない障害物の端での回折による散乱を含むためで，$C_{sca} = G$ であるので，

$$C_{ext} = C_{sca} + C_{abs} = G + G = 2G \tag{1.39}$$

となる．したがって，ミー散乱では，消散効率が $Q_{ext} = 2$ である．

1.4.5　大気の伝搬特性
[1] 大気減衰と赤外線の窓

赤外線が大気(atmosphere)中を伝搬する時には，気体分子，微小な浮遊粒子(airborne particle, suspended particulate matter (SPM), (エアロゾル(aerosol particle)とも呼ばれる)および霧・雨・雪などの水や氷の粒子(hydrometeor)による消散を受ける．また，風などによる大気の乱れ(turbulence)や陽炎(かげろう)がある時には屈折率の揺らぎ(fluctuation)により，大気シンチレーション(atmospheric scintillation)が起こる．大気シンチレーションは，天文観測では星像のまたたき(twinkling)やシーイング(seeing)を引き起こす．また，地球の球殻構造の大気層の中や蜃気楼(mirage)が発生するような大気構造がある場合，赤外線は直進せず屈折で曲がって伝搬する．

光，赤外線および電波の気体分子，霧および雨による大気減衰[dB/km]スペクトルを**図 1.23** に示す [21]．赤外線では，大気の水蒸気(H_2O)，二酸化炭素(CO_2)による吸収が大きい．

大気分子による吸収が小さい波長(または周波数)帯域は，大気の窓(atmospheric window)と呼ばれる．**表 1.6** に，赤外天文学(infrared astronomy)で利用される大気の窓をまとめた．L，M および

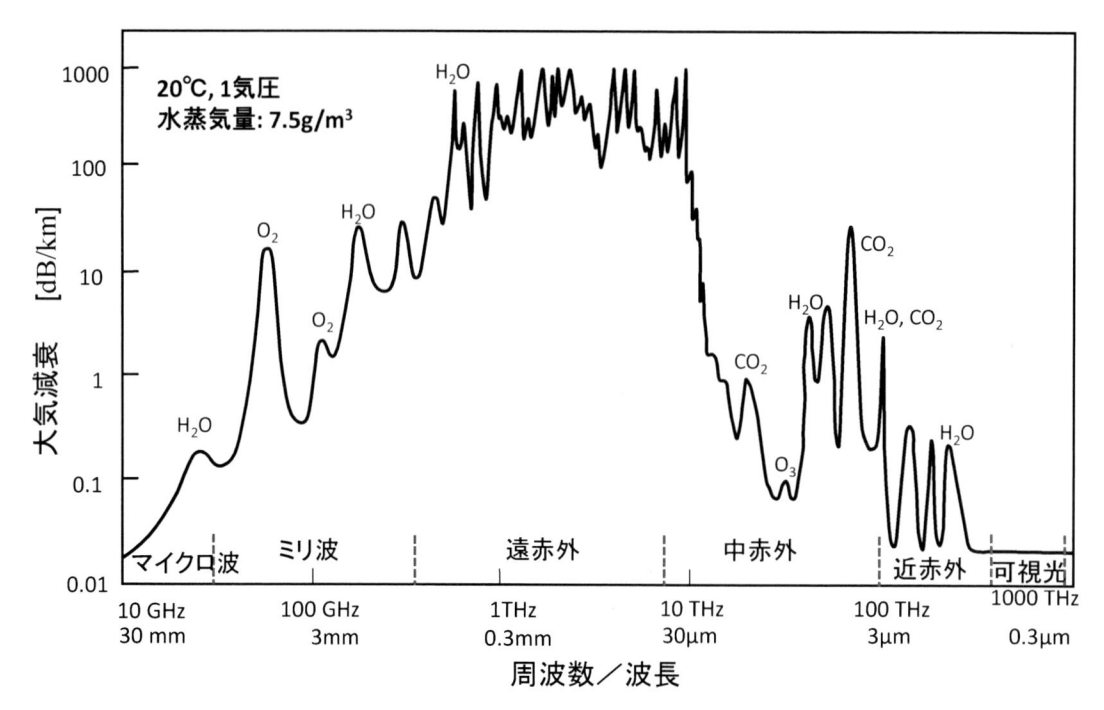

図 1.23　光，赤外線および電波の大気減衰の周波数／波長スペクトル [21]

表 1.6　赤外線の大気の窓

バンド名	波長帯[μm]	周波数帯[THz]
I	0.8 − 1.0	300 − 375
J	1.1 − 1.4	214 − 273
H	1.5 − 1.8	167 − 200
K	2.0 − 2.4	125 − 145
L	3.0 − 4.0	75 − 100
M	4.6 − 5.0	60 − 65
N	7.5 − 14.5	21 − 40
Q	17 − 25	12 − 18
（サブミリ）	330 − 370	0.8 − 0.9

N バンドは，地上での熱源の測定や探索によく用いられる波長帯である．

[2] 大気の粒子数密度のサイズ分布と大気透過率のモデル

　赤外線の大気透過率は，気体分子の吸収に，浮遊粒子による消散を加えたモデルで説明される [22]．前者は，主に分子の線スペクトル(line spectrum)と水分子の多量体等による連続スペクトル(continuum spectrum)である．分子の線スペクトルも，熱運動によるドップラー広がり(Doppler broadening)や分子間衝突による圧力広がり(pressure broadening)によってある程度広がった線幅を持つ．

　浮遊粒子のモデルには，粒子の物質と粒子数密度のサイズ分布(particle size distribution)の測定データが用いられる．直径 d[μm]より小さい粒子の密度を $N_{ap}(d)$[m^{-3}]としたとき，粒子数密度のサイズ分布は，$n_{ap}(d) = \mathrm{d}N_{ap}(d)/\mathrm{d}d$[m^{-3} μm^{-1}]で与えられる．大気粒子の $n_{ap}(d)$ は d の自然対数 $\ln d$ についての正規分布，すなわち d について対数正規分布(log-normal distribution)によく合うことが知られている．

　大気中の気体分子と浮遊粒子による大気透過率は，AFGL(米国)で開発された MODTRAN, FASCODE/HITRAN[23] 等のモデル解析／データベースのソフトウェアによって計算することができ

る．大気浮遊粒子のモデルは，海上，田舎，都市，対流圏等に分類される．

[3] 大気揺らぎとシンチレーション

大気揺らぎは，温度・密度の異なる様々な大きさの空気の塊が分布する中で，温度が揺らぎ，屈折率が変化することにより生じる．屈折率揺らぎの大きさは，コルモゴロフ・スペクトル（Kolmogorov spectrum）で表される[24]．

屈折率揺らぎの強さの指標は，地上の高度 h の関数である大気構造定数 $C_n^2(h)\,[\mathrm{m}^{-2/3}]$ で表され，その中を，赤外線が伝搬する時に生じる強度揺らぎの分散（シンチレーション指標と呼ぶ）σ_I^2 は，$C_n^2(h)$，波長 λ および伝搬距離 L に関して，次式の依存性を持つ[25]．

$$\sigma_I^2 \propto \lambda^{-\frac{7}{6}} L^{\frac{11}{6}} C_n^2(h) \tag{1.40}$$

すなわち，シンチレーションの影響は，波長が長い赤外線ほど小さく，伝搬距離が長くなるほど大きくなる．

1.5 赤外研究の歴史

赤外線の温度による検出と赤外線の発見，その後の赤外線科学・技術の発展に重要な役割を果たした検出器，黒体放射と分光の研究の歴史を振り返る．

1.5.1 赤外線の発見

多くの動物は，赤外線を目で見ることができないが温度として感じて検知できる．また，ヘビの仲間には赤外線に特別の感度を持つものもいる．ガラガラヘビは**図 1.24** に示すように目の近傍にあるピット器官と呼ばれるピンホールカメラに似た構造の器官を持ち，これを用いて周囲より高い体温を持つ獲物が出す赤外線を検知し攻撃する[26]．

人も温度に感受性を持つ温受容器・冷受容器を皮膚に多数持っており[27]，赤外線を温度として感じる．赤外線研究の最初は，この温度感覚による検知から始まった．ルネサンスの時代，16 世紀の終わり頃，イタリアの学者 G. デッラ・ポルタ（della Porta）は，離れたところに置いた蝋燭あるいは氷塊からの放射を凹面鏡で集め，それを顔面で感じる実験を報告した．

1660 年にはフローレンスの実験アカデミーにおいて，ガラス製液柱温度計を用いた実験が行われた[28]．この後，17 世紀〜 18 世紀に，光学の基礎を確立した英国の I. ニュートン（Newton）ら多くの科学者により，ガラス製液柱温度計を用い熱放射の研究が行われた．18 世紀の終わりには，ジェノヴァの M.-A. ピクテト（Pictet）が，より高感度の空気温度計を考案し，**図 1.25** に示す熱放射の測定実験を

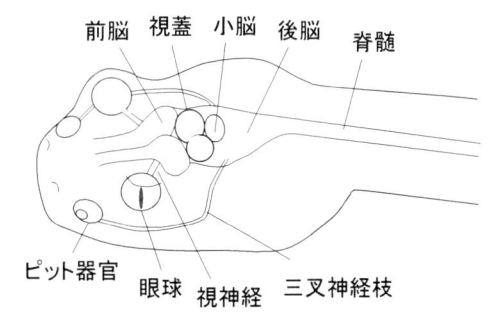

図 1.24 ガラガラヘビのピット器官（赤外線を検知する特別な器官）と眼球，神経系

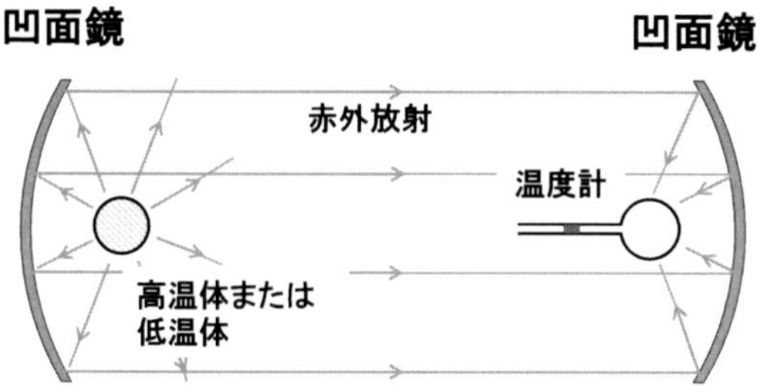

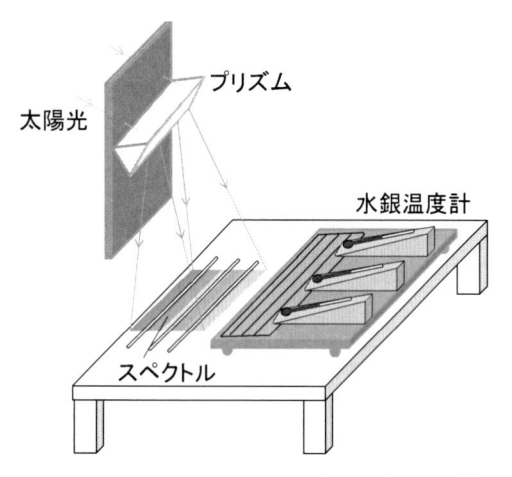

図 1.25　高温体または低温体からの放射の伝送実験
の構成 [29]

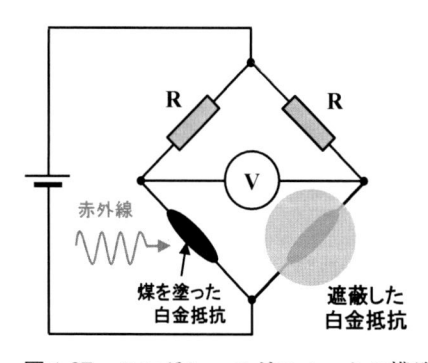

図 1.26　W. ハーシェルの太陽光の分光実験 [30, 31]

行った [29].

　赤外線の発見は，1800 年に英国の天文学者
W. ハーシェル(Herschel)が，太陽光をプリズム
で分光し，水銀温度計で測定する実験(**図**
1.26)で，スペクトルの赤より外側の眼に見え
る光のない部分で大きな温度上昇を検出したこ
とに帰せられる [30, 31]. この発見によって熱線の
正体が，可視光より波長の長い，目に見えない
光であることが明らかになり，後に赤外線と呼
ばれるようになった [32].

1.5.2　赤外検出器の発展

　赤外線の研究は，熱を測定する性能のよい温
度計が発明されることによって大きく進んだ.
1829 年イタリアの L. ノビーリ(Nobili)はゼー
ベック効果(熱電効果)を用いて温度を測定する
熱電対(サーモカップル；thermocouple)を作っ
た [33]. M. メローニ(Melloni)はサーモカップル
を多数つなげて高感度にしたサーモパイル
(thermopile)を作り，7.5 ～ 9 m 離れた人の熱放
射を測定した [34]. 1881 年米国の天文学者で発
明家の S. P. ラングレー(Langley)が，**図 1.27** に
示すような赤外線を吸収する煤を塗布した白金
抵抗器とホイートストンブリッジ(Wheatstone
bridge)回路を組み合わせた高感度のボロメー
タ(bolometer)を発明し，約 400 m 離れた牛か
らの熱放射を測定した [35].

　光子を検出する高感度の量子型赤外検出器の
はじめは，1917 年 T. ケース(Case, 米国)による
酸化 / 硫化タリウム混合体の赤外線に対する
光伝導性の発見で，その後米国海軍のもとで検

図 1.27　ラングレーのボロメータの構造と
原理

出器の研究が行われた [36]. 第 2 次世界大戦前の 1920 ～ 30 年代にはドイツで高感度な硫化鉛(PbS)
光伝導検出器が研究され，軍事用の赤外監視装置が作られた [37].

　大戦後は米国等を中心に，主に防衛目的の赤外技術として，半導体の InSb(インジウム・アンチ
モン)と HgCdTe(水銀・カドミウム・テルル)(1957 年発見)の光伝導検出器が研究され，後に光起

電力検出器が開発された. 1980 年代から, 多素子の 2 次元検出器アレイと読出し集積回路(ROIC)をハイブリッドに接合した冷却型赤外カメラが製作された [38, 39]. また, 近赤外帯の PtSi(白金珪素)素子の検出器アレイも開発された [40]. その後, GaAs/AlGaAs(ガリウム砒素 / アルミニウムガリウム砒素)などの半導体量子井戸および量子ドットの近赤外〜中赤外の光伝導検出器アレイや, 波長 2.6 μm 以下の近赤外用に InGaAs(インジウムガリウム砒素)ダイオードの検出器アレイなどが開発されている.

　熱型検出器では, 1970 年頃から米国で, シリコン(Si)ROIC を付けた非冷却の赤外検出器アレイの研究開発が行われ [41], 1993 年に多素子で高性能の赤外マイクロボロメータアレイ [42] と強誘電体赤外検出器アレイ [43] が出現した. その後, 非冷却赤外検出器アレイの素子サイズの縮小, と多素子化が進み, 利用分野, 市場が広がっている.

1.5.3　黒体放射と赤外分光の研究の発展

　18 世紀当時, 溶鉱炉の温度を非接触で測定することは, 製鉄工業のための重要な課題であった. プロシア(後にドイツ)の G. R. キルヒホッフ(Kirchhoff)は分光の研究を行い, 1859 年に熱放射に関するキルヒホッフの法則(1.3.3 参照)を提案し, 黒体放射という語をつくった [2, 3].

　ベルリン大学でキルヒホッフに学んだ M. プランク(Planck, ドイツ)は空洞の壁面での光の放射と吸収が, ある最小のエネルギーを単位としてなされることを仮定し, 全ての周波数で熱放射のエネルギースペクトルを正確に与える方程式を導出した(1900 年) [2]. これが黒体放射を完全に説明するプランクの放射法則である.

　熱放射の研究の背景には, プリズムおよび回折格子による赤外分光(infrared spectroscopy)の発展がある. 19 世紀半ばでは, 測定できる波長が 1 μm あたりの近赤外線までであったのが, 1897 年には H. ルーベンス(Rubens, ドイツ)らによる NaCl, KCl および CaF_2 のプリズム分光で 20 μm まで拡がった [33, 44]. 1905 年には米国の天文学者 W. W. コブレンツ(Coblentz)によって, 約 100 種類の物質の赤外スペクトル(波長 1 〜 15 μm)をまとめた書物が出版された [31, 45]. その後, ルーベンスのもとで研究を行った E. F. ニコル(Nicols, 米国)らにより, 回折格子を用いて波長 220 μm までの赤外線が測定された(1923 年) [33, 44]. 赤外分光は, 1920 年代から 1930 年代に, 化学工業と石油工業における分析手法として広く普及した [37, 45].

　マイケルソン干渉計を用いるフーリエ分光法は, 1950 年代, コンピュータが利用できるようになって, 米国の J. ストロング(Strong)と G. A. ヴァナッセ(Vanasse)らによって実証され, その後赤外分光の主要な分析技術となった [46].

　また, 米国の D. H. オーストン(Auston)の光伝導スイッチ(photoconductive switch) [47] の研究に端を発する超短電磁波パルスによるテラヘルツ時間領域分光法が, フェムト秒レーザの発展に伴って 1990 年代に開発され, 現在, テラヘルツ波帯の重要な分光・イメージング技術となっている [48].

付録 A

A.1　自然定数

日本語	英語	記号	数値	単位
素電荷	elementary charge	e	1.6021766E-19	C
光速	speed of light in vacuum	c	2.9979245E+08	m / s
プランク定数	Planck constant	h	6.62607E-34	J s
ボルツマン定数	Boltzmann constant	k_B	1.38065E-23	J/K
陽子質量	proton mass	m_p	1.67262E-27	kg
電子質量	electron mass	m_e	9.10938E-31	kg
中性子質量	neutron mass	m_n	1.67493E-27	kg
原子量	atomic mass constant	m_u	1.66054E-27	kg
ボーア半径	Bohr radius	a_0	5.29177E-11	m
アボガドロ数	Avogadro constant	N_A	6.02214E+23	mol^{-1}
気体定数	molar gas constant	R	8.31446	$\mathrm{J\,mol}^{-1}\,\mathrm{K}^{-1}$
重力定数	Newtonian constant of gravitation	G	6.67408E-11	$\mathrm{m3\,kg}^{-1}\,\mathrm{s}^{-1}$
真空の誘電率	vacuum permittivity	ε_0	8.85419E-12	$\mathrm{N/V}^2$
真空の透磁率	vacuum permeability	μ_0	1.25664E-06	$\mathrm{N/A}^2$
真空の特性インピーダンス	characteristic impedance of vacuum	Z_0	376.730313	Ω
ボーア磁子	Bohr magneton	μ_B	9.274010 E-24	$\mathrm{J\,T}^{-1}$
電子の磁気モーメント	electron magnetic moment	μ_e	-9.28476 E-24	$\mathrm{J\,T}^{-1}$
陽子の磁気モーメント	proton magnetic moment	μ_p	1.41061E-26	$\mathrm{J\,T}^{-1}$
中性子の磁気モーメント	neutron magnetic moment	μ_n	-9.662365 E-27	$\mathrm{J\,T}^{-1}$

（注）Committee on Data for Science and Technology (CODATA): "CODATA Internationally Recommended 2014 Value of the Fundamental Physical Constants", The NIST Reference on Constants, Units, and Uncertainty, http:// physics.nist.gov/cgi-bin/cuu/constants/（2016 年 9 月 3 日検索）

A.2　電磁気学に関する物理パラメータ

物理パラメータ名	英語名	記号	単位(SI)*
電界(電場)	Electric field	E	$[N/C] = [V/m]$
磁界(磁場)	Magnetic field	H	$[N/Web] = [A/m]$
電束密度	Electric flux density	D	$[N/(Vm)] = [C/m^2]$
磁束密度	Magnetic flux density	B	$[N/(Am)] = [Web/m^2] = [T]$
電流密度	Current density	i	$[A/m^2]$
電荷密度	Charge density	ρ	$[C/m^3]$
ポインティング・ベクトル	Poynting vector	S	$[W/m^2]$
誘電率	Permittivity / Dielectric constant	ε	$[N/V^2] = [F/m]$
透磁率	Permeability	μ	$[N/A^2] = [H/m]$
比誘電率	Relative permittivity / Dielectric constant	ε^*	無次元
比透磁率	Relative permeability	μ^*	無次元

* 単位の読み方は，A アンペア，C クーロン，F ファラッド，H ヘンリー，m メートル，N ニュートン，T テスラ，V ボルト，W ワット，Web ウェーバー．

A.3　平面角(ラディアン)と立体角(ステラディアン)

平面角のSI単位は，ラディアン (radian，[rad]) である．ラディアンは，円を一回転する角度を，円周の長さ / 半径 $(2\pi r/\ r)$ より，2π と定義する．したがって，平面の1点を頂点として開いた角度は，ラディアン単位で，その角度で切り取られる半径1の円の円弧の長さと定義することができる(図A.1(a))．

角度の度(degree，[deg])との換算は，πrad = 180 deg より，

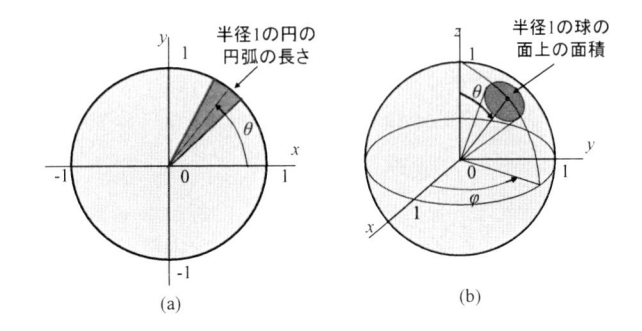

図 A.1　(a)平面角の定義と(b)立体角の定義

$$1\ \text{rad} = 180\ /\pi \text{deg},\quad 1\ \text{deg} = \pi/180\ \text{rad} \tag{A.1}$$

である．ここで，π は円周率であり，無理数である．

$$\pi = 3.14159265358979323\cdots\cdots \tag{A.2}$$

立体角は，2次元の平面角を拡張し，3次元空間の球の表面を考え，中心から見込んだ部分の面積／(球の半径)^2 で定義する(図A.1(b))．立体角のSI単位は，ステラディアン(steradian，[sr])と

名付けられている．立体角の定義より，1 sr = 1 rad×1 rad = 1 rad² である．

　3次元座標系として極座標をとると，半径 r の球の表面上で，天頂角 θ のある範囲 $\Delta\theta$ と方位角 ϕ のある範囲 $\Delta\varphi$ で囲われた部分の面積は $\Delta S = r\sin\theta\,\Delta\varphi \times r\,\Delta\theta = r^2\sin\theta\,\Delta\varphi\,\Delta\theta$ となり，その立体角 $\Delta\Omega$ [sr] の大きさは，$\Delta S/r^2$ である．球の表面積は，ΔS を球の全表面について積分することにより，

$$\text{球の表面積} = r^2\int_0^{2\pi}d\varphi\int_0^{\pi}d\theta\ \sin\theta = 4\pi r^2 \tag{A.3}$$

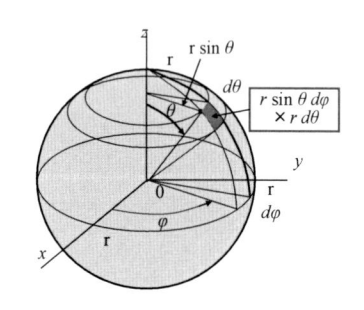

図 A.2　極座標の原点を中心とする半径 r の球面上 $(\theta,\ \varphi)$ での $d\theta \times d\varphi$ の面積の大きさ

と求められ，全立体角は，$\dfrac{4\pi r^2}{r^2}$ = 4π [sr] であることが分かる．したがって，3次元空間の1点を頂点として広げた立体角の大きさを，ステラディアン単位で，その立体角で切り取られる半径1の球面の面積として定義することができる（**図 A.2**）．

　平面角の度 [deg] を，3次元空間の立体角に拡張し，単位として平方度 [deg²] が用いられ，1 deg² = 1 deg×1 deg と定義される．ステラディアン [sr] と度 [deg²] との換算は，

$$1\ \mathrm{sr} = (180/\pi)^2\ \mathrm{deg}^2,\quad 1\ \mathrm{deg}^2 = (\pi/180)^2\ \mathrm{sr} \tag{A.4}$$

となる．また全立体角は，$4\pi\ \mathrm{sr} = (360)^2/\pi\ \mathrm{deg}^2 = 129{,}600/\pi\ \mathrm{deg}^2$ である．

A.4　電磁気学のマクスウェル方程式と電磁波の理論

　電磁界の物理を記述するマクスウェル方程式と，そこから導かれる電磁波の理論についてまとめる．

[1] 電磁気学の枠組みとパラメータ・自然定数

　電磁気学は，空間中に分布する正と負の電荷 [C] および電流 I [A]，N と S の磁荷 [Web] によってつくられ空間に広がっている電界 E [N/C]=[V/m]，磁界 H [N/Web]=[A/m] を記述する．ここで電荷は正と負が単独で存在できるが，磁荷は必ず N と S が一組となって存在する．電流は電荷が動くことにより生じる．電荷，磁荷，電流は，時間的に量，位置を変動し得るので，それに伴い電界，磁界も変動する．したがって，電荷，磁荷，電流，電界，磁界などの物理パラメータは，空間3次元と時間の4次元座標で記述されると言える．4次元の真空空間は，特殊相対論の枠組みとして，ミンコフスキー空間と呼ばれる．

　電界，磁界の存在は，空間中の電荷，磁荷に働く力の作用によって検知される．電界の方向は，正電荷が受ける力の方向を正方向と定める．同様に，磁界も N 磁荷が受ける力の方向が正方向である．言うまでもなく，電荷，磁荷は方向のないスカラー量であり，電流は正電荷が流れる方向を正方向とするベクトル量である．電気力・磁気力による電荷，磁荷の運動と運動量，エネルギーを記述するのが電気力学である．

　電磁気学では，微視的(ミクロスコピック)な原子サイズ程度の変化をならした巨視的(マクロスコピック)な誘電率・屈折率などの電磁気的性質を持つ媒質が満たす空間があることを前提とする．媒質には真空が含まれる．媒質中に置かれた絶対値の等しい2つの正・負の電荷 [C]の間に生じる電界に，正の電荷から出て負の電荷に入る電気力線をイメージし，電気力線の面密度であるベクトル量の電束密度 D [C/m^2]を導入する．電荷間の電界 E は電荷の大きさと電荷間の距離だけで決まるが，電荷の大きさと電荷間距離が一定でも媒質の誘電率 ε [F/m]が大きいと，電荷間の静電容量が大きいので，電気力線が増えると考えられる．したがって，電束密度を誘電率と電界の積として，$D = \varepsilon E$ と定義する．同様に，磁束密度 B [Web/m^2]も，透磁率 μ [H/m]と磁界 H との積 $B = \mu H$ で定義する．

　素電荷 e [C]は，素粒子である陽子(正電荷)および電子(負電荷)の電荷の絶対値であり，宇宙に存在する最小の単電荷である．真空空間は，電磁気的性質として，それぞれ物理定数である真空の誘電率 ε_0 [F/m]および真空の透磁率 μ_0 [H/m]を持っている．巨視的な物質の媒質中では，誘電率，透磁率は真空の値より大きく，それぞれ真空の値を用いて，$\varepsilon = \varepsilon^* \varepsilon_0$ および $\mu = \mu^* \mu_0$ のように，無次元の比誘電率 ε^* および比透磁率 μ^* を用いて表される．なお，光学で用いる屈折率 n とは，n$= \sqrt{\varepsilon^* \mu^*}$ の関係がある．また，真空の特性インピーダンスは，誘電率と透磁率から Z$_0 = \sqrt{\dfrac{\mu_0}{\varepsilon_0}}$ [Ω]で求められ，一般の媒質中の特性インピーダンスは Z$= \sqrt{\dfrac{\mu}{\varepsilon}} = \sqrt{\dfrac{\mu^*}{\varepsilon^*}}$ Z$_0$ で表される．

[2] 媒質中のマクスウェル方程式

　電磁波の振舞いは，電磁気学の基礎であるマクスウェル方程式(Maxwell's equation)で記述される．式(A.5)〜(A.8)に，マクスウェル方程式を SI 単位系で示す．ここで x は位置を表すベクトルで，3次元の XYZ 空間において(x, y, z)の成分を持つ．一般のベクトル A は(A_x, A_y, A_z)の成分を持つ．

$$rot E(x, t) + \frac{\partial B(x, t)}{\partial t} = 0 \tag{A.5}$$

$$rot H(x, t) - \frac{\partial D(x, t)}{\partial t} = i(x, t) \tag{A.6}$$

$$div D(x, t) = \rho(x, t) \tag{A.7}$$

$$div B(x, t) = 0 \tag{A.8}$$

　式中の i は電流密度 [A/m^2]，ρ は電荷密度[C/m^3]である．E, H, D, B, i はベクトル量，ρ はスカラー量である．また，rot (rotation，ローテーション，回転)および div (divergence，ダイバージェンス，発散)は，空間座標のベクトル微分演算子 ∇ (ナブラ，3軸の成分は$\left(\dfrac{\partial}{\partial x}, \dfrac{\partial}{\partial y}, \dfrac{\partial}{\partial z}\right)$)を用いて，それぞれ $\nabla \times$ (∇の外積)および $\nabla \cdot$ (∇の内積)である．

　また，すでに説明したように，以下の関係がある．

$$D(x, t) = \varepsilon E(x, t), \tag{A.9}$$

$$B(x, t) = \mu H(x, t). \tag{A.10}$$

[3] 電界・磁界の波動方程式

　電流，真電荷のない誘電体の媒質について考える．すなわち式(A.6)および式(A.7)の右辺が 0 の場合である．このとき，式(A.5)～式(A.10)を組み合せると，1 つの変数(例えば E)について波動方程式を導くことができる．

$$(\Delta - \varepsilon\mu \frac{\partial^2}{\partial t^2}) \boldsymbol{E}(\boldsymbol{x}, t) = (\Delta - \frac{1}{v^2} \frac{\partial^2}{\partial t^2}) \boldsymbol{E}(\boldsymbol{x}, t) = 0 \tag{A.11}$$

ここで $\Delta (= \nabla^2 = \nabla \cdot \nabla = \frac{\partial^2}{\partial x^2} + \frac{\partial^2}{\partial y^2} + \frac{\partial^2}{\partial z^2})$ はラプラシアン(Laplacian)といい，3 次元空間座標の 2 階微分演算子である．式(A.11)は速度 $v = \frac{1}{\sqrt{\varepsilon\mu}} = \frac{c}{\sqrt{\varepsilon^*\mu^*}}$ で伝搬する E の波動を表している．速度 v は，媒質が真空の場合，$c = \frac{1}{\sqrt{\varepsilon_0\mu_0}}$ となる．なお H, D および B についても，式(A.11)と全く同様の式が得られ，E と同じように伝搬する．

[4] 平面電磁波

　式(A.11)の E として，振幅(amplitude)ベクトル $\boldsymbol{E}_0$，角周波数(angular frequency)$\omega (= 2\pi\nu)$，波数ベクトル $\boldsymbol{k}$ を持つ平面波を考える．ここで，$\boldsymbol{k}$ は波動の進行方向のベクトルで，その大きさは $k = |\boldsymbol{k}| = 2\pi/\lambda$ である．$\boldsymbol{k}$ の方向に伝搬する平面波の電界は次式で表される．

$$\boldsymbol{E}(\boldsymbol{x}, t) = \boldsymbol{E}_0\, \mathrm{e}^{i(\boldsymbol{k} \cdot \boldsymbol{x} - \omega t)} \tag{A.12}$$

この波動は，図 A.1 に示すように，振幅が $E_0 = |\boldsymbol{E}_0|$ であり，(a)時間軸に対しては周期が $1/\nu$ [s]，(b)空間軸(進行方向)に対しては周期が λ [m]の sin(または cos)の三角関数形を持つ．

　式(A.12)を波動方程式(A.11)に代入すると，ω, k および速度 v の間に以下の関係が成り立たなければならないことがわかる．

$$\omega = vk \tag{A.13}$$

　一般の誘電体媒質の ε^* は周波数に依存し，したがって v も周波数により変わるため，式(A.13)は ω と k の分散関係(dispersion relation)を示すことになる．媒質が真空の場合は，光の速度は c で一定で分散性はない．

　また式(A.5)および式(A.6)の右辺を 0 とした式から E と B が同周波数，同位相で振動する波動

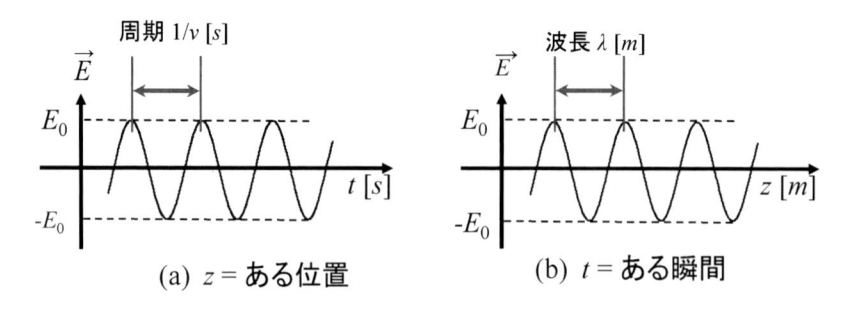

(a) $z = $ ある位置　　　　　　(b) $t = $ ある瞬間

図 A.3　Z 方向に伝搬する平面電磁波の電界波動．電界振幅の(a)時間変化，(b)空間分布．

であること，E と B が直交するベクトルであることが容易に導かれる．図 **A.4** に誘電体中を伝搬する電磁波の電界 E と磁束密度 B の波動の様子を示す．

[5] 電磁波のエネルギー密度とポインティング・ベクトル

媒質中の平面電磁波のエネルギー密度 $w(x, t)$ $[\mathrm{J/m^3}]$ は次式で表される．

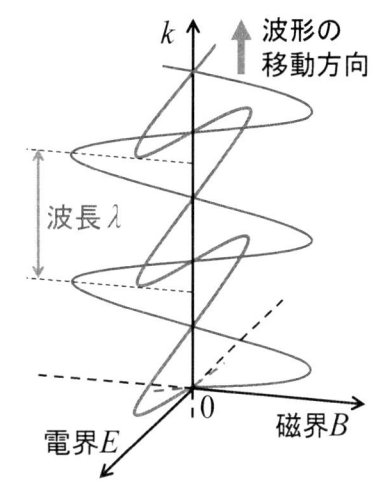

図 **A.4** k 方向に伝搬する平面電磁波の電界 E と磁束密度 B の波動の様子．

$$w(x, t) = \frac{1}{2} \{ E(x, t) \cdot D(x, t) + B(x, t) \cdot H(x, t) \}$$

$$= \frac{1}{2} \{ \varepsilon E(x, t)^2 + \frac{1}{\mu} B(x, t)^2 \} \qquad (A.14)$$

エネルギー密度の時間平均の操作を $\overline{w(x, t)}$ のように上に線を付けて表わし，結果として得られる時間平均を w と表すと次式が導かれる．

$$w = \overline{w(x, t)} = \frac{1}{2} \{ \varepsilon \overline{E(x, t)^2} + \frac{1}{\mu} \overline{B(x, t)^2} \}$$

$$= \frac{1}{2} \{ \frac{1}{2} \varepsilon E_0^2 + \frac{1}{2\mu} B_0^2 \} = \frac{1}{2} \varepsilon E_0^2 \qquad (A.15)$$

式 (A.1) から導かれる $B_0 = \sqrt{\varepsilon\mu} \, E_0$ の関係を用いると，$\frac{1}{2}\varepsilon E_0^2 = \frac{1}{2\mu} B_0^2$ が得られる．すなわち，電磁波の電界エネルギーと磁界エネルギーは等しい．このことから，式 (A.11) の右端の等式では，電界で電磁波のエネルギー密度を表した．

単位時間に単位面積を面に垂直方向に横切る電磁波のエネルギーの流量は，ポインティング・ベクトル $S(x, t)$ $[\mathrm{W/m^2}]$ で表され，電界 E と磁束密度 B の両方に直交するベクトルで，次式で得られる．

$$S(x, t) = \frac{1}{\mu} E(x, t) \times B(x, t) \qquad (A.16)$$

式 (A.12) の絶対値の時間平均を取ることにより，ポインティング・ベクトルの大きさ $S = \overline{|S(x, t)|}$ について，

$$S = \frac{1}{\mu} \left(\frac{1}{2} \sqrt{\varepsilon\mu} \, E_0^2 \right) = \frac{1}{2\mu v} E_0^2 = v \left(\frac{1}{2} \varepsilon E_0^2 \right) = vw \qquad (A.17)$$

が導かれ，媒質中の電磁波の速度で伝搬する電磁エネルギー密度であることがわかる．

[6] 電磁波の電界振幅と光子数密度の関係

[5] では，電磁波のエネルギー密度 w $[\mathrm{J/m^3}]$ を，電界振幅 E_0 と誘電率 ε を用いて表したが，1 個の光子のエネルギーが $h\nu$ であるので，光子数密度 n_p $[\mathrm{photons/m^3}]$ を用いても表すことができる．

$$w = \frac{1}{2} \varepsilon E_0^2 = n_p h\nu \qquad (A.18)$$

同様に，放射束密度 S $[\mathrm{W/m^2}]$ も，w と光の速度 v を用いて次式で書くことができる．

$$S = vw = \frac{1}{2} v\varepsilon E_0^2 = vn_p hv \tag{A.19}$$

　式(A.18)および式(A.19)は，電磁波のエネルギー密度を通じて，電界振幅と光子数密度の関係を表す式，すなわち電磁波の波動性と粒子性をつなぐ式となっている．

A.5　特殊相対論による座標と速度の変換

　アインシュタインの特殊相対論は，お互いに等速運動をしている全ての系(慣性系という)で，相対性原理にもとづき全ての物理法則が同じ形を持ち，かつ光速不変の原理により光子・電磁波の速度(光速)が常に同じで一定であることを要求する．自然界において，光速は最大の速度である．ここで，特殊相対論の「特殊」は，慣性系に限定されることを意味している．それ以外の，加速度運動をする系や重力場内にある非慣性系については，一般相対論による取り扱いが必要である．

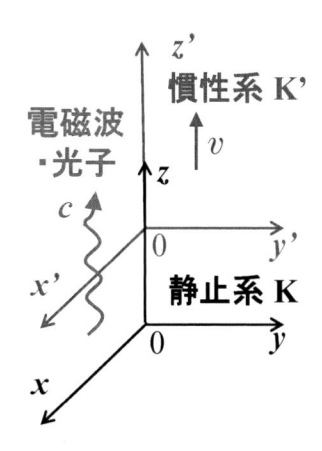

図 A.5　ある慣性系(仮想的な静止系)K とそれに対し z 軸方向に速度 v で等速運動をする慣性系 K'.

　ここで2つの慣性系として，ある慣性系 K とそれに対し z 軸方向に速度 v で等速運動をする慣性系 K' をとる(図 A.5)．移動速度 v は光速 c を超えることはできない．2つの慣性系で起こる事象を，3次元空間の位置座標と時間の4次元の座標で，以下のように表す．

$$\text{K 系：}\quad (x, y, z, t) \tag{A.20}$$

$$\text{K' 系：}\quad (x', y', z', t') \tag{A.21}$$

　また，移動速度 v と光速 c の比について，$\beta = \dfrac{v}{c}$ の記号を用いる．

[1] 座標の変換式

　K 系から K' 系への変換：$x' = x,\ y' = y,\ z' = \dfrac{z - vt}{\sqrt{1 - \beta^2}},\ t' = \dfrac{t - \frac{v}{c^2}z}{\sqrt{1 - \beta^2}}$ $\tag{A.22}$

　K' 系から K 系への変換：$x = x',\ y = y',\ z = \dfrac{z' + vt'}{\sqrt{1 - \beta^2}},\ t = \dfrac{t' + \frac{v}{c^2}z'}{\sqrt{1 - \beta^2}}$ $\tag{A.23}$

[2] 速度の変換式

　K 系および K' 系の粒子の速度を以下の式で定義する．

　K 系での粒子の速度：$\left(v_x = \dfrac{dx}{dt},\ v_y = \dfrac{dy}{dt},\ v_z = \dfrac{dz}{dt}\right)$ $\tag{A.24}$

　K' 系での粒子の速度：$\left(v_x' = \dfrac{dx'}{dt'},\ v_y' = \dfrac{dy'}{dt'},\ v_z' = \dfrac{dz'}{dt'}\right)$ $\tag{A.25}$

　K 系から K' 系への変換：

$$v_x'(t') = \frac{v_x(t)\sqrt{1-\beta^2}}{1 - \frac{v}{c^2}v_z(t)},\quad v_y'(t') = \frac{v_y(t)\sqrt{1-\beta^2}}{1 - \frac{v}{c^2}v_z(t)},\quad v_z'(t') = \frac{v_z(t) - v}{1 - \frac{v}{c^2}v_z(t)} \tag{A.26}$$

K' 系から K 系への変換：

$$v_x(t) = \frac{v_x'(t')\sqrt{1-\beta^2}}{1 + \frac{v}{c^2} v_z'(t')} \ , \ v_y(t) = \frac{v'_y(t')\sqrt{1-\beta^2}}{1 + \frac{v}{c^2} v_z'(t')} \ , \ v_z(t) = \frac{v_z'(t') + v}{1 + \frac{v}{c^2} v'_z(t')} \qquad (A.27)$$

A.6　特殊相対論によるマクスウェル方程式の変換

[1] 慣性系のマクスウェル方程式

以下では，K 系および K' 系の空間の座標をそれぞれ位置ベクトル $\boldsymbol{x}$ および $\boldsymbol{x}'$ で表す．すなわち，$\boldsymbol{x} = (x, y, z)$，$\boldsymbol{x}' = (x', y', z')$ である．

特殊相対論により，K 系および K' 系において，マクスウェル方程式は同じ形を持たなければならない．K 系でのマクスウェル方程式は，A.4 で記述された式(A.5)〜式(A.8)であり，K' 系での方程式も同じく以下の方程式である，

$$rot'\boldsymbol{E}'(\boldsymbol{x}', t') + \frac{\partial \boldsymbol{B}'(\boldsymbol{x}', t')}{\partial t'} = 0 \qquad (A.28)$$

$$rot'\boldsymbol{H}'(\boldsymbol{x}', t') - \frac{\partial \boldsymbol{D}'(\boldsymbol{x}', t')}{\partial t'} = \boldsymbol{i}'(\boldsymbol{x}', t') \qquad (A.29)$$

$$div'\boldsymbol{D}'(\boldsymbol{x}', t') = \rho'(\boldsymbol{x}', t') \qquad (A.30)$$

$$div'\boldsymbol{B}'(\boldsymbol{x}', t') = 0 \qquad (A.31)$$

[2] 電磁気学のパラメータの変換式

K 系および K' 系において，マクスウェル方程式が同じ形を持つことから，電磁気学のパラメータの変換に対して，以下の関係が求められる．

電流密度と電荷密度の K 系から K' 系への変換式：

$$i_x'(\boldsymbol{x}', t') = i_x(\boldsymbol{x}, t), \ i_y'(\boldsymbol{x}', t') = i_y(\boldsymbol{x}, t), \ i_z'(\boldsymbol{x}', t') = \frac{i_z(\boldsymbol{x}, t) - v\rho_e(\boldsymbol{x}, t)}{\sqrt{1-\beta^2}} \qquad (A.32)$$

$$\rho_e'(\boldsymbol{x}', t') = \frac{\rho_e(\boldsymbol{x}, t) - \frac{v}{c^2} i_z(\boldsymbol{x}, t)}{\sqrt{1-\beta^2}} \qquad (A.33)$$

電束密度と磁界の K 系から K' 系への変換式：

$$D_x'(\boldsymbol{x}', t') = \frac{D_x(\boldsymbol{x}, t) - \frac{v}{c^2} H_y(\boldsymbol{x}, t)}{\sqrt{1-\beta^2}} \ , \ D_y'(\boldsymbol{x}', t') = \frac{D_y(\boldsymbol{x}, t) + \frac{v}{c^2} H_x(\boldsymbol{x}, t)}{\sqrt{1-\beta^2}} \ , \ D_z'(\boldsymbol{x}', t') = D_z(\boldsymbol{x}, t) \qquad (A.34)$$

$$H_x'(\boldsymbol{x}', t') = \frac{H_x(\boldsymbol{x}, t) + v D_y(\boldsymbol{x}, t)}{\sqrt{1-\beta^2}} \ , \ H_y'(\boldsymbol{x}', t') = \frac{H_y(\boldsymbol{x}, t) - v D_x(\boldsymbol{x}, t)}{\sqrt{1-\beta^2}} \ , \ H_z'(\boldsymbol{x}', t') = H_z(\boldsymbol{x}, t) \qquad (A.35)$$

電界と磁束密度の K 系から K' 系への変換式：

$$E_x'(\boldsymbol{x}', t') = \frac{E_x(\boldsymbol{x}, t) - v B_y(\boldsymbol{x}, t)}{\sqrt{1-\beta^2}} \ , \ E_y'(\boldsymbol{x}', t') = \frac{E_y(\boldsymbol{x}, t) + v B_x(\boldsymbol{x}, t)}{\sqrt{1-\beta^2}} \ , \ E_z'(\boldsymbol{x}', t') = E_z(\boldsymbol{x}, t) \qquad (A.36)$$

$$B_x'(\boldsymbol{x}', t') = \frac{B_x(\boldsymbol{x}, t) + \frac{v}{c^2} E_y(\boldsymbol{x}, t)}{\sqrt{1-\beta^2}} \ , \ B_y'(\boldsymbol{x}', t') = \frac{B_y(\boldsymbol{x}, t) - \frac{v}{c^2} E_x(\boldsymbol{x}, t)}{\sqrt{1-\beta^2}} \ , \ B_z'(\boldsymbol{x}', t') = B_z(\boldsymbol{x}, t) \qquad (A.37)$$

A.7　特殊相対論における粒子と光子の運動量とエネルギー

[1] 質量を持つ粒子の運動量とエネルギーの関係式

　3次元空間の質量 m，速度 v の粒子(質点)の自由運動について，特殊相対論にもとづき，以下の関係式が得られる．

　　　粒子の運動量 p： $\quad p = \dfrac{m\boldsymbol{v}}{\sqrt{1-\beta^2}}$ $\hfill$ (A.38)

　　　粒子に働く力 $\dfrac{d\boldsymbol{p}}{dt}$： $\quad \dfrac{d\boldsymbol{p}}{dt} = \dfrac{m}{\sqrt{1-\beta^2}}\ \dfrac{d\boldsymbol{v}}{dt}$ $\hfill$ (A.39)

　　　粒子のエネルギー E： $E = \dfrac{mc^2}{\sqrt{1-\beta^2}}$ ，$(mc^2$：静止エネルギー$)$ $\hfill$ (A.40)

　　　　$\beta \ll 1$ のとき，$E \cong mc^2 + \dfrac{1}{2}\,mv^2$ $\hfill$ (A.41)

　　　(エネルギーは静止エネルギーと運動エネルギーの和で近似される．)

　　エネルギーと運動量の関係式：

　　　　$E = c\sqrt{p^2+m^2c^2},\ \ \dfrac{E^2}{c^2} = p^2+m^2c^2,$ $\hfill$ (A.42)

　　　　$p^2 = \dfrac{E^2-m^2c^4}{c^2} = E^2\,\dfrac{\beta^2}{c^2} = E^2\,\dfrac{v^2}{c^4}$ $\hfill$ (A.43)

　　相対論的粒子は，$v \cong c$，$E \gg mc^2$ で，$E \cong pc$ である．

[2] 質量0の粒子および光子の運動量とエネルギーの関係式

　粒子のエネルギーと運動量の関係式(A.42)，(A.43)で，$m=0$ とすると $E=pc$，速度 $v=c$ である．したがって，

　　　　質量0の粒子のエネルギーと運動量の関係式：$E=pc$ $\hfill$ (A.44)

　　光子の周波数 v，角周波数 $\omega=2\pi v$，波長 $\lambda = \dfrac{c}{v}$，波数 $k = \dfrac{2\pi}{\lambda} = \dfrac{\omega}{c}$ とする．

　　光子の速度は c で，質量は0である．

　　プランク定数 h および $\hbar = \dfrac{h}{2\pi}$ を用いて，

　　　光子のエネルギー E_v： $E_v = hv = \hbar\omega$ $\hfill$ (A.45)

　　　光子の運動量 p： $p = \dfrac{E_v}{c} = \dfrac{h_v}{c} = \dfrac{\hbar\omega}{c} = \dfrac{h}{\lambda} = \hbar k$ $\hfill$ (A.46)

参考文献

【参考図書】

1) "Absorption and Scattering of Light by Small Particles", C. F. Bohren and D. R. Huffman, John Wiley & Sons (1998): Chap. 3 Absorption and scattering by an arbitrary particle: Chap. 4 Absorption and scattering by a sphere: Chap. 5 Particles small compared with the wavelength: Chap. 8 A potpourri of particles: Chap. 13 Angular dependence of scattering.

2) "Optics, 4th Edition,"E. Hecht, published as Addison Wesley, U.S.A. and Canada, (2002): Chap.1 A brief history: Chap. 3 Electromagnetic theory, photons, and light: Chap. 4 The propagation of light: Chap. 8 Polarization: Chap. 10 Diffraction: Chap. 13 Modern optics: Lasers and other optics.

3) "The Infrared Handbook, revised edition," Eds. W. L. Wolfe and G.L. Zissis, ERIM (1985): Chap.1 Radiation theory, W. L. Wolfe, §1.1 Introduction, §1.3 Related radiation laws: Chap. 2 Artificial sources, A. J. LaRocca, §2.2 Laboratory sources, §2.3 Commercial sources.

4) "宇宙素粒子物理学", C. グルーペン著, 小早川恵三訳, 丸善出版 (2012)：第 1 章 歴史的展望によるまえがき：第 2 章 素粒子の標準模型：運動学と断面積：第 9 章 初期宇宙：第 12 章 インフレーション.

5) "新・天文学事典" 谷口義明監修, ブルーバックス B-1806, 講談社 (2013)：第 1 章 宇宙論：第 2 章 ダークエネルギー：第 3 章 ダークマター：第 6 章 銀河系：第 7 章 恒星.

6) "テラヘルツ技術総覧", テラヘルツテクノロジーフォーラム編, エヌジーティー (2007)：廣本宣久, 第 2 章 テラヘルツ波の基礎 §2.4 テラヘルツ波の検出.

7) "熱物理学" C. キッテル著, 山下次郎・福地 充訳, 丸善 (1964)：第 2 章 初等的に解ける系：第 3 章 基本仮定：第 4 章 熱的に接触している 2 つの系：第 5 章 拡散的な接触をしている 2 系：第 6 章 ギブス因子とボルツマン因子：第 8 章 熱力学温度：第 10 章 自由粒子：第 11 章 単原子理想気体：第 14 章 フェルミ－ディラック統計の応用：金属と白色矮星：第 15 章 光子に対するプランクの分布関数：第 16 章 固体内のフォノン：第 17 章 ボーズ粒子の物理：第 19 章 熱力学ポテンシャル, 大きいポテンシャルおよび熱関数.

8) "場の古典論" エリ・ランダウ・イェ・リフシッツ著, 広重 徹・恒藤敏彦訳, 東京図書 (1964)：第 1 章 相対性原理：第 2 章 相対論的力学：第 4 章 場の方程式：第 9 章 電磁波の放射.

9) "量子力学 1" エリ・ランダウ・イェ・リフシッツ著, 佐々木 健・好村滋洋訳, 東京図書社 (1967)：第 1 章 量子力学の基本概念：第 2 章 エネルギーと運動量：第 4 章 角運動量：第 5 章 中心対称場の中の運動：第 8 章 スピン：第 9 章 粒子の同等性：第 10 章 原子.

10) "理論電磁気学(第 3 版)", 砂川重信, 紀伊国屋書店 (1999)：第 1 章 真空電磁場の基本法則：第 2 章 Maxwell の方程式の一般的性質：第 3 章 静止物体中の Maxwell の方程式：第 8 章 電磁波：第 9 章 電磁波の放射：第 10 章 運動物体の電磁気学：第 11 章 特殊相対論.

【引用文献】

11) ISO: "Optics and photonics – Spectral bands", ISO 0473:2007(E) (2007).

12) 赤外線技術研究会編："赤外線工学－基礎と応用－", オーム社 (1991).

13) 産業技術総合研究所："有機化合物のスペクトルデータベース (SDBS)", http://riodb01.ibase.aist.go.jp/sdbs/cgi-bin/cre_index.cgi?lang=jp.

14) R. Voss, R. Diehl, J. S. Vink and D. H. Hartmann :"Proving the evolving massive star population in Orion with kinematic and radioactive tracers", Astron. Astrophys., 520 (A51), pp.1-10 (2010).

15) P. A. Crowther, D .J. Lennon and N. R. Walborn : "Physical parameters and wind properties of galactic early B supergiants", Astron. Astrophys., 446 (1), pp.279-293 (2006).

16) N. Smith et al. : "Red supergiants as potential type IIn supernova progenitors: Spatially resolved 4.6 mm CO emission around VY CMa and Betergeuse", Astron. J., 137, pp.3558-3573 (2009).

17) E. E. Becklin and G., Neugebauer :"Observations of an infrared star in the Orion Nebula", Astrophys. J., 147, pp.799-802 (1967).

18) E. E. Becklin, G. Neugebauer and C. G. W. Williams : "On the nature of the infrared point source in the Orion Nebula", Astrophys. J., 182, pp.L7-L9 (1973).

19) J. C. Mather, E. S. Cheng, R. E. Eplee, Jr., et al. : "A preliminary measurement of the cosmic microwave background spectrum by the Cosmic Background Explorer (COBE) satellite", Astrophys. J., Part 2 - Letters (ISSN 0004-637X), 354, pp. L37-L40 (1990).

20) J. C. Mather, E. S. Cheng, D. A. Cottingham, et al. : "Measurement of the cosmic microwave background spectrum by the COBE", Astrophys. J., Part 1 (ISSN 0004-637X), 420(2), pp. 439-444 (1994).

21) CCIR Doc. Rep.719-3 :"Attenuation by atmospheric gases", ITU 1990,

CCIR Doc. Rep.721-3: "Attenuation by hydrometers, in particular precipitation and other atmospheric particles", ITU 1990.

22) D. H. Hoehm, W. Steffens, and A. Kohnle: "Atmospheric IR propagation", Infrared Phys. 25(1/2), pp.445-456 (1985).

23) http://www.ontar.com/Software/; http://modtran.spectral.com/ (2016 年 9 月 13 日検索).

24) R. E. Hufnagel: "Propagation through atmospheric turbulence", The Infrared Handbook, revised edition (eds. W. L. Wolfe and G.L. Zissis), Chap.6, ERIM (1985).

25) W. B. Miller and J. C. Ricklin: "Log-amplitude variance and wave structure function: a new perspective for Gaussian beams", J. Opt. Soc. Am. A, 10(4), pp.661-672 (1993).

26) E.A. Newman and P. H. Hartline: "The infrared "vision" of snakes," Scientific American, 246 (3), 116-127 (1982).

27) 岡田泰伸監訳："ギャノング 生理学 原書 23 版 ", 丸善出版 (2011).
原著：K. E. Barret, S. M. Barman, S. Boitano, and H. L. Brooks: "Ganong's Review of Medical Physiology", McGraw-Hill (2010).

28) E. H. Putley : "History of infrared detection – PART I. The first detectors of thermal radiation", Infrared Phys., 22(3), pp.125-131 (1982).

29) J. Evans: "Pictet's experiment: The apparent radiation and reflection of cold," Am. J. Phys., 53 (8), pp.737-753 (1985).

30) E. S. Barr: "Historical survey of the early development of the infrared spectral region", Am. J. Phys., 28(1), pp. 42-54 (1960).

31) R. N. Jones: "Analytical applications of vibrational spectroscopy – A historical review", Chemical, biological and industrial applications of infrared spectroscopy (ed. J. R. During), pp. 1-50, John Willey & Sons (1985).

32) R. D. Hudson: "Infrared System Engineering", Chap. 1-Introduction to Infrared System engineering, § 1.1, p.4, John Willey & Sons (1969).

33) R. A. Smith, F. E. Jones and R. P. Chasmer : "The Detection and Measurement of Infra-Red Radiation", Chap. I, § 1.1, pp.1-7, Oxford University Press (1957).

34) E. S. Barr: "The infrared pioneers – II. Macedonio Melloni," Infrared Phys., 2(2), pp. 67-74 (1962).

35) E. S. Barr: "The infrared pioneers – III. Samuel Pierpont Langley," Infrared Phys., 3(4), pp. 195-206 (1963).

36) P. W. Kruse, L. D. Mcglauchlin, and R. B. Mcquistan: "Elements of Infrared Technology: Generation, Transmission, and Detection", Chap. 1, pp.1-10, John Wiley & Sons (1962).

37) H. L. Hackforth, 和田正信・中野朝安訳 :" 赤外線工学 ", § 1-4, pp. 8-14, 近代科学社 (1963.10).

38) A. Rogalski: "History of infrared detectors," Opto － Electronics Review, 20(3), pp.279–308 (2012).

39) 中里英明 :" 量子型赤外線センサ技術の現状と動向 ", 日本赤外線学会誌, 25 (1), pp. 5-17(2015).

40) M. Kimata, M. Ueno, H. Yagi, et al. : "PtSi Schottky-barrier infrared focal plane arrays", Opto-Electronics Review, 6 (1), pp.1–10 (1998).

41) 小田直樹 :" 米国の熱型非冷却赤外センサ技術 ", 日本赤外線学会誌, 25 (1), pp. 40-46(2015).

42) R. A. Wood: "Uncooled thermal imaging with monolithic silicon focal planes," in Proc. SPIE 2020, Infrared Technology XIX, 322 (Nov. 1, 1993).

43) C. M. Hanson: "Uncooled thermal imaging at Texas Instruments," in Proc. SPIE 2020, Infrared Technology XIX, 330 (Nov. 1, 1993).

44) M. F. Kimmitt: "Reststrahlen to T-rays-100 years of terahertz radiation", J. Biological Physics, 29(2-3), pp.77-85 (2003).

45) ロバート・エー・エツチエン :" 赤外分光学の過去，現在及び未来 ", 分光研究, 5(1), pp.3-7 (1956).

46) P. Connes: "Early history of Fourier Transform Spectroscopy", Infrared Phys., 24 (2/3), pp.69-93 (1984).

47) D. H. Auston: "Picosecond optoelectronic switching and gating in silicon", Appl. Phys. Lett., 26 (3), pp.101-103 (1975).

48) K. Sakai and M. Tani: "Introduction to terahertz pulses", in Terahertz Optoelectronics (ed. K.Sakai), Topics in Appl. Phys., Vol. 97, pp. 1-31, Springer-Verlag (2005).

2章　赤外光源

　赤外光源には主として，黒体炉に代表される熱放射，気体・液体・固体あるいは半導体や量子井戸のエネルギー準位間遷移による放射，電子の加速度運動による放射，そしてフェムト秒レーザで超短パルス電流を発生させることによる電磁波放射に基づくものがある．

2.1　黒体炉と熱放射源

　熱放射に基づく赤外光源について述べる．1.3 の「赤外線の放射」がその基本となる．

2.1.1　黒体炉

　黒体炉は放射率が 1.0 の理想物体である黒体(black body)を具現化したものであり，温度を設定すればプランクの放射法則(Planck's radiation law)に基づいた波長別放射量及び全放射量が得られる．黒体炉を用いて放射温度計，放射計(赤外パワーメータ)，赤外検出器などの校正を行うことができる．

　黒体炉は放射率が 1.0 に限りなく近くなるように空洞の一部に穴を開けた立体形となっており，空洞形状は円筒，円筒円錐，二重円錐などがある．**図 2.1** に円筒円錐形の黒体炉断面の例を示す．

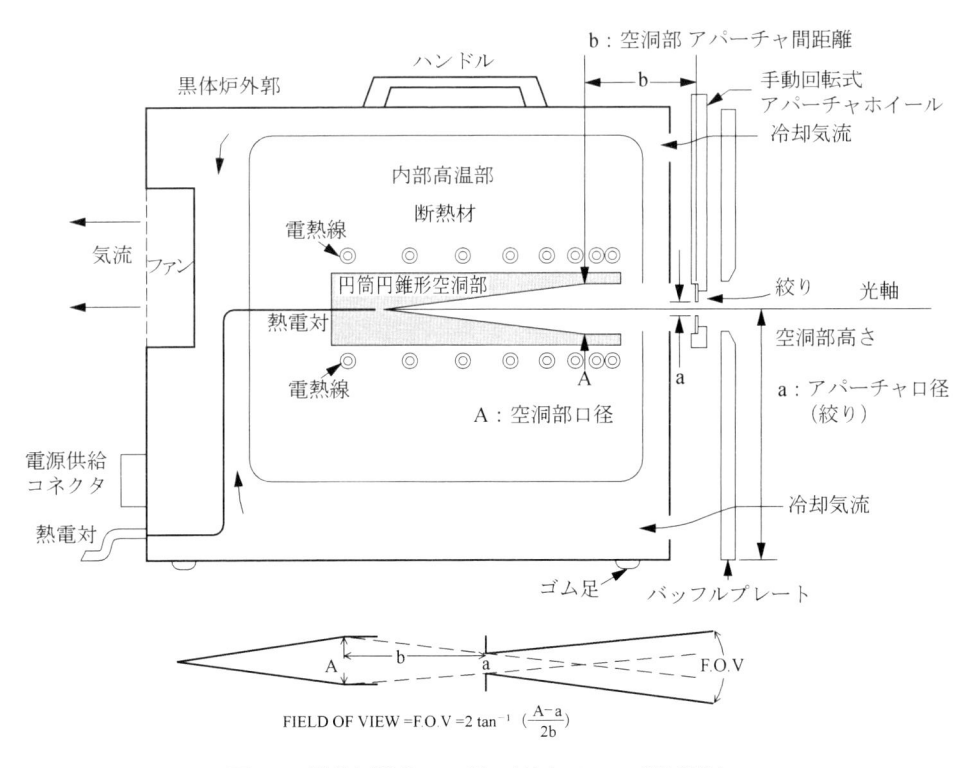

図 2.1　黒体炉構造の一例　(日本バーンズ㈱提供)

空洞と外装の間に発熱体と耐熱材が内蔵され，空洞からアパーチャ(aperture)を通して外部に熱放射される．温度は空洞部に埋め込まれた測温抵抗体(resistance temperature detector, RTD)あるいは熱電対(thermocouple)などによって測定され，その値が温度設定値と一致するように発熱体に流す電流が外部温度調節器で制御される．

　黒体炉の空洞放射率(cavity emissivity)は，穴の径，空洞の深さ，壁面の放射率などの値から理論的計算による推定(設計)が可能である．実際の空洞放射率については，レーザ光などを用いた反射測定法により，実験的な検証が行われている[1]．しかし，実際に黒体炉の製作や利用をする場合，黒体空洞部の空洞放射率に加え，空洞壁面の温度分布や空洞外部からの背景放射などの効果を含めた実効放射率(effective emissivity)の実験的評価は一般に困難であるため，国家標準にトレーサブル(traceable)な黒体炉などを基準とした，輝度温度の比較測定などにより，黒体炉としての性能が検証される．

　黒体炉の多くは，温度が 50 ～ 1200℃，空洞部口径は最大 1 インチ，絞りを用いて数段階で最小 1 mm 程度まで変えられ，放射率は 0.99 程度である．より高温の 1200 ～ 3000℃の黒体炉は，使用できる発熱体材料は限られ，断熱部は大型になり，酸化防止のためのガスパージや外郭部の冷却などの対策が必要である．

　黒体炉からの赤外放射量は温度と放射率のみによって決まるので，空洞部の温度測定は最も重要である．一年に一度は校正された測温抵抗体または熱電対などの測温素子を空洞部に挿入し，黒体炉温度指示値との差を求め校正することが望ましい．定点黒体炉は空洞部ユニット内に封入された高純度の金属の温度定点(融点，凝固点)で一定温度を維持するプラトー(plateau)な現象を利用している．

　赤外放射照度の標準源として黒体炉を用いる場合は，必要とする放射照度の量を得るために，温度を高く，絞りを最大に開くなどの方法もあるが，放射部分を平板の大きな放射面積にして，高い放射照度が得られる平面黒体炉を用いる方が実用的である．平面黒体炉は放射輝度標準器として赤外カメラ(サーモグラフィ，赤外イメージャ)の校正などにも利用され，平面黒体炉前面に黒体塗料を塗布したテストパターンをターゲットプレートとして取り付け，ターゲットと黒体との温度差を設定して用いるものを差温度黒体炉と呼ぶ．

　黒体炉を赤外放射の標準源として 試料物質の分光放射率測定を行う方法と，赤外線ヒータの分光放射照度の測定を行う方法を図2.2 に，黒体炉を全放射照度標準源として赤外検出器の感度測定を行う方法を図2.3 に示す．

2.1.2　分光器用光源

　分光器用光源としては輝度が高く，放射スペクトル領域が広いことが要求される．近赤外では以下の[1]と[2]の，中赤外では [3]の，遠赤外では[4]の光源が主として用いられる．

[1] ハロゲンランプ

　窒素や不活性ガスと微量のヨウ素や臭素を小型石英管の中に封入し，タングステンフィラメント

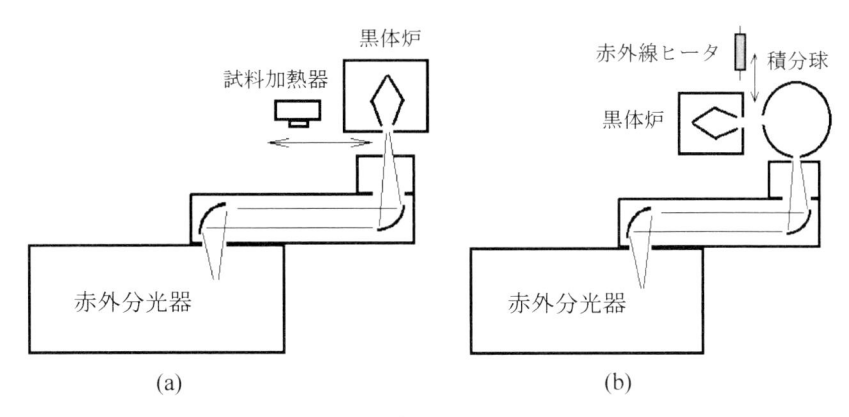

図2.2 黒体炉を赤外標準源として用いた
(a)試料物質の分光放射率測定, (b)赤外線ヒータの分光放射照度測定

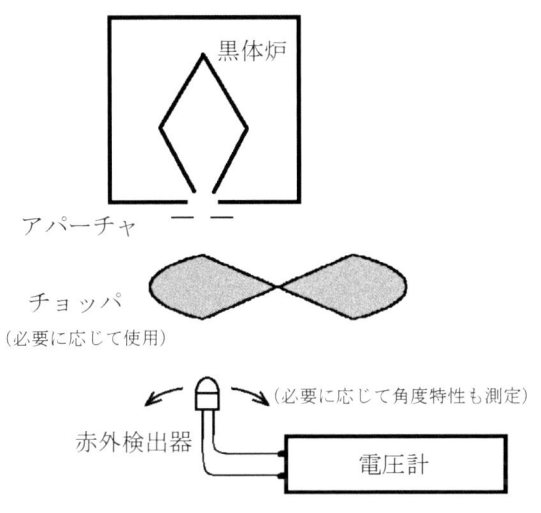

図2.3 黒体炉を全放射照度標準源として用いた
赤外検出器の感度測定

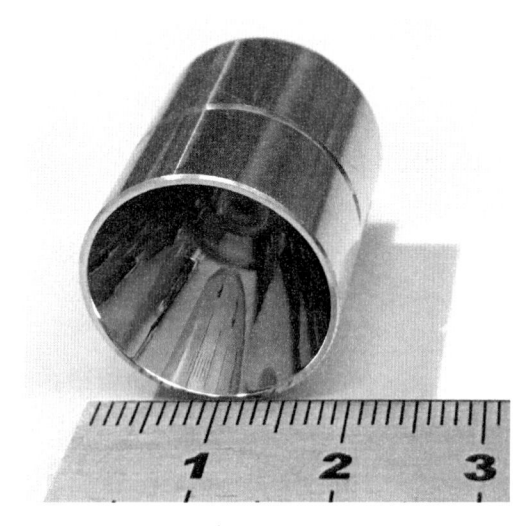

図2.4 分光器用ハロゲンランプ
(㈱システムズエンジニアリング提供)

を約3000℃に加熱することで, 白熱電球よりも多くの可視光・近赤外線を放射する. 石英管が透明な約4.5 μmまでの波長の近赤外光源として最も手軽に使われている. 反射鏡と一体化して小型化した分光器用ハロゲンランプを**図2.4**に示す.

[2] サファイア窓ランプ

タングステンランプの管壁の一部をサファイア窓材とし波長6 μmまでの赤外放射が得られるようにしたランプである. サファイア窓部を高温の発熱部から遠ざけた形状の製品が市販されている. **図2.5**にその外観と分光特性の一例を示す.

[3] SiC 光源

発熱体としての炭化ケイ素(SiC)を赤外光源として成型したものである. ニクロム光源(約1000℃)と比べて高温(約1300℃)で赤外線放射量が多い. この光源はエレマ, シリコニット, グローバ,

テコランダムなどとも呼ばれる.
分光器用小型 SiC 光源の写真と
分光放射率の一例を**図 2.6** に示
す. 分光放射率は波長 12.6 μm
で低下するが, 他の領域では平
坦で高い値である.

[4] 高圧水銀ランプ

石英管中の水銀蒸気(0.1 ～ 1
MPa)の放電による約 5000 K の
プラズマ発光を利用する. 石英
は波長約 5 ～ 50 μm ではほと
んど不透明なので[2], その不透
明波長域では高温の石英管から
の黒体放射, それ以外の波長域
では高温プラズマからの放射で
ある. 高圧水銀ランプは, 遠赤
外やテラヘルツの長波長用連続
スペクトル光源として用いられ
るが, 使用に当たっては, 多量
に発生する紫外線や可視光を吸
収するカーボン入りポリエチレ
ンフィルタの使用と, 発生する
オゾンのパージの対策などを行
う必要がある.

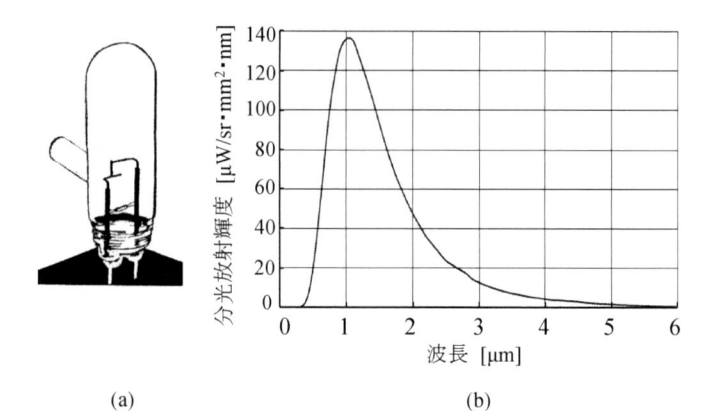

(a)　　　　　　　　　　　　(b)

図 2.5　サファイア窓ランプ(a)外観と(b)分光放射輝度
(OPTRONIC LABORATORIES,INC 製　IR-108 ランプ技術資料
から引用)

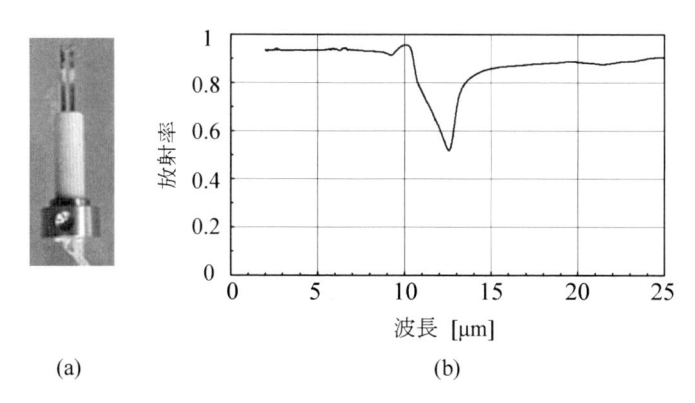

(a)　　　　　　　　　　　　(b)

図 2.6　分光器用小型 SiC 光源(a)外観と(b)分光放射率
(写真は㈱システムズエンジニアリング提供)

2.1.3　赤外放射熱源

赤外放射は熱源として利用され, その波長は 1 章で述べた分光学的あるいは ISO(international
organization for standardization, 国際標準化機構)の定義による近・中赤外域にあたる. 赤外放射熱源
ではタングステンフィラメントを使用したものは赤外線電球(赤外線ランプ), それ以外で利用波長
が比較的短いものは赤外線ヒータ, 長波長のものは 1 章での定義波長域に関係なく遠赤外線ヒータ
と呼ばれている. 発熱体をガラス管やセラミックスで密封したランプやヒータは, 塵埃の発生がな
いのでクリーンルームでも使用できる.

[1] 赤外線電球

赤外線電球(赤外線ランプ)は, 赤外放射熱源として最も手軽に使われている. **図 2.7** に赤外線電
球の外観と, その放射スペクトルを白熱電球および写真用電球のそれと比較して示す. 構造は口金

も含めガラス管の照明用反射型
白熱電球(リフレクタランプ)と
同じである．フィラメント温度
を約 2500 K と白熱電球より低
くし，波長約 1.1 μm を最大出
力としている．形が大きくガラ
ス管であるため強度は弱い．一
方，管型赤外線電球は耐熱性の
高い石英管を使用してガラスの
透過波長よりも長い波長の近赤

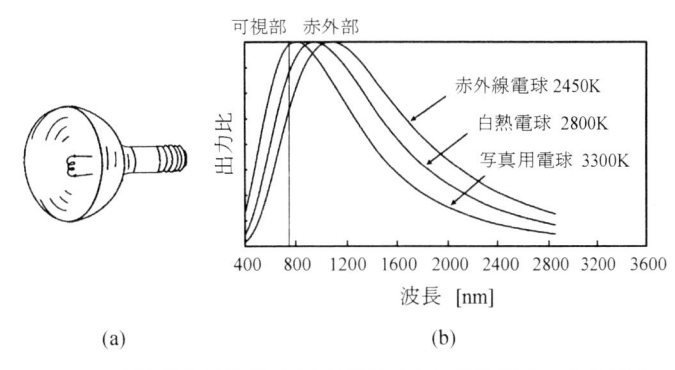

(a)　　　　　　　　　　　　　(b)

図 2.7　反射型赤外線電球(a)外観と(b)赤外線電球・白熱電球・
写真用電球の発光強度波長依存性

外線を透過し，可視光も全光量の 10% 程度を放射している．管球を赤色にして可視光を吸収した
製品もある．石英管のランプなのでコルツ(quartz)ランプ，コルツヒータ，コルチェヒータとも呼
ばれている．どちらの赤外線電球も高温となるフィラメントをガラス管や石英管で覆っているので
対流による熱損失はなく，放射効率が 90% を超えるものも珍しくはない．

　ハロゲンヒータあるいはハロゲンランプヒータと呼ばれるヒータが近年使われ始めている．一般
照明用のハロゲン電球のフィラメント温度を照明用の約 3200 K から 2200 ～ 2500 K に下げて赤外
放射成分を増やし，ヒータとしたものである．熱容量が小さく，昇温・降温はほぼ瞬時である等の
優れた性能を持っているが，使用に際しては点灯姿勢をほぼ水平に保つや，点灯時に数倍の突入電
流が流れるなどに留意する必要がある．石英管外側にセラミックスを薄くコーティングして，可視
光の遮断と管壁からの長波長赤外放射量を増加させたものも開発されている．

[2] 赤外線 / 遠赤外線ヒータ

　石英管の中にニクロム線コイルを収めた構造の赤外線ヒータは長い歴史がある．管型赤外線電球
と似た形状であるが石英管は密閉されておらず空気の流通がある．その一例を**図 2.8** に示す．ニク
ロム線を花巻き状態(ゼムクリップを少し開いたような U 字形状)にして石英管との接触面を少な
くし，速熱性やニクロム線の高温度化，可視光の増加による視認性の向上を図っている[3]．

　従来から赤外線ヒータの電熱線素材としてタングステンや上述のようにニクロムが使用されてい
たが，最近はカーボンも加わりカーボンヒータとして商品化され，民生用から工業用まで広く使わ

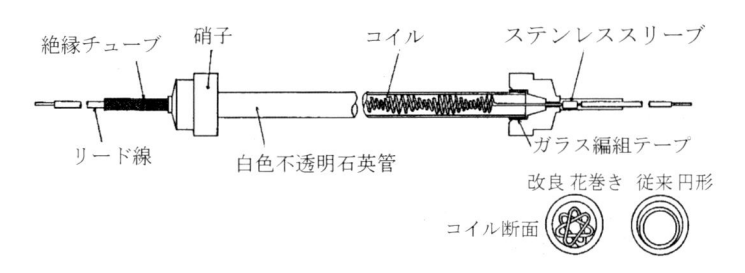

図 2.8　赤外線ヒータ(花巻き状ニクロム線使用)

れるようになった．これは近年の炭素繊維研究の成果に基づくものである．カーボンは高温時に昇華するので，それを防止するために不活性ガスと共に石英管中に密閉されている．通電時のカーボンの温度は 1000℃ 前後である．カーボン（ヒータ）はニクロム線やタングステンフィラメントのような突入電流が無く，起動・停止の時間が数秒以下なので頻繁にオン / オフ操作をすることができ，取り付け方向に自由度があり，発熱・放射面積が比較的大，放射率が 0.95 を超える高い値，長寿命などの優れた特徴によって大幅な省エネルギーも実現している．

　遠赤外線と名の付くヒータがある．シーズヒータ（ステンレス等の金属管の中に絶縁体とニクロムヒータを挿入）の外周を放射率の高いセラミックスでコーティングした管状の遠赤外線ヒータ，各種形状の陶磁器でニクロム線を包んだ遠赤外線ヒータ，金属パネルの表面をセラミックスでコーティングして電熱線で加熱する遠赤外線パネルヒータ，パイプ中でガスを燃焼させパイプ表面から赤外線を放射するガス燃焼式遠赤外線ヒータなど，構造も形状も熱源も多種多様である．反射式石油ストーブも高温のガラス燃焼筒表面から赤外線が放射される遠赤外線ヒータである．これら遠赤外線ヒータの放射部は形状が大きく，温度が数 100℃ 程度の状態で空気中に露出しているため，対流による損失が生じ放射効率は低い．

2.2　レーザ

　コヒーレント（coherent）な光であるレーザ（light amplification by stimulated emission of radiation, laser）は 1958 年に A. シャウロー（Schawlow）と C. タウンズ（Townes）により提案され，1960 年 6 月に T. メイマン（Maiman）によりルビーの固体レーザで初めて発振に成功した．その 7 ヶ月後に A. ジャバン（Javan）らにより He－Ne の気体レーザが，そして 2 年後の 1962 年に米国の 4 研究所で GaAs を用いた半導体レーザが実現した．本節では種々のレーザについて説明する．尚，自由電子レーザについては，2.5.2 で述べる．

2.2.1　気体レーザ

　赤外線の気体レーザは，He－Ne 放電により，Ne の 2S－2P 遷移で波長 1.153 μm の発振に成功したのが始まりである [4]．その後，希ガス，2 原子分子，3 原子分子等から赤外発振線が得られた [5]．このうち計測や加工に用いられているのは，波長が 1.15 μm，3.3 μm の He－Ne レーザ [4]，9 ～ 11 μm の CO_2 レーザ [6]，28 μm，119 μm の H_2O レーザ [7] や 337 μm の HCN レーザ [8] 等である．これらレーザは主として放電励起によるが，1970 年に Chang らが CH_3F を CO_2 レーザで励起して遠赤外レーザの発振に成功し [9]，発振線の少なかった遠赤外からミリ波に至る領域で各種分子気体から約 4000 本の発振線が得られるようになった [5]．しかし，高出力で取り扱いやすいレーザ発振線は多くなく数 10 本程度に限定される．

　以上のように，種々の赤外気体レーザがあるが，その中で最も代表的な CO_2 レーザと CO_2 レーザ励起遠赤外レーザについて，以下に述べる．**図 2.9** は CO_2 レーザおよびそれを励起光とする遠赤外レーザシステムの一例を示す．

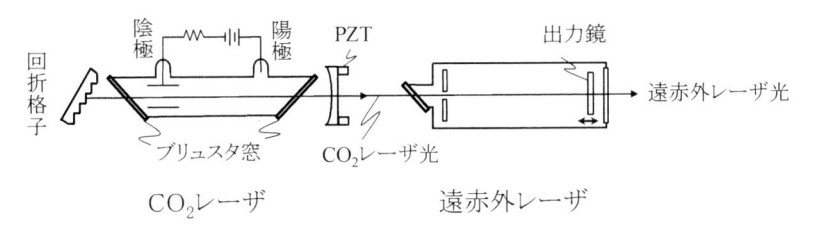

図2.9　CO_2 レーザ励起遠赤外レーザ装置

[1] CO_2 レーザ

　CO_2 レーザは図2.9(左部)に示すように，共振器の一方の鏡は発振波長選択が必要な場合は回折格子が，必要が無い場合は金メッキの金属鏡が，他方の鏡は Ge や ZnSe に反射コーティングを施して一部透過としたものが出力鏡として用いられる．そして出力鏡に取り付けられた PZT(lead zirconate titanate)圧電素子で共振器長を変えて発振波長のチューニングがなされる．図のようにレーザ管の軸方向にグロー放電させる場合，ガス圧力は 0.01 気圧程度と低いが，電極を軸に平行に設置して放電を垂直にするとガス圧力を約 1 気圧にまで高めることができ，これを TEA (transversely excited atmospheric)CO_2 レーザと呼ぶ．

　CO_2 レーザはレーザ媒質として，CO_2(その同位体)，N_2, He を用い，波長が 9 ～ 11 μm (1100 ～ 900 cm^{-1})において，9.6 μm と 10.6 μm を中心とする 2 つの帯域で 100 本以上の発振線が得られる．CO_2 分子は (v_1, v_2^l, v_3) の 3 つの基準振動からなり(図7.2 参照)，CO_2 － N_2 のエネルギー準位は図2.10 のようになる．V = 1 に放電励起された N_2 から共鳴的に CO_2 へ振動エネルギーが移動して，CO_2 は $(0, 0^0, 1)$ 準位に励起される．9.6 μm 帯の発振は $(0, 0^0, 1)$ 準位から $(0, 2^0, 0)$ 準位へ，10.6 μm 帯の発振は $(0, 0^0, 1)$ 準位から $(1, 0^0, 0)$ 準位への遷移による．各 (v_1, v_2^l, v_3) 準位には，量子化された分子回転エネルギー準位 (J) が付随しており(図7.3 参照)，P 枝(ブランチ，branch)と R 枝の発振線が生じる．レーザ媒質中の He は，放電の安定化を果たすと同時に，レーザ遷移後に下準位に移った CO_2 が滞留して反転分布を阻害しないよう衝突して CO_2 を基底準位に戻す役割をする．

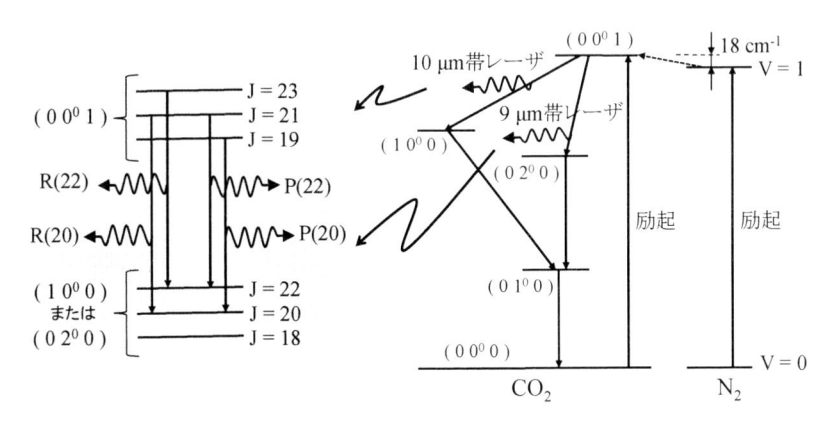

図2.10　CO_2 レーザのエネルギー準位と遷移

[2] CO$_2$ レーザ励起遠赤外レーザ

　図 2.9 に示すように装置は CO$_2$ レーザと遠赤外レーザの 2 つから成り，発振機構を図 2.11 に示す．CO$_2$ レーザを遠赤外レーザ媒質の分子気体に吸収させると分子は（光）励起され，励起振動準位（V = 1）内の，あるいは基底振動準位（V = 0）内の回転準位間で反転分布が生じ，遠赤外領域においてレーザ発振する．励起 CO$_2$ レーザは回折格子で波長選択し，PZT で発振周波数が遠赤外レーザ媒質の励起振動準位に一致するように，共振器長を微調整する．性能が良い遠赤外レーザであるためには，励起レーザは単一モードで，周波数安定性が良いことが要求される．遠赤外レーザ共振器を構成する鏡は，一方には励起光を入力するためのカップリングホールを持つ金属鏡が，他方の出力鏡には遠赤外レーザ光の取り出し部以外は励起光を完全反射する金をコーティングした結晶水晶やシリコンのハイブリッドカップラ，シリコン基板に誘電体多層膜と金属メッシュをコーティングしたもの，などが用いられる [10]．出力鏡は機械的に平行移動して共振器長を変えてチューニングされる．励起光の遠赤外レーザ共振器からの戻り光（back talk）がレーザの安定性や出力ビームの質に大きな影響を与えるので，その軽減が重要である [11]．

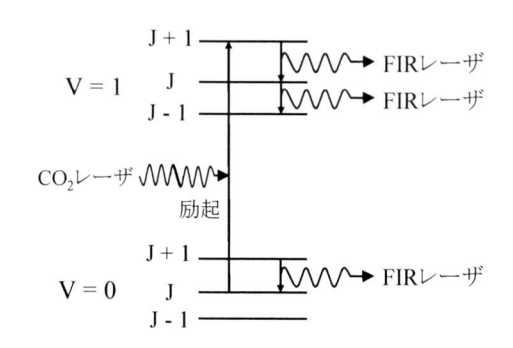

V：振動量子数　　　　J：回転量子数

図 2.11　CO$_2$ レーザ励起遠赤外レーザのエネルギー準位と遷移

2.2.2　固体レーザ

　固体レーザ（solid-state laser）は結晶やガラスを母材として，その中にドープしたイオン種を励起して発振する．気体レーザに比べ，活性イオン密度が大きく長蛍光寿命であるので，エネルギー蓄積効果が大きく，パルス動作で高いピーク強度の発振が可能である．また非線形光学結晶と組み合わせ，高調波や和周波技術による可視光や紫外光への波長変換，あるいは差周波技術やパラメトリック（parametric）発振技術によって遠赤外光を得ることができる．このことから特に基本波が近赤外〜可視域で発振する固体レーザは重要である．

　固体レーザには図 2.12 に示すように，主として活性イオンのエネルギー準位により 3 準位系と 4 準位系の場合があり，前者では準位 1 から 3 に励起されて準位 2 と 1 の間でレーザ遷移する．後者では励起は準位 1 から 4 で，レーザ発振は準位 3 と 2 の間で生じる．

　励起は光励起（optical pumping）でなされ，フラッシュランプ（flash lamp）またはレーザが用いられる [12]．Xe などの希ガスフラッシュランプは安価であり，電力・光変換効率（〜 70%）が高く高出力のレーザが得られる．しかし，その発光スペクトルは紫外から赤外の広い範囲にわたっており，例えば活性イオンがネオジムイオン（Nd^{3+}）の場合，図 2.13 に示すように励起光とレーザ媒質の吸収スペクトルとの整合性は悪い．このため，レーザシステムの総合効率は低い．一方，半導体レーザ

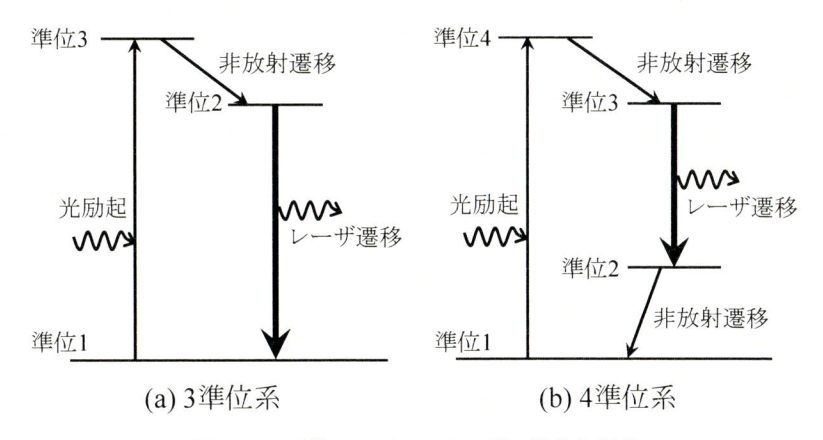

(a) 3準位系　　　　　　(b) 4準位系

図 2.12　固体レーザのエネルギー準位と遷移

(laser diode, LD) などを励起光源とする方式は, レーザ媒質の特定の吸収準位のみを選択的に励起(共鳴励起)することができるので, 飛躍的に効率が向上する. LD の電力・光変換効率も 65% 以上と高いので装置全体としての効率も高くなる.

[1] ルビーレーザ(ruby laser)

Cr^{3+} を 0.05% 程度含むルビー結晶をレーザ媒質とし, 波長 0.6943 μm の発振や増幅に用いられる [13,14]. 直径数 mm, 長さ数 cm の円筒形ルビー結晶の両端面を平行になるように研磨し, それを向き合った 2 枚の反射鏡の間に入れ, あるいは結晶の両端面に誘電体多層膜コーティングしたものを光励起するとレーザ発振する.

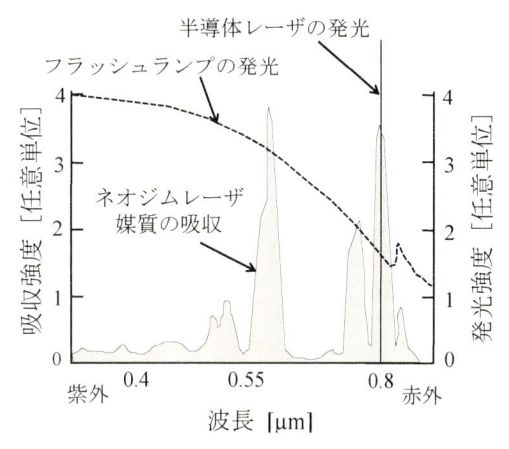

図 2.13　ネオジムレーザ媒質の吸収およびフラッシュランプと半導体レーザの発光特性

ルビーレーザは 3 準位系であり, 波長が約 0.42 μm と 0.55 μm の光を吸収して 2 つある準位 3 のそれぞれへ遷移する. そして非放射遷移により寿命の長い準位 2 に達しそこでの Cr^{3+} 密度が増加し, 準位 2 と準位 1 の間で反転分布が生じレーザ発振する.

[2] ネオジムレーザ(neodymium laser)

Nd^{3+} を用いたレーザで, 非常に効率が高く, 重要な固体レーザである. 母体材料も多くの種類が存在するが, 特に有名なのが $Y_3Al_5O_{12}$(yttrium aluminum garnet)とケイ酸塩やリン酸塩のガラスである. 前者は結晶でその英語名の頭文字をとって YAG レーザ [14,15] と呼ばれ, 後者は非晶質でガラスレーザ(glass laser) [12,14] とよばれる.

YAG は材料強度, 熱伝導率, 光学的性質が優れており, 連続発振も可能で kW 以上の出力が得られている. しかし大きな YAG 結晶を作製するのは困難であり, 一般に直径数 mm, 長さ数 cm

のものが使用されている．これに対してガラスは非晶質なので大きなものが製作でき，直径 1 m や長さ 2 m のものも存在し，現在ペタワット（PW，10^{15}W）にも達する極めて高いピーク出力が得られている．

　ネオジムレーザは 4 準位系であり，Nd^{3+} は主として波長 0.808 μm の光で準位 4 への励起を経て準位 3 に達し，準位 2 との間で反転分布する．レーザ発振後，非放射過程を経て基底準位 1 に戻る．準位 2 は基底準位よりもエネルギーが高いので，室温でも常に空に近い．したがってルビーレーザよりも反転分布状態が格段に形成されやすい．

　YAG レーザの発振波長は 1.064 μm の近赤外領域にある．LD で励起が可能であるので小型で高効率なレーザに適しており，加工用は勿論，各種の励起用光源として今後ますます利用されよう．この他には，YAG レーザより高い利得で動作する Nd:YVO$_4$（yttrium vanadate, 波長 :1.064 μm）レーザ，それらとは異なる発振波長を有する Nd:YLF（LiYF$_4$: yttrium lithium fluoride, 波長 :1.047, 1.053 μm）や Nd:YAlO$_3$（yttrium aluminum perovskite, 波長 :1.079, 1.342 μm）等のレーザも開発されている [16]．これらの高出力化，高輝度化が進められている．

［3］波長可変固体レーザ

　一般に固体レーザは発振波長を 1% 程度も変化させることはできないが，レーザ遷移に関与する上準位と下準位がバンドであるときスペクトル幅は広く，複屈折フィルタやエタロンなどで波長選択して，波長可変な固体レーザが達成される．アレキサンドライト（alexandrite）レーザはその最初に開発された波長可変レーザである．アレキサンドライト結晶（BeAl$_2$O$_3$）に Cr^{3+} を 0.01 ～ 0.4% 程度含み，波長 0.68 μm の単一波長に加えて 0.7 ～ 0.82 μm の波長範囲で発振する．この他，Cr:LiCaAlF$_6$（波長 0.7 ～ 0.9 μm）や Cr:LiSrAlF$_6$（0.75 ～ 1.0 μm），あるいは MgF$_2$ に Ni^{2+} や Co^{2+} を含む結晶（1.6 ～ 2.1 μm）などのレーザがある．

　波長可変レーザの中で最も一般に利用されているのはチタンイオン（Ti^{3+}）を 0.1% 程度サファイア結晶（Al$_2$O$_3$）に混入したチタンサファイア（titanium-sapphire）レーザであり，0.66 ～ 1.18 μm の広い波長範囲で発振する．そして数十 fs で発振できるレーザも開発され，光伝導アンテナ素子と組み合わせてテラヘルツ波の発生（2.4 参照）に用いられたり，実験室規模の小型装置で PW の超高ピーク出力が達成され [17]，超高強度場における相対論的現象の解明や，極短パルス性を使った超高強度現象の観察，物質の制御など最先端科学に利用されている．

［4］セラミックレーザ（ceramic laser）

　固体レーザ材料である単結晶は大型育成が困難であり，一方ガラスは大型化が容易であるが，機械的・熱的特性は単結晶と比べて劣る．そのため，両者の特長を生かした材料として，透明セラミックスのレーザ材料が注目されるようになった [18]．ギリシャ語の Keramino（焼き物）を語源とするセラミックスは，極めて長い歴史を有する実用材料であり，陶磁器，セメント，耐火材等に広く使用されている．従来からセラミックスは不透明と考えられてきたが，これはその内部に光散乱体が存在するためである．これら光散乱体を極限にまで低減することにより，レーザグレードの光学的品質を有するセラミックレーザ材の製作が可能となった．このことにより，単結晶に匹敵するレー

ザ発振が実現されている[19,20]. セラミックレーザは安価に作製できるので経済的効果があり，また大型化・複合化が比較的容易であるため，一般産業用光源としてのみならず，レーザ核融合用等の大出力レーザや，新機能創出への応用も世界各国で検討されている.

[5] その他の固体レーザ

ガラスや YAG などの母体材料にエルビウムイオン(Er^{3+})，ツリウムイオン(Tm^{3+})，あるいはホロミウムイオン(Ho^{3+})を混入したレーザは，2 μm 付近の赤外域で発振する[12]. 波長 1.4 〜 3 μm のレーザ光は可視光に比べて 4 〜 5 桁も人間の目に対して安全性が高いためアイセーフレーザ(eye safe laser)と呼ばれる. これらのレーザの高効率化，高出力化が進んでおり，主にレーザレーダや医療・通信に応用されている[12].

Er^{3+} をファイバ状のガラスに混入した近赤外ファイバレーザ(fiber laser)では，高出力かつ単一モード発振で 1.55 μm を中心とした波長可変特性が実現されている. 更に高利得の Er^{3+} ドープファイバ増幅器(EDFA)なども実用化され，太平洋横断光海底通信システム等の商用の光ファイバ通信システムに利用されている[16].

イッテルビウム(Yb^{3+})を用いたレーザが，Nd^{3+} を用いたレーザより優れた特性を持つ高出力レーザとして注目され，1990 年代から高出力化に関する研究が盛んに行われている. Yb^{3+} レーザは，励起波長(0.940 μm)とレーザ波長(1.030 μm)が近く量子欠損が小さい. 例えば，Yb:YAG と Nd:YAG を比較した場合，量子欠損はそれぞれ 9% と 24%となり，Yb:YAG の発熱量は約 1/3 と小さく，レーザ核融合炉用レーザ等の高平均出力レーザとして注目されている[16,21].

これら固体レーザと非線形光学結晶を組み合わせ，差周波によってあるいはラマン効果などを利用して，より波長の長い赤外域でレーザ光を得ることができる. 差周波発生では，例えば，固定波長 1.064 μm と可変波長 0.8 μm 近傍の二つのレーザ光源と非線形光学結晶である PPLN(periodically poled lithium niobate)を用いて，2.5 〜 5 μm のレーザ光が得られる[21]. また，通信分野等で使用されているファイバラマンレーザでは，誘導ラマン散乱を利用してレーザ波長を低周波数側(波長 1 〜 2 μm)に移行させている[21,22].

2.2.3　半導体レーザ

半導体レーザ(laser diode, LD)は，基本的には半導体の pn 接合付近における伝導帯内の電子と価電子帯内の正孔の再結合によって，そのバンドギャップに相当するエネルギーの光を放出する. 図 2.14 に LD の基本構造を示す. 中央の光を放出する活性層と呼ばれる薄い半導体層の上下を，活性層よりバンドギャップの大きい n 型および p 型半導体をクラッド層として挟んだ 2

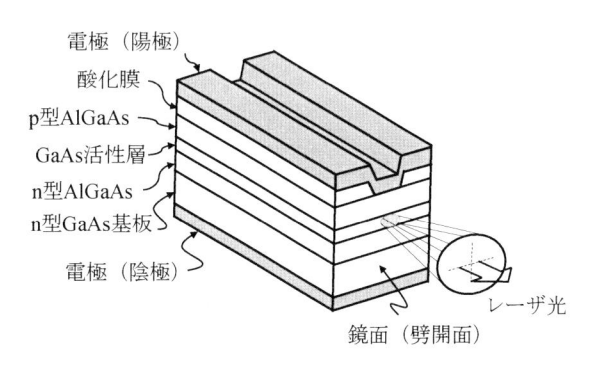

電極（陽極）
酸化膜
p型AlGaAs
GaAs活性層
n型AlGaAs
n型GaAs基板
電極（陰極）
鏡面（劈開面）
レーザ光

図 2.14　半導体レーザ（2重ヘテロ接合型）の基本構造

重ヘテロ（double hetero）構造をしている．そして活性層に垂直に劈開した鏡面を両端面に平行に形成してレーザ共振器を構成し，端面からレーザ光を取り出す．最近では，活性層に平行に多層膜反射鏡を形成した面発光レーザが作製され，活性層体積の低減による低閾値レーザが開発されている．また，光を3次元的に閉じ込めるフォトニック結晶を使った超低閾値レーザの開発も進んできている．近赤外域ではⅢ−Ⅴ族の，中赤外域ではⅢ−Ⅴ族やⅣ−Ⅵ族の半導体が主に使用される．

[1] 材料と発振波長

　Ⅲ−Ⅴ族半導体レーザでは GaAs を活性層として波長 870 nm 付近の，これより短波長の 805 〜 810 nm 付近は格子整合系の AlGaAs が用いられる．長波長の LD としては，1.3 μm および 1.5 μm 領域の通信用光源として InP を基板とした InGaAsP 系 LD が使用される[23]．またこの波長域では GaInNAs 系 LD も開発されており[24]，クラッド層との大きなバンドオフセットが得られるので，発振閾値の温度依存の小さい優れた LD が作製できる．さらに長波長帯の波長 3 μm 辺りまでは，InAs 基板の InAsSbP 系や GaSb 基板の InGaAsSb/AlGaAsSb の LD がある[25,26]．

　Ⅳ−Ⅵ族半導体レーザは，他の材料系に比べ高い温度で動作し，またバンドギャップの温度依存性が $dEg/dT = 0.5$ meV/K と大きいことから，温度制御して発振波長を大きく変化させることができる．図 2.15 にいくつかのⅣ−Ⅵ族半導体レーザの光子エネルギー（発振波長）温度依存性を示す．いくつかの種類のⅣ−Ⅵ族半導体レーザを用いて波長 3 〜 20 μm で連続して波長可変とすることができる．

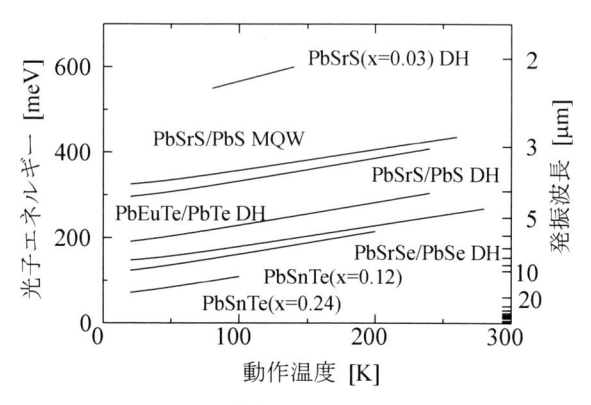

図 2.15　IV-VI 族半導体レーザの発振波長温度依存性

[2] エネルギーバンド構造

　一般によく用いられる LD のヘテロ接合におけるエネルギーバンド構造を図 2.16(A) に示す．それぞれの中央が活性層で，両側がクラッド層である．電子と正孔が共に同じ半導体（活性）層内に閉じ込められるタイプⅠのヘテロ構造が，一般に使用される．Ⅲ−Ⅴ族長波長レーザでは，タイプⅡのヘテロ構造も使用され，空間的なキャリア分離によってレーザ動作温度が改善され，また格子定数の異なる材料間のヘテロ接合によって格子歪を活性層に導入して，電流閾値が低減される[27]．

　活性層を多層にすると発振閾値を低減できる．タイプⅠ構造の活性層を多層化したときの，エネルギーバンド構造を図 2.16(B) に示す．(a),(b) はそれぞれ分離閉じ込め型（separated confinement heterostructure, SCH）と多重量子井戸（multiple quantum well, MQW）構造と呼ばれる．ストライプ幅を 2 μm 程度まで狭めて活性層体積を小さくすると，低閾値で室温パルス動作する LD が作製できる[28]．

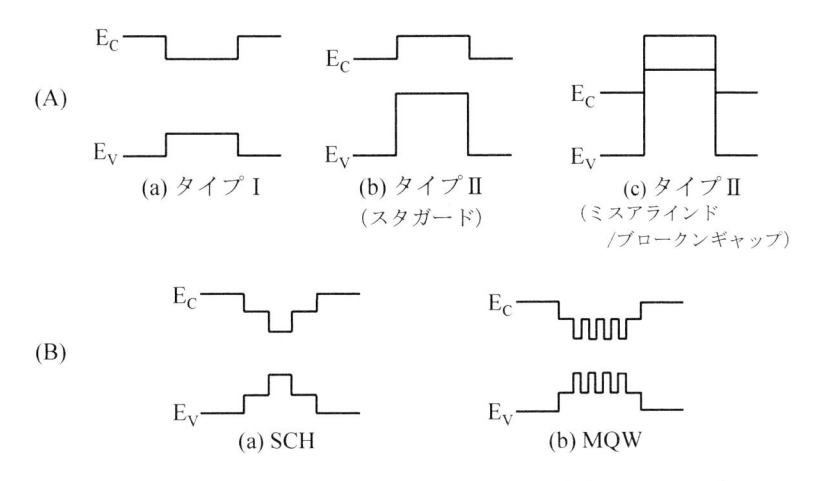

図 2.16 （A）ヘテロ接合タイプと，（B）タイプ I ヘテロ接合を利用した光‐キャリ
ヤ分離閉じ込め型（SCH）レーザ構造と多重量子井戸（MQW）レーザ構造

［3］タイプ II 量子井戸構造型赤外 LD

R.Q.Yang らは初めて高出力・高効率なバンド間遷移カスケードレーザ（interband cascade laser,
ICL）を実現した．それは図 2.17 に示す W レーザとして成熟し，3.3 〜 3.8 μm 領域において室温付
近までの動作をする [29]．このレーザは基本的には InAs/GaSb タイプ II（ミスアラインド，
misaligned）量子井戸における InAs の伝導帯量子準位から GaSb の価電子帯量子準位へ電子を発光

遷移させ，その電子はトンネル
効果でヘテロ接合を通過して伝
導帯へと引き抜かれ，これを何
度も繰り返して発光する構造と
なっている．液体窒素温度で
20％の高い電力・光変換効率を
示し，CW 動作で 1W，パルス
動作でピークパワー 10W を超
える出力が報告されている．

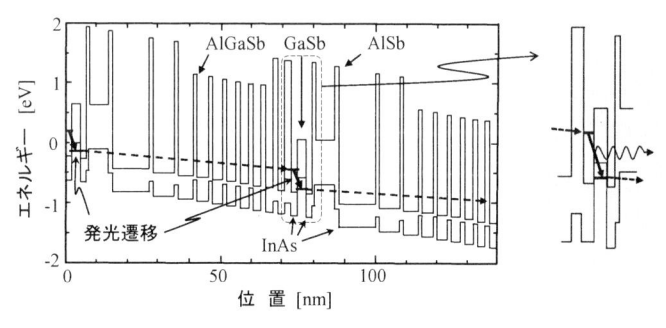

図 2.17 W 構造バンド間遷移カスケードレーザの活性層構造

［4］面発光型 LD

面発光型 LD（vertical cavity surface emitting laser, VCSEL）は，活性層に平行に上下に多層膜反射鏡
を形成し，その上下両端に電極を取り付け，電極開口部から活性層に対して垂直方向に光を取り出
す．即ち，屈折率 n が異なる材料を $\lambda/(4n)$ の厚さで周期的に積層した多層膜鏡に $\lambda/(2n)$ あるいは
λ/n の厚さの活性層を挟んだブラッグ共振器型キャビティ構造となっている．注入電流を増やして
も発光強度が増加しない問題を解決し，高効率で光出力も大きい．

LD では自由キャリアによる吸収が波長の 2 乗に比例して大きくなり，その吸収係数はキャリア
移動度に反比例する．従って，移動度の低い混晶系 LD では吸収損失が増大する．これを避けるの

に面発光レーザでは，共振器鏡の一方を多層膜凹面鏡にして活性層から離して光励起型にすれば，多層膜鏡に不純物添加して導電性を持たせる必要はなく，注入型レーザより高い温度まで動作する[28]．

2.2.4 量子カスケードレーザ

1971 年に Kazarinov らが提案した量子井戸サブバンド間遷移レーザは，1994 年に Bell 研究所の Fais らにより量子カスケードレーザ（quantum cascade laser, QCL）として実現した[30]．連なった小さな滝を流れる水のように電子が流れるため，カスケードレーザの名称がついている．

[1] 動作原理

QCL は伝導帯（または価電子帯）のみを利用し，その構造は図 2.18 に示すように，電子注入層と発光層を 1 単位とし，それを多段に結合した構造になっている．その両端に電圧を印加するとエネルギーバンドは傾斜する．電子は伝導帯内の高位の量子状態準位 E_3 から低位の量子状態準位 E_2 へのサブバンド間遷移によって発光し，共鳴的な縦光学的 LO（longitudinal optical）フォノン散乱を利用して，超高速に下準位 E_1 から電子を引き抜いて反転分布が維持される．その電子はトンネル効果で量子井戸幅を徐々に

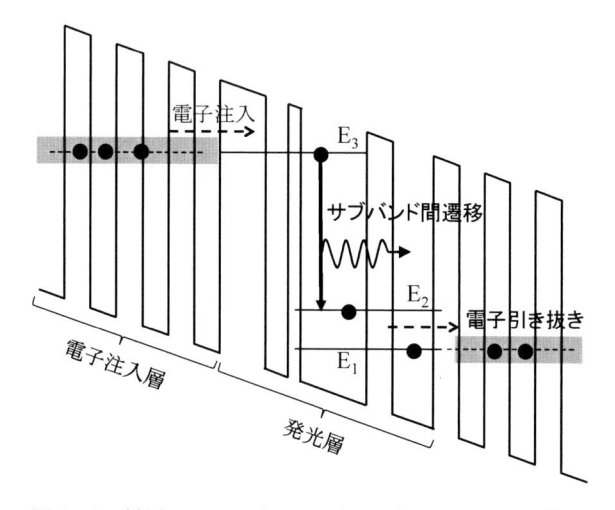

図 2.18　量子カスケードレーザのエネルギーバンド構造

狭くした注入層を進行し，再び次の発光層で高位の量子状態へ注入されて発光し，これが周期的に繰り返される．その発光層－注入層が 20 ～ 30 段の周期からなり，その両側を n 型クラッド層で挟んだ構造になっている．クラッド層には，短波長域では屈折率導波路が，長波長の中赤外やテラヘルツ域ではプラズマ反射層が，使用される[31]．

[2] サブバンド間遷移

LD バンド間遷移と QCL サブバンド間遷移を図 2.19 に模式的に示す．バンド間遷移では，反転分布するには $10^{18}\,\mathrm{cm}^{-3}$ オーダのキャリア注入が必要で，またその必要濃度は温度と共に増大するので，電流閾値は温度に大きく依存する．一方サブバンド間遷移では，低位準位の電子を速やかに抜き取ることができれば，キャリア濃度に関係なく反転分布が得られるので，伝導帯電子濃度が $10^{15}\,\mathrm{cm}^{-3}$ オーダでもレーザ動作する．そして $E-k$ のエネルギー分散関係が，バンド間遷移では下向きに凸の高位状態と上向きに凸の低位状態が向かい合っており，エネルギー差が k とともに大きくなるのに対し，サブバンド間遷移では両者がほぼ平行になっており，全てのキャリアがレーザ動作に寄与でき，利得の温度依存性は小さい．

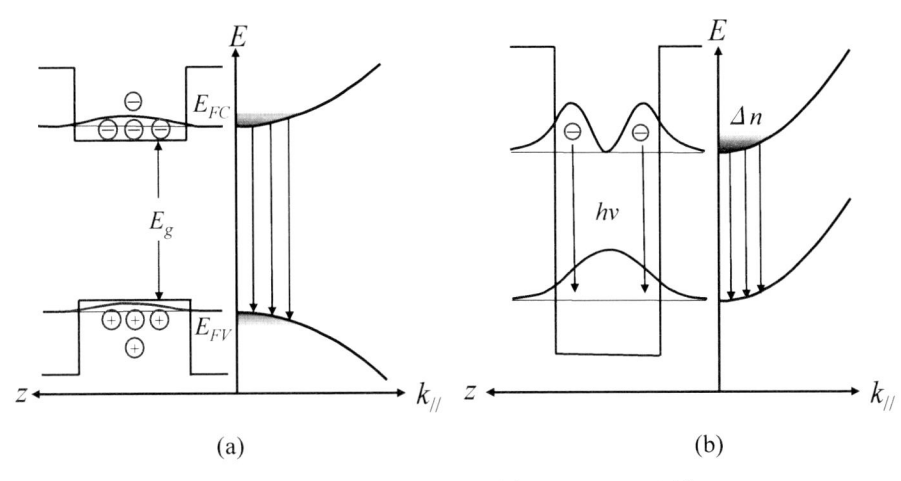

図 2.19　(a)バンド間遷移と(b)サブバンド間遷移

[3] QCL と発振波長

QCL は，縦光学的 LO フォノンと横光学的 TO(transverse optical)フォノンの周波数間にあるレストストラーレンバンド(reststrahlen band)(波長：25 〜 60 μm)を除く波長 3 〜 200 μm の広い領域で作製されている．その内の 3 〜 16 μm の波長域では室温パルス動作が，そして素子構造を工夫することにより室温連続動作が報告されている[32]．

発振波長はサブバンド間エネルギーで決まり，量子井戸幅で制御される．中赤外 QCL では，発光エネルギーが LO フォノンのそれよりも大きく，LO フォノンを利用して反転分布が形成されるように量子井戸幅が設計される．InP 基板の InGaAs／InAlAs で最短波長 3.5 μm の QCL が実現され，さらに短波長に向け InAs／AlSb 系量子井戸などが研究されている[33]．

レストストラーレンバンドより長波長のテラヘルツ波領域では，発光エネルギーが LO フォノンエネルギーよりも小さく，LO フォノン散乱利用や上準位へのキャリアの選択的注入が難しくなるなどの問題がある．これはレーザ遷移の上下準位が帯状のミニバンドとなるように設計し，ミニバンド内緩和を利用すれば可能となる．この方法で AlGaAs／GaAs 系材料を用い，温度 50 K で波長 70 μm 付近の THz-QCL が初めて開発された[34]．さらにレーザ下準位のみをミニバンドにし，そこに遷移した電子を共鳴トンネル効果で注入領域に移動させ，そこで LO フォノン散乱させるよう設計し，波長 90 μm 付近のレーザ動作が得られている[35]．

2.3　発光ダイオード

発光ダイオード(light emitting diode, LED)を構成する結晶材料は，半導体レーザのそれと類似している．LED は 1907 年に偶然 SiC から発見されたが，実用に近い LED が得られたのは，半導体レーザが実現したときの副産物としてである．

LED の発光は，半導体の pn 接合での伝導帯内の電子と価電子帯内の正孔が再結合して，バンドギャップに相当するエネルギーを自然放出することによっており，インコヒーレント(incoherent)

である．ただし，含まれる不純物の性
質や濃度により，不純物準位を介した
電子と正孔の再結合による発光が支配
的な場合もある．

　LED の発光波長は，基本的には半導
体のバンドギャップエネルギー E_g で
決まり，その波長は

$$\lambda[\mu m] = \frac{hc}{E_g} = \frac{1.240}{E_g[eV]} \qquad (2.1)$$

である．図 2.20 に III－V 族半導体及
び IV－VI 族半導体の格子定数とバン
ドギャップの関係を示す．

　赤外用 LED としては近赤外で動作す
る素子が一般的であり，主にフォトカ
ップラ，インタラプタや通信用に使用
されている．その特性は電子と正孔の
分布により決まり，発光スペクトルの
半値全幅は，800 nm AlGaAs 系 LED で
30 ～ 50 nm，1.3 ～ 1.55 μm 帯 InGaAsP
系 LED で 50 ～ 100 nm 程度であり，光
の変調周波数も 100 MHz 程度に留まる．

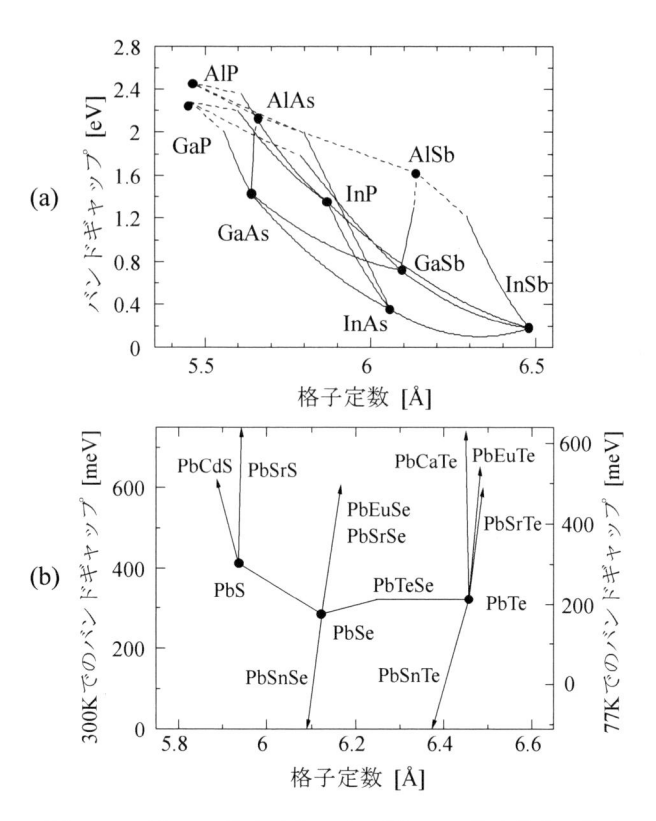

図 2.20　(a) III-V 族半導体，及び (b) IV-VI 族半導体の格子
定数とバンドギャップ

GaAs 系材料では LED の内部量子効率は 1 近くと大きいが内面での全反射性が大きく，特別な工夫
をしなければ外部取り出し効率は 10% 以下である．光の取出しは，発光面に垂直方向からと端面
からの 2 方法がある．

　さらに長波長の 3 ～ 4 μm 発光素子としては，PbS，PbTe や PbSe 等の IV－VI 族半導体が使用さ
れる．そして窒素温度の 77 K に冷却するとバンドギャップが狭くなり，4 ～ 7 μm に波長が長くなる．

2.4　フェムト秒レーザによる赤外 / テラヘルツ波発生

　レーザ共振器内の多数のモードの光波の位相を同期して発振させると超短パルスとなる．このパ
ルス幅が 10^{-15} ～ 10^{-13} 秒であるいわゆるフェムト秒 (fs; femtosecond, 1 fs = 10^{-15} s) レーザを利用して，
遠赤外光を発生させることができる [36]．この研究は 1984 年頃の D.H. オーストン (Auston) らに始ま
り，現在は主にチタンサファイアレーザやファイバレーザの fs レーザを用いて，遠赤外から近赤
外までの超広帯域にわたる電磁波を発生させている．それはサブピコ秒 (1 ps = 10^{-12} s) 程度の超短パ
ルス波で，パルス幅に対応する電磁波の周波数は，フーリエ変換するとおよそ 100 GHz ～ 4 THz
(波長：3 mm ～ 75 μm) であり，その周波数領域からテラヘルツ (THz) 波と呼ぶ．そしてこのよう

なパルス電磁波を THz パルス波と呼ぶ.

2.4.1 光伝導アンテナ素子による発生[36,37]

fs レーザからの光パルスを光伝導アンテナ素子（光スイッチとも呼ばれる）に照射すると，アンテナ素子に誘起される超高速電流変調によって THz 波が発生する. その典型的な THz 波発生素子を図 2.21 に示す. THz パルス波を発生させる基板とレンズから成り，レンズ材料には吸収損失の少ない高抵抗シリコン(Si) が一般に用いられる. 基板は半絶縁性ガリウムヒ素(SI-GaAs: semi-insulating GaAs)上に低温で結晶成長させたガリウムヒ素(LT-GaAs: low-temperature-grown GaAs)を用い，その上に合金製の平行伝送線路が取り付けられ，電極中央の微小ギャップ（数 μm）部分がダイポールアンテナとして作用する. この微小ギャップ間に数 10V の電圧を印加し，半導体のバンドギャップよりも高い光子エネルギーを持つ fs レーザを集束して照射すると，半導体中にキャリアが生成されてギャップ間電圧で加速され，瞬時電流が流れる. そのとき電流の時間微分に比例した電界を持つパルス幅が 1ps 程度の THz 波が，誘電率の大きな SI-GaAs 基板側に強く放射される. ダイポールアンテナのギャップは，THz 波の波長に比べて十分小さく，光パルスで生成されたキャリアは集団的に同じ位相で動くので，THz パルス波はコヒーレントである. その放射強度は微小ギャップ間の電圧や照射レーザの平均パワーに依存し，平均出力は数 μW ～数 10 μW 程度である. そのスペクトルは，ダイポールアンテナ形状によっても大きく変化する. THz パルス波の放射強度は印加電圧の 2 乗に比例するので素子基板の絶縁破壊電圧は高く，また変調電流を大きくとるためにキャリアの移動度が大きいことが必要である. キャリア寿命は必ずしも短い必要はなく，キャリア生成が急峻でなければならない.

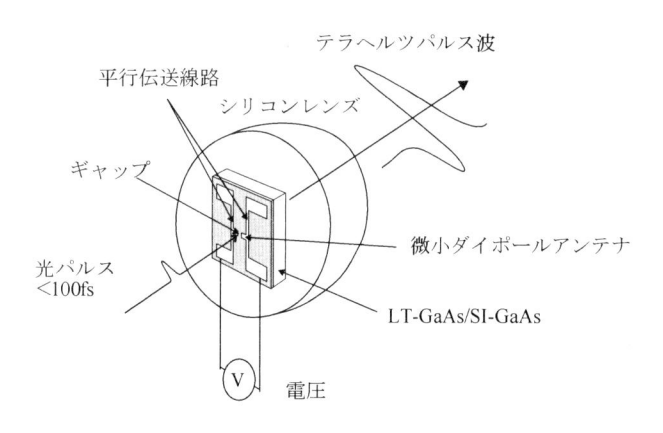

図 2.21 テラヘルツ波発生素子

2.4.2 非線形光学結晶による発生[36,37]

fs レーザを非線形光学結晶に照射すると THz 波が発生する. これは差周波混合の一種である光整流効果に基づく.

一般に結晶に高強度のレーザ光を照射すると，その電界 E によって結晶内に

$$\boldsymbol{P} = \boldsymbol{P}^{(1)} + \boldsymbol{P}^{(2)} + \boldsymbol{P}^{(3)} + \cdots = \varepsilon_0 (\chi^{(1)}\boldsymbol{E} + \chi^{(2)}\boldsymbol{E}\boldsymbol{E} + \chi^{(3)}\boldsymbol{E}\boldsymbol{E}\boldsymbol{E} + \cdots) \tag{2.2}$$

の分極 $\boldsymbol{P}$ が誘起される. ここに $\chi^{(n)}$ は n 次の非線形感受率テンソルであり，結晶の対称性に依存す

る．右辺第2項の二次の非線形分極 $P^{(2)}$ が THz パルス波発生の起源となる．即ち $P^{(2)}(t) = \varepsilon_0 \chi^{(2)} E(t)$ $E^*(t) \propto \chi^{(2)} I(t)$（$I(t)$：照射光パルス強度）と書け，そのフーリエ変換成分は

$$P^{(2)}(\omega) = \varepsilon_0 \chi^{(2)} \int E(\omega_1) E^*(\omega_1 - \omega) d\omega_1 \tag{2.3}$$

である．fs レーザパルスはさまざまな周波数の光を含んでいるので，結晶内に差周波の非線形分極が誘起される．この分極によって放射される THz 波の電界は

$$E_{THz}(t) \propto \frac{\partial^2}{\partial t^2} P^{(2)}(t) \tag{2.4}$$

となる．THz パルス波を効率良く発生させるためには位相整合条件 $k(\omega_{THz}) = k(\omega_1) - k(\omega_2)$ を満たす必要がある．ここで k は波数ベクトル，$\omega_{THz} = \omega_1 - \omega_2$ である．この条件は，光パルスの群速度と THz パルス波の位相速度が一致する場合に満たされ，結晶の光学領域における群速度屈折率 n_g と THz 領域における位相速度屈折率 n_{THz} が完全に一致する場合に可能となる．しかし，実際の結晶においてはそれぞれの屈折率が一致するとは限らず，利用できる結晶の厚みも限られている．そこで次式で与えられるコヒーレンス長 L_c と屈折率の関係を用いて最適な結晶を選択することになる[38]．

$$L_c = \frac{\pi c}{\omega_{THz} |n_g - n_{THz}|} \tag{2.5}$$

n_g と n_{THz} が一致しなくても，厚さがコヒーレンス長よりも薄い結晶を用いると効率良く THz 波が発生する．非線形光学結晶として，$LiNbO_3$，ZnTe，DAST（4-dimethylamino-N-methyl-4-stilbazolium-tosylate）などが用いられる．

2.4.3　その他の発生

THz 波発生は上記の方法の他に，以下のものがある[39]．①半導体表面電場による光生成電荷の加速，②半導体表面に生成された電子と正孔の拡散速度の違いによる電流（フォトデンバー効果），③半導体量子井戸や超格子の電荷振動，④半導体のコヒーレントフォノンやコヒーレントプラズモン，⑤高温超伝導薄膜の超伝導電流の変化，からの発生がある．また，チェレンコフ光の発生と類似した高出力の THz パルス波の発生法もある[40]．

2.5　シンクロトロン放射と自由電子レーザ

運動する荷電粒子の運動量が時間的に変化すると電磁波を放出する．したがって磁場中の電子は円運動するので径方向に運動量が変化し，シンクロトン放射（synchrotron radiation）する．また周期磁場中の電子は蛇行運動し，そこから放出された電磁波は干渉し，さらに電子とも相互作用して増幅し，自由電子レーザ（free-electron laser, FEL）となる．

2.5.1 シンクロトロン放射

シンクロトロン放射光は，磁場中で電子の軌道が曲げられる際に発生する電磁波である[41]．蓄積リング(storage ring)内に蓄積された GeV(10^9 eV)レベルの加速エネルギーをもつ電子ビームにより，シンクロトロン放射光を発生させる装置が多く，加速エネルギー 8 GeV の電子ビームを用いる放射光施設 SPring-8 では，波長 0.1 Å の硬 X 線を発生できる．このためシンクロトロン放射光は主に X 線領域で利用されているが，一方で高輝度な赤外光源としても利用されており，SPring-8 を始めとする国内外のシンクロトロン放射光施設で，赤外線利用のための実験設備(ビームライン)が設置されている[42,43]．**図 2.22** に示すように，シンクロトロン放射光は電子軌道の接線方向に放射され，その発散角は電子の相対論(ローレンツ)因子 $\gamma (= E/mc^2 + 1$，ここで E：電子の加速エネルギー，m：電子の静止質量，c：光速度)の逆数程度であり，高エネルギーの電子を利用することで指向性の高い光を得ることができる．また，シンクロトロン放射光は電子ビームから放射されるため実質的な光源サイズが小さく，光源の単位面積から単位立体角へ放射される光強度(光源の輝度)が，赤外領域で黒体輻射光源に比べて数桁高いという特徴を持つ．例として，**図 2.23** に SPring-8 の赤外ビームライン[43]から生じる赤外線の輝度を，黒体輻射光源のそれと比較した結果

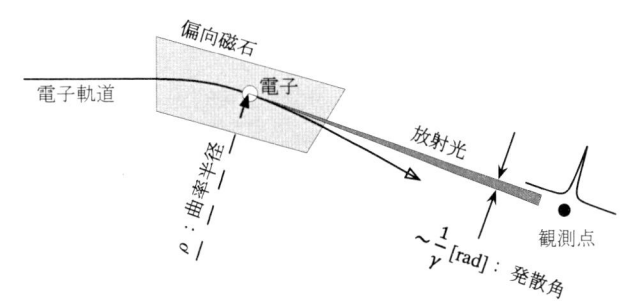

図 2.22　シンクロトロン放射

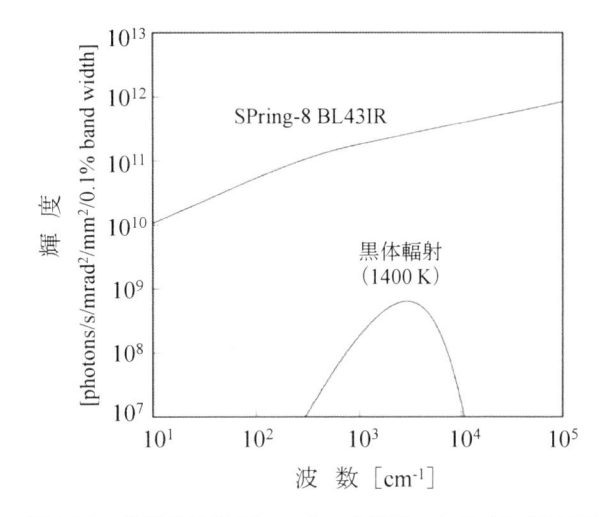

図 2.23　放射光施設 SPring-8 の赤外ビームライン BL43IR におけるシンクロトロン放射光の輝度と，黒体輻射の輝度の比較[44]

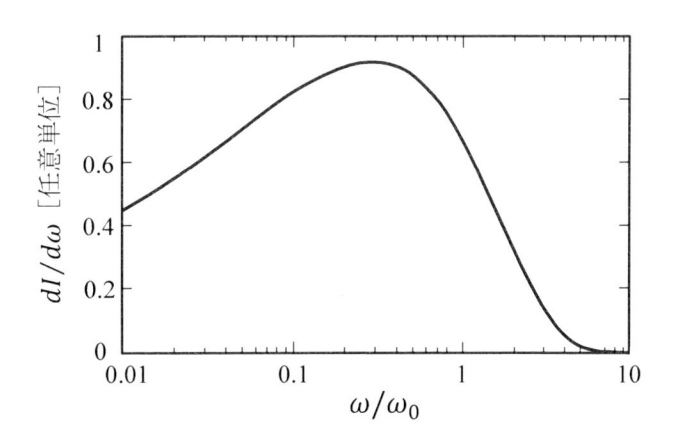

図 2.24　シンクロトロン放射のスペクトル

を示す[44]. 遠赤外，中赤外領域で，SPring-8 の赤外放射光は黒体輻射光源より 2 〜 3 桁高い輝度を有することがわかる．この高輝度性を用いた研究の例として，波長程度の空間分解能を持つ顕微赤外分光が行われている（8.2.8 参照）[42,43]．放射光の偏光方向は電子軌道面内にあり，直線偏光である．電子の軌道が観測点方向に向いている間だけ電磁場が観測され，放射光は極めて短いパルス光として観測される．電子軌道の曲率半径を ρ とし基準角周波数を $\omega_o = 3\gamma^3 c/(2\rho)$ と定義すると，単位周波数当たりの強度スペクトルは

$$\frac{dI}{d\omega}(\omega) \propto \gamma \frac{\omega}{\omega_o} \int_{\frac{\omega}{\omega_o}}^{x} K_{\frac{5}{3}}(x)\,dx \tag{2.6}$$

で与えられる[45]．ここで $K_{5/3}(x)$ は次数 5/3 の第 2 種変形ベッセル関数である．式(2.6)が示すスペクトルは図 2.24 のような広帯域なものである．磁束密度 1 T（テスラ，10^4 ガウス[G]）の磁場中に加速エネルギー 10 GeV の電子を入射したとすると $\omega_o = 1 \times 10^{20}$ rad/s（光子エネルギーに換算すると 66 keV）となり，シンクロトロン放射光スペクトルは X 線領域にまで広がる．

2.5.2　自由電子レーザ

　自由電子レーザは，ウィグラ（wiggler）あるいはアンジュレータ（undulator）が作る周期的な磁場中で，蛇行運動する電子ビームが発生するシンクロトロン放射光を利用するものである[46]．その装置の概略を図 2.25 に示す．自由電子レーザの特長は，マイクロ波領域から X 線領域の広範なスペクトル領域で発振可能なこと，および高出力動作が可能なことである．赤外領域では，その高出力特性と波長可変性を活かし，様々な分野の研究で利用されている[47〜49]．

　自由電子レーザの波長 λ_r は

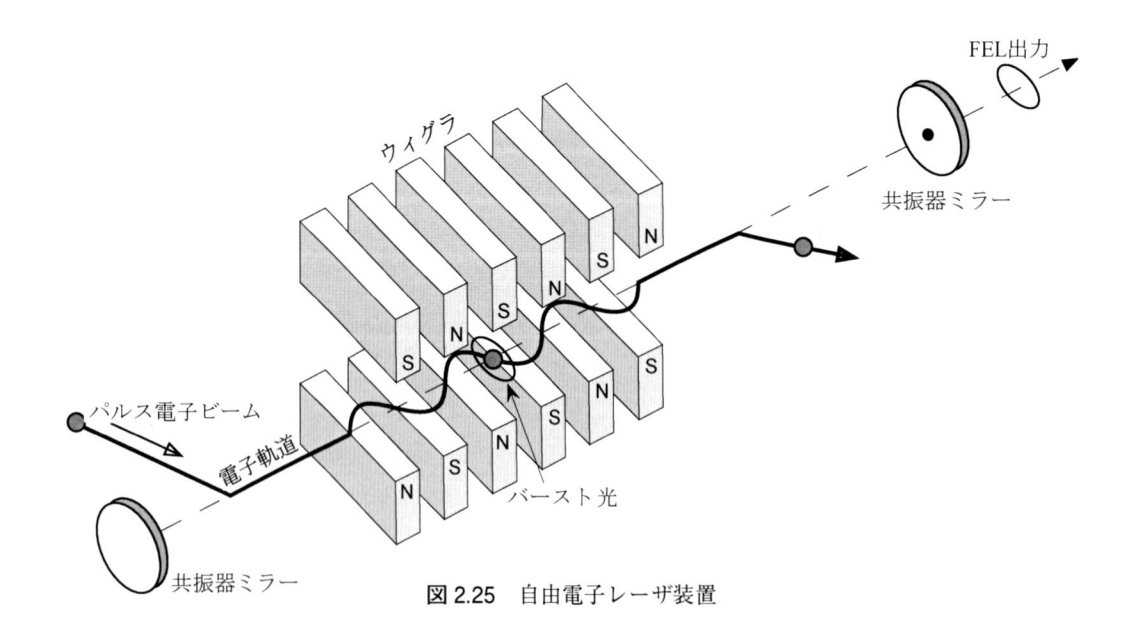

図 2.25　自由電子レーザ装置

$$\lambda_r = \frac{\lambda_w}{2\gamma^2}\left(1 + \frac{K^2}{2}\right) \tag{2.7}$$

で与えられる [50]. ここで, λ_w はウィグラが作る周期磁場の周期長, K は規格化されたウィグラ磁場のベクトルポテンシャルを表し, ウィグラ磁束密度を B_w とすると,

$$K = \frac{eB_w\lambda_w}{2\pi mc} = 93.4B_w[\text{T}]\lambda_w[\text{m}] \tag{2.8}$$

で与えられる. 通常のウィグラは $\lambda_w \sim 2$ cm, $K \sim 1$ 程度であり, 自由電子レーザの発振波長領域はローレンツ因子 γ, 即ち電子ビーム加速エネルギーにより決定される. 波長 30 〜 300 μm 程度の遠赤外領域では 20 MeV, 近赤外領域では 50 MeV, X 線領域では 10 GeV 程度まで加速された電子ビームが利用される. また K はウィグラの磁束密度を変えることで 0.6 〜 1.6 程度の間で調整でき, レーザの波長はこれにより微調整される.

　一般に自由電子レーザはパルス電子ビームにより駆動され, **図 2.26** に示すようなバースト波 (burst wave) 状の電磁波を出力する. ウィグラ磁場により N 回蛇行した電子ビームは, 電磁場が N 回変動する光バーストを発生する. スペクトルはこれをフーリエ変換することで求まり, そのスペクトル幅は $\Delta\lambda/\lambda_r \approx 1/N$ 程度である. N は 100 程度の装置が多く, スペクトル幅は 1% 以下である.

　自由電子レーザは単にシンクロトロン放射を重畳するだけではなく, 電子ビームと光の相互作用により, 電子ビームを光波長より短い領域に集群化することでコヒーレントに光を増幅する機構をもつ [51]. 電子ビームのエネルギーを光エネルギーへ変化する効率は数 % に達し, 光のピークパワーは MW 〜 GW に達する.

　平均出力は, 使用する電子加速器により決まる. 従来の常伝導材料で構成された高周波線形加速器の平均電流は 10 μA 程度であり, レーザ出力は 1 W 程度であったが, 平均電流 10 mA を実現できる超伝導材料により構成される加速器の実用化に伴い, 平均出力が 10 kW を超える赤外自由電子レーザが実現された [52]. 将来的には MW レベルの平均出力をもつ赤外レーザが実現されるものと期待されている.

図 2.26　電子軌道と出力電磁波

2.6　後進波管とジャイロトロン

　後進波管 (backward wave oscillator, BWO) は空間高調波を利用することにより, 電磁波の位相速度を電子速度と同じ程度に遅くして電子との相互作用を可能にする, いわゆる遅波管 (slow wave tube) である. ジャイロトロン (gyrotron) は, 電子ビームのサイクロトロン運動を利用し, 光速より速い位相速度の電磁波と電子を相互作用させる速波管 (fast wave tube) である.

2.6.1　後進波管[53～59,63]

　導波管の中に周期 L の構造物(間隙や摂動片)を装荷したときの分散関係を，**図 2.27** に示す．①の双曲線は構造物無装荷時の導波管の分散関係である．周期構造が装荷された導波管内で角周波数 ω を遮断角周波数 ω_{co} から徐々に高くした場合，位相定数 β[注] が π/L または −π/L になると，各装荷体での反射波は位相が往復で 2πn (但し，n = 1,2,···) 変化し，入射波に同相で対向して重なり定在波となって群速度(group velocity, $v_g = \partial\omega/\partial\beta$)は 0 となる．この −π/L < β < π/L の領域の位相定数を $\beta_0(\omega)$ とおく．さらに ω が①の双曲線に沿って高くなると，群速度の大きさは 0 から次第に増加して波の伝搬が再開する．そして β = 2π/L，−2π/L に近づくと群速度は減少して，その点に達するとまた 0 になってエネルギーは伝搬しなくなる．ω の増大と共にこのことが繰り返される．ここでフロケの定理(Floquet's theorem)

$$\beta_n = \beta_0(\omega) + \frac{2\pi}{L} n \tag{2.9}$$

が成り立ち，−π/L < β < π/L の領域から右(n = 1,2,···)あるいは左(n = −1,−2,···)へ $\beta_0(\omega)$ 領域での分散曲線が 2π/L の周期で繰り返され，空間高調波を形成する．ω が高くなればさらに上方の許容帯域で式(2.9)に従う波の伝搬関係が得られる．真空中の電磁波の分散関係は②の直線で

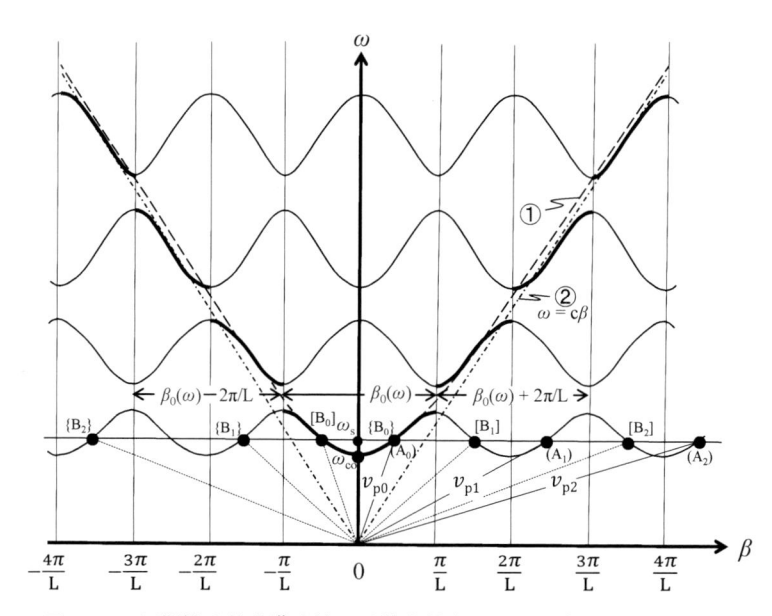

図 2.27　周期構造装荷導波管の分散曲線(Brillouin 図)
前進波：基本波(A_0)およびその空間高調波(A_1),(A_2)
後進波：基本波[B_0]およびその空間高調波[B_1],[B_2]
基本波{B_0}およびその空間高調波{B_1},{B_2}

注：導波管内を管軸(z)方向に伝搬する電磁波の電界は $E = E_0\exp(i\omega t - \gamma z)$ と表され，γ を伝搬定数(propagation constant)という．そして $\gamma = \alpha + i\beta$ と表し，α を減衰定数(attenuation constant)，β を位相定数(phase constant)という．

示され，それより外側では位相速度(phase velocity, $v_p = \omega/\beta$)は光速より小さい遅波領域になる．そして装荷導波管において，位相速度と群速度が互いに逆方向となる後進波が存在する．

後進波管は，速度 v_e で進行する電子ビームの空間電荷波を示す直線 $\omega = v_e\beta$ と装荷導波管の分散曲線の交点を後進波領域に設定した電子管である．電子はその交点での電磁波(伝搬定数 :β_n, 位相速度 :v_{pn}, 群速度 :v_{gn})と $v_e \approx v_{pn}$ の速度で相互作用しながら距離 l を走行して密度変調を受け，空間電荷波は電子の進行方向に増大する．これに伴って後進波である電磁波(群速度波)が得るエネルギーは逆方向に電力流となって群速度 v_{gn} で l の距離を輸送される．よって帰還回路が形成され，この回路の周回位相が 2π の整数倍となり，ループ利得が 1 より大きければ発振する．その発振周波数は

$$\omega = (2m+1)\pi / |(1/v_{pn} - 1/v_e)l| \tag{2.10}$$

で与えられる．但し，m は整数である．利得が正であるためには，v_e は v_{pn} より少し大きい必要があり，ω は有限値になる．電子ビームの加速電圧を変えて広帯域に発振周波数を変えることができ，外部回路の変化による発振周波数の変動が非常に小さい特徴がある．

2.6.2　ジャイロトロン[58~63]

ジャイロトロンでは位相速度が光速よりも速い円形導波管の TE モードを用いる．遅波管では装荷体近くを電子が通過しなければならず，寸法も電流値もそれほど大きくできないのに対し，ジャイロトロンは電子ビームに垂直な断面内で電磁波と相互作用する面積を大きくでき，且つ非常に大きな直流電流の入力が可能である．

図 2.28 にジャイロトロンの模式的な構成を示す．電子は，左端にあるマグネトロン入射型電子銃の砲弾形状をした陰極表面の帯状円環領域から半径方向に放出され，初速度は陰極表面電界で決まる．放出電子群は静電界と静磁界によって中空円筒電子ビームを形成する．個々の電子は陽極の電圧および共振器までの電位差によって加速され，サイクロトロン運動しながら磁力線に沿って進行する．この間，磁場勾配によって磁力線に垂直方向のエネルギーが増大する．数波長から 10 波長程度の長さの円筒共振器に入射した電子は TE モードの電磁波と相互作用して，サイクロトロン運動に伴う垂直方向のエネルギーが高周波エネルギーに変換される．相互作用後の電子はコレクタによって

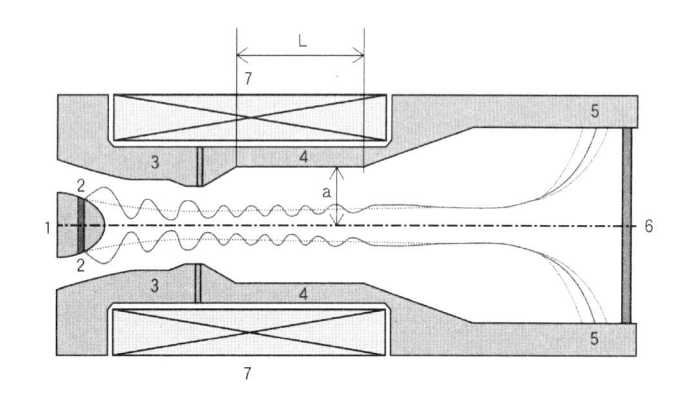

図 2.28　ジャイロトロンの模式的構成
1：陰極　2：帯状円環領域　3：陽極　4：円筒共振器
5：コレクタ　6：真空窓　7：マグネット

回収される．発振した電磁波は真空窓を通って，放射される．

　ジャイロトロンの分散関係を図 2.29 に示す．直線は電子と電磁波の共鳴条件，

$$\omega - k_{\|}v_{\|} = n\omega_{ce}/\gamma \tag{2.11}$$

（$\omega_{ce} = eB/m_0$, e：素電荷, B：磁束密度, m_0：電子の静止質量）

を表す．但し，ω と $k_{\|}$ はそれぞれ電磁波の角周波数と，磁力線と平行な共振器の軸方向波数，$v_{\|}$ は電子の磁力線方向の速度，ω_{ce} は電子サイクロトロン角周波数，n は高調波次数，γ はローレンツ因子である．双曲線は円形導波管の TE モードの分散曲線を示す．式 (2.11) の直線は B と共に上方に平行移動し，$v_{\|}$ が変わると縦軸との交点付近を支点として傾きが変化する．そして双曲線と直線との交点に近い周波数で発振する．A 点で動作するのがいわゆるジャイロトロンである．このとき TE モードは殆どカットオフ（$k_{\|}=0$）近くにあり，円筒空洞は開放型共振器として働く．発振周波数は同じ長さの閉空胴の共振周波数

$$\omega = c\sqrt{\left(\frac{\chi_{ml}}{a}\right)^2 + \left(\frac{p\pi}{L}\right)^2} \tag{2.12}$$

にほぼ等しくなる．ここで，a および L は空洞の半径と長さ，χ_{ml} は m 次第一種ベッセル関数の導関数の l 番目のゼロ点 $J'_m(\chi_{ml})=0$ である．　p は軸方向のモード数を表す．そして ω_{ce} が発振周波数 ω より少し小さい時，磁力線に対して垂直な方位角方向に回転する TE モードの電磁波の減速位相と加速位相において，サイクロトロン運動する電子は，相対論的効果による γ 値の変化で減速位相に集群して発振する．これをサイクロトロンメーザ作用という．ジャイロトロンの発振効率は非常に高く，基本波（$n=1$）での理論値は 70％ を超える [59,61]．

　高周波発振には強磁場が必要で，例えば 1 THz の電磁波を得るには相対論効果を考慮すると約 40 T が必要である．一方，n 次サイクロトロン高調波を用いれば磁場強度は $1/n$ に軽減できる．しかし，モード競合や共振器壁のオーミック損失などの問題があり，種々のジャイロトロン研究がなされている．

　ジャイロトロンでは動作モードを順次変えると周波数を階段的に変化させられるが，A 点の動作では連続可変にはできない．一方，外部から連続的に制御できるパラメータ ω_{ce} や $v_{\|}$ を変えれば，それに伴って図 2.29 の B 点は連続的に移動し，周波数が連続的に変化する．B 点では電子ビームと高周波の進行方向が逆であるので正帰還が働き発振する．これをジャ

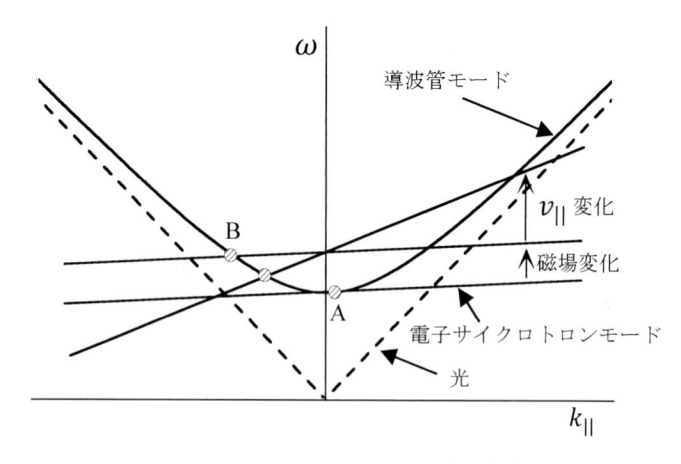

図 2.29　ジャイロトロンの分散関係

イロ後進波管という．ここで言う後進波は，電子ビームと反対方向に進むという意味である．

参考文献

1) S.N.Mekhontsev, A.V.Prokhorov and L.M.Hanssen : "Experimental Characterization of Blackbody Radiation Sources", in "Radiometric Temperature Measurements : Ⅱ Applications", Exper.Meth. in Phys. Sci., Vol.43, Chap.2, Elsevier (2010).

2) 工藤惠栄：“分光の基礎と方法”, p.57, オーム社 (1985).

3) 梶 英俊：“花巻ヒータ”, 赤外放射加熱とその応用に関する研究調査委員会報告書(JIER-058 最近の赤外放射加熱), p.38, 照明学会 (1998).

4) A.Javan, W. R. Bennett,Jr. and D. R. Herriott : "Population inversion and continuous optical maser oscillation in a gas discharge containing a He-Ne mixture", Phys. Rev. let., 6(3), pp.106-110 (1961).

5) M.J.Weber : "Handbook of Laser Wavelengths" , CRC Press (1998).

6) C.K.N.Patel : "Continuous-wave laser action on vibrational-rotational transitions of CO_2", Phys. Rev., 136(5A), pp. A1187-A1193 (1964).

7) A.Crocker, H.A.Gebbie, M.F.Kimmit and L.E.S.Mathias : "Stimulated Emission in the Far Infra-red", Nature, 201, pp.250-251 (1964).

8) H.A.Gebbie, N.W.B.Stone and F.D.Findlay : "A stimulated emission source at 0.34 millimetre wave-length", Nature, 202, p.685 (1964).

9) T.Y.Chang and T.J.Bridges : "Laser action at 452, 496, and 541 μm in optically pumped CH_3F", Opt.Commun., 1(9),pp.423-426, (1970).

10) 綱脇惠章, 山中正宣：“赤外線・サブミリ波素子”, マイクロオプトロメカトロニクスハンドブック(五十嵐伊勢美, 江刺正喜, 藤田博之 編), pp.359-380, 朝倉書店 (1997).

11) K.Nakayama, H.Tazawa, S.Okajima et al. : "High-power 47.6 and 57.2 μm CH_3OD lasers pumped by continuous-wave 9R(8) CO_2 laser", Rev. Sci. Instrum., 75(2), pp.329-332 (2004-2).

12) 黒澤宏：”レーザー基礎の基礎”, オプトロニクス社 (1999).

13) S. ギビリスコ(Gibilisco)(小島英夫訳)：” 図説レーザー：未来を開く最先端技術”, 大竹出版 (1991).

14) 霜田光一：”レーザー物理入門”, 岩波書店 (1991).

15) 池田正幸：”レーザー光学”, オーム社 (1995).

16) 小林喬朗：” 固体レーザー”, 学会出版センター (2000).

17) C. N. Danson, C. Haefner, J. Bromage et al. : "Petawatt and exawatt class lasers worldwide", High Power Laser Science and Engineering, Vol. 7, e54, 54 pages (2019).

18) 植田憲一：” 発展する高出力セラミックレーザー”, 応用物理, 7(2), pp.111-122 (2008).

19) 植田憲一, J.Lu, 高市和則, 八木秀喜, 柳谷高公, A.A.Kaminskii：“Nd :YAG セラミックレーザーの性能向上と将来の可能性”, レーザー研究, 31(7), pp.465-470 (2003).

20) A. Ikesue, T. Kinoshima, K. Kamata and K. Yoshida : "Fabrication and optical properties of high-performance polycrystalline Nd:YAG ceramics for solid-state lasers", J. Am. Ceram. Soc., 78(4), pp.1033-1037 (1995).

21) Walter Koechiner : "Solid-State laser Engineering", Sixth revised and update edition, Springer-Verlag (2006).

22) 住吉和彦, 西浦匡則：” 解説ファイバーレーザー －基礎編－”, オプトロニクス社 (2010).

23) S.Arai, Y.Suematsu and Y.Itaya : "1.67 μm $Ga_{0.47}In_{0.53}As$/InP DH lasers double cladded with InP by LPE technique", Jpn. J. Appl. Phys., 18(3), pp.709-710 (Mar. 1979).

24) K.Nakahara, M.Kondow, T.Kitatani et al. : "1.3-μm continuous-wave lasing operation in GaInNAs quantum-well lasers", Photonics Tech. Lett., 10(4), pp.487-488 (Apr. 1998).

25) J.S. Major, D.W. Nam, J.S. Osinski and D.F. Welch : "High- power 2.0 mm InGaAsP Laser Diodes", Photonics Tech. Lett., 5(6), pp.594-596 (June 1993).

26) S. J. Eglash and H. K. Choi : " Efficient GaInAsSb/AlGaAsSb diode lasers emitting at 2.29 μm", Appl.Phys.Lett., 57(13), pp.1292-1294 (Sept. 1990).

27) A.R.Adams : "Band-structure engineering for low-threshold high-efficiency semiconductor lasers", Electron. Lett., 22(5), pp.249-250 (Feb. 1986).

28) A. Ishida, Y. Sugiyama, Y. Isaji et al. : "2 W high efficiency PbS mid-infrared surface emitting laser", Appl. Phys. Lett., 99(12), 121109 (Sept. 2011).

29) M. Kim, C. L. Canedy, W. W. Bewley et al. : "Interband cascade laser emitting at λ = 3.75 mm in continuous wave above

room temperature", Appl. Phys. Lett., 92(19), 191110 (May 2008).

30) J. Faist, F.Capasso, D.L.Sivco et al. : "Quantum cascade laser", Science 264(5158), pp.553-556 (Apr. 1994).

31) C. Sirtori, J.Faist, F.Capasso et al. : " Quantum cascade laser with plasmon ‐ enhanced waveguide operating at 8.4 μm wavelength", Appl. Phys. Lett., 66(24), pp.3242-3244 (June 1995).

32) M. Beck, D. Hofstetter, T. Aellen et al. : "Continuous Wave Operation of a Mid-Infrared Semiconductor Laser at Room Temperature", Science, 295(5553), pp.301-305 (Jan. 2002).

33) J. Devenson, O. Cathabard, R. Teissier and A. N. Baranov : "InAs/AlSbInAs/AlSb quantum cascade lasers emitting at 2.75– 2.97 μm", Appl. Phys. Lett., 91(25), 251102 (Dec. 2007).

34) R. Köhler, A. Tredicucci, F. Beltram et al. : "Terahertz semiconductor-heterostructure laser", Nature, 417, pp.156-159 (May 2002).

35) S. Kumar, C. W. I. Chan, Q. Hu and J. L. Reno : "Two-well terahertz quantum-cascade laser with direct intrawell-phonon depopulation", Appl. Phys. Lett., 95(14), 141110 (Oct. 2009).

36) K. Sakai (Ed.): "Terahertz Optoelectronics", Topics in Appl. Phys., Vol.97, Springer (2005).

37) Y.-S. Lee : "Principles of Terahertz Science and Technology", Springer (2009).

38) A. Nahata, A. S. Weling and T. F. Heinz : "A wideband coherent terahertz spectroscopy system using optical rectification and electro-optic sampling", Appl. Phys. Lett., 69(16), pp.2321-2323 (1996).

39) 阪井清美：“テラヘルツ時間領域分光法”，分光研究，50(6), pp.261-273 (2001).

40) J. Hebling, G. Almási, I. Z. Kozma and J. Kuhl : "Velocity matching by pulse front tilting for large area THz-pulse generation", Optics Express, 10(21), pp.1161-1166 (2002).

41) 日本放射光学会 (編)：" 放射光が解き明かす脅威のナノ世界 "，講談社 (2011).

42) 池本夕佳：" シンクロトロン放射光を光源とした顕微赤外分光 "，顕微赤外分光法，pp.329-345, アイピーシー出版 (2003).

43) 岡村英一，池本夕佳，森脇太郎：“SPring-8 赤外物性ビームラインとその応用 "，日本赤外線学会誌，28(1), pp. 48-57 (2018).

44) Y. Ikemoto, M. Ishikawa, S. Nakashima, H. Okamura, Y. Yaruyama, S. Matsui, T. Moriwaki and T. Kinoshita : "Development of Scattering Near-Field Optical Microspectroscopy Apparatus Using an Infrared Synchrotron Radiation Source", Opt. Commun. 285(8), 2212-2217 (2012).

45) J. D. Jackson："Classical Electrodynamics (3rd edition)", p.681, John Wiley & Sons (1998).

46) 綱脇惠章，浅川　誠：“テラヘルツ波自由電子レーザー”，日本赤外線学会誌，17(2), pp.13-24 (2008).

47) G. S. Edwards, R. H. Austin, F.E.Carroll et al. : "Free-electron-laser-based biophysical and biomedical instrumentation", Rev. Sci. Instrum., 74(7), pp.3207-3245 (2003).

48) A. F. G. van der Meer : "FELs, nice toys or efficient tools?", Nucl. Instrum. Methods Phys. Res., A528, pp.8-14 (2004).

49) 綱脇惠章，草場光博，浅川　誠：" 赤外自由電子レーザーの半導体物性研究への応用", 日本赤外線学会誌, 16(2), pp.76-85 (2007).

50) 電気学会自由電子レーザー調査専門委員会 (編)：“自由電子レーザーとその応用", コロナ社 (1990).

51) W. B. Colson : "The nonlinear wave equation for higher harmonics in free-electron lasers", IEEE J. Quantum Electron., 17 (8), pp.1417-1427 (1981).

52) G. R. Neil, C.Behre, S.V.Benson et al. : "The JLab high power ERL light source", Nucl. Instrum. Methods Phys. Res., A 557, pp.9-15 (2006)

53) 牧本利夫，松尾幸人：" マイクロ波工学の基礎", 廣川書店 (1964).

54) ゲワルトウスキー・ワトソン (山本賢三監訳)：“基礎電子管工学(I), (II)", 廣川書店 (1966,1967).

55) 桜庭一郎：" 電子管工学", 森北出版 (1974).

56) 大森豊明 (監修)：“テラヘルツテクノロジー", エヌティーエス (2005).

57) テラヘルツテクノロジーフォーラム編：“テラヘルツ技術総覧", エヌジーティ (2007).

58) K. J. Button (Ed.): "Infrared and Millimeter Wave", Vol.1-16, Academic Press (1979-1986).

59) S. E. Tsimring : "Electron Beams and Microwave Vacuum Electronics", John Wiley & Sons (2007).

60) M.V. Kertikeyan, E. Borie and M. K. A. Thumm : "Gyrotrons", Springer-Verlag (2004).

61) G. S. Nusinovich : "Introduction to the Physics of Gyrotrons", The Johns Hopkins University Press (2004).

62) M. Thumm : "State-of-the-Art of High Power Gyro-Devices and Free Electron Masers Update 2010", KIT Scientific Reports 7575, Karlsruhe Institute of Technology, (2011).

63) J. H. Booske, R.J.Dobbs, C.D.Joye et al. : "Vacuum Electronic High Power Terahertz Sources", IEEE Trans. Terahertz Sci. Technol., 1(1), pp.54-75 (2011).

3章　赤外検出器

　赤外線は可視光よりも波長が長い電磁波で，その光子のエネルギーは小さいため，周辺からの熱の影響を受けやすく検出が難しい．本章では，赤外検出器の種類と検出のしかた，性能評価，および赤外検出器を用いたシステムについて述べる．

3.1　赤外検出器の分類

　赤外検出器は，図3.1に示すように量子型と熱型に大別される．量子型赤外検出器は，半導体内のキャリア（電子または正孔）と光子（フォトン，photon）の相互作用によるキャリアの生成やキャリアのエネルギー変化を利用して赤外線を検出する．熱型赤外検出器は，受光部で赤外エネルギーを熱エネルギーとして吸収し，生じた温度変化に伴う電気的特性の変化として赤外線を検出する．量子型と熱型は，それぞれいろいろな方法で細く分類することができるが，図3.1には，量子型を光吸収メカニズムで，熱型を温度センシング手法で分類した例を示す．本章では，この分類に基づいて，それぞれの方式の赤外検出器の動作原理や特徴などを示す．

3.2　量子型赤外検出器

　量子型赤外検出器は赤外線を光子としてとらえ，内部光電効果を利用して赤外線を検出する．その基本動作について述べ，いろいろな種類の量子型赤外検出器を説明する．

3.2.1　量子型赤外検出器の基本動作[1]

　図3.2に量子型赤外検出器の光吸収メカニズムを示す．図3.2(a)の真性型（intrinsic）は，入射光子のエネルギーを吸収して価電子帯の電子が伝導帯に遷移するものである．遮断（カットオフ，cutoff）波長は使用する半導体のエネルギーバンドギャップで決まるので，例えばMWIR（mid-wavelength infrared, 3〜5 μm）とLWIR（long-wavelength infrared, 8〜15 μm）の波長域に感度を持つ赤外検出器を作製するためには，それぞれ0.2〜0.3 eVと0.1 eV程度のエネルギーバンドギャップを持つ狭バンドギャップ半導体を使用する必要がある．

　図3.2(b)の外因性型（extrinsic）では，半導体内の不純物がつくるドナー準位（また

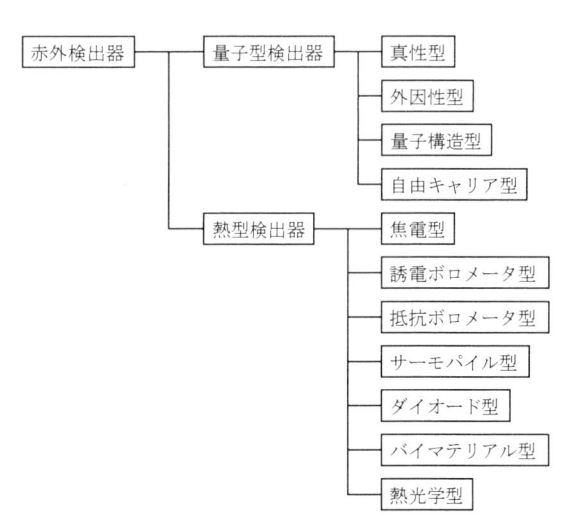

図3.1　赤外検出器の分類

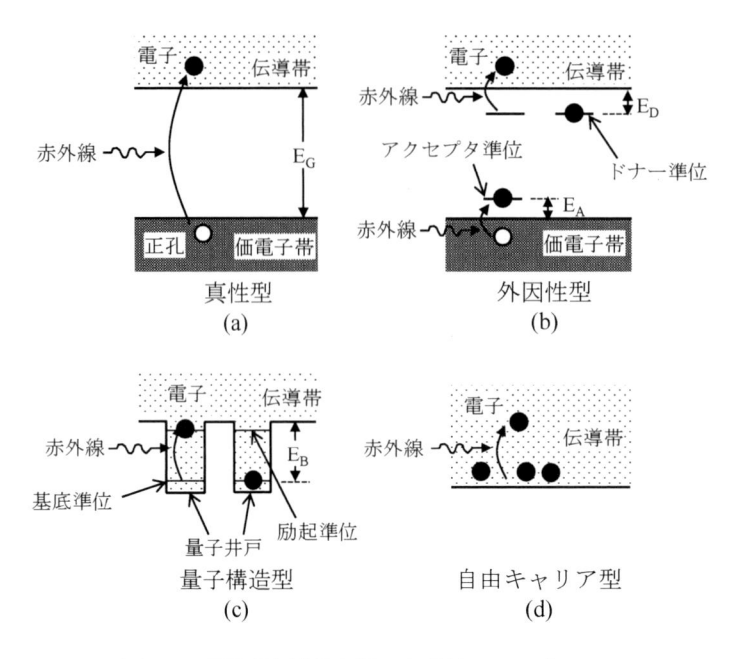

図 3.2　量子型赤外検出器の光吸収メカニズム

はアクセプタ準位）から伝導帯（または価電子帯）へ光吸収により電子（または正孔）が励起されることを利用して赤外線を検出する．この場合の遮断波長は，伝導帯（または価電子帯）とドナー準位（またはアクセプタ準位）のエネルギー差で決まるが，このエネルギー差は，通常 0.05 eV 程度であるので，数 10 µm という長い波長域まで感度を持った赤外検出器を実現することができる．

図 3.2(c) は，量子構造型検出器の一つである QWIP（quantum well infrared photodetector）について，そのサブバンドの基底準位－励起準位間での光吸収メカニズムを示す．基底準位－励起準位間吸収は，異種半導体を nm オーダーの厚さで積層した超格子構造において，量子井戸内の量子化された基底準位と励起準位の間での電子の遷移による．この赤外吸収メカニズムにより動作する赤外検出器の遮断波長は，量子井戸に形成される基底準位－励起準位間のエネルギー差で決定される．

　ショットキーバリア（Schottky barrier）赤外検出器や HIP（heterojunction internal photoemission）赤外検出器では，金属中の電子や高濃度にドープされた半導体内の伝導電子（または正孔）が光を吸収して高いエネルギー状態になることを利用して赤外線を検出する．このような光吸収メカニズムは図 3.2(d) のように示され，自由キャリア型と呼ぶ．原理的には，自由キャリアを利用する赤外検出器では，光子エネルギーが非常に小さい赤外線も吸収することができ，THz 時間領域分光（THz-TDS）などで用いられる電界型検出器もこのタイプになる．

　赤外検出器は生成されたキャリアの検出方法にしたがって，光伝導（光導電）型（photoconductive）と光起電力型（photovoltaic）に大別される．図 3.3 にそれら２つの型の動作メカニズムを示す．

　図 3.3(a) に示す光伝導型は，赤外線の吸収で増加したキャリア数を抵抗変化として検出する手法であり，その検出器は，素子となる半導体に２つのオーミック電極を形成した非常に簡単な構造をしている．光伝導型としては，真性型，外因性型，量子井戸型がある．真性型，量子構造型，自由キャリア型では光起電力型の検出器が開発されている．

　図 3.3(b) は，光起電力型の代表的な赤外検出器であるフォトダイオードの動作を示す．赤外線の吸収で生成された電子－正孔対はダイオード内の空乏層領域の電界により分離され，そこに生じ

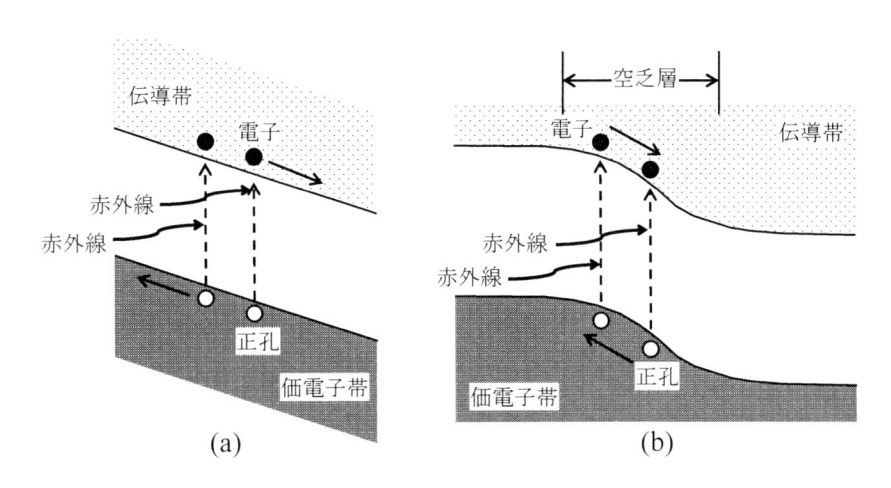

図3.3 (a)光伝導型 と(b)光起電力型の赤外検出器の動作

た起電力を電圧または電流として取り出すことができる．この型の赤外検出器は光伝導型に比べて，応答速度が速い，直線性が良い，バイアスを印加しなくても動作するという長所がある．

3.2.2 真性型

　真性型検出器には，狭バンドギャップを持った種々の化合物半導体が用いられている．この種の赤外検出器には，3.2.1で述べたように光伝導型と光起電力型のものがあり，検出波長域は半導体材料のエネルギーバンドギャップで決まる．代表的な真性型赤外検出器の比検出能(D*)の波長依存性を**図3.4**に示す[2)]．尚，比検出能については，3.5.2で説明する．

[1] PbS および PbSe 光伝導検出器[2)]

　PbS 光伝導検出器は 1 〜 3.2 μm の波長範囲に，PbSe 光導電検出器は 1.5 〜 5.2 μm に感度を持ち，どちらも室温で動作する．比較的大きなサイズの受光面が製作可能であり，かつ安価である．素子温度を下げることにより暗電流が小さくなって遮断波長は長波長側にシフトし，感度は増大するが応答速度は遅くなる．

[2] InSb 光伝導検出器[2)]

　InSb 光伝導検出器は，波長 1 〜 6.5 μm 付近に感度を持つ．類似の波長域に感度のある PbSe 光伝導検出器に比べ応答速度が速い特徴がある．また，後述する InSb 光起電力検出器とは異なり，液体窒素温度まで冷却する必要はなく，通常は電子冷却でマイナス数 10℃ の温度で用いられる．遮断波長は，素子温度を低くすることにより短波長側へシフトする．

[3] InGaAs 光起電力検出器[2)]

　混晶である InGaAs は，InAs と GaAs の組成比に依存してバンドギャップエネルギーが変化するので，組成比を変えることによって，さまざまな波長範囲に感度をもつ赤外検出器を作ることができる．その検出波長域は，IV族半導体である Ge に近いが，Ge よりも高い D* を有している．しかし化合物半導体であることから大面積化は Ge に比べて難しい．InGaAs は室温で動作するが，冷

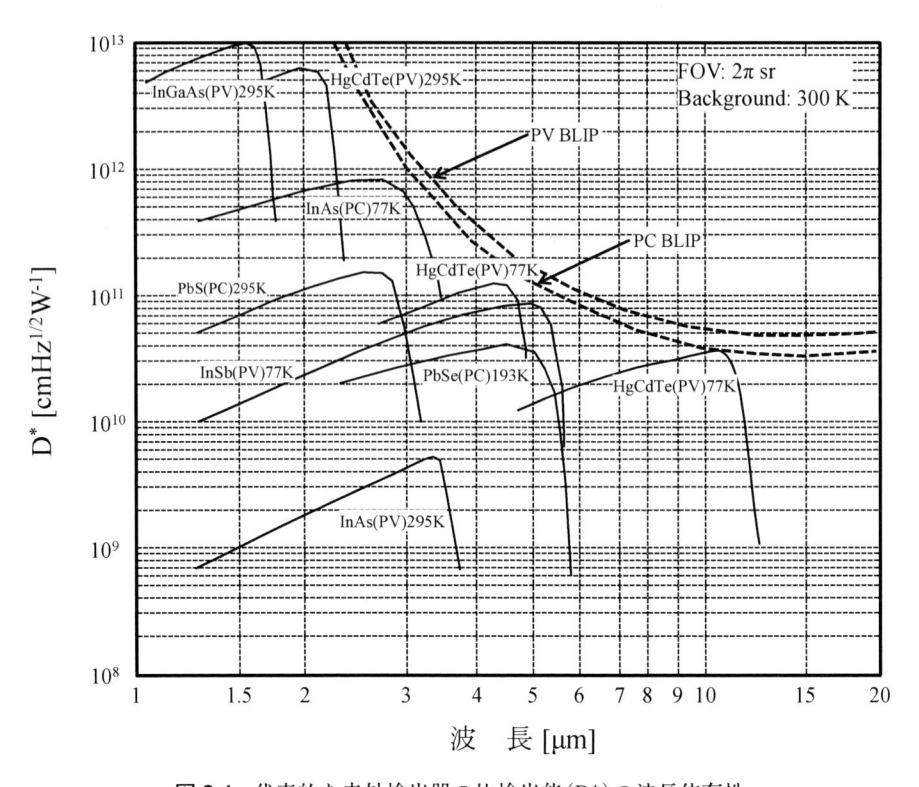

図 3.4　代表的な赤外検出器の比検出能（D*）の波長依存性
PV：光起電力型，PC：光伝導型，BLIP：背景放射限界性能，FOV：視野角

却して暗電流を低減するとノイズは抑制されて，より高い D* を得ることができ，遮断波長は短波長側にシフトする．このような特性をもつ InGaAs は，赤外検出素子としてだけでなく，内部増幅機能を有する APD（avalanche photodiode，アバランシェフォトダイオード）素子にも用いられている．APD では逆電圧を印加することにより光電流が増倍され，高感度と高速応答が実現できる．

[4] InAs および InSb 光起電力検出器

　InAs 光起電力検出器は波長 1 〜 3 μm 帯に，InSb 光起電力検出器は 3 〜 5 μm 帯に感度を持つ．これらは，PbS と PbSe 光伝導検出器に比べ，応答速度が速い．InAs 光起電力検出器は，室温動作の安価な製品から液体窒素温度で動作する高性能な製品まで製造されている．素子温度が低くなると D* は高くなり，遮断波長は短波長側にシフトする．InSb 光起電力検出器は液体窒素温度で動作させて用いられる．

[5] MCT（HgCdTe）光伝導検出器および光起電力検出器 [2]

　混晶である MCT（mercury cadmium telluride，HgCdTe）の結晶は，HgTe と CdTe の組成比によってバンドギャップエネルギーの値が変わる．したがって組成比を変えることによって，さまざまな波長に最大感度をもつ赤外検出器を作ることができる．光伝導型では遮断波長が 25 μm 付近まで感度を持つ検出器の製作が可能であるが，光起電力型では長波長化が難しく，遮断波長の最も長いも

のでも 14 μm 程度である．また，素子温度によってもバンドギャップエネルギーは変化し，素子温度が下がると遮断波長が長波長側へシフトする．

MCT 光起電力検出器は光伝導型に比べ 1/f 雑音が小さいので，DC（直流）や低周波数で変動する入力を測定する場合に適している．

3.2.3 量子構造型

異なる種類の厚さが nm オーダーの半導体を交互に積層して周期構造を持たせると，半導体超格子（semiconductor superlattice）ができる．電子と正孔の量子閉じ込め効果によりサブバンドが形成され，それらは個別の半導体のバンドギャップより小さな光子エネルギーの光を吸収できるようになる．量子構造型赤外検出器はこのような特徴を利用しており，**図3.5** に示すタイプ I とタイプ II のエネルギーバンド構造を持つ超格子が用いられている[3]．

タイプ I 型の超格子を 2 次元に広げて用いた赤外検出器を QWIP と呼ぶ．GaAs/AlGaAs の組み合わせ[3]が QWIP の代表的な材料系である．この系では GaAs が**図3.5**(a)の半導体 2（量子井戸層）に，AlGaAs が半導体 1（障壁（バリア，barrier）層）になる．赤外検出器として用いる場合は，図に示すように価電子帯または伝導帯の何れかに生成されたサブバンド間の遷移を利用し，その遷移に対応した特定の波長の赤外線のみを吸収するので QWIP は波長帯域の狭い分光感度特性を有する．また，光吸収により抜けた電子（または正孔）の基底準位への補充が制限されているため，半導体中に入射した光子数に対する発生キャリア数の比である内部量子効率は低い．QWIP の検出波長域は，GaAs 層の厚さと AlGaAs の組成比で制御することができる．

QWIP は，MBE（molecular beam epitaxy）装置を用いて GaAs 基板上に GaAs 層と AlGaAs 層を交互にエピタキシャル成長させて作製する．量子井戸内の電子（または正孔）はエピタキシャル成長した基板に垂直な方向には量子閉じ込めされているが，基板に平行な方向には自由に移動できるため，基板に垂直な方向に伝搬する電磁波成分は吸収されず，基板に平行な方向に伝搬する電磁波成分のみが吸収される．このため基板に垂直に入射する検出器を構成するのに，赤外線を回折格子

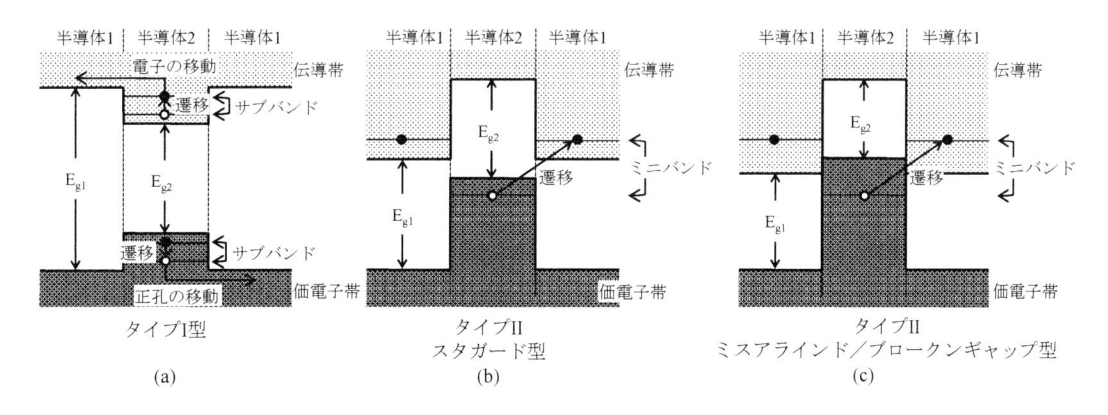

図3.5 超格子のエネルギーバンド構造

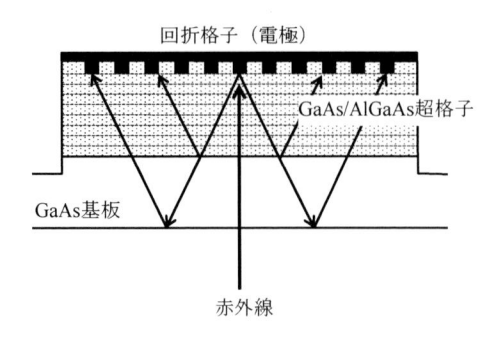

回折格子（電極）

GaAs/AlGaAs超格子

GaAs基板

赤外線

図3.6　回折格子として機能する電極を有
した QWIP の構造例

（grating, グレーティング）で回折させて基板に平行
な電磁波成分を作り出す QWIP や，超格子層（GaAs
層と AlGaAs 層を交互に積層した層）の断面形状が
2 つの 45° の斜面が向き合って対をなして並ぶよう
にして，垂直入射赤外線をその 45° 斜面で 90° 方向
に反射させて基板に平行となるようにした C
(corrugated)-QWIP[4]がある．**図3.6** に，回折格子と
して機能する電極を有した QWIP の構造例[3]を示す．

　QWIP では LWIR 用にアレイ化したものが実用化
されている．動作温度は 70 K 以下と他の検出器に
比べ低いことが欠点であるが，長所としては，感度均一性が高く 1/f 雑音が小さいこと，表面保護
膜が不要で，放射線に対する耐性が高いことがあげられる．40 K 程度まで冷却すれば暗電流を小
さくすることができるので，VLWIR（very long wavelength infrared, > 15 μm）検出器や THz 検出器も
開発されている．

　QWIP の量子井戸層を 2 次元に広がる構造ではなく，量子効果が生じる大きさのドットにすると
量子井戸内の電子（または正孔）は 3 次元的に閉じ込められ，どの方向に伝搬する電磁波でも吸収す
ることができるようになり，回折格子などを使用することなく基板への垂直入射の電磁波の検出が
可能となる．このような量子ドットを利用した赤外検出器は，QDIP（quantum dot infrared
photodetector）[3]と呼ばれる．量子ドットとして InAs を，バリア層として AlGaAs を用いた QDIP が
開発されており，QWIP より高い温度で動作することが確認されている．

　図3.5(b)(c)に示すタイプ II 型のエネルギーバンド構造では，電子に対する量子井戸と正孔に対
する量子井戸が異なった半導体層にでき，それぞれの層内にミニバンドが形成される．赤外検出器
を構成する際は，それぞれの半導体層の厚さを量子閉じ込めが起こるほど薄くして積層すると，半
導体 1 と半導体 2 に跨って波動関数が重なり，励起された電子は超格子層を通して移動できる．タ
イプ II 型のエネルギーバンド構造を持つ検出器では，一方の半導体の価電子帯側に生成されたエネ
ルギー準位から他方の半導体の伝導帯側に生成されたエネルギー準位へのミニバンドの間での遷移
吸収を利用して赤外線を検出する．このタイプの検出器は，QWIP と QDIP に比べ原理的に内部量
子効率が高く検出波長域も広い．その代表的な赤外検出器として，GaSb 基板上に InAs と GaSb の
超格子を形成したもの[3]がある．

3.2.4　自由キャリア型

　自由キャリア型の代表的な赤外検出器として，PtSi と p 型 Si からなるショットキーバリア検出
器[1]と，ホウ素(B)をドープした GeSi と p 型 Si のヘテロ接合検出器[1]がある．これらは，いずれ
も光吸収による内部光電子放出に基づいており，自由キャリア型に分類される．これら 2 種の検出
器について，**図3.7** にエネルギーバンド構造と動作原理を示す．

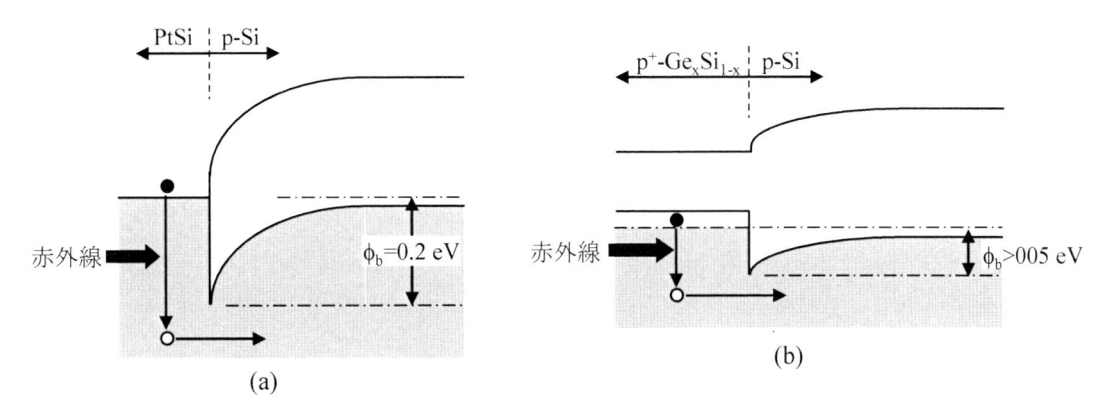

図 3.7 (a) PtSi/p-Si ショットキーバリア赤外検出器と，(b) GeSi/p-Si ヘテロ接合赤外検出器のエネルギー バンド構造と動作原理

PtSi と p 型 Si のショットキー接合のバリアの高さは 0.2 eV 程度であり，金属中で赤外吸収により生成されたエネルギーの高い正孔が，このバリアを越えると光電流となる．遮断波長は，バリアの高さで決まり 6 μm 前後である．

GeSi/p-Si ヘテロ接合のバリアの高さは，GeSi の組成と不純物であるホウ素の濃度を変えることにより制御できるので，LWIR 波長域に感度を持たせることができる．この種の内部光電子放出型赤外検出素子の動作温度は，MWIR 用で 80 K 程度，LWIR 用で 40 K 程度である．

内部光電子放出型の素子の作製には，シリコン LSI (large scale integration) 技術が利用できるので，高解像度のアレイ赤外検出器が容易に実現できる．しかし金属中での電子の運動が等方的であることから，光子エネルギーの低下（波長の増大）と共に単調に量子効率が減少する特性があり，真性型検出器などに比べ感度は低い．

3.2.5 その他

天文観測や物性研究などにおいては，上述の赤外検出素子では検出困難な長波長域まで感度を有するデバイスが必要な場合がある．このような場合の検出器として外因性赤外検出器と超伝導赤外検出器がある．

[1] 外因性赤外検出器

外因性赤外検出器は，半導体中の不純物準位から伝導帯（価電子帯）への電子（正孔）の励起を利用して赤外線を検出する．不純物準位と伝導帯（価電子帯）とのエネルギー差は小さいので，非常に長い波長まで感度を持つが，極低温にまで冷却して用いられる．さらに不純物準位は半導体に加わる圧力に依存して浅くなるので，Ga をドープした Ge 検出器で，例えば ~ 10^9 Pa まで加圧して遮断波長をのばし THz 領域の検出器として使用した例もある[5]．

微弱光信号検出のための高感度検出器では，不純物準位中のキャリアによる暗電流が問題となる．これを防ぐには検出器を極低温に冷却し，且つ不純物ドープ濃度を下げて不純物間の遷移確率を下

げる必要がある．しかし，不純物のドープ
量が下がると検出感度は低下する．次に述
べる blocked impurity band（BIB）検出器[3]は，
低暗電流と高感度を両立できる外因性赤外
検出器である．

　BIB 検出器は図3.8 に示すように結晶内
部に，吸収層とブロック層の2層構造をも
つ．吸収層は，10^{16} cm^{-3} オーダーの高い
不純物濃度を持ち，入射光子を高感度で効
率良く吸収する．一方，ブロック層は吸収
層で発生する暗電流を遮断するように，不
純物濃度を 10^{12} cm^{-3} 程度に抑えた極めて
純度の高い材質からなる．n 型半導体の場
合，素子中にブロック層を＋，吸収層を－

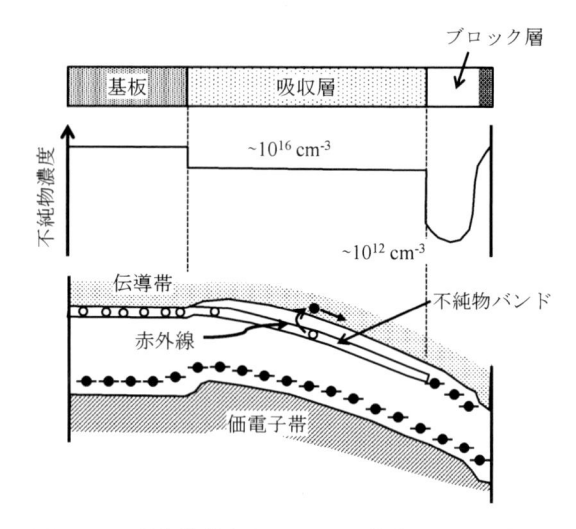

図3.8　n 型半導体を用いた BIB 検出器バンド構造
と動作原理

とする電界をかけると，吸収層中のキャリアはブロック層との境界付近に溜まる．ブロック層の厚
みを 10 μm 以下の薄い層とし，ブロック層を通して光を吸収層に入射させると，境界付近に溜ま
ったキャリアにより効率よく吸収され，伝導帯に励起されたキャリアがブロック層を通じて電極に
達し，光電流として取り出される．現在 Si を母材とする Si:As，Si:Sb 等の不純物半導体が高感度
検出器として用いられており，30 μm 程度までの波長に感度を有した検出器が入手可能である．さ
らに波長の長い 50 ～ 200 μm では Ge:Ga の BIB が開発されている[6]．

[2] 超伝導赤外検出器

　超伝導赤外検出器としては，超伝導トンネル接合（superconducting tunnel junction, STJ)[7]，超伝導
転移端検出器（transition edge sensor, TES)[8] 及び超伝導ナノワイヤ単一光子検出器（superconducting
nanowire single photon detector, SNSPD)[9] がある．それらは，準粒子トンネリングや電子－フォノン
緩和などの高速な物理現象を利用してかつ極低温で動作するので，他の検出器より高速，高効率，
広帯域，低雑音である．STJ は，超伝導 SIS（superconductor-insulator-superconductor）トンネル接合に
光子が入射したとき，その光子エネルギーにより超伝導電子対が破壊され，生成された準粒子を数
えて光子を検出する．TES と SNSPD は，どちらも光子が検出器に入射したときに付与されるエネ
ルギーにより超伝導状態が破壊され，その時に生じる抵抗変化を検出する．TES は，高い検出効
率と入射光の光子数を同定できるという特徴をもつが，応答速度が数 10 ～数 100 kHz であり，ま
た 100 mK 以下の極低温環境が必要である．一方，SNSPD は一つの光子が入射した時に信号を出
力する On/Off 型の検出器であり，基本的に光子数識別能力を持たないが，GHz 以上の高速応答と
高温（数 K）で動作するのが特徴である．また，入射光子により電子対が壊れ準粒子が過剰に生成さ
れ，そのとき力学インダクタンスが変化するのを利用して電磁波を検出する MKID（microwave
kinetic inductance detector）も開発されている[10]．

　電磁波は，光の粒子性と波動性の両面を利用して検出することができるが，微細加工技術により作製されたアンテナ構造を受光に用い，その給電点に超伝導微小ストリップを配置したアンテナ結合型赤外検出器も開発されている[11~13]．

3.3　熱型赤外検出器

　熱型検出器は，赤外線の電磁波エネルギーによって，主にその温度による物性変化を利用して赤外線を検出する．その基本動作について述べ，いろいろな種類の熱型赤外検出器を説明する．

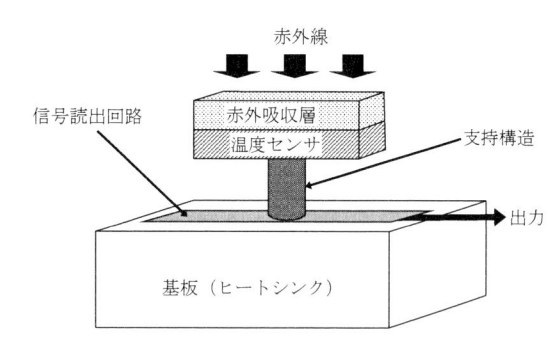

図 3.9　熱型赤外検出器の基本構成

3.3.1　熱型赤外検出器の基本動作

　熱型赤外検出器の一般的な構成を図 3.9 に示す．温度センサと赤外吸収層が検出器部を形成し，それがヒートシンクでもある基板上に支持構造で支えられている．赤外吸収層で赤外線を吸収すると検出器部の温度が変化し，それを温度センサで電気信号として赤外線を検出する[14]．熱型赤外検出器は常温で動作するので，非冷却赤外検出器と呼ばれることもある．そして使用する温度センサの種類によって分類される．

　熱型赤外検出器の働きを理解するためには，赤外吸収による検出器部の温度変化の大きさ ΔT_D [K]を知る必要がある．一定の赤外パワー P_{IN} [W]の入射を受ける熱容量 C_H [J/K]を持つ検出器部が，熱コンダクタンス G_T [W/K]でヒートシンクの基板上に支えられている場合，その系の熱平衡方程式は，

$$C_H \frac{d(\Delta T_D)}{dt} = \eta \cdot P_{IN} - G_T \cdot \Delta T_D \quad [\text{W}] \tag{3.1}$$

と表される．ここで，t [s]は時間，η は赤外吸収層の吸収率(放射率)である．この系は熱時定数

$$\tau_T = \frac{C_H}{G_T} \quad [\text{s}] \tag{3.2}$$

で特徴づけられる一次遅れの系であり，熱時定数に比べ十分長い時間が経過した定常状態においては，

$$\Delta T_D = \frac{\eta \cdot P_{IN}}{G_T} \quad [\text{K}] \tag{3.3}$$

となる．

　使用する温度センサの感度を dV_O/dT とすると，起電力 ΔV_O は

$$\Delta V_O = \frac{dV_O}{dT} \cdot \frac{\eta P_{IN}}{G_T} \quad [\text{V}] \tag{3.4}$$

であるので，検出器の感度 R は，

$$R = \frac{\Delta V_O}{P_{IN}} = \frac{\eta}{G_T} \cdot \frac{dV_O}{dT} \quad [\mathrm{V/W}] \tag{3.5}$$

となる．以上のように熱型赤外検出器の感度は，温度センサの感度に比例し，熱コンダクタンスに反比例するので，温度センサの感度が高いほど，また熱コンダクタンスが小さいほど高感度となる．

　熱型赤外検出器の分光感度特性は，赤外吸収層の分光吸収特性によって決まる．赤外吸収層には，SiO_2 や SiN 等の誘電体膜，薄い金属吸収膜，ポーラスな金属ブラックなどの吸収膜が用いられる．さらに，それら吸収膜に金属反射膜を組み合わせると，干渉効果を利用して吸収効率があげられる．

　熱型の赤外検出器は，エネルギーを熱に変換できれば電磁波の検出が可能であり，赤外吸収層を工夫することで検出可能な波長域を THz 領域にまでのばすことができる．後述する焦電型と抵抗ボロメータ方式では，THz 検出器も実現されている．波長が LWIR より長い領域では，アンテナ構造で電磁波エネルギーを吸収するタイプもある．

3.3.2　強誘電体

　強誘電体を用いた赤外検出器[14]に，温度に依存して強誘電体内に自発分極が生じるいわゆる焦電効果（pyroelectric effect）を利用するものと，誘電率の変化を利用する誘電ボロメータ検出器がある．どちらのタイプの検出器も，強誘電体材料の両側に電極を設けたコンデンサの形で構成する．

　強誘電体の自発分極と誘電率の温度依存性を，図 3.10 に示す．自発分極 $P_S(\mathrm{T})\,[\mathrm{C/m^2}]$ は温度の上昇とともに減少し，キュリー（Curie）温度 $T_C[\mathrm{K}]$ でゼロになる．焦電型検出器では，キュリー温度以下での自発分極の温度依存性を利用して温度変化を計測する．自発分極の温度変化率は焦電係数（pyroelectric coefficient）p と呼ばれ，以下の式で定義される．

$$p = \frac{\partial P_S}{\partial T} \quad [\mathrm{C/(K \cdot m^2)}] \tag{3.6}$$

　一方，誘電ボロメータでは，誘電率が大きな温度依存性を持つキュリー温度付近で強誘電体を動作させる．無電界状態の場合，動作が不安定になるため，焦電赤外検出器とは異なり電界を印加した状態で使用される．この状態における実効的な焦電係数 P_{EF} は，

$$P_{EF} = p + \int_0^E \frac{\partial \varepsilon}{\partial T}\,dE \quad [\mathrm{C/(K \cdot m^2)}] \tag{3.7}$$

となる．ここで，$E[\mathrm{V/m}]$ は印加した電界の強さで，$\varepsilon[\mathrm{F/m}]$ は強誘電体の誘電率である．

　強誘電体を用いた熱型検出素子を集積化した室温で動作する非冷却赤外イメージセンサも開発されている．その代表的

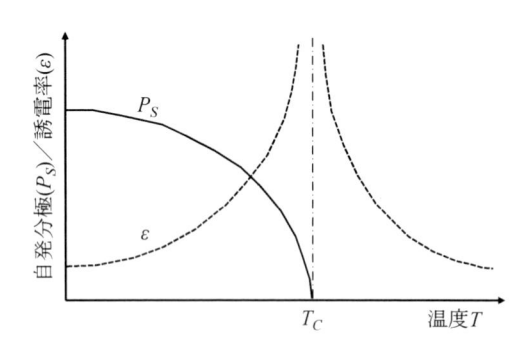

図 3.10　強誘電体材料の自発分極と誘電率の温度依存性

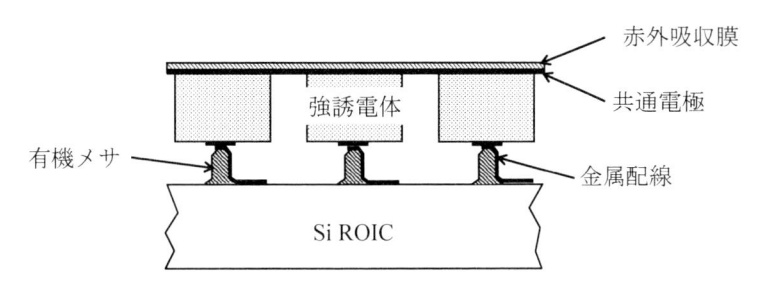

図 3.11 強誘電体非冷却赤外イメージセンサの画素構造
（Modified from C. Hanson, Proc. SPIE 2020, pp. 330–339（1993））

な強誘電体非冷却赤外イメージセンサの断面の画素構造を図 3.11 に示す．それは，強誘電体でできた検出器チップが，Si 信号読出回路（readout integrated circuit, ROIC）と画素毎に有機メサで接合された構造である。有機メサの表面には薄膜金属が形成されており、検出器と ROIC は電気的に接続される．

3.3.3 抵抗ボロメータ

　抵抗ボロメータは，金属や半導体の抵抗の温度依存性を利用した温度センサ[14]である．抵抗ボロメータの性能指標である抵抗温度係数（temperature coefficient of resistance）α は，

$$\alpha(T) = \frac{1}{R_B(T)} \cdot \frac{dR_B}{dT} \quad [\mathrm{K}^{-1}] \tag{3.8}$$

で定義される．ここで $R_B(T)[\Omega]$ はボロメータの電気抵抗，$T[\mathrm{K}]$ は温度である．

　金属の抵抗は，伝導電子の散乱効果を反映して変化するため，温度の上昇とともに増大し，室温付近では，

$$R_B(T) = R_{B0}\{1 + \gamma(T - T_0)\} \quad [\Omega] \tag{3.9}$$

と表される．$R_{B0}[\Omega]$ は温度 $T_0[\mathrm{K}]$ における抵抗値で，$\gamma[\mathrm{K}^{-1}]$ は定数である．従って金属の抵抗温度係数 $\alpha_M[\mathrm{K}^{-1}]$ は，式（3.8）と式（3.9）から

$$\alpha_M(T) = \frac{\gamma}{1 + \gamma(T - T_0)} \quad [\mathrm{K}^{-1}] \tag{3.10}$$

となる．その値は $10^{-3}\,\mathrm{K}^{-1}$ のオーダーである．

　半導体の抵抗は，キャリア濃度とその移動度に依存し，且つそれらは温度とともに増大する．したがって抵抗は温度の上昇とともに減少し，

$$R_B(T) = R_{B0}\exp\left\{\beta\left(\frac{1}{T} - \frac{1}{T_0}\right)\right\} \quad [\Omega] \tag{3.11}$$

と表すことができる．ここで $\beta[\mathrm{K}]$ は定数である．従って半導体抵抗ボロメータの抵抗温度係数 α_S は，式（3.11）を式（3.8）に代入して求めると，

$$\alpha_S(T) = -\frac{\beta}{T^2} \quad [\mathrm{K}^{-1}] \tag{3.12}$$

となる．その値は $-10^{-2}\,\mathrm{K}^{-1}$ のオーダーであり，金属と比較して絶対値が 1 桁程度大きい．

　抵抗ボロメータはバイアス電流 $I_B[\mathrm{A}]$ を流して動作させる．定電流のとき，ボロメータに光が入射して温度が $\Delta T_D[\mathrm{K}]$ だけ変化すると，出力電圧 V_S は，

$$V_S = \alpha I_B R_B \Delta T_D \quad [\mathrm{V}] \tag{3.13}$$

となる．

　室温で動作する抵抗ボロメータ単体の赤外検出器の開発例は殆どないが，アレイ化した非冷却赤外イメージセンサには，抵抗ボロメータを用いる方式が代表的である．この方式の非冷却赤外イメージセンサをマイクロボロメータと呼ぶ．**図 3.12** にマイクロボロメータ画素の基本的な構造 [14] を示す．温度センサとなるボロメータ膜と赤外吸収膜は，2 本の細い支持脚でマイクロブリッジ構造を形成して下層の信号読出回路上に保持される．真空パッケージングされたマイクロボロメータの断熱性は，支持脚の熱コンダクタンスで決まる．MEMS（micro electro mechanical systems）技術で作製されるマイクロブリッジ構造の断熱性は非常に高く，$10^{-7}\,\mathrm{W/K}$ 以下の熱コンダクタンスを容易に実現することができる．入射赤外線は，信号読出回路上に設けられた金属反射膜とマイクロブリッジ上の赤外吸収膜との間での干渉効果によって，より効率よく吸収膜に吸収される．支持脚内には，ボロメータ膜と下層の信号読出回路を接続する配線が内蔵されている．

　分光測定に用いられるボロメータの多くは単体で極低温下で動作し，極低温ボロメータとも呼ばれる．最も古くはカーボンボロメータが開発され，現在では Ge や Si のボロメータが，さらに超高感度コンポジット Ge ボロメータ [15] が中・遠赤外領域で，また遠赤外・テラヘルツ波領域では InSb 電子ボロメータ [16] 等も開発され，それらの市販品もある．これらは，大きさ数 mm 角，厚さ数 100 μm の素片の両端にリード線を取り付けて真空中に保持し，クライオスタット内で極低温まで冷却して，分光器やレーザ装置などの赤外検出器として用いられる．

3.3.4　ダイオード

　半導体デバイスの温度特性を，熱型赤外検出器の温度センサに利用できる．SOI（silicon on insulator）基板を用いて，単結晶 Si ダイオードを中空に浮かせた構造の非冷却赤外イメージ

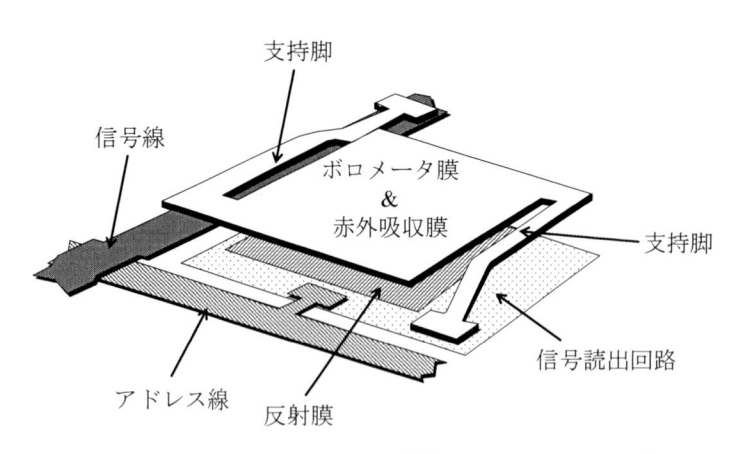

図 3.12　マイクロボロメータ非冷却赤外イメージセンサの画素構造
（Modified from R. A. Wood, Proc. IEEE IEDM, pp. 175–1777 (1993)）

センサが実用化されており [14], 抵抗ボロメータ型と同水準の性能が得られている.

十分に大きな電圧で順方向にバイアスした理想的な pn 接合ダイオードの電流 – 電圧特性は,

$$I_F = A_J \cdot J_S \cdot \exp\left(\frac{q \cdot V_F}{k \cdot T_D}\right) \quad [\text{A}] \tag{3.14}$$

$$J_S = K \cdot T^{(3+\kappa/2)} \cdot \exp\left(-\frac{E_G}{k \cdot T_D}\right) \quad [\text{A/m}^2] \tag{3.15}$$

で与えられる. ここで, $I_F[\text{A}]$:順方向電流, $V_F[\text{V}]$:順方向電圧[V], $A_J[\text{m}^2]$:接合面積, $J_S[\text{A/cm}^2]$:飽和電流密度, q:電子の電荷[C], E_G:バンドギャップエネルギー[J], κ:キャリアの拡散係数とその寿命の温度係数で決まる定数, K:温度に依存しない定数, $k[\text{J/K}]$:ボルツマン定数, $T_D[\text{K}]$:ダイオード温度, である. ダイオードが定電流モードで駆動される時, 順方向電圧の温度感度は,

$$\left.\frac{dV_F}{dT_D}\right|_{I_F = const.} = \frac{V_F}{T_D} - \left(3 + \frac{\kappa}{2}\right) \cdot \frac{k}{q} - \frac{E_G}{q \cdot T_D} \quad [\text{V/K}] \tag{3.16}$$

となる. 上式右辺で製造プロセスに敏感なパラメータは κ のみであり, このパラメータを含む右辺第2項が, 他の2つの項に比較して小さく無視できる. したがってダイオードを温度センサとする方式は, 感度の均一なものが得やすい. Si ダイオードの場合, 室温における順方向電圧の温度感度は約 2 mV/K である. SOI 上の単結晶層にダイオードを用いた非冷却赤外イメージセンサの断面の画素構造を**図 3.13** に示す [14]. ダイオードは, 下部の Si 層をエッチングで除去することで基板から断熱される. 赤外吸収構造は温度センサであるダイオードと別の層に設けられ, 2つの構造の中心で熱的に結合され, 高い開口率(画素面積に対する赤外吸収構造の面積の割合)が達成されている.

3.3.5 サーモパイル

2種類の導体(金属または半導体)を両端で接続して閉回路を作り, 2つの接点に温度差を与えると電流が流れる. 閉回路内の一点で回路を切断すると, その箇所には電圧が生じる. この現象はゼーベック効果(Seebeck effect)とよばれる. この効果を利用した温度計

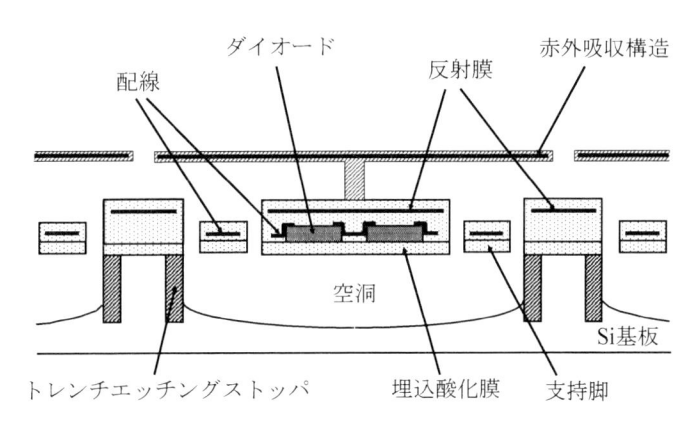

図 3.13 SOI ダイオード方式非冷却赤外イメージセンサの画素構造
(Modified from M. Kimata et al., Proc. SPIE 6127, pp. 61270X-1–11 (1993))

が熱電対(thermocouple)であり, 複数の熱電対を直列に接続したのがサーモパイル(thermopile)である. サーモパイルは赤外検出器に用いられ [14], 小規模のアレイセンサも開発されている.

熱電対 m 個を接続したサーモパイルの出力 $V_S[\text{V}]$ は,

$$V_S = m \cdot \alpha_{12} \cdot \Delta T_D \quad [\mathrm{V}] \tag{3.17}$$

となる．ここで，$\alpha_{12}[\mathrm{V/K}]$は接点を構成する2つの材料で決まるゼーベック係数(または，熱電能(thermoelectric power))，ΔT_Dはサーモパイルの冷接点と温接点の温度差である．したがって，その出力は2点間の温度差と構成する熱電対の数に比例する．

　図3.14にサーモパイル方式の赤外検出器の構造を示す．この検出器はバルクマイクロマシニング技術を利用して，Si基板に空洞を作り，サーモパイルを支持構造にして赤外吸収構造を空洞上に浮かせている．サーモパイルの温接点は赤外吸収構造上に，冷接点はSi基板部にあり，それらの間の温度差で生じる起電力から，赤外吸収構造で吸収された赤外線の入射パワーを計測する．

　この熱電効果を利用した赤外検出器は，感度が焦電検出器や抵抗ボロメータを用いたものに比べ小さいのが欠点である．しかし，シリコンLSIプロセスで作製できること，温度差を直接計測するので基板温度変動に対する対策を講じる必要がないという長所があり，この特徴を生かした応用分野でサーモパイルは広く用いられている．

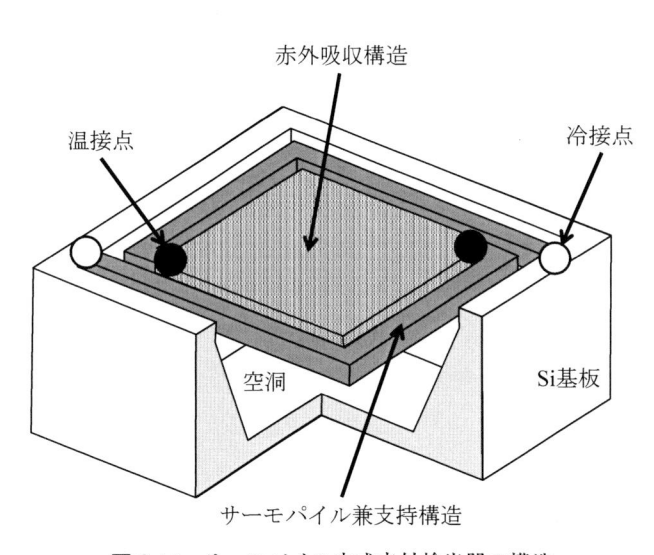

図3.14　サーモパイル方式赤外検出器の構造

3.3.6　その他

　熱型赤外検出器には，機械的変形により温度変化を検出する方式や，光学的特性の温度依存性を利用したものがある．

　機械的変形を利用した非冷却赤外イメージセンサでは，膨張係数の異なった2種の材料を積層したバイマテリアル(bi-material)を支持構造の一部として用い，受光部で赤外吸収して生じる温度変化によるバイマテリアル構造体の機械的変形を利用して，赤外線を検出する．この機械的変形量を電気的または光学的に計測する[14]．

　光学的特性の温度依存性を利用した非冷却イメージセンサに，近赤外域でファブリー・ペロー・エタロン(Fabry-Perot etalon)を光学フィルターとして用いたものがある．これはその透過中心波長が狭帯域であり，その透過波長が温度によって変化することを利用したものである[14]．

　閉じた空間に膜を置き，赤外線が入射して吸収されると閉空間は温度が上昇し膨張して変形する．その形状変形を光学的手法，あるいはコンデンサマイクロフォンで検出するニューマチックセルが，古くから赤外検出器として用いられてきた．ゴーレイセル(Golay cell)では，波長選択吸収特性のないXeなどの気体を非常に小さな室内に閉じ込め，金属蒸着膜を吸収膜として用い，赤外吸収す

ると吸収膜の温度が上昇して室内の気体温度も上昇して膨張する．その形状変化をこの小室の外側に取り付けられた可撓鏡で光学的に検出する．

3.4 アレイ検出器

赤外検出素子を集積化した赤外イメージセンサの開発は 1970 年代には始まり，既に量子型，熱型ともに画素サイズが $10 \sim 20 \, \mu m$ 角で，画素数が 100 万を超えるアレイ検出器が実用化されている．読出方式は，1970 年代から 1980 年代にかけては CCD (charge coupled device) が主流であった．しかし，近年 LSI の微細化により 1 画素に収納できる回路規模が大きくなり，最近では CMOS (complementary metal oxide semiconductor) が広く普及している．

図 3.15 に赤外イメージセンサの代表的な構成を示す．各行の水平に並んだ画素群からの信号は垂直走査回路からの行選択クロック ϕV_1，ϕV_2，$\cdots$ に応じて一斉に垂直信号線 S_1，S_2，$\cdots$ に読み出され，各列に設けられた信号処理回路で増幅などを行った後，水平走査回路からの列選択クロック ϕH_1，ϕH_2，$\cdots$ によって各行内の各画素が順次読み出される．

各画素の回路構成として，量子型赤外検出器に対する代表的なものを**図 3.16** に示す．逆方向耐圧が低く，暗電流のバイアス依存性が大きな狭バンドギャップ半導体を検出器とした赤外イメージセンサでは，ダイレクトインジェクション (direct injection) 回路や容量フィードバックトランスインピーダンスアンプ (capacitive feedback transimpedance amplifier) を設けて電流—電圧変換を行って信号読み出しを行う．**図 3.16** にはダイレクトインジェクション回路を示しており，注入用のトランジスタ

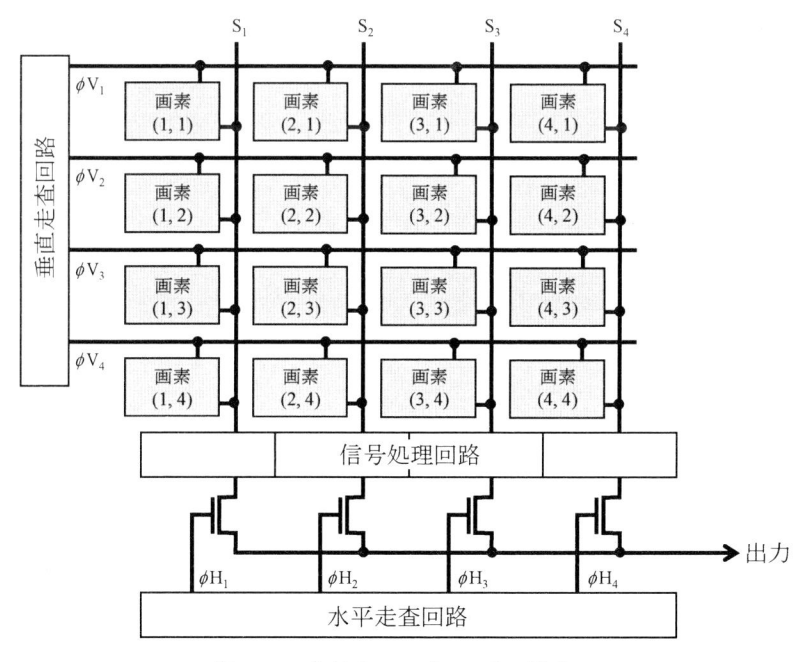

図 3.15 赤外イメージセンサの構成．
$S_1 \sim S_4$：信号線，$\phi V_1 \sim \phi V_4$：行選択クロック，$\phi H_1 \sim \phi H_4$：列選択クロック

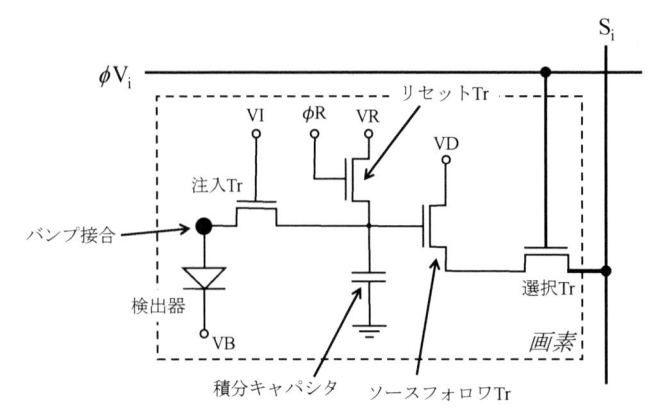

図 3.16　量子型赤外検出器の画素回路構成の例

Sᵢ：信号線，ϕVᵢ：行選択クロック，VB：検出器共通電極，VI：ゲート電圧，VR：リセット電圧，VD：ソースフォロワ電源，ϕR：リセットクロック，Tr：トランジスタ

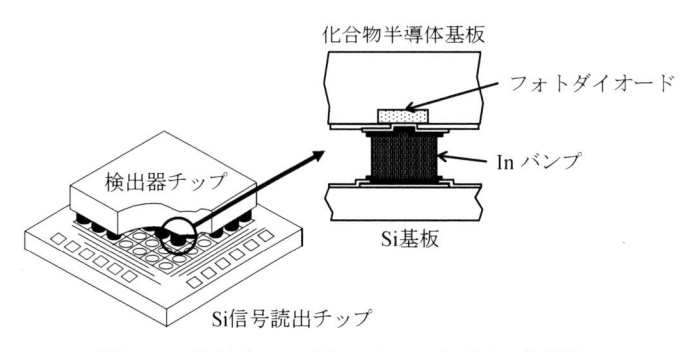

図 3.17　赤外イメージセンサのハイブリッド構造

のゲート電圧 VI により検出器の逆方向バイアスを制御することができる．そして，注入用のトランジスタを通して積分キャパシタに流れ込んだ電荷により変化したキャパシタ上端ノードの電圧を，ソースフォロワ(source follower)回路を通して信号線 Si に読み出す．

化合物半導体を用いた量子型赤外イメージセンサでは，化合物半導体上に信号読出回路を形成することが困難なので，画素毎にバンプで Si 信号読出回路に電気的接続をするハイブリッド構造(**図3.17**)が開発されている．

非冷却赤外イメージセンサの構成も基本的には**図3.15**と同様である．抵抗ボロメータ方式や SOI ダイオード方式では，Si 信号読出回路と同じチップ上に画素構造を形成する MEMS プロセスが開発され，モノリシック(monolithic)構造が実現されている．

3.5　赤外検出器の性能評価

赤外検出器の性能を表す物理量として，赤外線の入射パワーに対する出力の大きさを表す感度や，雑音の大きさなどが用いられる．これらの物理量の定義と，評価方法について述べる．

3.5.1　感度

赤外検出器の感度 $R[\mathrm{V/W}]$ は，入射パワー変化 $\Delta\Phi[\mathrm{W}]$ に対する赤外検出器の出力電圧変化を $\Delta V_O[\mathrm{V}]$ として

$$R = \frac{\Delta V_O}{\Delta\Phi}\quad[\mathrm{V/W}] \tag{3.18}$$

で与えられる．出力が電流の場合は，電流感度 $R[\mathrm{A/W}]$ となる．

黒体炉を使った検出器の感度計測の光学配置例を**図3.18**に示す．黒体炉以外の周辺からも熱放

射があるため，黒体炉の開口部から放射される赤外線を光チョッパで時間的に変調を加え，これに同期して変化する信号成分のみを取り出して，光源である黒体炉からの赤外線に対する応答を測定する．すなわち，検出器に入射する黒体炉からの赤外線は，光チョッパにより入射と遮断の状態が周期的に繰り返されるので，検出器の出力電圧は図3.19のようになる．この電圧の高い$V\mathrm{max}[\mathrm{V}]$の時間は黒体炉から，低い$V\mathrm{min}[\mathrm{V}]$の時間はチョッパーブレード(chopper blade)から放射された赤外線である．したがって，黒体と開口を結ぶ方向と検出器の素子面の法線が一致するとき，検出器の感度は次式となる．

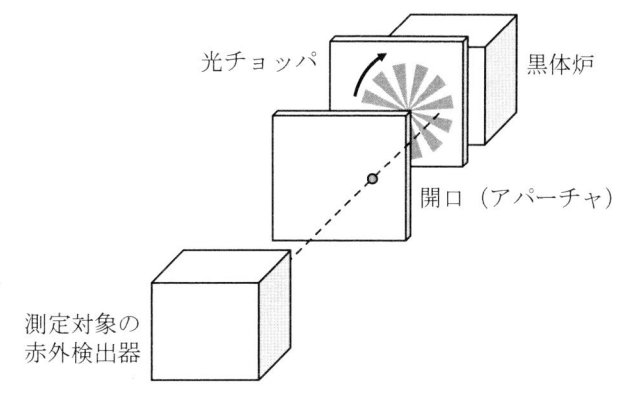

図3.18 赤外検出器感度計測の光学配置

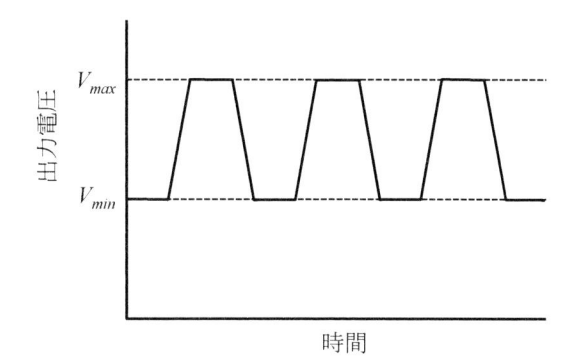

図3.19 赤外検出器の 出力電圧例

$$R = \frac{V_{max} - V_{min}}{(B_{BB} - B_{CH}) \cdot \dfrac{A_A \cdot A_D}{L_{AD}^{\,2}}} \quad [\mathrm{V/W}] \tag{3.19}$$

ここで，$B_{BB}[\mathrm{W/m^2sr}]$と$B_{CH}[\mathrm{W/m^2sr}]$は，それぞれ黒体炉とチョッパブレードの放射輝度で，検出器の感度帯域に合わせて計算する．$A_A[\mathrm{m^2}]$と$A_D[\mathrm{m^2}]$は，開口(aperture)と赤外検出器感光部の面積，$L_{AD}[\mathrm{m}]$は開口と赤外検出器の距離である．

3.5.2 雑音等価パワー，検出能，比検出能

赤外検出器の雑音と等しい大きさの出力を与える入射パワーとして表した物理量が雑音等価パワー(noise equivalent power, NEP)である．すなわちNEPは赤外検出器が検出できる最低の入射パワーを示す．

雑音等価パワー$NEP[\mathrm{W}]$は，入射パワー$\Phi[\mathrm{W}]$に対して赤外検出器の出力電圧を$V_O[\mathrm{V}]$，および実効雑音電圧を$V_N[\mathrm{V}]$とすると

$$NEP = \frac{\Phi}{V_O/V_N} \quad [\mathrm{W}] \tag{3.20}$$

で与えられ，その計測は，黒体炉を用いて感度計測と同様の装置と配置で行うことができる．実効雑音電圧 V_N は光チョッパの回転を止め，開口部を遮蔽した時に得られる赤外検出器の雑音電圧を使用する．なお，V_N は背景温度（チョッパブレードの放射輝度）に依存するので，測定結果には背景温度を付記する必要がある．

　雑音等価パワーの逆数は検出能 D（detectivity）と呼ばれ，雑音の小さい検出器ほど大きな値を示し，検出器の性能を表す指標として用いられる．

$$D = \frac{1}{NEP} \quad [\mathrm{W^{-1}}] \tag{3.21}$$

NEP は検出器の面積 $A_D[\mathrm{m^2}]$ の平方根に，そして雑音電圧は増幅器帯域幅 $\Delta f[\mathrm{Hz}]$ の平方根に比例するので，これらの値に依存しない検出器性能比較の指標として比検出能 $D^*[\mathrm{mH^{1/2}W^{-1}}]$（specific detectivity）が

$$D^* = D \cdot \sqrt{A_D \cdot \Delta f} \quad [\mathrm{mHz^{1/2}\ W^{-1}}] \tag{3.22}$$

で定義される．これは，$1\ \mathrm{m^2}$ の面積を持つ検出器を雑音帯域幅 1Hz の条件で使用した場合の検出能を示す．

3.5.3　雑音等価温度差

　赤外検出器の雑音と同じだけの放射量を発生する放射体の温度揺ぎ幅（等価温度差）として表す物理量も広く使われ，これを雑音等価温度差（noise equivalent temperature difference, NETD）と呼ぶ．これは，信号対雑音比が 1 となる赤外検出器が検出可能な温度差を与える評価値となる．

　雑音等価温度差の測定は，赤外検出器の視野内をすべて覆うように配置した基準熱源を用いて行う．基準熱源の放射面は黒体とみなせるものを使用し，高温 $T_1[\mathrm{K}]$ と低温 $T_2[\mathrm{K}]$ の 2 つの温度での出力電圧の差 $\Delta V[\mathrm{V}]$ と低温での実効雑音電圧 $V_N[\mathrm{V}]$ を計測する．これより，雑音等価温度差 $NETD$ $[\mathrm{K}]$ は

$$NETD = \frac{T_1 - T_2}{\Delta V / V_N} \quad [\mathrm{K}] \tag{3.23}$$

となる．

　光学系とアレイ素子を組合せた赤外カメラなどの装置としての NETD を評価する場合は，放射量が減っている光学系の像拡がり部分の影響を受けないように，計測領域よりも充分に大きな像が得られる基準熱源を用いる必要がある．

3.5.4　分光感度

　赤外検出器の感度は一般に波長に依存し，これを分光感度（spectral response）という．分光感度の評価は，図 3.20 に示すように分光器を用いて行われる．最初に，分光感度が既知の検出器や感度に波長依存性がない熱型検出器を参照用検出器として置き，分光器の波長を変えながら出力電圧 $V_{TH}(\lambda)[\mathrm{V}]$ を計測する．次に，測定対象となる赤外検出器を置いて同様に出力電圧 $V_O(\lambda)[\mathrm{V}]$ を計

測して，

$$R_\lambda(\lambda) = R_{TH\lambda}(\lambda) \cdot \frac{V_O(\lambda)}{V_{TH}(\lambda)} \quad [\mathrm{V/W}] \quad (3.24)$$

より分光感度 $R_\lambda(\lambda)[\mathrm{V/W}]$ を得る．ここで，$R_{TH\lambda}(\lambda)[\mathrm{V/W}]$ は参照用検出器の分光感度である．

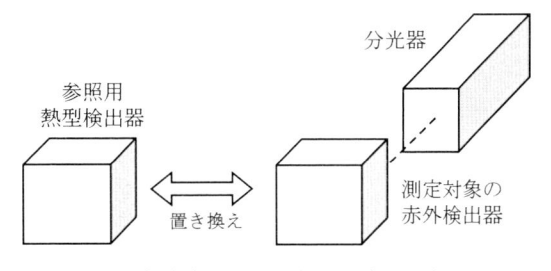

図 3.20 赤外検出器の分光感度計測の光学配置

3.6 赤外検出器を用いたシステム

単素子の赤外検出器は，人体検知システムや光パワーメータ，スポット温度計などに，赤外アレイ検出器は，2次元の温度情報を取得するサーモグラフィ（thermography）や暗視のための赤外イメージャ（infrared imager）などの装置に用いられる．

光パワーメータは，名称の通り光強度を測定する機器で，一般に受光検出器と表示部とで構成される．それは光技術応用分野で幅広く使用されており，特に光ファイバ通信分野においては，光源の光パワーの絶対値測定や，光ファイバケーブルの光損失測定に不可欠な測定器である．光パワーメータには，量子型と熱型の赤外検出器が使用されている．波長 1.1 μm 程度までの短波長域では，Si, Ge, InGaAs フォトダイオードを用いた量子型があり，広い波長域の赤外線のパワー測定には，分光感度特性が一定の熱型検出器であるサーモパイルと焦電検出器に適当な窓材を取り付け，波長 20 μm まで測定できるようにした装置がある．その光パワーの測定範囲は，量子型では 1 pW 〜 30 mW と高感度であり，熱型では 1 μW 〜 500 W である．

スポット温度計は，物体が放射する赤外線のパワーを計測することにより，非接触で対象とする物体の温度を測る装置であり，放射（赤外線）温度計（radiation thermometer, infrared thermometer）とも呼ばれる．非接触で測定できる利点を活かし，高電圧の配電盤検査，鉄鋼，プラスチック成型，食品加工等の製造工程の管理などで活用されており，耳式体温計もスポット温度計の範疇にはいる．図 3.21 にスポット温度計の構成を示す．物体が放射した赤外線はレンズで赤外検出器上に集光して検出される．その出力は，増幅して AD 変換後，マイクロコントローラ（micro-control unit, MCU）で放射率補正および赤外パワーと温度の非線形的な関係の補正などを行い，温度値として出力する．

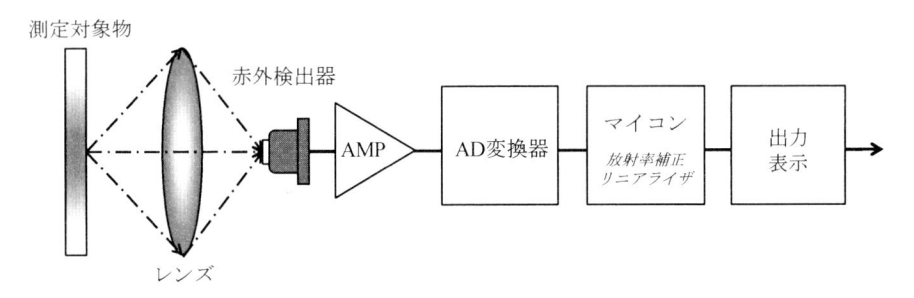

図 3.21 スポット温度計の構成

これを用いると簡便に温度を計測できるが，正しい温度を知るためには，測定したい個所の面積が測定視野より十分大きいこと，および対象物体の放射率が分かっていることが必須の条件となる．比較的高温域の測定には Si, InGaAs, PbS, PbSe, MCT 等の量子型赤外検出器が用いられる．他方低温域（室温付近）の測定には，サーモパイル，ボロメータ，焦電素子等の熱型赤外検出器が使われる．レンズには受光する波長域に応じて，石英，CaF_2, BaF_2, Ge, Si, ZnS 等の光学材料が用いられる．

　サーモグラフィや赤外イメージャ，および赤外カメラは名称を異にするが本質は全て同じであり，2 次元の赤外イメージセンサが使用されている．図 3.22 に非冷却（熱型）赤外イメージセンサを用いた赤外カメラの代表的な構成を示す．結像光学系は，赤外線でも可視光カメラと同様に屈折光学系を用いるのが一般的である．可視光カメラレンズに用いられるガラスは波長が約 3 μm までの近赤外線は通すが，LWIR 帯では不透明になるので Ge が，さらに波長が長い領域では，MWIR でも使われている高比抵抗の Si が用いられる．イメージセンサでは，赤外線の入射による微小な温度変化を検出するので，1 Pa 以下の真空中で断熱して動作させ，また素子の僅かなオフセットや感度ばらつきに起因する固定パターン雑音を小さくするために，ペルチェ素子で基板温度を一定に保ち，シャッタで均一な背景基準を作り出す．あるいは，ペルチェ素子やシャッタを用いないで，オフセットと感度の補正を回路でソフト的に行う方法もある．そして，出力データを被写体温度に変換し，モノクロでの濃淡や疑似カラーで表示する．このように周囲温度やカメラ温度に拘わらず正確に被写体の温度を計測するために，ハード面とソフト面での数々の工夫がなされている．

　赤外イメージャの代表例は，FLIR（forward looking infrared, 前方監視赤外撮像装置）である．それは前方を監視する赤外撮像装置で，船舶や航空機，車両で操縦者の視界を補助する目的で使用されている．熱放射する赤外線を撮影するので夜間でも使用することができ，薄い霧や煙などを透かして見ることもできる．FLIR により撮影された赤外画像は，リアルタイムでのディスプレイ表示や，目標を探索・追尾する装置等への画像データとしても用いられる．

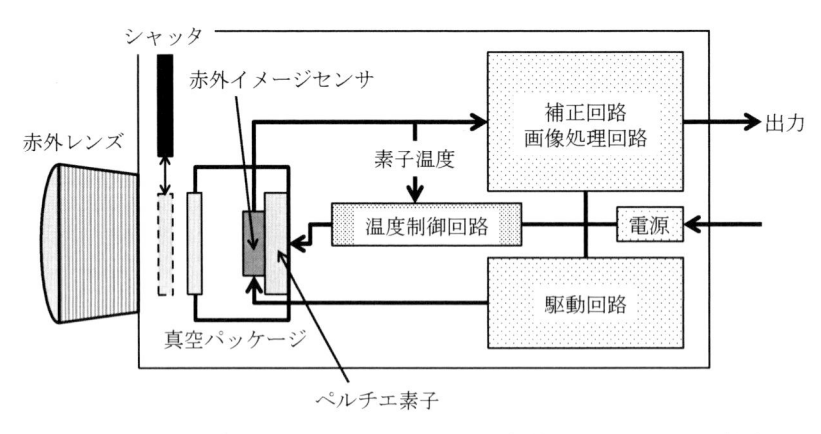

図 3.22　非冷却赤外イメージセンサを用いた赤外カメラの一般的な構成

参考文献

1）P. Capper and C.T. Elliott（Eds.）："Infrared Detectors and Emitters: Materials and Devices", Kluwer Academic Publishers（2001）.

2）浜松ホトニクス株式会社編："光半導体素子ハンドブック"（2013.11）.

3）A. Rogalski："Infrared Detectors（second edition）", CRC Press（2011）.

4）D. P. Forrai, K-K. Choi and J.W. Devitt："Corrugated QWIP Developments for Tactical Infrared Imaging", Proc. of SPIE, 6660, pp.666010-1-12.（2007）.

5）N. Hiromoto, T. Itabe, H. Shibai, H. Matsuhara, T. Nakagawa and H. Okuda："Three-element stressed Ge:Ga photoconductor array for the infrared telescope in space", Appl. Opt., 31（4）, pp.460-465（1992）.

6）D.M.Watson, M.T.Guptill, J.E.Huffman et.al："Germanium blocked-impurity-band detector arrays: Unpassivated devices with bulk substrates", J.Appl,Phys., 74（6）, pp.4199-4206（1993）.

7）A. Peacock, P. Verhoeve, N. Rando et al.："Single optical photon detection with a superconducting tunnel junction", Nature, 381（9）, pp.135-137（1996）.

8）B. Cabrera, R. M. Clarke, P. Colling, A. J. Miller, S. Nam and R. W. Romani："Detection of single infrared, optical, and ultraviolet photons using superconducting transition edge sensors", Appl. Phys. Lett., 73（6）, pp.735-737（1998）.

9）G. N. Gol'tsman, O. Okunev, G. Chulkova et al.："Picosecond superconducting single-photon optical detector", Appl. Phys. Lett., 79（6）, pp.705-707（2001）.

10）P.K.Day, H.G.LeDuc, B.A.Mazin, A.Vayonakis and J.Zmuidzinas："A broadband superconducting detector suitable for use in large arrays", Nature, 425（10）, pp.817–821（2003）

11）J. J. A. Baselmans："Kinetic Inductance Detectors", J. Low Temp. Phys., 167, pp.292-304（2012）.

12）J. Horikawa, A. Kawakami, M. Hyodo, S.Tanaka, M. Takeda and H. Shimakage："Evaluation of nano-slot antenna for mid-infrared detectors", Infrared Phys. Technol. 67, pp.21-24（2014）.

13）川上 彰, 堀川隼世, 島影 尚, 田中秀吉, 鵜澤佳徳："中赤外超伝導ホットエレクトロンボロメータミキサの評価", 日本赤外線学会誌, 28（2）, pp.53-58（2019）.

14）M. Kimata："Infrared Imaging", Comprehensive Microsystems（eds. Y. B. Gianchandani, O. Tabata and H. Zappe）, Vol.3, pp.113-163, Elsevier（2007）.

15）N.S. Nishioka, P.L. Richards and D P. Woody："Composite bolometers for submillimeter wavelengths", Appl. Opt., 17（10）, pp.1562-1567（1978）.

16）K. Sakai and J. Sakai："Characteristics of n-InSb Hot Electron Submillimeter Detector", Jpn. J. Appl. Phys., 15（7）, pp.1335-1342（1976）.

4章　赤外光学材料と光学素子

　赤外領域の代表的な光学素子として窓，プリズム，レンズ，フィルタ，測定試料を乗せる基板などが挙げられる．これらの素子に用いる光学材料は，できるだけ広いスペクトル領域に高い透過率を持ち，必要なサイズの結晶などの材料を得る必要がある．近年では高出力の赤外レーザや光ファイバへの応用で用いる吸収係数が非常に小さい光学材料や，宇宙での応用のために熱的・機械的・化学的に安定な光学材料，さらにサーモグラフィへの応用のために屈折率の空間分布が非常に小さい材料など，高性能な赤外材料が実現されている．これらの進展は結晶成長技術や薄膜成長技術などの光学素子製作技術の進歩によっている．さらに赤外レーザの発展に伴い，非線形結晶や電気光学結晶の研究も盛んである．また近年の時間領域テラヘルツ分光の急速な発展と普及に伴い，テラヘルツ・遠赤外領域でも新たな光学材料の研究が行われている．

4.1　赤外光学材料
　赤外光学材料の光学的性質を表す屈折率，誘電率，吸収係数，反射率や透過率などの相互の関係を示し，様々な光学材料について，それらの性質をまとめる．

4.1.1　光学的性質[1,2]
　物質の巨視的な光学応答は，マクスウェル(Maxwell)方程式から導かれる．角振動数(角周波数) ω の電磁波が屈折率 n の物質中を r 方向に伝搬するとき，波動(または波数)ベクトルを q (1章では k と記述)とするとその電界は

$$E(r,t) = E_0 \exp\{i(q \cdot r - \omega t)\} \tag{4.1}$$

と表される．物質に吸収があるとき屈折率を

$$\tilde{n} = n + i\kappa \tag{4.2}$$

と複素数で表現すると

$$E(r,t) = E_0 \exp\left(-\frac{\omega\kappa}{c}\frac{q \cdot r}{q}\right) \exp\left\{i\left(\frac{\omega n}{c}\frac{q \cdot r}{q} - \omega t\right)\right\} \tag{4.3}$$

のように，吸収によって減衰する状態を表すことができる．ここで，$\tilde{n}$ は複素屈折率，n は屈折率，κ は消衰係数，c は光速である．したがって固体内で電磁波のエネルギーが減衰しない(完全に透明な)場合は，$\tilde{n}$ は実数($\kappa=0$)で，吸収により減衰する場合は，$\tilde{n}$ は複素数($\kappa\neq0$)である．電磁波の強度(エネルギー)は電界の2乗に比例するので，式(4.3)より

$$I = E(r,t)\,E^*(r,t) = E_0^2\exp\left(-\frac{2\omega\kappa}{c}\frac{q \cdot r}{q}\right) = E_0^2\exp\left(-\frac{4\pi\kappa}{\lambda}\frac{q \cdot r}{q}\right) \tag{4.4}$$

である．吸収係数 α は強度が $1/\mathrm{e}$ に減衰する r の位置で定義されるので，消衰係数との間に

$$\alpha = \frac{2\omega}{c}\kappa = \frac{4\pi}{\lambda}\kappa \tag{4.5}$$

の関係がある．α は通常 cm^{-1} 単位で表され，電磁波が $1/\alpha[\mathrm{cm}]$ 進むとその強度が $1/\mathrm{e}$ に減衰する．例えば赤外活性の格子振動による強い吸収のある物質の場合 α が $10^4 \sim 10^5\,\mathrm{cm}^{-1}$ という大きな値となるが，一方で高出力赤外レーザ窓材には $\alpha < 10^{-4}\,\mathrm{cm}^{-1}$ という値が要求され，$100\,\mathrm{m}$ 進んで初めて $1/\mathrm{e}$ に減衰するような微弱な吸収となる．このように κ や α の値は物質によって異なり，また同じ物質でも振動数に大きく依存する．

　真空中で物質の平坦面に電磁波が垂直に入射する場合，その強度の反射率はフレネルの式 (1.20) から

$$R = \frac{(n-1)^2 + \kappa^2}{(n+1)^2 + \kappa^2} \tag{4.6}$$

と表される．κ が小さく吸収が弱い場合でも，n が大きければ R は無視できない大きさを持つ．その場合，電磁波の透過強度は入射面での反射損失と式 (4.4) の物質内での減衰の両方を考慮する必要がある．厚さ d の平行平板を電磁波が透過する場合，2つの面で電磁波は内部反射を繰り返す多重反射をしながら互いに干渉する．内部反射と干渉をすべて考慮した透過強度や反射強度は式 (6.33)〜(6.35) のように複雑になる．しかし吸収があまり大きくない場合は，多重反射だけを考えて干渉は無視した式

$$T = (1-R_0)^2 T_0/(1-R_0^2 T_0^2) = (1-R_0)^2 e^{-\alpha d}/(1-R_0^2 e^{-2\alpha d}) \tag{4.7}$$

$$R = R_0(1 + Te^{-\alpha d}) \tag{4.8}$$

がよく使われる．ただし R_0 は式 (4.6) の単一表面の反射率であり，$T_0 = \exp(-4\pi\kappa d/\lambda) = \exp(-\alpha d)$ である．さらに R_0 が小さく多重反射も無視できる場合は

$$T = (1-2R_0)e^{-\alpha d} \tag{4.9}$$

となる．

　電磁波の電界が強くない場合，物質内の電気分極（単位体積当たりの電気双極子モーメント）は E に比例し，

$$P = \varepsilon_0 \chi E \tag{4.10}$$

と表せる．ε_0 は真空の誘電率，χ は電気感受率である．すると電束密度を D，比誘電率を ε^* として

$$D = \varepsilon_0 E + P = \varepsilon_0 \varepsilon^* E = \varepsilon_0 (1+\chi)E, \quad \varepsilon^* = 1 + \chi \tag{4.11}$$

と表せる．また $n = \sqrt{\varepsilon^* \mu^*}$（$\varepsilon^*$：比誘電率，$\mu^*$：比透磁率）であり，誘電体は $\mu^* = 1$ とみなせるので，複素誘電率は

$$\widetilde{\varepsilon} = \varepsilon_1 + i\varepsilon_2 = n^2 - \kappa^2 + i(2n\kappa) \tag{4.12}$$

$$\varepsilon_1 = n^2 - \kappa^2, \quad \varepsilon_2 = 2n\kappa$$

と表される.

　誘電率 $\widetilde{\varepsilon}$ の振動数依存性(分散)は，物質の電気分極の振動数依存性に基づいて解析できる．物質の電気分極には電子分極，イオン分極，配向分極があり，それぞれに特徴的な振動数領域で $\widetilde{\varepsilon}$ が大きな振動数依存性を示す．固体の場合，電子分極はエネルギー準位間の電子遷移(帯間遷移)によるものであり，主に紫外領域において，イオン分極は赤外活性の横光学格子振動(TO)モードによるもので，主に赤外・遠赤外領域で $\widetilde{\varepsilon}$ の大きな振動数依存を示し，配向分極はマイクロ波領域に現れる．簡単のため TO モードが1つしかない物質(イオン性の2原子立方結晶，例えば NaCl などのアルカリハライド結晶)を考える．このときクーロン力で束縛された電子の振動電場応答に基づくローレンツ模型によれば，振動数に依存する誘電率 $\widetilde{\varepsilon}(\omega)$ は

$$\widetilde{\varepsilon}(\omega) = 1 + \sum_E \left(\frac{n_E e^2}{\varepsilon_0 m} \right) \frac{f_E}{\omega^2_E - \omega^2 - i\gamma_E\omega} + \left(\frac{N(Ze)^2}{\varepsilon_0 \mu} \right) \frac{f}{\omega^2_{TO} - \omega^2 - i\gamma_{TO}\omega} \tag{4-13}$$

で与えられる．ここで E は電子遷移を表し，和はすべての電子遷移について取る．$n_E, m, f_E, \gamma_E, \omega_E$ は，それぞれ電子の密度と質量，電子遷移の振動子強度とダンピング定数，共鳴角振動数であり，$N, \mu, f, \omega_{TO}, \gamma_{TO}$ は，それぞれイオン対の密度と換算質量，振動子強度，TO モードの振動数とダンピング定数である．図 4.1 に，イオン性2原子結晶の場合の $\widetilde{\varepsilon}(\omega)$ の実部 $\varepsilon_1(\omega)$ および虚部 $\varepsilon_2(\omega)$ を模式的に示す．ε_2 が吸収の振動数を与える．ここで 1 eV 以上に観測される価電子遷移と内殻電子遷移が電子分極による寄与であり，0.1 eV 付近に観測される格子振動の構造がイオン分極による寄与である．このように電子遷移による寄与とイオン分極による寄与が現れる振動数は十分離れているため，赤外領域における電子分極の寄与は一定の値 ϵ_∞(光学的誘電率と呼ばれ，$\omega^2 \gg \omega^2_{TO}$ における値)を与えるのみである．そこで，式(4.13)右辺第1項の1を ϵ_∞ に含めると，赤外領域での式(4.13)は

$$\widetilde{\varepsilon}(\omega) = \varepsilon_\infty + \left(\frac{N(Ze)^2}{\varepsilon_0 \mu} \right) \frac{f}{\omega^2_{TO} - \omega^2 - i\gamma_{TO}\omega} = \varepsilon_\infty + \frac{\Omega^2_{TO}}{\omega^2_{TO} - \omega^2 - i\gamma_{TO}\omega} \tag{4.14}$$

と表せる.

　ω_{TO} の両側で ε_1 が平坦かつ $\varepsilon_2 \ll 1$ である部分が赤外透明領域である．現実の物質ではより高次の光学過程(2 フォノン吸収など)による吸収や，不純物や欠陥による吸収と散乱，そして半導体では自由キャリアによる吸収なども存在し，こ

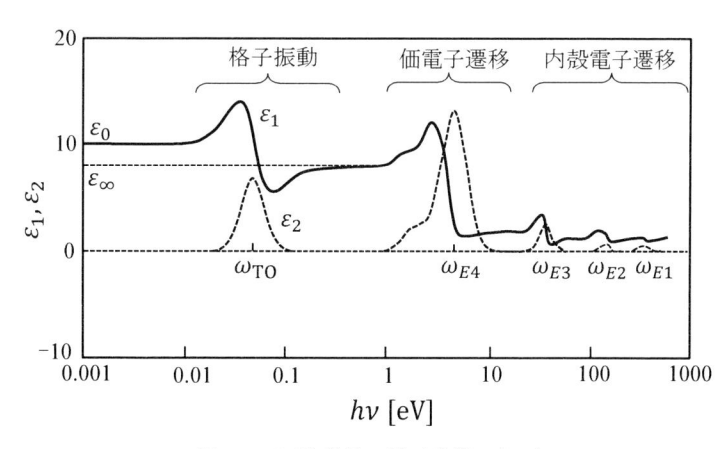

図 4.1　固体結晶の誘電分散の概要

れらが実際の誘電率を決める．なお ω_{TO} の二乗はイオン対の換算質量に反比例するから，一般に重い原子からなる結晶の ω_{TO} が小さくなり，より長波長まで光を透過する．例えば NaCl の透過領域は $0.21 \sim 26$ μm であるのに対し，CsI では $0.24 \sim 70$ μm である（**表 4.1** 参照）．なお異なる振動数を持つ複数の TO フォノンモードがある場合は，式(4.14)の最後の項は複数のモードの和になる．

　金属や自由キャリアを含む半導体では，ドルーデ(Drude)応答を考慮する必要がある．赤外・可視領域の鏡として用いられる Al, Au などの金属は 1 原子あたり 1 個程度という高密度の自由電子を含み，また単一元素からなるため TO フォノンモードは存在しない．このような場合はプラズマ角振動数（角周波数）

$$\omega_P = \sqrt{\frac{Ne^2}{\varepsilon_\infty m^*}} \tag{4.15}$$

より低振動数域で反射率が 1 に近くなり，プラズマ反射と呼ばれる．ここで N, m^* はそれぞれ自由キャリアの密度と有効質量である．一方ドープした半導体に含まれる自由キャリアの密度は金属に比べてかなり小さく，一般に ω_P は赤外領域にある．このような場合電子遷移の影響は式(4.14)と同様に ε_∞ を用いて表し，

$$\widetilde{\varepsilon}(\omega) = \varepsilon_\infty + \frac{\Omega_{TO}}{\omega^2_{TO} - \omega^2 - i\gamma_{TO}\omega} - \frac{\omega^2_P}{\omega^2 + i\gamma_c\omega} \tag{4.16}$$

と書ける．ここで第 3 項が自由キャリアによるドルーデ応答の寄与，γ_c は自由キャリアの散乱によるダンピングである．

　以上の議論では線形応答を仮定した．すなわち電場が十分弱く，分極は電界に比例する，すなわち式(4.10)が成り立つと仮定していた．しかしレーザなどによる強力な電界が存在する場合，一般に電気分極は E の 2 乗や 3 乗に比例する成分を含む．即ち

$$P = \varepsilon_0(\chi^{(1)}E + \chi^{(2)}E^2 + \chi^{(3)}E^3 + ...) \tag{4.17}$$

と表される．この場合，E に関する波動方程式は複雑な非線形微分方程式になり，大きな非線形感受率 $\chi^{(2)}$ や $\chi^{(3)}$ をもつ物質中では様々な非線形光学現象が現れる [3]．例えば入射光の 2 倍や 3 倍の振動数を持つ光が発生する第 2 高調波発生(second harmonic generation, SHG)や第 3 高調波発生(third harmonic generation, THG)などがある．また異なる振動数 ω_1, ω_2 をもつ 2 つのレーザ光から，$\omega_3 = \omega_1 + \omega_2$ や $\Delta\omega = \omega_1 - \omega_2$ を持つ光が発生する和周波発生や差周波発生がある．さらに励起光とわずかに波長が異なるアイドラー光とテラヘルツ光を発生する「パラメトリック発生」と呼ばれる非線形効果も，テラヘルツ分光に用いられている．これら現象の赤外領域での応用と，用いられる非線形光学結晶については4.8で述べる．

4.1.2　種々の光学材料 [4~8]

　表 4.1 に主な赤外光学材料として (1)アルカリハライド(alkali halide)，(2)アルカリ土類(alkaline earth) フロライド，(3) 酸化物(oxide)，(4) 半導体(semiconductor)，(5) カルコゲナイドガラス

(chalcogenide glass)，（6）高分子材料(polymer)の性質をまとめる．

アルカリハライドは紫外・可視から 10 μm 以上の長波長まで広い透明領域を持ち，屈折率が小さいため反射損失も小さい．しかし機械的・熱的衝撃に弱く，更に潮解性があるため多湿な環境で使えず，取扱いに注意が必要である(ただし**表 4.1** で LiF，NaF，TlCl，KRS-5，AgCl は窓材として使用する上で潮解性は問題ない)．アルカリ土類フロライドは，アルカリハライドとほぼ同程度の透明領域を持つが，機械的強度がより強く，融点もやや高く，潮解性もほとんどない．

酸化物は化学的に安定で機械的強度も高く高温にも強いため，これらの条件が要求される応用に適している．紫外，可視から赤外まで透明であるが，他の窓材に比べて LO モードの振動数が高いため，透過領域の長波長側の限界は例えば石英(SiO_2)で 4 μm 程度まで，サファイヤ(Al_2O_3)で 6 μm 程度までである．

半導体は一般に屈折率が高いため反射損失が大きいが，機械的強度は高い．**図 4.2** にいくつかの半導体材料の透過率スペクトルを示す．ダイヤモンド，Si, Ge は赤外活性な TO モードを持たないので，純度の高いものは多音子吸収による不透明領域を除いて広い領域で透明であり，大口径の結晶も作成できる．ダイヤモンドは高価だが，4 〜 5 μm 付近の 2 音子吸収による吸収を除けば遠赤外から可視まで透明である．近年は薄膜作製技術(CVD 法)の進歩により，数 cm の直径をもつダイヤモンド窓材も製造・市販されている [9]．ZnS, ZnSe, CdTe なども数 cm 程度の直径の結晶が入手できる．

なお，正方晶，六方晶の結晶は，偏光素子(1/4 波長板)などに有用で，サファイア，$CaCO_3$, CdS, CdSe などがある．

カルコゲナイドガラス [10] は軟化温度が低いのが大きな欠点であるが，水や他の化学薬品にも強く，鋳造も容易なため，窓材に加えて特に光ファイバ材料として実用化されている．

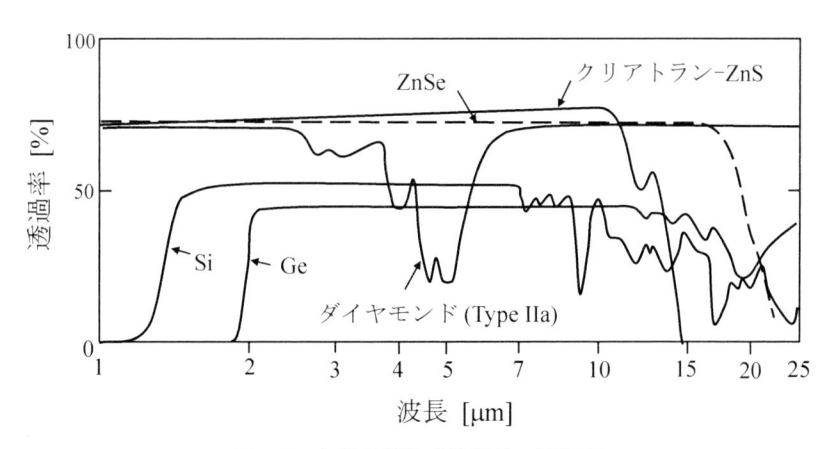

図 4.2 赤外半導体光学材料の透過率

ダイヤモンド，Si, Ge における強い吸収構造は 2 フォノン吸収に起因しており，窓材が厚いほど透過率が下がる．また Type Ia ダイヤモンドでは，およそ 7 μm より長波長の透過率が大幅に低くなる．
(ダイヤモンド：エレメントシックス社カタログから．クリアトラン：CVD Diamond 社カタログから(クリアトランは同社の商標)．その他：ピアーオプティックス社などのカタログから)

表 4.1　主な赤外透明結晶の諸性質

（1）　アルカリハライドなど

光学材料	透過領域 [μm]	屈折率 (5 μm)	dn/dT [10⁻⁵/ deg]	線膨張 係数 [10⁻⁶/ deg]	熱伝導度 [W/(m・ deg)]	硬度 Knoop 数	ヤング 率 [10¹⁰Pa]	溶解度 (20℃) [g/100g 水]	融点 [℃]	TO モード [cm⁻¹]	LO モード [cm⁻¹]	吸収係数 [cm⁻¹]	光学的用途
LiF	0.11 ～ 9.0	1.3261	− 1.6 (30℃)	37	11.3	102 ～ 113	6.481	0.27	870	307	662	0.042 (5 μm)	窓(0.11 ～ 6 μm) プリズム(>2 μm, 頂角 60 ～ 72°)
NaF	0.19 ～ 15.0	1.3015		36	9.2	60		4.22	997	248	422		窓，Reststrahlen フィルター
NaCl	0.21 ～ 26.0	1.51899	− 3.15 (20℃)	44	6.5	15	3.998	36	801	164	246	0.008 (5 μm)	窓(1 ～ 17 μm, <5t) プリズム(2 ～ 15 μm, 頂角 60°)
KCl	0.21 ～ 30.0	1.4705	− 3.15 (20℃)	36	6.5	8	2.964	34.7	776	142	212		窓(0.25 ～ 22 μm, 5t) プリズム(2 ～ 18 μm, 頂角 60 ～ 63°)
KBr	0.23 ～ 40.0	1.5346	− 4.0 (22℃)	43	4.8	6	2.688	65.2	730	116	167		窓(～ 0.4 ～ 30 μm, 5t) プリズム(2 ～ 25 μm, 頂角 60 ～ 65°) Reststrahlen フィルタ(70 ～ 95 μm)
KI	0.25 ～ 42.0	1.6260	− 5.0(38 ～ 90℃)	42			3.150	144	677	101	139		窓(～ 0.4 ～ 30 μm) プリズム(2 ～ 25 μm)
CsBr	0.22 ～ 55.0	1.6679	− 7.9 (27℃)	48	0.96	19.5	1.585	124	636	73	112		窓　プリズム
CsI	0.24 ～ 70.0	1.7428	− 8.5	50	1.1	20	5.516	85.5	621	61.5	85		窓(1 ～ 55 μm) プリズム(30 ～ 50 μm, 頂角 14 ～ 27°)
TlCl	0.44 ～ 34.0	2.193 (10 μm)		53	0.75	12.8	3.171	0.32	430	63	158		窓(1 ～ 25 μm) Reststrahlen フィルタ (>63 μm)
TlBr	0.5 ～ 40	2.350 (0.75 μm)		51	0.59	11.9	2.950	0.05 (25℃)	460	43	101		窓(1 ～ 30 μm) Reststrahlen フィルタ(100 ～ 300 μm)
AgCl	0.4 ～ 30.0	1.99748	− 6.1	30	1.15	9.5	1.999	8.9x10⁻⁵	457.7			0.05 (20 μm)	直線偏光器(2 ～ 23 μm)
CuCl	0.4 ～ 20	1.915							422	181	217		光変調素子(0.4 ～ 20.5 μm)
KRS-5 TlBr44-TlI56 TiBr45.7-TlI54.3 TiBr42-TlI58	0.5 ～ 40.0	2.3798	− 23.5	58	0.54	40.2	1.585	0.05	414.5				窓
KRS-6 TlBr40-TlCl60	0.4 ～ 30	2.1928		5.0	0.715	29.9	2.068	0.32	423.5				窓(2 ～ 30 μm)

(2) アルカリ土類フロライドなど

光学材料	透過領域 [μm]	屈折率 (5 μm)	dn/dT [10⁻⁵/deg]	線膨張係数 [10⁻⁶/deg]	熱伝導度 [W/(m·deg)]	硬度 Knoop数	ヤング率 [10¹⁰Pa]	溶解度 (20℃) [g/100g 水]	融点 [℃]	TO モード [cm⁻¹]	LO モード [cm⁻¹]	光学的用途
MgF₂	0.12～9.0	1.374 (Irtran-1)	0.15	11.9	15	575	64～79	0.076	1255			反射防止膜材, ソレイユ補正板, 多層膜干渉フィルタの一成分
CaF₂	0.1～12	1.39895	−0.824	24	9.7	158	7.58	0.0017(26℃)	1402	257	468	窓, プリズム(0.3～9 μm) Reststrahlen フィルタ(22～45 μm)
SrF₂	0.3～11	1.4129	−1.2	15.8	10	154	10.1	0.117(18℃)	1300	217	374	窓(0.15～10 μm)
BaF₂	0.14～15	1.45102	−1.52	18.4	12	82	5.308	0.17(10℃)	1280	184	326	Reststrahlen フィルタ(30～60 μm)
PbF₂	0.25～12	1.7081						0.064	855			窓(0.25～10 μm), プリズム

(3) 酸化物

光学材料	透過領域 [μm]	屈折率	dn/dT [10⁻⁵/deg]	線膨張係数 [10⁻⁶/deg]	熱伝導度 [W/(m·deg)]	硬度 Knoop数	ヤング率 [10¹⁰Pa]	融点 [℃]	吸収係数 [cm⁻¹]	光学的用途
TiO₂	0.42～5 (2.9 μm付近に吸収)	at 2.5 μm 2.387(O注1) 2.6298(E注2)	at 可視 4(O) 9(E)	9.19(40℃ //C) 7.14(40℃ ⊥C)	13(36℃ //C) 8.8(44℃ ⊥C)	879 (0.5kg) 792 (1kg)		1820±20		透明電極
Al₂O₃ (サファイア)	0.15～6 100～	at 4 μm 1.67524(O) at 5 μm 1.62397(O)	at 4 μm 1.0	6.7(50℃ //C) 5.0(50℃ ⊥C)	25(26℃ //C) 23(23℃ ⊥C)	1370 (1kg)	34.473	2030	23℃ 0.0044(4 μm) 0.07(5 μm) 0.5(6 μm)	窓(0.2～5 μm) 窓(>26 μm 4.2 K) 冷却基板(<77 K)
SiO₂ (crystal)	0.15～4 40～	at 2 μm 1.52096(O), 1.52912(E) at 100 μm 2.1265(O), 2.1758(E) at 400 μm 2.1076(O), 2.1561(E)		7.97 (0～80℃ //C) 0.1337 (0～80℃ ⊥C)	10.7(50℃ //C) 6.19(50℃ ⊥C)	741 (0.5kg)	9.72(//C) 7.653(⊥C)	1470		窓 プリズム (0.17～3.5 μm) 直線偏光器 楕円偏光解析用パビネ補正板
SiO₂ (fused)	0.16～4.5 50～	at 2 μm 1.438174 at 400 μm 1.9565		0.55(0～300℃)	1.38	500 (0.2kg)	7.2	1710 (軟化点)	1.6(4 μm) 2.3(400 μm)	ランプ用ケース プリズム(紫外領域)
MgO	0.25～10	at 2 μm 1.70852 at 5 μm 1.63671	at 4.861 μm 1.69(20℃)	13.8 (20～1000℃)	25(20℃)	692 (0.6kg)	24.890	2800	0.05(5.5 μm) 0.18(6 μm)	窓(0.3～6 μm) Reststrahlen フィルタ (14～30 μm)

注1：O(ordinary ray, 常光線)
注2：E(extraordinary ray, 異常光線)

（4）半導体

光学材料	透過領域 [μm]	屈折率 (5 μm)	dn/dT [10⁻⁵/deg]	線膨張係数 [10⁻⁶/deg]	熱伝導度 [W/(m·deg)]	硬度 Knoop数	ヤング率 [10¹⁰Pa]	融点 [℃]	TOモード [cm⁻¹]	LOモード [cm⁻¹]	吸収係数 [cm⁻¹]	光学的用途
CdTe	0.9～30 300～	2.67(5 μm) 3.23(400 μm)	12 (5 μm)	4.5(50℃) 5.9(600℃)	7.49	45	3103	1090	141	169	2.7 (400 μm)	ローパスフィルタ基板 (cut off: 0.86 μm) 反射防止膜付き窓
GaAs	0.9～18	3.34	19	5.7	81	750	13790	1238	267	285		ローパスフィルタ基板
Ge	1.8～23	4.0151	28	5.5(25℃)	59	700	10.273	936			0.10 (5 μm)	不純物ドープ光伝導検出器 不純物ドープボロメータ
InSb	7.7～25	4.00(蒸着膜)		4.9 (20～60℃)	36	220 (ミクロ硬度)	4.281	523	185	197	2300 (5 μm)	ローパスフィルタ (反射防止膜付き) ローパス干渉フィルタ基板 (cut off: 7 μm) 検出器 (3～7 μm, >30 μm)
InAs	3.8～20	3.46 (n type 2×10¹⁶ cm⁻³)		5.3	6.7	380±30 (ミクロ硬度)		942	221	246		ローパスフィルタ基板 (cut off: 3.8 μm) 窓(λ/4ZnS 膜コート)
InP	0.96～15	3.08				540±50 (ミクロ硬度)		1050	307	351		ローパス干渉フィルタ基板 (cut off: 0.96 μm)
PbSe		4.91			4.2			1065	40	133		光伝導検出器 (<6 μm, 300 K) (<8.5 μm, 90 K)
PbS		3.90(1 μm) 4.05(2 μm)			0.67			1114			100 (100 μm) 39(5 μm)	光伝導検出器 (<3 μm, 300 K) (<4 μm, 90 K)
Si	1.2～15 30～	3.4526(2 μm) 3.4221(5 μm) 3.4177(10 μm) 3.4170(500 μm)	16	4.2(25℃)	129(40℃ p タイプ)	1150	13.1	1420				窓 ローパスフィルタ基板 (cut off: 1.2 μm)
SiC	1～12 14～	2.556(O, 2.5 μm, α-II SiC)		6.6	13 (1100℃)	9.0(Mohs)		2200 (分解)	770 α-II SiC	851 α-II SiC		光源 (1～60 μm)
TlBr	0.5～45			51 (20～60℃)	0.59 (43℃)	11.9(0.5kg)	2.950	460	43	101		窓(2～35 μm) Reststrahlen フィルタ (100～300 μm)
ZnSe	0.5～22	2.448(5 μm) 2.334(20 μm)	4.9	6～7(25℃) Irtran-4	19 (300 K)	250 Irtran-4	5520 Irtran-4	～1700	210			窓, レンズ, プリズム

光学材料	透過領域 [μm]	屈折率	dn/dT [10⁻⁵/deg]	熱伝導度 (300K)	線膨張係数 [10⁻⁶/deg]	硬度 Knoop数	ヤング率 [10¹⁰Pa]	軟化温度 [℃]	光学的用途
ZnS	0.4〜12	2.2445 Irtran-2	5.2	2.6 (300 K)	7.5 (25〜400℃) 結晶 6.6 (25〜100℃) Irtran-2	3.5〜4 結晶 354 Irtran-2	9.652 Irtran-2	274	350	窓, レンズ 干渉フィルタ用蒸着膜材
ダイヤモンド	0.25〜 タイプ I a (5, 8, 20.8 μm：吸収帯) タイプ II a (5 μm：吸収帯)	2.41	0.8	699 (300 K)	1.1	4.1x10⁵	8820	1800〜 1900 (100〜150atm) 1800℃ 昇華		窓 (赤外全域)

（5）カルコゲナイドガラス

光学材料	透過領域 [μm]	屈折率 (5 μm)	dn/dT [10⁻⁵/deg]	線膨張係数 [10⁻⁶/deg]	熱伝導度 [W/(m・deg)]	硬度 Knoop数	ヤング率 [10¹⁰Pa]	軟化温度 [℃]	光学的用途
GeAsSe	2〜14	2.599 (5 μm) 2.585 (10 μm)	7.0 (293 K)	1.60	0.248		1.91		窓
As₂S₃	1〜11	2.41		25	0.36	109	1.59	210	レンズ
As₁₀Se₉₀	1〜19	2.48	−1.0	34				70	ファイバ
Ge₃₃As₁₂S₅₅	0.8〜16	2.49		13		171	2.1	300	
Ge₁₀As₂₀Te₇₀	2〜20	3.55		18		111		178	
Ge₂₈Sb₁₂Se₆₀	1〜16	2.62	6.05	14.2	0.25	150	2.2	345	

（6）高分子材料

光学材料	透過領域 [μm]	屈折率	線膨張係数 [10⁻⁶/deg]	熱伝導度 [W/(m・deg)]	ヤング率 [10¹⁰Pa]	融点 [℃]	光学的用途
ポリエチレン高密度	15〜	1.5305 (200 μm)	59〜110	0.46〜0.5	0.04〜0.13	130〜137	窓, レンズ, 導波路
ポリエチレン低密度	15〜	1.5131 (200 μm)	100〜220	0.33	0.04〜0.13	107〜124	窓, レンズ, 導波路
TPX (ポリメチルペンテン)	25〜	1.463 (250 μm〜)	117	0.17		235	窓 (可視観察可能)
テフロン (ポリテトラフルオロエチレン)	50〜	1.43 (280 μm〜)	77〜100	0.23〜0.42		327	窓 (可視観察可能)
ポリプロピレン	13〜	1.7 (20 μm)	58〜100	0.1250		165	ビームスプリッタ
マイラー (ポリエチレンテレフタレート)	30〜		17.5	0.16		235	窓, レンズ
Tsurupica	25〜300	1.52					

　高分子材料は，特にテラヘルツ・遠赤外領域で有用な光学材料である[11]．特にポリエチレンは約 15 μm より長波長領域で 140 μm 付近の吸収バンドを除きほとんど透明で，テラヘルツ・遠赤外領域の重要な光学材料となっている[12]．可視域で透明なポリエチレンテレフタレート(PET, 商品名マイラー)やポリメチルペンテン(商品名 TPX)[13]，ほぼ透明なポリプロピレンなどもよく用いられる．また近年日本で開発された Tsurupica(商品名)[14]は 25 μm より長波長の広い領域でポリエチレンより高い透過率を持ち，可視光に対して透明であり，アクリル同様に硬いため表面の精密研磨が可能で，かつ可視光におけるのと同じ屈折率 1.5 をもつ．このため TPX と同様にテラヘルツ・遠赤外光と可視光を同軸配置する実験での窓やレンズに適している．

　以上のように，赤外領域では多種多様な光学材料が開発されており，選択の幅が広い．材料の選択においては，使用目的のほか，成形・研磨の容易さ，必要な大きさや価格も重要になる．

4.2　赤外レンズと鏡

　光の集光にはレンズや鏡が用いられる．レンズを用いると光学系は共軸(on-axis)にでき，コンパクトで調整も容易という利点があるが，赤外の広い波長領域で透明かつ色収差が小さい(屈折率の波長依存すなわち分散が小さい)材料は少ない．このため，赤外領域でのレンズの使用は，特定の波長範囲での用途に限定される場合が多く，広い波長範囲での用途では，レンズより反射集光鏡が多く使用される．

4.2.1　レンズ

　赤外領域でレンズを用いて集光する例として，遠赤外線のゴーレイセル(Golay cell)への集光に高分子レンズが用いられる．また赤外レーザのように，特定の波長で用いられる場合はレーザ損傷の少ない CaF_2 や ZnSe などのレンズが用いられる．4.4.1 の窓板の項でも述べるが，さらに CO_2 レーザなど高出力のレーザに対しては，吸収係数の著しく小さい($\alpha < 10^{-4}\,cm^{-1}$)高透明材料から作ったレンズが必要になる．

　近年は赤外撮像装置がいろいろな分野で用いられるようになり，赤外領域のレンズ材料の開発やレンズ設計が進歩した．撮像装置の場合の波長は，近赤外域，および中赤外域の 3 〜 5 μm 帯と 8 〜 14 μm 帯が主で，レンズにはそれぞれの波長領域に透明で，必要な大きさの均質な結晶を得ることのできる材料が用いられる．近赤外域では可視光カメラと同じ材料が，それより長い波長域では Ge や Si が使われる．即ち 8 〜 14 μm 帯の主な材料は分散の小さな Ge であり，現在市販されている Ge レンズでは直径 50 mm 程度までのものが入手できる．3 〜 5 μm 帯では Si や Ge は分散が無視できないため，色消し(色収差を除去すること)が必要となる．このため 2 枚または 3 枚のレンズを組み合わせた色消しレンズ(アクロマート(achromat)レンズ，アクロマティック(achromatic)レンズ)が市販されている．

　テラヘルツ・遠赤外やミリ波領域でのレンズは，主に高分子材料が用いられる．高密度ポリエチレン(波長 1 μm から約 60 μm で n = 1.52)や，可視領域でも透明な TPX(波長約 30 μm から 300 μm

以上まで n = 1.45, 可視で n = 1.465) が用いられる. 前者のほうが吸収損失は少ない. また前述したように, 最近開発された Tsurupica [14) も, 可視光で透明かつ可視光とテラヘルツ・遠赤外で屈折率が等しく (n = 1.52), アクリル同様に硬くて精密研磨も可能なため, レンズとして市販されている.

4.2.2 鏡

既に述べたように, 赤外領域での集光にはレンズよりも反射鏡が多用される. **図 4.3** に示すのは, 代表的な反射鏡の中心軸を含む断面構造である. 球面鏡 (spherical mirror) は面の半径を R とすると, 平行な近軸光線 (paraxial ray) は R/2 の場所に結像する. 軸からのずれが大きくなると結像も悪くなるが, 球面鏡は製作が容易で安価なためよく用いられる. 放物面 (parabolic) 鏡は球面鏡より高価だが, 焦点からの光がすべて平行光線になり, その逆も真であるため, より良い結像を得たい場合に用いられる. だ円面 (ellipsoidal) 鏡は一方の焦点からの光を他方の焦点に結像するので, 縮小・拡大像を得るのによく用いられる. 双曲面 (hyperbolic) 鏡は単独で光学系に用いられることはないが, 例えばカセグレン光学系で放物面鏡と組み合わせて用いられる.

図 4.3 の各種配置では, 焦点に置かれた光源や検出器自身が光を部分的に遮ってしまう. これによる光量損失が容認できる場合はよいが, そうでない時は**図 4.4** のような光学系が用いられる. 図 (a) は穴のあいた平面鏡 (フント (Pfund) 鏡) を用いるもの, 図 (b), (c), (d) は望遠鏡などで用いられる光学系で, 図 (b) はニュートン式, 図 (c) がカセグレン式, 図 (d) がグレゴリー式である. これらの光学系は共軸 (同軸) であるが, 鏡の存在による光束の部分的損失 (蹴られ) は免れないので, ある程度大口径の装置に用いられる. 図 (e), (f) はそれぞれ 90° および 45° の軸外し放物面鏡であり, 共軸配置ではなくなるが, 蹴られによる光損失を避けられる. また放物面鏡より結像は悪くなるが, より安価な球面鏡を (e), (f) の軸外し配置で用いることもできる.

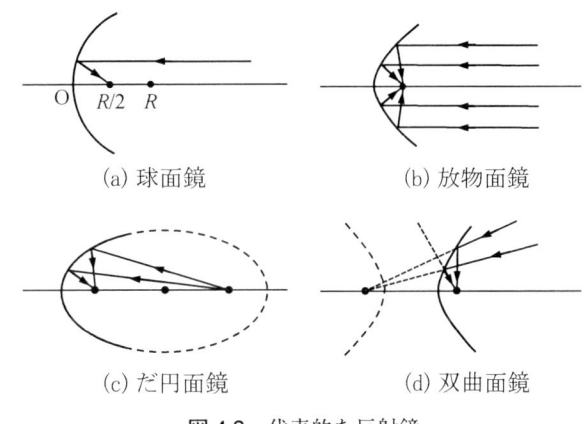

(a) 球面鏡 (b) 放物面鏡

(c) だ円面鏡 (d) 双曲面鏡

図 4.3 代表的な反射鏡

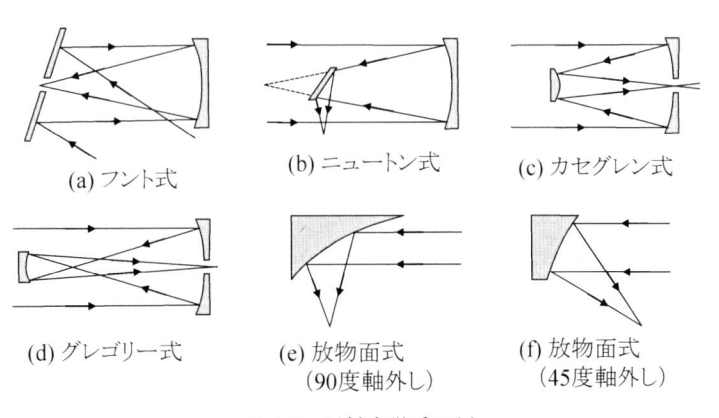

(a) フント式 (b) ニュートン式 (c) カセグレン式

(d) グレゴリー式 (e) 放物面式 (90度軸外し) (f) 放物面式 (45度軸外し)

図 4.4 反射光学系の例

　反射鏡には高い反射率が求められる場合がほとんどなので，ガラスなどのブランク材の上にアルミニウムや金などを蒸着したものが多用される．反射率は，鏡面の酸化や汚れで低下するので注意が必要である．レーザ共振器の鏡には，損傷を受けないように熱伝導の良い金属を基板とするものが使用されることが多く，さらに冷却する場合もある．

4.3　プリズムと回折格子

　赤外線の分散素子としてプリズム（prism）と回折格子（grating）があるが，プリズムを単独で分光に用いることは現在では殆どなく，全反射鏡として活用することが多い．回折格子は，種々のものが分光に多く用いられている．

4.3.1　プリズム

　2つ以上の屈折平面をもち，その中の1組の面は平行でない透明体をプリズムという．プリズムは通常，光学的に等方的な物質で作られる．プリズムの用途は，波長分散特性を利用して分光に，また光束の進む方向や偏光の向きを変える，あるいは ATR（attenuated total reflection，減衰全反射）法[15]で試料表面の吸収スペクトル測定をするなどがあるが，プリズムの分光については 6.1.1 で述べる．

　プリズムは，レーザを Q スイッチ発振させるために共振器内に設置したり，光ビームを導いたりするときに全反射鏡として用いられる．**図 4.5** に反射プリズムのいくつかを示す．例えばコーナキューブ（corner cube）プリズムは，4面体の中の3つの面が互いに直交しており，入射ビームを元の方向に折り返すことができる．

　図 4.6 は試料にプリズムを密着させて全反射光を測定する ATR 法を示す．（a）は三角プリズムを用い，（b）は台形プリズムを用いて多重反射で検出感度を高めて測定する．その材料は高屈折率で透明な ZnSe（波長域：1 〜 18 μm），Ge（1.8 〜 16.6 μm），Si（1.25 〜 15 μm），ダイヤモンド（0.25 〜 800 μm）などが用いられる．屈折率 n_1 のプリズムと n_2 の試料が接するとき（$n_1 > n_2$），高屈折率側から入射した光はある入射角度（臨界角）以上で全反射する．しかし反射の際に光の電場は試料内部にエバネッセント（evanescent）波として僅かに侵入するため，試料に吸収がある場合は，その波長で入射光は一部吸収されて反射光が減少する．従って全反射光

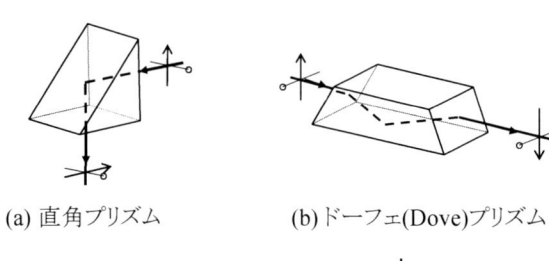

(a) 直角プリズム　　　　　(b) ドーフェ(Dove)プリズム

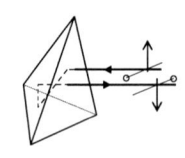
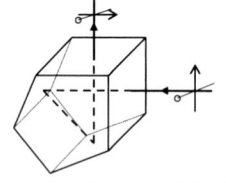
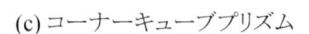

(c) コーナーキューブプリズム　　　(d) ペンタ(penta)プリズム

図 4.5　反射プリズム．(b) の Dove はダハ，ダブ，ドーブなどとも呼ばれている．

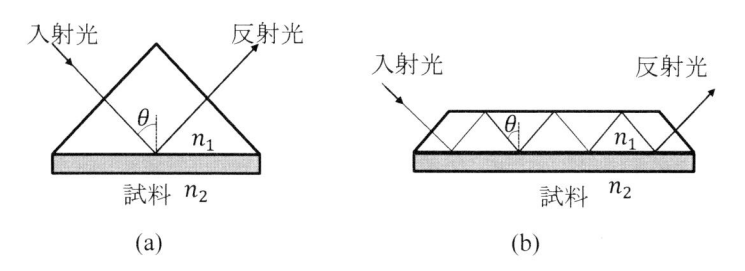

図4.6 (a)直角(三角形)プリズムおよび(b)台形プリズムを用いたATR法

のスペクトルを測定すると，試料による吸収のある波長で谷が生じ，透過スペクトルに吸収がある場合と似た形になる．この時の赤外線の試料への侵入深さ d_p は

$$d_p = \frac{\lambda}{2\pi n_1} / \sqrt{\sin^2\theta - (n_2/n_1)^2} \tag{4.18}$$

と表される．但し，λは赤外線の波長，θはその試料への入射角である．このように試料表面の波長オーダーの厚さからの吸収スペクトルが得られる．ATR法は表面が平坦でなく通常の反射測定ができない試料(粉末，紙，塗料など)や，吸収が強く通常の透過測定ができない試料に，また金属などの表面プラズモンの研究にも適用される．

4.3.2 回折格子

　赤外領域で用いられる回折格子には，**図4.7**に示すようなワイヤグリッド，格子断面の溝形状が矩形で格子溝の深さが固定のラミナー(laminar)格子と，その溝の深さを連続的に変えることができるラメラー(lamellar)格子，格子断面が鋸歯状に刻線されたエシェレット(echelette)回折格子，および回折面を屈折率の大きい媒質で満たして分解能を高めたイマージョン(immersion)回折格子[16]

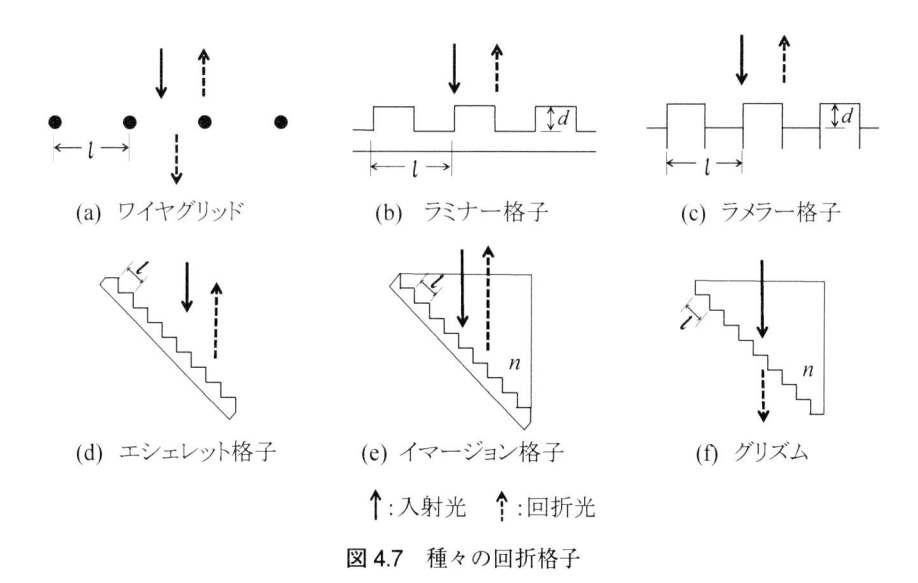

図4.7 種々の回折格子

や回折光を入射光と同方向に直進させて取り出せるプリズムと透過型回折格子を組み合わせたグリズム（grism）[17]がある．l は格子の周期（格子定数）である．ワイヤグリッドは 4.5 および 4.6 で述べるビームスプリッタと偏光子に良く用いられる．ラメラー格子はビームスプリッタに用いられることもあるが，一般にサブミリ～ミリ波領域フーリエ分光器に用いられている．エシェレット回折格子は分光器などの分散素子として，またレーザ共振器用鏡としてや高出力レーザパルスの伸長や圧縮に用いられる．それらは機械的に刻線したもの [18]だけでなく，ホログラフィ技術で作製したホログラフィック回折格子 [19]も多く用いられている．

4.4　窓板，フィルタ

　試料を容器に入れて分光測定したり，赤外レーザで照射したりする場合，目的とする波長域において透明な窓が容器に取り付けられる．またある波長（域）のみの光を透過・反射させるのにフィルタ（filter）が用いられる．窓に多層コートしてフィルタ機能を持たせて利用する場合もある．

4.4.1　窓板

　赤外領域では各種の窓板が必要である．液体セルの窓板には，中赤外領域では**図 4.8** のようなものが用いられる．このうち NaCl，KBr，CsI は水に対する溶解度が高いが，水溶液は水の強い吸収のため赤外吸収測定の対象にはほとんどならない．KRS-5，As_2S_3，Ge は屈折率が高く反射損失が大きい．遠赤外ではダイヤモンド（**図 4.2** 参照）が透明であるが高価で，また以前は小型のものしか入手できなかった．しかし近年では化学気相成長法（CVD）などの薄膜成長技術を用いてダイヤモンド窓が製造されており，高価ではあるが，厚さ 1 mm 程度，直径数 cm 程度のものも入手できる [9]．テラヘルツ・遠赤外領域の窓材には高分子材料であるポリエチレンやポリプロピレン，TPX，テフロン，Tsurupica などが用いられる．ほかに石英やサファイアなども中赤外域で不透明であったのが長波長で再び透明になるため，テラヘルツ・遠赤外領域の窓として用いられる．

　赤外の代表的な高出力レーザとして，例えば $Nd:Y_3Al_5O_{12}$（YAG）レーザ（発振波長：1.06 μm）や

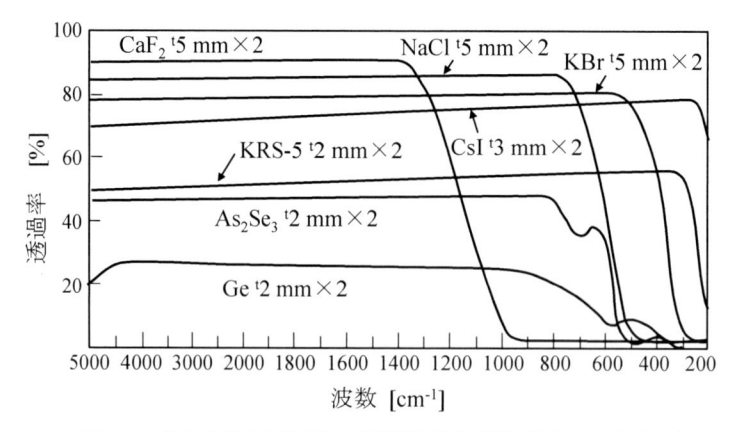

図 4.8　赤外窓板（2 枚組）の透過度（島津製作所カタログから）

CO_2 レーザ(10.6 μm)がある．このような高出力レーザの窓板では，ごくわずかな吸収でも局所的加熱による歪，膨張，さらに最悪の場合はき裂の原因となる．したがって，吸収係数の非常に小さな($α < 10^{-4}$ cm^{-1})窓板が開発され市販されている．CO_2 レーザに対しては ZnSe，NaCl，KCl，ダイヤモンドなどが用いられる．

4.4.2 フィルタ

フィルタは，不要な長波長領域や短波長領域の光を除去したり，粗い分光を行ったりするのに重要な光学素子である．フィルタはその透過波長特性から，図4.9 に示す概念図のように，(i) 長波長パスフィルタ(long wavelength pass filter, LWPF)，(ii) 短波長パスフィルタ(short wavelength pass filter, SWPF)，(iii) 帯域透過フィルタ(band pass filter, BPF)の3種類に大きく分類される．BPF はさらにその半値波長幅がピーク波長の 10 % より大きいか小さいかを目安に，広帯域フィルタ(wideband-, WBPF)と狭帯域(narrowband-, NBPF)に分けられる．

フィルタでの波長選択に利用される物理的特性として干渉，選択吸収，回折・散乱，その他 がある．このように多種類のフィルタがあるが，ここでは代表的なものについて簡単に述べる．

[1] 干渉を利用するもの

主に中赤外で用いられ，一般に干渉フィルタ(interference filter)と呼ばれる．透明基板(ガラス，石英，MgO，CaF_2，Si，Ge など)の上に誘電体多層膜を付け，多層膜内部での光の多重反射と干渉を利用して波長選択をする．高い屈折率 n_H の材料(Si，Ge，Se，Te，PbSe，Sb_2S_3，ZnS，TIBr など)と低い屈折率 n_L の材料(氷晶石，LiF，NaF，CaF_2，MgF_2，NaCl，KBr など)の 1/4 波長層(屈折率×波長×1/4)を積層させたものが基本で，n_H/n_L 比や積層数を適切に選んで LWPF や SWPF が作られる．また，ファブリー・ペロー(Fabry-Perot)構造のものは BPF になる．高真空下の多層膜積層技術とコンピュータ制御で，指定の特性をもつフィルタが製作されている[20]．遠赤外領域に対しては，真空蒸着で厚い膜を作ることができないので，誘電体多層膜の代わりに金属メッシュを用いた干渉フィルタが用いられる．

[2] 選択吸収(反射)を利用するもの

Si, Ge，PbS，InSb などの半導体は，バンドギャップより長波長で急に透明になるので LWPF に用いられる．しかし屈折率が高く透過率は数 10 % と低いので，必要に応じて反射防止(anti-reflection)膜を付けて用いる．またイオン結晶は TO モードによる強い反射バンドを示す．このバンドはピーク波長近傍の光だけを強く反射するので BPF として用いられ，また粗い分

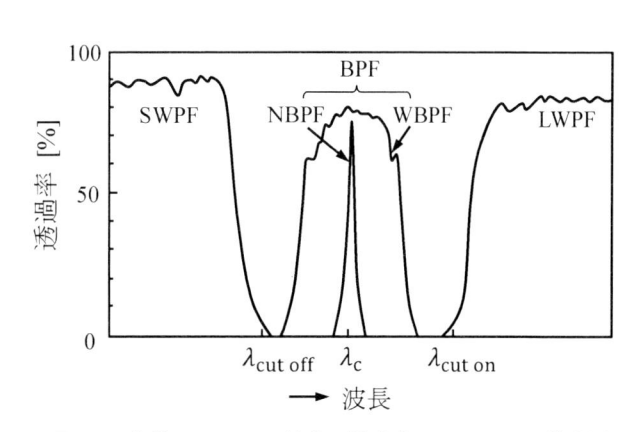

図4.9 各種フィルタに対する透過率スペクトルの模式図

光にも利用できる．これらのイオン結晶の微粉末をポリエチレンの薄膜に，広い領域にわたって吸収するよう数種類を混入したフィルタ(Yoshinaga filter)はテラヘルツ・遠赤外領域の良好な LWPF である [21]．

[3] 回折・散乱を利用するもの

エシェレット格子は 金属製のものは反射特性が，ポリエチレンのレプリカでは透過特性が LWPF としての特性を持っている．また，金属メッシュ(金網型 wire cloth)も立ち上がりの急しゅんな遠赤外の反射型 LWPF として用いられている． 打抜き型の金属メッシュ(inductive mesh)とその相補型のメッシュ(capacitive mesh)も，テラヘルツ・遠赤外に限られるが種々の興味ある特性を持っており，例えば 2.2 で述べた光励起遠赤外レーザの出力鏡に用いられる．金属メッシュの詳細は文献を参照されたい [22]．

4.5　ビームスプリッタ

ビームスプリッタ(beam splitter, BS)は 1 つの光束を 2 つの光束に分割する光学素子であり，特にフーリエ変換赤外分光法(Fourier transform infrared spectrometry, FTIR)で重要な役割を果たす [23]．FTIR における BS は広い波数範囲に亘って光強度を 50 ％ずつに 2 分するのが理想だが，現実にはそのような光学材料は存在しないため，波数領域に応じて様々な BS が使い分けられている．また光束を分割する原理についても，光の振幅で分割するもの，光の偏光方向で分割するもの，光が当たる面積で分割するものなど，様々なタイプのものがある．以下に代表的な BS の例を述べる．

[1] 平板 BS

ZnSe，Ge, Si など，赤外の広い波長領域にわたって透明かつ屈折率の高い物質は反射率も高いため，その平板を BS として用いることができる．単純な平行平板に加えて，片面にコーティングを施して反射率を上げて 50 ％に近づけたもの，反射面でない面に反射防止膜を施したもの，あるいはウェッジを付けて内部での多重反射による干渉を防いだものなどが市販されている．

[2] コーティングを利用した BS

マイケルソン型干渉計(**図 6.5 参照**)に基づく FTIR で用いられる BS では，KBr，CaF_2, 石英(SiO_2)などの透明な平板を 2 枚重ね合わせ，一方の平板の内側面に誘電体膜をコーティングすることにより反射率を 50 ％近くまで高めたものが広く用いられている．このタイプの BS は平板 BS に比べて構造が複雑で高価だが，透過光と反射光の経路が互いにほぼ対称になるため，FTIR の BS に適している．特に Ge 膜でコーティングした KBr は中赤外領域で，誘電体膜でコーティングした CaF_2 や石英は近赤外において，それぞれ FTIR の代表的な BS として広く用いられている．コーティング条件に依存するが Ge/KBr BS の波数領域は $500 \sim 5000 \ cm^{-1}$ 程度，CaF_2 と石英ではそれぞれ $1200 \sim 12000 \ cm^{-1}$ 程度および $3000 \sim 12000 \ cm^{-1}$ 程度である．

[3] マイラー膜 BS

遠赤外領域($50 \sim 700 \ cm^{-1}$ 程度)では，膜厚 $3 \sim 100 \ \mu m$ 程度のマイラー(Mylar, ポリエチレンテレフタレートの商品名)膜が BS として広く用いられている．その膜厚によって使用可能なスペク

トル領域が異なるため，適切な膜厚を選ぶ必要がある．例えば膜厚 6 μm および 23 μm のマイラー膜 BS のスペクトル領域はそれぞれ 100 ～ 550 cm^{-1} および 30 ～ 120 cm^{-1} 程度である[23]．一方近年では，マイラー膜上に Ge 膜をコーティングしたマルチレイヤー型のマイラー BS が市販されており，通常のマイラー膜 BS よりも広い波数範囲での測定が可能になっている．例えば膜厚 6 μm のマルチレイヤー BS で 50 ～ 700 cm^{-1} 程度である．

[4] ワイヤグリッド BS

テラヘルツ・遠赤外領域（数 cm^{-1} から 100 cm^{-1}）の FTIR では，次節で述べるワイヤグリッド（wire grid）偏光子がマーチン・パプレット型干渉計（図 6.7 参照）の BS として用いられる．この場合，前もって BS とは別の第 1 のワイヤグリッド偏光子で直線偏光にした光束に対して，その光の偏光面から 45° 回転させた方向にグリッドを持つ第 2 のワイヤグリッドを BS として用いる．理想的なワイヤグリッド BS では入射光強度の半分は透過し，残りの半分は反射する．

4.6 偏光子

偏光素子には，直線偏光を作る素子と円偏光を作る素子がある．赤外の直線偏光子としては，ワイヤグリッドがよく用いられる．ワイヤグリッドは金属製の細線を等間隔で平行に並べたものであり，波長がワイヤ間隔より大きい場合，ワイヤに平行な偏光成分は反射し垂直な偏光成分は透過する特性を持つため，直線偏光子として利用される．波長の長いテラヘルツ・遠赤外領域では，金属枠にタングステンの針金を等間隔に張った "free standing" なワイヤグリッド[24]が偏光素子として市販されている．しかし波長が短くなるとこの方法は困難なので，適当な基板上にワイヤグリッド状の金属パターンを，ホログラフィなどの技術を用いて形成する方法が採られる．例えばポリエチレン，KRS-5,石英等の基板上にワイヤグリッドを形成した偏光子が市販されている．

直線偏光子の偏光度 P は，グリッドに平行な偏光に対する透過率を $\tau_{//}$，垂直な偏光に対する透過率を $\tau_\perp$ としたとき

$$P = |\tau_{//} - \tau_\perp| / (\tau_{//} + \tau_\perp) \tag{4.19}$$

で与えられる．例えば，市販の KRS-5 基板上にアルミニウム線 1300 本 /mm を付けた直線偏光子の仕様は，波長 2.5 μm で P>88 %，3 ～ 25 μm で P>95 % である．偏光子を用いる際には，偏光度が 100 % ではないことに注意が必要である．

円偏光素子には，フレネルロム（Fresnel rhomb）やソレイユ補正板（Soleil compensator）などの 1/4 波長板と直線偏光子が組み合わされて用いられる．ソレイユ補正板には CdS，水晶，サファイアなどの 1 軸性結晶が用いられる．これらの詳しいことは文献を参照されたい[25]．

4.7 赤外光ファイバ[26,27]

光通信に用いられる近赤外の石英系の光ファイバでは，理論値に近い著しく低い損失（波長 1.5 μm で 0.2 dB/km）のものが達成されている．一方，より長波長の中赤外領域でも，最近では波長

15 μm 程度まで使える中赤外ファイバが実用化されている．例えば，4 ～ 18 μm 領域で使える銀ハライド（AgCl，AgBr）のファイバや，1.5 ～ 6 μm 領域で使えるカルコゲナイドガラス（As_2S_3 など）のファイバ，さらにコア部分が中空である赤外ファイバも市販されている．その伝送損失は 2 ～ 4 μm で 0.2 dB/m 程度，10.6 μm（CO_2 レーザの波長）で 0.1 ～ 0.5 dB/m 程度あり，石英系ファイバよりかなり高い．よって中赤外ファイバは，現時点ではまだ長距離での応用に用いることはできないが，数 m の近距離で使われる用途，例えば医療用や加工用の高出力 CO_2 レーザの伝送，近距離の熱情報の伝達，リモート赤外分光分析などに用いることができる．また光ファイバを束ねてバンドル状にした「光ガイド」も，赤外光の伝送や，簡単な画像情報の伝送に使われている．これら伝送機能以外に，ファイバ内に Er^{3+} や Yb^{3+} などのレーザ媒質を混入して光増幅作用を持たせ，レーザ加工などに応用するファイバもある（2.2.2, 8.4.4 参照）．

　光ファイバの損失を与える機構は主として 3 種類ある．一つは短波長側の電子励起による固有吸収端に起因するものであり，可視，紫外領域での光吸収の「すそ」が，赤外領域の損失に寄与する．二つ目は長波長側の格子振動によるものである．既に述べた通り赤外活性な TO モードは強い吸収を与えるため，光の振動数が ω_{TO} に近づくと伝送損失が大きくなる．三つ目はファイバのコアの密度や組成のゆらぎに起因するレイリー散乱である．これは λ^{-4} の波長依存性を持っている．

4.8　赤外領域の非線形光学材料

　4.1.1 の最後で述べた高調波発生，和周波・差周波発生などの非線形光学現象を利用するには，式（4.17）で $\chi^{(2)}$ や $\chi^{(3)}$ などの非線形感受率がなるべく大きく，かつ入射光と発生光の両方の波長で透明な物質が必要である．さらにこの現象が効率よく起きるためには，入射光と発生光の q と ω に関して「位相整合（phase matching）」とよばれる条件が成立する必要がある．これらの条件を満たす様々な非線形光学結晶が研究・開発されてきた．それを用いた例として，まず赤外レーザ光を可視光に変換する高調波発生があげられる．例えば Nd:YAG（$Y_3Al_5O_{12}$）レーザの 1.064 μm 光を SHG によって可視グリーンレーザ 0.532 μm に変換する技術は，レーザポインターから高出力レーザまで広く使われている．この場合の非線形光学結晶としては BBO（β-BaB_2O_4），LBO（LiB_3O_5），KTP（$KTiPO_4$）などである．また差周波発生により 3 ～ 10 μm 程度の中赤外領域でレーザ光を発生する装置も市販されており，様々な実験で利用されている．この場合，$AgGaSe$, $AgGaS_2$, $GaSe$ などが非線形光学結晶として用いられている．またレーザ励起光を用いたテラヘルツ波のパラメトリック発生においては，$LiNbO_3$ などの非線形光学結晶が用いられている．

4.9　赤外吸収膜と吸収材料

　不要な赤外線の反射や透過を抑えるのに，吸収膜や吸収材料が広く用いられる．代表例は装置や光学素子の表面に光吸収膜をコーティングしたり貼り付けたりする場合である．このようなコーティングは「ブラック・コーティング」とも呼ばれ，装置の表面に直接成型するタイプや，付属する粘着テープでユーザーが貼り付けるタイプなどがある．例えば Acktar 社から販売されている光吸

収膜では，波長程度の凹凸パターンを形成した無機物のフィルムにより，可視光から波長 10 μm 程度までの赤外領域で反射率が 2 % 程度以下に抑えられる[28]．より波長の長い遠赤外・テラヘルツ・ミリ波領域においては，ウレタンフォームやラバーフォームなどの多孔質シートが反射防止体として用いられる．一方で赤外線の透過を抑制する光吸収膜としては，建物や自動車の窓に貼り付けて用いる遮熱フィルムが代表的な応用例である．フィルムで赤外線の透過を抑制するためには，赤外線を反射するか，吸収すればよい．しかし後者では吸収されたエネルギーが窓の温度を上昇させ結局は室内温度を上げるため，反射型が望ましい．市販の遮熱フィルムでは，屈折率の異なる多層膜構造を用いたり，透明フィルムに金属薄膜を挟んだりすることで，可視光を透過させつつ赤外線を反射させている．尚，反射と吸収の両方を用いるタイプもある．

4.10 メタマテリアルとフォトニック結晶

近年，バルク材料に周期的な微細加工を施すことによって，元の材料では不可能な光の伝搬特性を実現する技術が盛んに研究されている．その加工周期 d よりも波長 λ がかなり大きい場合 $(\lambda >> d)$ と，同程度 $(\lambda \sim d)$ の場合ではその特性や基本的な考え方が異なり，これらは区別して扱われる．$\lambda >> d$ の場合はメタマテリアル[29]，$\lambda \sim d$ の場合はフォトニック結晶[30]と呼ばれ，いずれも特に赤外・テラヘルツ波領域の新しい光学素子として期待されている．

4.10.1 メタマテリアル[29]

物質の電場と磁場に対する応答は，それぞれ誘電率 ε と透磁率 μ で特徴づけられる．赤外領域では通常の物質は磁気的応答を示さないので $\mu = \mu_0$（真空の透磁率）となり，電磁場に対する応答は ε のみで決定される．物質に吸収がないとき誘電率は実部のみで表され，物質中の赤外線の伝搬特性は屈折率 $n = \sqrt{\varepsilon/\varepsilon_0}$（$\varepsilon_0$ は真空の誘電率）のみで決まる．図 4.10 は，物質をその誘電率－透磁率の 2 次元面で見たもので，自然界に存在する絶縁体（誘電体）は第 1 象限の $\mu = \mu_0$ の短い直線上に位置することになる．金属は一般に誘電率が負なので，第 2 象限の $\mu = \mu_0$ の直線上にある．

もし透磁率が真空のそれとは異なる場合，屈折率と正反射率はそれぞれ $n = \sqrt{\varepsilon/\varepsilon_0}\,\sqrt{\mu/\mu_0}$, $R = \left(\dfrac{Z/Z_0 - 1}{Z/Z_0 + 1}\right)^2$ と表され，ε と μ の両方に依存する．ここで，$Z = \sqrt{\mu/\varepsilon}$ と $Z_0 = \sqrt{\mu_0/\varepsilon_0}$ は物質および真空の波動インピーダンスである．もし誘電率と透磁率が自由に設計できれば，常識では見られないような電磁波の伝搬が実現できる．例えば，$(\varepsilon/\varepsilon_0) = (\mu/\mu_0)$ の関係を保ちつつその値を大きくできれば，屈折率が大きくても表面

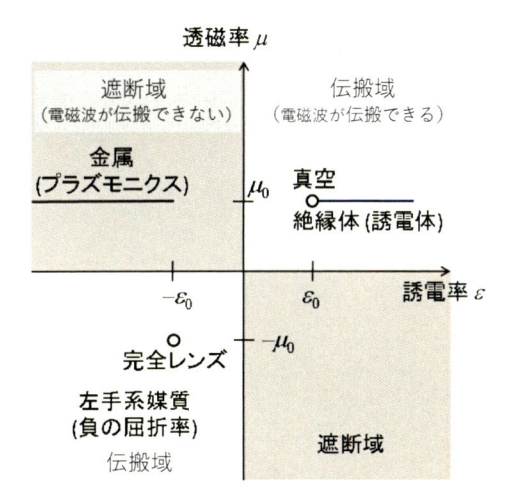

図 4.10 誘電率と透磁率の 2 次元面で分類した光学的性質

での反射がない材料を手に入れることができる．さらに ε と μ の両方が負になる場合(**図 4.10** の第 3 象限)には，屈折率が負になり，入射光は通常の屈折とは反対の方向に曲がって進む．このような物質は自然界には存在しないが，波長よりも十分小さな人工構造を並べることで，負の誘電率と負の透磁率を実現できることが，J.B. ペンドリー(Pendry)らによってマイクロ波領域で示された [31]．その他にも，ゼロに近い非常に小さな屈折率，あるいは異常に大きな屈折率を持つような光学材料や，屈折率の空間分布を利用した透明マントなどが人工構造からなる媒質で実現可能である [32]．このような自然には得がたい電磁的性質を持つように設計された人工物質は，自然界の物質を超える物質という意味で，メタマテリアル(metamaterial)と呼ばれる．今世紀はじめにその概念が発表されて以降，爆発的な研究の広がりを見せている．

　赤外域ではテラヘルツ波領域のメタマテリアル開発が最も期待されている [33]．この周波数領域では単位構造(メタ原子)の大きさが 10 〜数 10 μm の大きさとなり，リソグラフィやインクジェット加工，あるいはレーザ加工などの既存技術でも比較的簡単に作製可能で，新規材料として嘱望される．最初に報告されたテラヘルツ波領域の平面メタマテリアルは**図 4.11**(a)に示すような構造であった [34]．金属(銅)でできた分割リング共振器と呼ばれるメタ原子の 2 次元配列が，石英基板上に特殊なフォトリソグラフィで作製された．リング部とリングに設けられたギャップがそれぞれインダクタンス L とキャパシタンス C として働き，分割リング共振器は LC 共振器として機能する．30 μm 程度の大きさのリング構造が作製され，1 THz 程度に共振を示した．リング面をテラヘルツ波の磁場が貫けば，誘導起電力によって生じる交流周回電流がリング面に垂直な方向に磁気モーメントを誘起する．この磁気モーメントの向きは LC 共振周波数より低周波側では入射波と同位相で，高周波側の狭い周波数領域で入射磁場と反位相となる．すなわち，正の値から負の値の透磁率を構造によって決まる周波数で得ることができる．このようなメタマテリアルの透磁率を利用するためにはリングを貫くように磁場を入射させなければならず，3 次元的なリング構造の作製や積層構造が必要となる．

　2 次元構造であっても，共振によって電磁波の透過率，反射率とその位相が大きく変化する．従来，このような平面構造体は，周波数選択表面(Frequency Selective Surface) [35] と呼ばれ，テラヘル

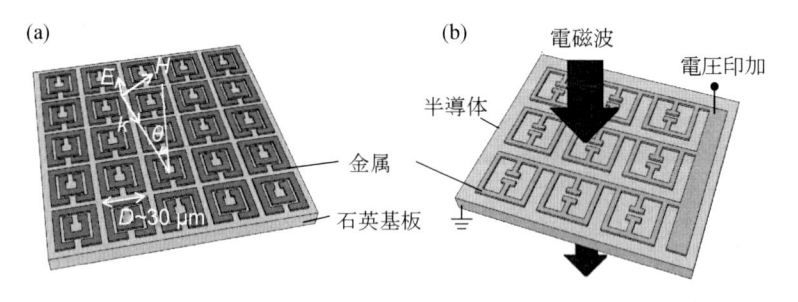

図 4.11　分割リング共振器と呼ばれるメタマテリアルの例
(a)入射角 θ が 0 でない場合に，リングに対して垂直な磁場成分が入射する．
(b)金属下部の半導体中キャリア濃度を電圧印加で変化させ，入射電磁波に対する応答を変調する．

ツ波領域でも周波数フィルタや偏光子として用いられてきたものでもあるが，一部はメタマテリアルとして扱われることもある．例えば，金属メッシュやワイヤグリッド構造は金属部の密度によって実効的にプラズマ周波数を制御し，負の誘電率を設計できる構造として知られている [36,37]．メタマテリアルの概念が登場して以降，2次元構造においても波長以下の構造による新たな機能付与が模索され，それらはメタ表面（metasurface）[38]などと呼ばれるようになっている．波長以下の平面共振器の大きさを変えて並べたメタ表面では，位相変化量を空間的に変化させ，薄膜レンズや伝搬モードの波面制御が実現できる [39]．図 4.11(b)のように基板に半導体などを選べば電気的あるいは光学的に応答を変調するといった電気光学デバイス的応用も可能となる [40]．

4.10.2 フォトニック結晶[30]

光学材料に人工的な周期構造を作製すれば，ブロッホの定理により結晶中の電子と同様に光に対するバンド構造が生じると期待される．周期構造中に光のバンド構造が形成されることが大高によって理論的に示され [41]，さらに3次元構造体を工夫すれば全方向にバンドギャップが形成されて光がどの方向にも伝搬できない周波数領域が現れることを R. ヤブロノビッチ（Yablonovitch）が示して [42]以後，盛んに研究がなされるようになった．このようにバルク材料に人工的な周期構造を作製し，光のエネルギーバンドを制御したものをフォトニック結晶と呼ぶ．主にバンドギャップ付近のエネルギーの光を利用することから，作用する波長は人工的な構造物周期と同程度となる．例として，図 4.12 にシリコンを微細加工して作製した単純立方格子において，実際にテラヘルツ領域のバンドギャップが観測された結果を示す [43]．

誘電体を用いたフォトニック結晶では，誘電体板に周期的な構造を施したり，微小球を用いたりして作製され，その特性が研究されている．また金属でもフォトニック結晶が作製できる．光の金属に対する侵入深さは波長に比べて短く，光は表面プラズモン－ポラリトン（surface plasmon-polariton, SPP）として金属表面のみを伝搬する．このため，金属フォトニック結晶はプラズモニック結晶とも呼ばれる．金属薄板に周期的に開口を設けた2次元プラズモニック結晶は，4.4.2［3］で

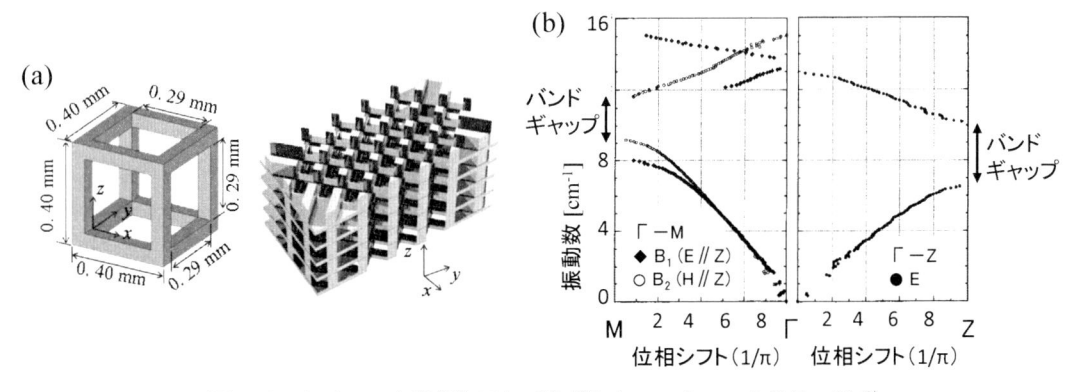

図 4.12 シリコンを微細加工して作製したフォトニック結晶の例 [43]
(a) 単位構造と概形．(b) 測定されたバンドギャップ．

述べた金属メッシュと同様にバンドパス的特性を示す．1998 年に，近赤外から可視域において波長程度の間隔で周期的に穴を開けた金属薄膜が，従来の単一穴の透過率の理論に比べて何桁も高い透過率を示すことが T.W. エベッセン(Ebbesen)らによって観測され，周期構造によって SPP と入射波が結合することに起因すると解釈された [44]．この効果は，異常光透過(Extraordinary Optical Transmission，EOT)と呼ばれ，テラヘルツを含む広い電磁波領域でも確認されている．

参考文献

1) 工藤恵栄：" 光物性基礎", オーム社 (1996).

2) 大津元一，田所利康：" 光学入門", 朝倉書店 (2009).

3) D. L. Mills(小林孝嘉訳)：" 非線型光学の基礎", 丸善出版 (2012).

4) 工藤恵栄：" 分光学的性質を主とした基礎物性図表", 共立出版 (1972).

5) I.W. Donald and P. W. McMiller："Infra-red Transmitting Materials", J. Mat. Sci., 13(6), pp.1151-1176, pp.2301-2312 (1978).

6) 真鍋 惇：" 最近の赤外光学材料", 赤外線技術, 4, pp.2-13 (1979).

7) W. L. Wolfe and J. G. Zissis："Infrared Handbook", pp.7-1-137, Office of Naval Research (1978).

8) E.D. Palik (Ed.)："Handbook of Optical Constants of Solids", Academic Press (1985).

9) R S Balmer, J R Brandon, S L Clewes et al.："Chemical vapour deposition synthetic diamond: materials, technology and applications", J. Phys.: Condens. Matter 21, 364221-1-23 (2009).

10) J. A Savage and S. Nielson："Chalcogenide Glasses Transmitting in the Infrared Between 1 and 20 μm - A State of the Art Review", Infrared Phys., 5(4), pp.195-204 (1967).

11) J.F. Rabolt："Low Frequency Vibrations in Long-Chain Molecules and Polymers by Far-Infrared Spectroscopy", Infrared and Millimeter Waves (ed.K.J.Button), Vol.12, pp.43-71, Academic Press (1984).

12) J.R. Birch："The Far Infrared Optical Constants of Polyethylene", Infrared Phys., 30(2), pp.195-197 (1990).

13) G.W. Chantry, H.M.Evans, J.W.Fleming and H.A.Gebbie："TPX, A New Material for Optical Components in the Far Infrared Spectral Region", Infrared Phys., 9(3), pp.31 ～ 33 (1969). TPX は 2015 年現在，三井化学株式会社の登録商標となっており同社から販売されている.

14) Tsurupica は有限会社パックスの登録商標であり，同社より販売されている.
http://www.papapapax.jp/Tsurupica.html (2023 年 7 月 30 日検索)

15)福井萬壽夫，原口雅宣：" 全反射減衰法による薄膜・表面物性の評価", 日本物理学会誌, 43(11), pp.862-868 (1988).

16) 池田優二，小林尚人：" イマージョン回折格子の加工および評価技術の概観とその動向", 精密工学会誌, 83(4), pp.313-318 (2017).

17)海老塚 昇：" グリズムを用いた天体観測", 光学, 39(12), pp.566-571 (2010).

18) 井上克，原田達夫，遠山恵夫：" 赤外回折格子", 赤外線技術, 13, pp.3-12 (1988).

19) 三宅和夫：" ホログラフィック・グレーティング", 応用物理, 41(8), pp.843-848 (1972).

20) W.L. Wolfe and G.J.Zissis (Eds)："The Infrared Handbook", pp.7-103-128, Office of Naval Research (1978).

21) Y. Yamada, A. Mitsuishi and H. Yoshinaga："Transmission Filters in the Far Infrared Region", J.Opt. Soc. Am., 52(1), pp.17-19 (1962).

22)K.Sakai and L.Genzel："Far Infrared Metal Mesh Filters and Fabry-Perot Interferometry", Reviews of Infrared Millimeter Waves (ed.K.J.Button), Vol.1, pp.155-247, Plenum Press (1983).

23) P. R. Griffiths and J. A. de Haseth："Fourier Transform Infrared Spectrometry (2nd edition)", John Wiley & Sons (2007).

24) W.G. Chambers, T.S.Parkers and A.E.Costley："Freestanding Fine Wire Grids for Use in Millimeter and Submillimeter-Wave Spectroscopy", Infrared and Millimeter Waves (ed. K.J. Button), Vol.16, Chap.3, pp.77-106, Academic Press (1986).

25) E. D. Palik："The Use of Polarized Infrared Radiation in Magneto-Optical Studies of Semiconductors", Appl. Opt., 2(5), pp.527-538 (1963).

26) J. A. Harrington："Infrared Fibers and Their Applications", SPIE Press Monograph (2003).

27) G. Tao, H. Ebendorff-Heidepriem, A. M. Stolyarov et al.："Infrared Fibers", Advances in Optics and Photonics, 7(2), p379-458 (2015).

28) Acktar(アクター)社のホームページ：http://jp.acktar.com/ (2023 年 7 月 30 日検索)

29) "特集「自然界の物質を超える人工物質「メタマテリアル」と赤外領域への応用」", 日本赤外線学会誌, 24(1),

(2014).

30) 迫田和彰 : "フォトニック結晶入門", 森北出版 (2004).

31) J. B. Pendry, A. J. Holden, D. J. Robbins and W. J. Stewart : "Magnetism from conductors and enhanced nonlinear phenomena", IEEE Trans. Microwave Theory & Tech. 47(11), pp. 2075-2085 (1999).

32) 石原照也, 真田篤志, 梶川浩太郎 監修 : "メタマテリアル II", シーエムシー出版 (2012).

33) 萩行正憲, 宮丸文章 : "テラヘルツ帯におけるメタマテリアルの開発と応用", 応用物理, 78(6), pp.511- 517 (2009).

34) T. J. Yen, W. J. Padilla, N. Fang et al. : "Terahertz magnetic response from artificial materials", Science, 303(5663), pp.1494-1496 (2004).

35) T. K. Wu : "Frequency selective surface and grid array", John Wiley & Sons (1995).

36) J. B. Pendry, L. Martin-Moreno and F. J. Garcia-Vidal : "Mimicking surface plasmons with structured surfaces", Science, 305 (5685), pp. 847-848 (2004).

37) J. B. Pendry : "Extremely low frequency plasmons in metallic mesostructures", Phys. Rev. Lett. 76, pp.4773-4776 (1996).

38) K. Takano, B. Kang, Y. Tadokoro et al. : "Development and applications of metasurfaces for terahertz waves", Electromagnetic Metamaterials (ed. K.Sakoda), Springer-Verlag (2019).

39) N. Yu, P. Genevet, M. A. Kats et al. : "Light propagation with phase discontinuities: generalized laws of reflection and refraction", Science, 334(6054), 333-337 (2011).

40) H.-T. Chen, J. F. O'Hara and A. J. Taylor : "Active terahertz metamaterials", Optics and Spectroscopy, 108, pp.834-840 (2010).

41) K. Ohtaka : "Energy band of photons and low-energy photon diffraction", Phys. Rev. B, 19(10), pp.5057-5067 (1979).

42) R. Yablonovitch : "Inhibited spontaneous emission in solid-state physics and electronics", Phys. Rev. Lett., 58(20), pp.2059-2062 (1987).

43) T. Aoki, M.W. Takeda, J.W. Haus et al. : "Terahertz time-domain study of a pseudo-simple-cubic photonic lattice", Phys. Rev. B, 64(4), pp.045106 (2001).

44) T. W. Ebbesen, H. J. Lezec, H. F. Ghaemi et al. : "Extraordinary optical transmission through sub-wavelength hole arrays", Nature, 391, pp.667-669 (1998).

5章　赤外検出器のパッケージングと冷却

　赤外検出器の主要性能である感度は，雑音等価パワー(noise equivalent power, NEP)で表される．NEP は雑音が小さいほど，入射パワー変化に対する応答(レスポンシビティ，responsivity)が大きいほど小さく(より良い値に)なる．

　雑音とレスポンシビティに影響する要因は熱型赤外検出器と量子型赤外検出器とで異なるので個別に議論するが，何れも雑音の低減には周囲環境との熱的絶縁が重要で，検出器の動作環境を整えるためのパッケージングが必要となる．

　さらに，熱型赤外検出器ではその温度によってレスポンシビティが変化するので，高性能が求められるものでは温度安定化が必要であり，量子型赤外検出器では入射パワーとは無関係に発生する暗電流が，信号の源泉である光電流を埋没させてしまわないように極低温(ここでは液体窒素温度程度以下を言う)に維持する必要がある．

　したがって赤外検出器の性能を十分に発揮させるには，赤外検出器のパッケージングと温度制御(温度安定化や極低温冷却)が重要であり，本章で説明する．

5.1　赤外検出器のパッケージング

　熱型赤外検出器においては，主に入射パワー変化による赤外線吸収・温度センサ部の温度変化を最大化するために外部からの熱流入と外部への熱流出を最小化すること，および同じ入射パワーに対するレスポンシビティが同じとなるよう赤外線吸収・温度センサ部の温度を一定に保つ必要がある．

　量子型赤外検出器においては，暗電流を光電流に対して充分に小さくなるような極低温への冷却を，検出しようとする入射パワー変化と等価な光電流変化より充分小さい暗電流変化しか生じないような安定度で維持する必要がある．

5.1.1　熱型(非冷却)赤外検出器のパッケージング

　熱型赤外検出器の感度(S/N)の指標の一つである NETD(noise equivalent temperature difference, 雑音等価温度差)[K]は

$$\text{NETD} = V_n/(\text{Res} \cdot \phi) \tag{5.1}$$

V_n: 総ノイズ[Vrms]

$\text{Res} = a \cdot V_b \cdot \alpha_T / G_T$: 感度(応答特性)の指標，レスポンシビティ[V/W]

a: (赤外線吸収・温度センサ部の材料と表面状態で決まる)吸収率[—]

V_b: 温度センサへの印加電圧[V]

α_T: (温度センサ部材料の)抵抗温度係数[/K]

G_T: (赤外線吸収・温度センサ部と周囲の間の)熱コンダクタンス[W/K]

ϕ: 単位温度差に対する入射パワー差[W/K]

であるので，（高温ほど大きい傾向の）総ノイズの低減と α_T の最大化をトレードオフしつつ，G_T をなるべく小さくすると高感度(S/N)の検出器が得られる(3.3.1 参照)．

　赤外線吸収・温度センサ部が大気中に曝されていると，吸収した熱エネルギーが周囲にある気体分子の熱伝達による流出のためにレスポンシビティが低下する．これを避けるために赤外線吸収・温度センサ部を含む赤外検出素子をアレイ状に並べたセンサチップは真空中に断熱パッケージングされる．手順としては，センサチップをパッケージ内に実装し，パッケージに設けた排気管を通してパッケージ内を真空排気した後，圧接などの方法によって排気管を封じ切って密閉，真空を維持する．真空排気中は，熱を加えて内部に吸着している水や気体分子を排出しアウトガス発生を抑える[1,2]．

　なお近年は，低コスト化を図るためパッケージを用いず，ウェハ状態のセンサチップにウェハ形状の赤外線入射窓をロウ付けして製造するウェハレベルパッケージング(wafer level packaging, WLP)による製品も出てきている[3,4,5]．

　パッケージは金属やセラミックスなどの真空リークやガス放出の極めて少ない材料が選ばれ，金属の場合はセンサチップからの信号を外部に取り出すリード線用のガラスハーメチックシールが取り付けられる．赤外線入射窓(Ge, Si など)は反射防止膜処理(anti-reflection, AR コーティング)が施され，金属製キャップにロウ付けしたものを，あるいは直接，パッケージに(ロウ付け，抵抗溶接，アーク溶接，レーザ溶接，電子ビーム溶接などにより)接合する．パッケージ内にはセンサチップの他に，パッケージからの輻射などによる入射光以外の赤外線を遮蔽するラジエーションシールド，センサチップの温度を好ましい α_T が得られる温度等に制御するための加熱ヒータ(常温より高い場合)または加熱・冷却用ペルチェ素子(常温以下の場合)を，真空中でのアウトガスが少なく熱伝導の良い接着剤を用いて実装する．

また後日，溜まったアウトガスを吸着して真空度を回復するのに用いるゲッタ(getter)も組み込まれる．パッケージ内の真空排気は上述したようにパッケージ個体に取付けられた排気管によってなされるが，一度に複数個のパッケージを真空チャンバに入れて排気し，チャンバ内でロウ付けして真空パッケージを完成する方法もある．

　熱型赤外検出器の真空パッケージは量産性を高め低価格化を進めるために，個別実装方式か

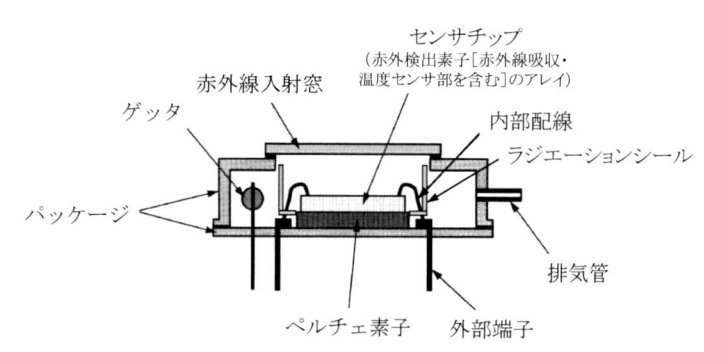

図5.1　熱型赤外検出器の真空パッケージの構造

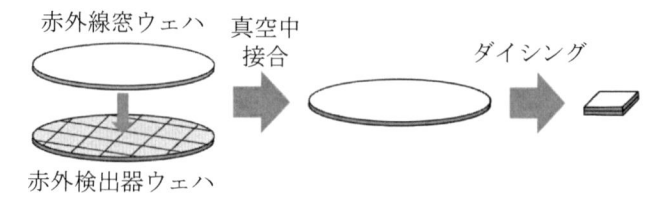

図5.2　ウエハレベル真空パッケージングプロセス

表 5.1　熱型(非冷却)赤外検出器のパッケージ

世　代	特　徴	備　考
第一世代	個別実装パッケージ[1] （排気管付き）	・排気管を通じて排気後，封じ切る．
第二世代	チューブレス パッケージ[1]	・複数個バッチ処理． ・真空チャンバ中で窓材等により真空封止．
第三世代	ウェハレベル パッケージ[5]	・ウェハ単位バッチ処理． ・赤外検出器ウェハと赤外線窓ウェハを真空チャンバ中で接合，真空封止．
―	ピクセルレベル パッケージ[6]	・ウェハ単位バッチ処理． ・半導体製造の成膜工程で画素単位での真空封止．

ら複数個バッチ処理方式に移行してきている．また，真空に封入して熱コンダクタンスを小さくする必要があるのは赤外検出素子だけなので，低価格・少画素センサにおいては WLP をさらに進めたピクセルレベルパッケージング(pixel level packaging, PLP)などの技術開発も行われている[6]．

　熱型赤外検出器の真空パッケージを分類すると**表 5.1** のように世代分類することができる．**図 5.1** に第一世代のペルチェ素子を搭載した熱型赤外検出器の真空パッケージの構造を，**図 5.2** に第三世代のウエハレベル真空パッケージングプロセスを示す．

5.1.2　量子型(冷却型)赤外検出器のパッケージング

　量子型に分類される高感度な赤外検出器は，暗電流を抑え，雑音を低減するために，一般に極低温(50 〜 200 K)への冷却を必要とする．また，冷却されたアパーチャ(コールドアパーチャ)を設けることで視野外の不要な熱放射の検出器への入射を減少させ，検出器の性能を向上させることができる．

　検出器の冷却を効率的に行うためには，冷却部への周辺環境からの熱侵入を抑える必要がある．そのため，検出器は一般にデュワー(dewar)と呼ばれている真空容器(パッケージ)内に実装して使用される．**図 5.3** に量子型赤外検出器用デュワーの構造を模式的に示す．真空パッケージの

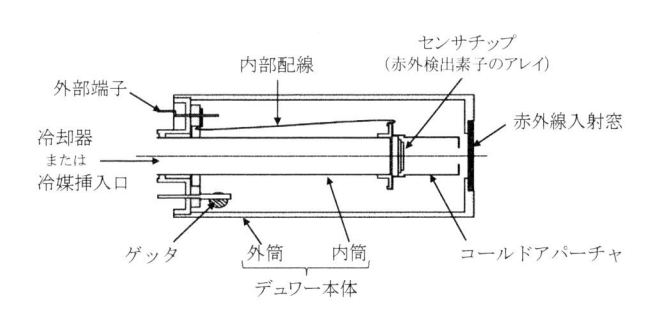

図 5.3　量子型赤外検出器用デュワーの構造

主要構成要素には，①デュワー本体，②コールドアパーチャ，③内部配線，④外部端子，⑤ゲッタおよび⑥赤外線入射窓がある．

　デュワー本体は，研究用途のものを除けば，永久真空封止されている．したがって，リークが極めて少なく，アウトガスの少ない構造体が必要である．主要構成材料は，従来は真空管技術を流用したガラスも用いられていたが，近年は金属が主流である．部品の接合方法は熱型検出器の場合と同様に，ロウ付け，プラズマ溶接，レーザ溶接，電子ビーム溶接等が材料や形状に合わせて選択されるが，微小なリークも問題となるため適切な条件設定と工程管理が必要である．

　コールドアパーチャは，センサチップと同じ冷却端に実装して冷却される．これは光学系の有効光束通過領域の外から入射する不要放射を低減し，性能を向上させるためのもので，光学系の設計により形状を決定する．

　外部端子と検出器を結線する内部配線は，外部からの伝導熱侵入を小さくするために，ポリイミド基板上に形成した薄膜金属が使われることが多い．

　外部端子はデュワー外部と内部との電気接続を行う部品で，その気密性が重要であり，端子の封止材料としてガラスやセラミックスなどが用いられる．

　各部材からのアウトガスを吸着して真空度を維持するためのゲッタは，ジルコニウム (Zr) 粉末を焼結したものが非蒸発ゲッタとしてよく使われる．この材料は一般には，外部端子から電流を流して加熱することにより活性化して用いられる．

　赤外線入射窓は通常は表面に光学薄膜 (反射防止，波長帯域制限等) が成膜された Ge 等が用いられ，半田等の比較的融点の低いロウ材を用いたロウ付けでデュワー本体との封止がなされることが多い．

　デュワーの性能は，熱容量，熱負荷，真空寿命等を指標として示される．熱容量は，検出器を規定の温度まで冷却するのに必要な全熱量で，値が小さいほど短時間で冷却が完了することを意味し，被冷却部分の材料の比熱と質量によって決まる．

　熱負荷は，冷却を維持するために必要な冷却パワーを示し，小さい値ほど，冷却器にかかる負荷が小さい．その主たる要因は，内部の配線や部品からの熱伝導による伝導熱，外部環境からの放射熱，および赤外検出器の回路発熱である．真空の寿命は，部材から発生するアウトガス量に依存し，前処理方法など製造工程により大きく変化するため，適切に管理された工程で製造する必要がある．

5.2　赤外検出器の冷却

　真空容器の内側にある赤外検出器を温度制御 (熱型赤外検出器) 若しくは極低温冷却 (量子型赤外検出器) する必要があるが，前者はペルチェ素子を用いて行われ，電子冷却と同様なので，ここでは量子型赤外検出器の極低温冷却に絞って述べる．

　実用的な手法には以下が挙げられる．

（1）冷媒による直接冷却

（2）高圧ガスのジュール・トムソン (Joule-Thomson, J-T) 効果を利用する冷却

（3）機械式冷却

（4）電子冷却

（5）放射冷却

（1）の冷媒による直接冷却の代表的な手法は，液体窒素をデュワー内筒に注入するもので，迅速に安定した低温（1気圧下では77 K）が得られる．（2）の高圧ガスのJ-T効果を利用する冷却の代表的なものとして，窒素ガス等を冷却用ガスとして用い，それを放出して回収しない，いわゆるオープンサイクルのJ-Tクーラがある．（3）の機械式冷却方式の冷凍機は，ガスを機械的に圧縮膨張させ，センサチップが装着されている内筒末端で膨張する際の吸熱作用を利用するものであり，電気的に駆動することが可能である．（4）の電子冷却はペルチェ効果（Peltier effect）を利用したもので，電気により直接駆動するものである．（5）の放射冷却は人工衛星搭載機器で使われるもので，極低温の宇宙背景に向けて放射放熱することで冷却するものである．

　各手法には動作原理上，温度安定性に優れたものとそうでないものがある．そのままでは温度安定性が不充分な手法は，センサチップに温度センサを付けてその測定値を用いたフィードバック制御により温度安定化を行う必要がある．

　以下では，上記の（1）から（5）の各手法の基本原理，構成，性能，利点などについて述べる．最後に80 Kから1 Kクラスに及ぶ冷却温度を必要とする衛星搭載センサを冷却する宇宙用冷凍機の開発現況について触れる．

5.2.1　冷媒による直接冷却

　冷媒をデュワー内筒に注入して冷却する方法は，冷媒が用意されてさえいれば最も簡便な方法と言える．これは実験室ではよく利用されている．**表5.2**に，代表的な液体冷媒の1気圧下における沸点と冷却能力を示す．

　この方式には，温度安定度がよい，冷媒を選択することで広い冷却温度範囲をカバーできる，といった利点がある．但し，液体冷媒は吸熱した後，蒸発して気体になるため，冷却容器の排気口が霜などで詰まると大きな圧力を発生させ，事故につながる場合があるので使用に際しては充分な注意が必要である．また，構造的に冷却室が容器の底に位置するので，赤外検出器の向きに制約が生じるという応用上不利な点がある．

表5.2　各種液体冷媒の特性

冷　媒	沸点[K]	冷却能力[W·h/ℓ]	重量密度[kg/ℓ]
氷	273	—	—
ドライアイス	194.6	—	—
液体酸素	90.2	67.6	1.14
液体アルゴン	87.3	63.5	1.39
液体窒素	77.3	44.4	0.807
液体ネオン	27.1	28.9	1.21
液体水素	20.4	8.79	0.0708

5.2.2　高圧ガスのジュール・トムソン（J-T）効果を利用する冷却

　高圧ガスのJ-T効果を利用する冷却方式を用いたオープンサイクル型J-T冷却器の構成を**図5.4**

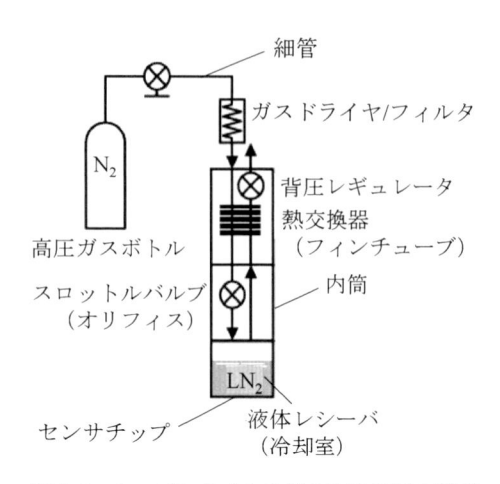

図5.4　オープンサイクル型 J-T 冷却器の構成

に示す．これを用いて本方式の冷却原理を以下に説明する．

（1）高圧ガスボトル（通常，100 〜 400 気圧）から供給されたガスが，ガスドライヤ / フィルタや熱交換器（フィンチューブ）が介在する細管内を流れ，最終的にスロットルバルブ（オリフィス）から液体レシーバ（冷却室）に噴き出される．この噴出の際の J-T 効果によってガス温度が下がる．

（2）この温度が下がったガスがさらに，熱交換器外側と内筒内壁との隙間を通り，背圧レギュレータを経て内筒の外へ排出される（還流）．その時に熱交換器部において細管内部のガス（往流）と熱交換を行なうため，往流ガスはオリフィスに到達するまでに温度が下がる．

（3）オリフィスから噴き出される往流ガスが還流で冷やされると，J-T 効果によって温度が下がる還流ガスの温度はさらに低くなる．この還流と往流の相互の冷却が繰り返され，噴出前の往流ガスとそれが噴出する冷却室および還流ガスの温度の低下が進んで行く．

（4）（1）〜（3）のプロセスを繰り返して行き，噴出したガスの温度が液化温度にまで下がると，冷却室には液体とガスの混合体が噴き出され，液体が溜まるようになる．溜まる液体の温度は動作ガスの背圧（通常はほぼ大気圧）での液化温度であり，窒素ガスの場合であれば 77 K となる．

　J-T 冷却器では，往流と還流のガス間での熱交換が充分に行なわれることが重要であるため，熱交換部は細管が円筒にらせん状に巻かれて長さを稼ぐとともに，細管外部にはフィンが付けられていて熱交換効率が高められている．

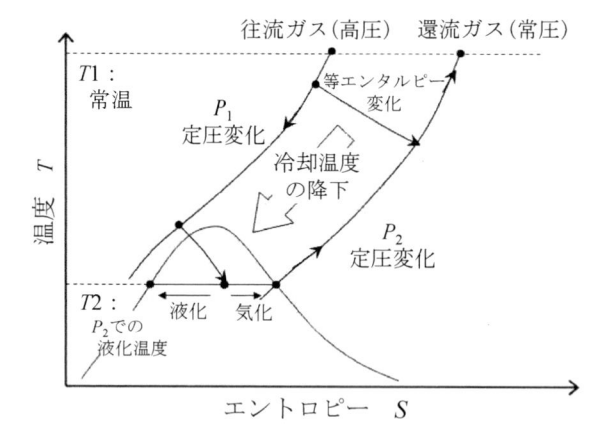

図5.5　オリフィス噴き出しにおける T-S（温度−エントロピー）線図

　図5.5 にガスのオリフィス噴き出し時における状態変化の $T\text{-}S$（温度−エントロピー）線図を示す．高圧 P_1 から等エンタルピー線に沿って常圧 P_2 に降圧した時に温度が下がり，熱交換によって P_1 の温度が下がると P_2 に降圧した時の温度がさらに下がる．それを繰返すと最終的に降圧の途中で常圧での液化温度に達し，還流ガス温度が $T2$ に到達する様子を示している．

　J-T 効果の指標として J-T 係数（Joule-Thomson coefficient）と呼ばれる量が用いられている．これは噴き出し

のような等エンタルピー変化における，ガスの圧力変化に
対する温度低下の変化率を表すものである．その値は，ガ
ス圧が 200 気圧，温度が 300 K の条件下では，例えば窒素
ガス（N_2）で 0.063[deg/ 気圧]，Ar ガスで 0.18[deg/ 気圧]
程度である．一方，H_2，He および Ne ガスの J-T 係数は同

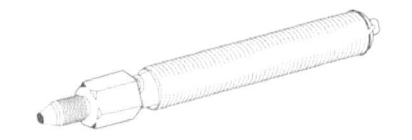

図 5.6　J-T 冷却器の外観例

条件下で負である．J-T 係数が正から負に転ずる温度のことを反転温度と呼ぶが，H_2，He，Ne，N_2
および Ar では夫々，205 K，50 K，225 K，620 K および 720 K である．これは H_2，He，Ne とい
ったガスは常温付近では冷却用途には使えないことを意味している．J-T 効果は理想気体からのず
れとして発生するものであり，反転温度は，分子間のファン・デア・ワールス力（van der Waals'
force）が大きく，また実効的な分子半径が小さくなるほど高くなる傾向がある．

　J-T 冷却器外観の一例を図 5.6 に示す．その大きさは，直径が 10 mm 程度，長さが 100 mm 以下
のものが多い．液化開始時間はボンベ圧にもよるが，概ね 1 分程度もしくはそれ以下である．J-T
冷却器は基本的に冷却室に液を溜めて冷やすことから，冷媒による直接冷却のものと同様に下向き
で使われることが多い．しかし J-T 冷却器の中には，冷却が進んで一旦液化が始まると，それを検
知してオリフィスのバルブを閉じて往流を止め，冷却室に過度に液が溜まらないようにし，ガス消
費を減らすとともに，噴霧状態が維持されるようになっているものもあり，任意の向きで使用でき
る．このような冷却器は全姿勢角対応型と呼ばれる．

　J-T 冷却器は長い細管やオリフィスを使っているため，使用ガス中に液化温度や凝固点が高い水
などの成分が僅かでも含まれていると，これらが低温になったオリフィスで凝縮，凝固，集積し流
路が詰まって冷却できなくなる場合がある．これを防ぐために，流入ガスからこのような成分を除
去するフィルタが，ボンベと冷却器の間に入れられている．

　J-T 冷却器の利点として，寸法が小さく冷却能力が高い，クールダウン時間が比較的短い，冷却
温度の安定度が高い，等が挙げられる．一方，不利な点は，高圧ボンベを必要とすること，および
実用上得られる低温は Ar ガスの 88 K，N_2 ガスの 77 K までであり，それ以下の温度を得るには多
段方式による特殊な工夫が必要で，同時に使用ガスも高価でランニングコストが上がる点が挙げら
れる．

　なお，J-T 冷却器には還流ガスを回収し，コンプレッサによって高圧化して再度往流に使う循環
型のものもあり，これは循環式 J-T 冷凍機と呼ばれる．

5.2.3　機械式冷却

　機械式冷却によるものは機械式冷凍機と呼ばれ，実用化されているものの代表的な方式には a)
スターリング（Stirling），b) ヴィルマイヤ（Vuilleumier），c) ギフォード・マクマホン（Gifford-
McMahon），d) ソルベイ（Solvay）および e) パルス管の 5 方式がある．それらの模式的な構成を図
5.7 に示す．図中の点線で結ばれている部位は，それらが適当な位相差で同期運転していることを
表している．どの方式も基本的要素として圧縮ピストン，ディスプレーサ（displacer）（あるいは膨

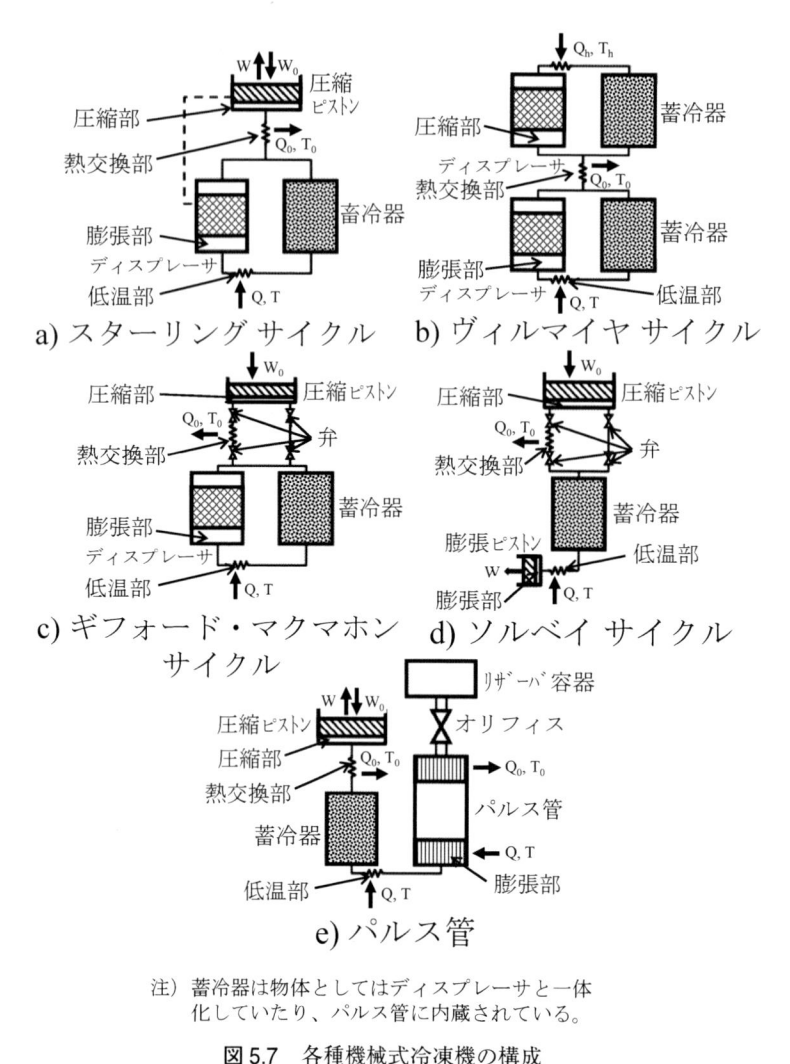

注) 蓄冷器は物体としてはディスプレーサと一体
化していたり、パルス管に内蔵されている。

図5.7　各種機械式冷凍機の構成

張器）および蓄冷器を持っているが，方式によってはガス流を制御するために弁（c, d 方式）やオリフィス（e 方式）を用いているものもある．また b）ヴィルマイヤ方式では機械的圧縮器の代わりに，蓄冷器とディスプレーサからなる作動ガス圧縮機構が設けられたものもある．また可動部が圧縮ピストンしかないものもある（e）方式）．

　膨張部では作動ガスが熱を吸収して低温部を冷却し，圧縮部では作動ガスから熱が排熱されるように熱交換部が配置されている．蓄冷器は，金網などの多孔板が積層されたもので，熱伝導性は低いが，大きな熱容量を持つものが必要とされる．作動ガスは，一般には冷凍機内で液化しない範囲で使われなければならないため，殆どの場合 He ガスが使われている．

　上記の各冷凍機の冷却作用は，基本的には気体の膨張と圧縮の繰り返しでなされる．したがって，これらの冷凍機性能を表す成績係数（coefficient of performance, COP）は

$$\text{COP} = (冷却能力実現値[\text{W}]) / (投入電力[\text{W}]) \tag{5.2}$$

と表され，そのカルノーサイクル（Carnot cycle）での理論限界効率

$$\eta_{\text{ideal}} = T_{\text{c}} / (T_{\text{a}} - T_{\text{c}}) \tag{5.3}$$

と比較することができる．ここで，T_{c} は冷却部の温度，T_{a} はコンプレッサ部のガス温度である．これまで作られてきた冷凍機は，その大きさ，冷却能力，冷凍温度等にもよるが，実性能 COP は，

η_{ideal} の数分の1から数10分の1の範囲にある. これは, その熱サイクルがカルノーサイクルになっていない, 実際のものでは非可逆プロセスが関わっている, 熱交換が不十分あるいは熱侵入がある, シーリング漏れ, 摩擦熱その他の駆動系統における様々な損失プロセスが存在する等によっている. 一般的に, 小型冷凍機は $\mathrm{COP}/\eta_{\mathrm{ideal}}$ の値が小さくなる傾向がある.

以下に, 赤外撮像装置等によく使われているスターリング冷凍機とパルス管冷凍機について, それらの動作原理と製品例について述べる.

[1] スターリング冷凍機

スターリング冷凍機は, 図5.7(a)に示したように, 蓄冷器型の熱交換器を持っており, 膨張部と圧縮部のピストンが同期運転することで冷却を得るものである. その冷却動作原理を以下に説明する(図5.8参照).

(1)圧縮部のピストンが圧縮空間を圧縮し始める. この時に圧縮されたガスから発生する熱は圧縮の外側にある放熱器によって強制的に排熱され, 作動ガスは等温圧縮過程を辿ることになる($P-V$図の $1 \rightarrow 2$).

(2)圧縮側が最大圧力になる. ここから圧縮部のピストンはそのままガスを押して行くが, それとともに膨張側のピストンも膨張空間を拡げるように引き始める. これによってガスは圧縮空間から膨張空間へ蓄冷器を通って冷却され圧力を下げつつ体積は変えずに移動して行く($P-V$図の $2 \rightarrow 3$).

(3)ガスが膨張空間へ移動し終わる. この時, 圧縮部のピストンは止まる.

(4)膨張部のピストンがそのまま引き動作を続け, ガスを膨張させ始める. これによってガスが

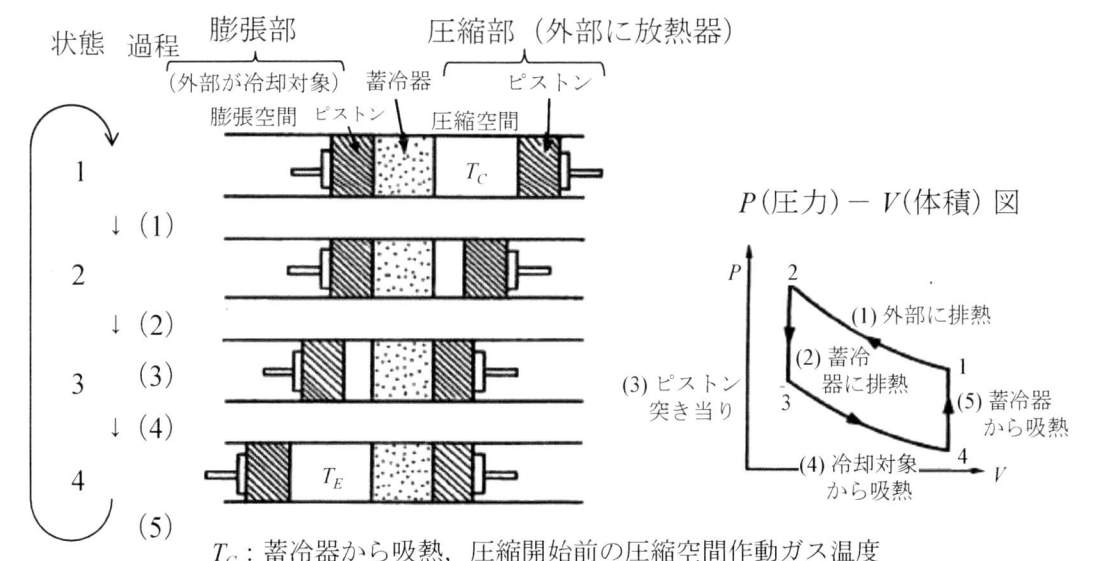

T_C : 蓄冷器から吸熱, 圧縮開始前の圧縮空間作動ガス温度
T_E : 蓄冷器に排熱し, 膨張完了後の膨張空間作動ガス温度

図5.8 スターリング冷凍機の動作原理

膨張部の外部の冷却対象から熱を奪い，等温膨張過程を辿る（$P-V$図の 3 → 4）．

（5）その後，膨張空間のガスは両ピストンが圧縮側に動くことにより，蓄冷器の熱を奪い（冷気を蓄え）ながら圧力を上げつつ容積一定で圧縮空間に移動され，再び（1）の状態に戻る（$P-V$図の 4 → 1）．

以上のサイクルを連続的に動作させることで冷却対象から熱を奪って冷却を行う．実際の冷凍機では，ピストンを正弦波状に駆動し，圧縮ピストンと膨張ピストンの位相差は 90° になっている．また 2 つのピストンが動き蓄冷器は固定されているように説明したが，実際の冷凍機では膨張部の中を蓄冷器が動いて膨張空間の体積を変化させている．この動く蓄冷器のことをディスプレーサと呼んでいる．

また，膨張空間と圧縮空間の 2 つの体積変化を実現するのに，1 個のロータリー・モータと 2 つのクランク機構を使うもの（ロータリー型）と，圧縮部のみにモータを使い，ディスプレーサの駆動には外部からの動力ではなく，その端面間のガス圧力差を利用するもの（スプリット型）がある．スプリット型は，ディスプレーサが入った膨張部を圧縮部とガス管のみで繋ぐことができることから機構的には絶縁され，モータによる振動の影響を避けることができ，冷凍機配置の自由度が増す．さらに圧縮部では，2 つのリニアモータを対向させて駆動し重心の移動による振動を抑圧できるタイプが主流になっており，スプリット型はロータリー型に比べて長寿命化，低振動化，低騒音化の点で優れている．

スターリングサイクルの理論的冷却効率はカルノーサイクルと同じであるが，冷却温度が 80 K，

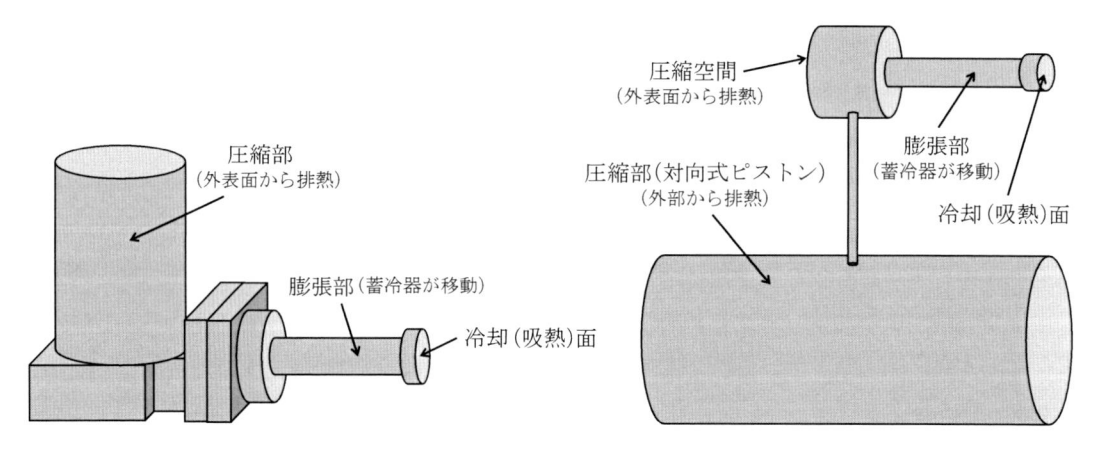

ロータリー型
MTTF* : 数千時間以上
質量 : 数百g程度
冷却能力 : 数百mW
定常時入力電力 : 数W
クールダウン時間 : 数分

リニアモータ対向スプリット型
MTTF* : 1万時間以上
質量 : 2kg以上
冷却能力 : 1W以上
定常時入力電力 : 数十W
クールダウン時間 : 数分

* MTTF（mean time to failure, 平均故障時間）

図 5.9　スターリング冷凍機の概略

冷却能力 1 W の現行品例では所要電力が 30 W レベルであり，効率面ではまだ向上の余地があると考えられる．この冷却効率を向上するには，特に蓄冷器の設計が重要となる．その構成素材としてステンレスや銅の金網，あるいは小径金属球などが採用されており，ガスとの熱交換効率が高くて熱容量が大きく，かつ軸方向の熱伝導性が低いことやガス流に対する圧力損失が小さいことが要求される．また膨張部外筒をディスプレーサの運動を支えるのに十分な強度を持たせ，かつ冷却部への伝導による熱侵入を抑えるために極めて薄く作る必要があるなど，設計上のトレード要素は多岐に亘る．近年は，膨張部外筒をデュワー内筒と一体化・共用化して冷却性能を向上させた IDCA（integrated dewar cooler assembly）と呼ばれる製品も登場している．

　小型のスターリング冷凍機は主に軍用の赤外センサ冷却用として開発されてきた．これらの内，冷却温度が 80 K 程度で冷却能力が 1/3 ～ 2 W 程度のものが市販されており，クールダウン時間は数分程度である．**図 5.9** にロータリー型とリニアモータ対向スプリット型のスターリング冷凍機の概略を示す．

［2］パルス管冷凍機

　パルス管冷凍機は**図 5.7**(e) に示すように，主要要素として，圧縮ピストン，蓄冷器，パルス管およびリザーバ容器とオリフィスとで構成される位相制御機構から成る．後述するようにパルス管と位相制御機構は，ガスを仮想的なピストンとする膨張部を形成していると考えることができる．このようにパルス管冷凍機の最大の特徴は，低温部に可動体が無いことである．したがって振動の低減，信頼性と寿命の向上，および製造コストの低減を図れる可能性があり，広い冷却温度範囲の冷凍機が開発，製品化されている．

　パルス管冷凍機の動作原理を，**図 5.10** に示す 1984 年にミクリン（Mikulin）らによって開発され

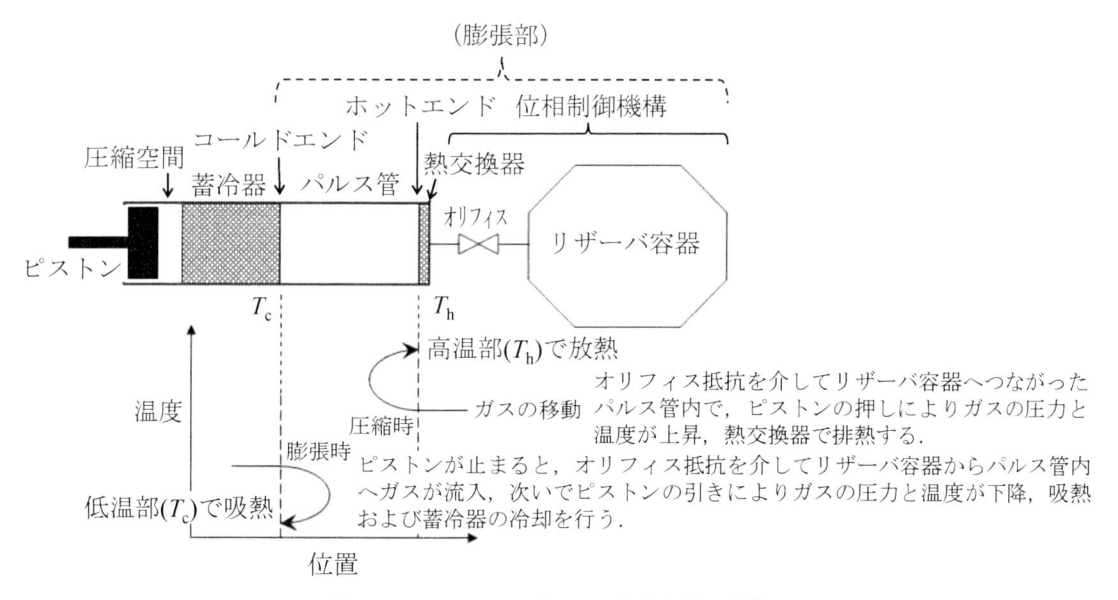

図 5.10　オリフィス型パルス管冷凍機の動作原理

たオリフィス型(圧縮ピストン方式)パルス管冷凍機を例に採って以下に説明する.

（1）圧縮空間でピストンにより押されたガスは，蓄冷器を通過して温度 T_c に冷却されつつパルス管内では圧力の増加により温度が T_c から上昇する.

（2）パルス管内からオリフィス抵抗を受けつつリザーバ容器へ流出して行く際，熱交換器で排熱し上昇した温度が下がる.

（3）ピストンの押しが終わると，オリフィス抵抗を受けつつリザーバ容器からパルス管内への流入が始まる．再び熱交換器を通過し，ガス温度は Th となる.

（4）次いでピストンの引きが始まり，パルス管に流入して来たガスの膨張と温度の低下が起こる.

（5）温度が低下したガスが通過する際，蓄冷器を冷却する.

（6）（1）〜（5）の繰り返しによりコールドエンドでの吸熱とホットエンドでの排熱で T_c と T_h の温度が下がって行く.

この時，パルス管内の圧力変化に同期したガスの移動が定在波振動を形成する(「ガスピストン」と呼ばれる)ように調整する必要があるが，それを担っているのが抵抗要素であるオリフィスと容量要素であるリザーバ容器から成る位相制御機構である.

ガスの圧力変化と移動速度の位相差が 90° の時に完全な進行波による理想的な熱輸送となるが，オリフィス型ではパルス管内ガスの圧縮性により 90° 未満となる．位相差を 90° に近付けるべく，Double Inlet Type 等が考案されている(**図 5.11** 参照)[7]．基本型は位相調整機構が無いため位相差が

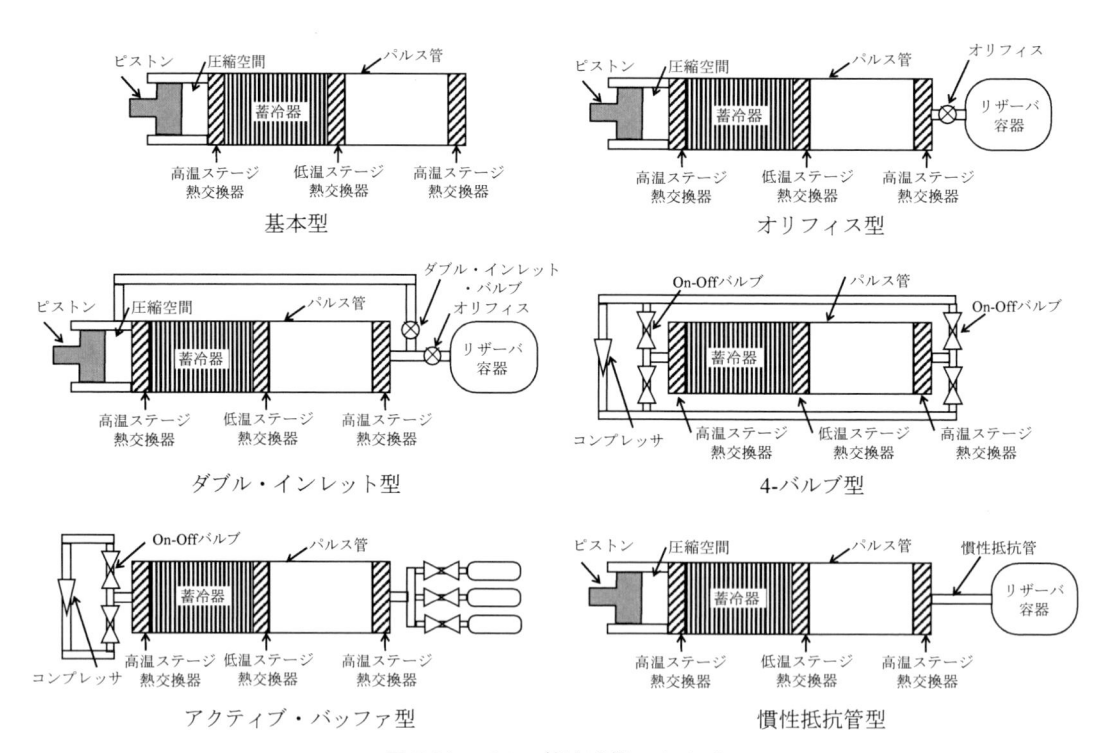

図 5.11　パルス管冷凍機のタイプ

殆ど無く，効率が極めて悪かった．オリフィス型で 104 K の冷却温度が達成されたことが契機となって開発が進み，冷却温度としては ^{4}He 冷却を起点に希釈 ^{3}He を用いたオリフィス型で 0.64 K が達成されている [8]．

なお，ここでは蓄冷器，低温ステージおよびパルス管が一直線に並んだ「インライン形」を示しているが，低温ステージの部分で折り返され，冷却対象とのインタフェースが取り易い「リターン形」もある [9]．

パルス管冷凍機では，他の冷凍機にあったディスプレーサ（膨張空間と圧縮空間の間で往復運動する蓄冷器を収めた機構）が無く，蓄冷器とオリフィスに挟まれた固定パルス管内で膨張・収縮する作動ガスがその役割を果たしている．作動ガスがピストンとなってパルス管内を交互に膨張空間と圧縮空間にして吸熱と排熱（熱の輸達）を実現していると考えることができる．

以上，赤外検出器用として，機械式冷凍機の内で小型クラスに分類されているものに絞って説明をした．冷媒の制約が無い機械式冷凍機は量子型赤外検出器の冷却に最もよく使われているが，その容積，重量，電力と共に，量子型赤外検出器の普及の阻害要因になっているのが機械式に特有の寿命である．特に可動部品の摩耗が支配的要因となるが，フレクシャベアリングや高性能クリアランス・シールの採用，冷却側の可動部品を無くしたパルス管冷凍機の開発等で平均故障時間（mean time to failure, MTTF）が延び，実質的なメンテナンスフリーに向かいつつある．25 万 hours を目標とした開発が進められている [10]．

この機械式冷凍機技術は，赤外検出器用以外でも，宇宙天文学のための衛星搭載機器や，リニアモータカーなどに向けた超伝導技術を支えるものとなっており，これらに向けて様々な技術開発が行われている．また，高真空を得るためのクライオポンプにも冷凍機が使われており，さらには実験室での研究用低温保持装置（クライオスタット，cryostat）にも機械式冷凍機が使われている．このような需要の中，機械式冷凍機の各種方式の中で最もよく利用されているのが，ギフォード・マクマホン（Gifford-McMahon, GM）冷凍機である．これは 80 K での冷凍能力が数 W から 100 W 程度であり，小型に特化しているスターリング冷凍機に比べると，当然ながら大きな冷凍能力と装置寸法を持っている．また 2 段式 GM 冷凍機も普及している．

5.2.4 電子冷却

p 型および n 型の半導体を銅などの金属電極で繋ぎ，p 側電極にマイナス，n 側電極にプラスの電圧をかけるとエネルギーバンドは図 5.12 のようになる．中央の金属電極から電子が n 型半導体を通り n 側金属電極に，正孔が p 型半導体を通り p 側金属電極に移動すると電流が流れる．電子が接合部 2 から接合部 3 へ移動するためには，そのエネルギー障壁を越えるために中央部の金属電極でエネルギーを得る必要があるが，それを熱として奪うことにより冷却が起こる．この時，接合部 1 と接合部 4 では電子がエネルギーの崖を落下するために両端の電極に熱を放出し，これらを加熱する．これがペルチェ効果（Peltier effect）と呼ばれるものであり，この現象を利用しているのが電

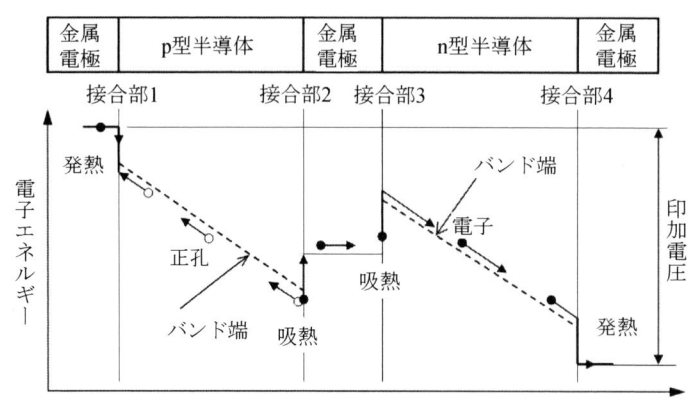

図5.12　電子冷却での電子の振る舞い

子冷却である．またこれは印加電圧の極性を変えれば加熱にも使うことができる．

　実際の電子冷却素子では，中央の金属電極部で折り曲げてΠ形にしたものを複数個2次元に並べ，電気的に直列と並列に接続したサーモ・モジュールとしてユニット化されている．

　今日，様々な形で使われている電子部品は一般に，熱による雑音の低減や出力の安定化などのためにその冷却や温度制御が必要になる場合が多いが，電子冷却素子は小型，軽量，電気動作，長寿命であり，且つ電子部品との相性が良いため，これらの用途によく使われている．特に赤外検出器の分野では，近赤外領域の半導体赤外検出器の冷却や，非冷却・長波長帯赤外検出器の高精度温度安定化のために用いられている．但し，低温での電子冷却素子の冷却能力は 0.1 W 程度であり，それほど高い訳ではない．多段カスケード方式を使っても冷却範囲は −100℃ 程度までである．しかし常温付近の温度範囲であれば電子冷却素子はスケーラブル（scalable）で効率もよく，また高精度な温度制御が可能であるため，その特徴を活かした様々な応用商品が普及している．

5.2.5　放射冷却

高空から見た深宇宙は約 3 K という極低温背景となっており，そこへ向けて熱を放射すれば大き

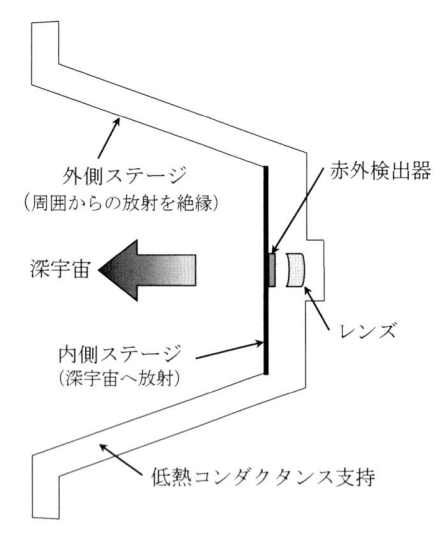

図5.13　放射冷却器の構造

な冷却能力が得られる．衛星搭載赤外検出器はこの放射冷却メカニズムを有効に利用できる．1970 年に赤外検出器をボロメータから HgCdTe にグレードアップすることになった国防気象衛星プログラム（defense meteorological satellite program, DMSP）衛星搭載検出器のブロック 5A では，HgCdTe を冷却するのにペイロード（payload, 有効搭載量）制限から機械式冷凍機やペルチェ素子を使うことができなかった．その際に開発されたのが放射冷却器で，その構造を**図 5.13** に示す．太陽，地球，および月からの熱の吸収を最小化する外側ステージと，外側ステージから熱的に絶縁されて常に深宇宙へ熱放射している内側ステージから成る 2 段構造を持つ．赤外検出

器は熱侵入を極小にした極めて小さな金のリード線で電子回路に接続されている [11].

放射冷却器は米国の DMSP ブロック 5C，5D および NOAA(national oceanic & atmospheric administration，国家海洋気象局）衛星，我が国の海洋観測衛星 1 号「もも 1 号」（MOS(marine observation satellite，海洋観測衛星)-1)の VTIR(visible & thermal infrared radiometer，可視・熱赤外放射計）等に使われている．

5.2.6 宇宙用冷凍機

宇宙環境で使われる機器に対する冷却系の要件は地上で使用される機器に対するものとは異なってくる．太陽や地球等からの熱放射はシールド部によりその殆どを反射させても一部は熱侵入して来る．また，機器の内部発熱や衛星バス(satellite bus)・モジュールからの熱侵入がある．これらを適切な設計によって最小に抑えたとしても，真空環境であるため排熱手段は放射冷却だけなので，機器を要求するレベルにまで冷却することができないことがある．その場合は追加の冷却手段を導入する必要がある．

特に遠赤外領域を観測する天文衛星では，その観測感度を上げるために光学系や検出器を極低温（4.2 K 以下）付近まで冷す必要がある．2006 年 2 月に打上げられた赤外天文衛星「あかり」では，機械式冷凍機とタンクに蓄えられた液体ヘリウムによって望遠鏡を含めた観測機器全体の冷却が行われた．しかし，この場合はタンクに蓄えられる寒剤の量によってその運用寿命が決まることになる．また，タンクと望遠鏡は限られた衛星内部空間を取り合うことになる．したがって，次期赤外天文衛星に向けて，液体ヘリウムなどの寒剤を使うことなく，冷凍機のみで観測機器を極低温に冷

表 5.3　宇宙用冷凍機の概要

	温　度			
	80 K	20 K	4 K	1 K
プロジェクト /ミッション	ASTRO-E2「すざく」/XRS(X 線分光検出器)SERENE「かぐや」/GRS(ガンマ線分光計)	ASTRO-F「あかり」	—	—
	PLANET-C「あかつき」/IR2(2 μm カメラ)	—	JEM(日本実験棟曝露部)/SMILES(超伝導サブミリ波リム放射サウンダ)	—
	GCOM-C「しきさい」/SGLI(多波長光学放射計)	ASTRO-G(中止)	SPICA(次世代赤外線天文衛星)	SPICA(次世代赤外線天文衛星)NeXT(X 線天文衛星)
冷却対象	検出器シールド	シールドロー・ノイズ・アンプ	検出器(SIS(超伝導体−絶縁体−超伝導体)ミキサ)	検出器
冷凍機のタイプ	1 段スターリング・クーラ	2 段スターリング・クーラ	2 段スターリング・クーラ+^{4}He J-T	2 段スターリング・クーラ+^{3}He J-T
冷却パワー	1 〜 2 W / 80 K	0.2 W / 20 K	20 mW / 4.5 K	10 mW / 1.7 K
入力電力	30 〜 50 W	80 〜 90 W	100 〜 120 W	180 W(未定)
寿命	>2 年間	>2 年間	>1 年間	未定

やすシステムが構想され，その開発が進められている[11].

　表5.3に，これまで開発されてきた宇宙用冷凍機の概要を示す[12]．2020年代後半に打上げを目指しているSPICA計画では，2段式スターリング冷凍機により高圧³Heガスを予冷してそのJ-T冷却によって最終的に1.7Kの冷却温度を実現することになっている．

　宇宙望遠鏡用の機械式冷凍機には，特に低消費電力，長寿命（50,000時間以上），打上げ時の耐振性，軽量，低振動等が求められる．この開発事例では，スターリング冷凍機の可動部を特殊な形状をしたフレクシャスプリング（flexure spring）で支持し，ピストンとシリンダの位置関係を一定に保って磨耗を防いでいる．またコールドヘッドには，ディスプレーサの振動を打ち消すためのアクティブ・バランサ方式の採用も検討されている[12].

参考文献

1) 佐々木得人，倉科晴次："パブリックセーフティを支える赤外線センサ技術", NEC技報, 63(3), pp. 52-55 (2010).
2) 佐々木得人："赤外線の現在と未来　b. 検出器（非冷却）", 日本赤外線学会誌, 21(2), pp. 17-18 (2012).
3) P. Topart, C. Alain, L. LeNoc, et al. : "Hybrid micropackaging technology for uncooled FPAs," Proc. of SPIE, 5783, pp. 544-550 (2005).
4) R. Gooch, T. Schimert, W. McCardel, et al. : "Wafer-level vacuum packaging for MEMS", J. Vac. Sci. Tech., A17(4), pp. 2295-2299 (1999).
5) A. Roer, A. Lapadatu, Erik Wolla, et al. : "High performance LWIR microbolometer with Si/SiGe Quantum well thermistor and wafer level packaging", Proc. of SPIE, Vol. 8704, 87041B (2013).
6) J. J. Yon, G. Dumont, V. Goudon, et al. : "Latest improvements in microbolometer thin film packaging: paving the way for low cost consumer applications", Proc. of SPIE, Vol. 9070, 90701N (2014).
7) 伊東正篤："パルス管冷凍機の基本動作解析および実験的検証に関する研究", 東京大学博士（工学）論文 (2004).
8) A. Watanabe, G. W. Swift and J. G. Brisson1: "Superfluid Orifice Pulse Tube Refrigerator below 1 Kelvin", Advances in Cryogenic Engineering, 41, pp. 1519-1526 (1996).
9) 鴨下友義，保川幸雄，大嶋恵司："小型パルスチューブ冷凍機", 富士時報, 75(5), pp. 299-302 (2002).
10) T. Nast, J. R. Olson, P. Champagne, et al. : "Fast cool-down coaxial pulse tube microcooler", Proc. of SPIE, Vol. 9978, 99780L (2016).
11) 中川貴雄："次世代赤外線天文衛星SPICA（Space Infrared Telescope for Cosmology and Astrophysics）", 日本赤外線学会誌, 19(1&2), pp. 53-56 (2010).
12) 金尾憲一，恒松正二，楢崎勝弘，平林誠之："宇宙におけるセンサー冷却技術", 日本赤外線学会誌, 15(1&2), pp. 54-58 (2006).

6章　赤外分光法

　赤外分光法には，白色光を分光する場合と，既知の波長(周波数)の光を用いて行う場合とに大別することができる．前者では，プリズムや回折格子あるいはファブリー・ペロー干渉計，さらに白色光を2光束に分割して干渉させ，それをフーリエ変換してスペクトルを得るフーリエ分光，フェムト秒レーザで発生させた超短パルステラヘルツ(THz)波をフーリエ変換する時間領域分光がある．後者の周波数が既知の光を用いる方法では，周波数の異なる2つの赤外光のビート成分を検出するヘテロダイン分光，赤外レーザの単色性や高強度性などを利用したレーザ分光，可視レーザ光を物質に入射し，そこからの散乱光を分光しその周波数シフトから赤外域の情報を得るラマン散乱分光がある．赤外検出に音響効果を利用する光音響分光は，両者に組み合わせて用いられる．

6.1　プリズム分光法と回折格子分光法[1~4]

　プリズムあるいは回折格子に光が入射すると，波長に依存して異なった角度の方向に分散される．この性質によってこれら光学素子は分光に用いられる．

6.1.1　プリズム分光法

　分光に用いられるプリズムは基本的には三角柱形状をしており，その分光の原理を図6.1に示す．入射光線と出射光線との間でなす角度 δ を偏角(angle of deviation)と呼ぶ．入射角 i_1 が0から大きくなると共に偏角は小さくなり最小偏角 δ_{min}(angle of minimum deviation)を示した後，再び大きくなる．最小偏角のとき入射角と出射角 i_2 は等しくプリズムの両面に対して対称な光路をとる．そしてプリズムの屈折率と頂角をそれぞれ n と θ とすると

$$n = \sin\frac{\delta_{min}+\theta}{2} \Big/ \sin\frac{\theta}{2} \tag{6.1}$$

が成り立つ．いろいろな材料の屈折率は最小偏角を測定して求めることができる．

　プリズムに波長 λ と $\lambda+d\lambda$ の光が同一角度で入射したとき，それらの波長に対する偏角を δ と $\delta+d\delta$ とすると，$d\delta/d\lambda$ がプリズムの角分散(angular dispersion)を与え，$d\delta/d\lambda = (d\delta/dn)(dn/d\lambda)$ である．図6.1のように底

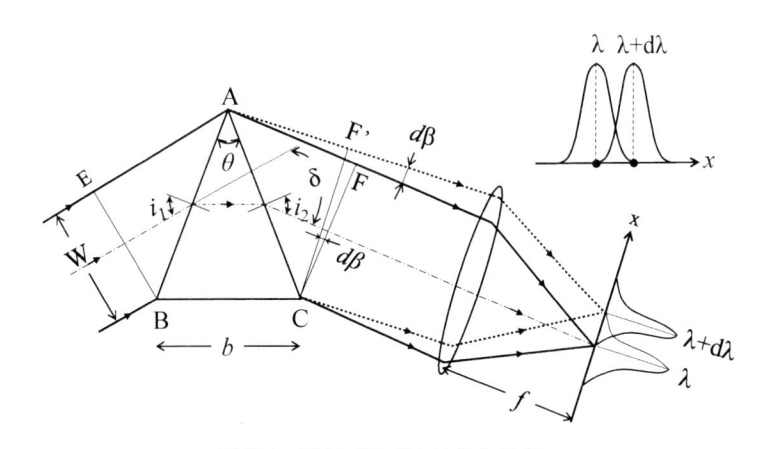

図6.1　三角プリズムによる分光

辺長さが b のプリズムに，プリズム全面に幅 W の平行光束が波長 λ の光に対して最小偏角となる方向に入射するとき，$d\delta/dn$ は式(6.1)から

$$\frac{d\delta}{dn} = \frac{2\sin(\theta/2)}{\sqrt{1 - n^2\sin^2(\theta/2)}} = \frac{b}{W} \tag{6.2}$$

であり，$dn/d\lambda$ は測定で求められた n と λ の関係，またはその実験式を微分して求めることができる．赤外領域のプリズム材料には，石英(プリズムとして使用可能波長域：$0.17 \sim 3.5$ μm)，LIF $(0.21 \sim 6$ μm)，$CaF_2(0.14 \sim 9$ μm)，NaCl$(0.2 \sim 17$ μm)，KBr$(0.2 \sim 25$ μm)，KRS-5$(0.6 \sim 40$ μm)，CsBr$(0.3 \sim 40$ μm)，CsI$(0.3 \sim 54$ μm)などがある．

　波長 λ の光が最小偏角となる条件でプリズムに入射する場合，波長が僅かに異なる $\lambda + d\lambda$ の光も最小偏角条件を近似的に満足する．図 6.1 において入射波面 BE と出射波面 CF(CF')の間の光路長は，波長 λ では nb で，波長 $\lambda + d\lambda$ では屈折率が dn だけ変化するので正常分散(normal dispersion)の下では $(n - dn)b$ である．したがって光路差は bdn であるので波面 CF と CF' のなす角度は

$$d\beta = \frac{bdn}{W} = \frac{b}{W}\frac{dn}{d\lambda}d\lambda \tag{6.3}$$

である．この角度は波長 λ と $\lambda + d\lambda$ の光に対する分散角の差である．一方プリズムからの出射光は，幅 W のスリットによる回折光でもあり，1.4.2 のフラウンホーファー回折理論より，その強度分布は

$$I(x) = \left[\sin\left(\frac{kW}{2f}x\right)\Big/\frac{kW}{2f}x\right]^2 \tag{6.4}$$

と与えられる．但し，$k = 2\pi/\lambda$，f はレンズの焦点距離である．レイリー基準(Rayleigh's criterion)の分解能は図 6.1 の右上に示すように式(6.4)の sinc 関数が最初に 0 となるところの波長幅(波数幅)から決まるので，$x/f = \lambda/W$ である．したがって $x/f \ll 1$ のとき，レンズからその位置になす角度は $d\beta = \lambda/W$ である．プリズムが波長分解できる限界は，これと式(6.3)を等しいとおくと，プリズムの分解能(resolving power)

$$R_P = \frac{\lambda}{d\lambda} = b\frac{dn}{d\lambda} \tag{6.5}$$

が導かれる．ここに分散 $dn/d\lambda$ が大きい材料で，且つ底辺の長い，即ち大きなプリズムほど波長分解能は大きくなる．しかし大きなプリズムであれば吸収も大きくなり，透過光強度が減少する．例えば最小偏角でプリズム面全体を照射したとき，その透過率 T はプリズムの吸収係数を α とすると

$$T = \frac{1}{\alpha b}(1 - e^{-\alpha b}) \tag{6.6}$$

である．一般に，プリズムへの光の入射角はブリュスタ角(Brewster angle)近くで使用されることが多く，出射光は p 成分の多い部分偏光となる．

6.1.2 回折格子分光法

回折格子はプリズムに比べ分解能が高く，赤外線から紫外線の領域の分光素子として多く用いられる．そして赤外線と可視光の領域では，**図 6.2** に示すような断面が鋸歯形状の溝（格子定数 l）が平面に並ぶエシェレット回折格子（echelette grating）が一般に用いられる．さらに分解能を高めるべく回折面を屈折率の大きい媒質で満たしたイマージョン（immersion）回折格子[5]（**図 4.7**(e) 参照）や，

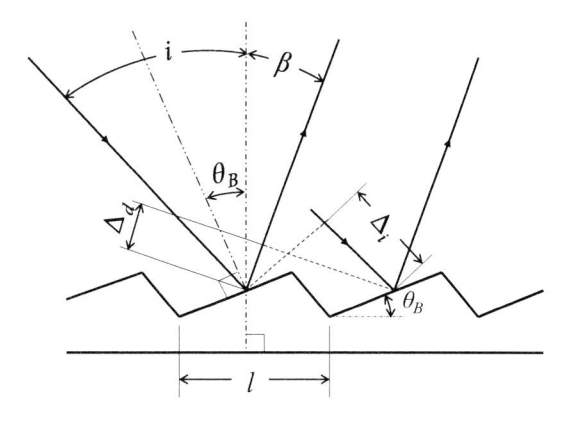

図 6.2　エシェレット回折格子における光の回折

プリズムと透過型回折格子を組み合わせ，任意の次数や波長の回折光を入射と同方向に直進させるグリズム（grism）[6]（**図 4.7**(f) 参照）がある．

図 6.2 に示すように平行光束が格子面に対し角度 i で入射したとき，隣りの溝からの反射光との光路差は $\Delta_i - \Delta_d = l\sin i - l\sin \beta$ であり，この光路差が波長の整数倍となる方向で回折光の強度が極大となる．回折光が格子面の法線に対して入射光と同じ側にあるときは，光路差は Δ_i と Δ_d の和となる．ここに両者の場合をまとめると，回折格子の式は

$$l(\sin i \pm \sin \beta) = m\lambda \tag{6.7}$$

と表される．m は回折次数と呼ばれ，整数である．

単色でない光が回折格子に入射したとき，格子面に対して鏡面反射する方向に全ての波長を含む光（$m=0$）が現れ，各回折次数 m において波長が長くなると回折角 β が大きくなる．そして同じ回折角度に，異なった波長の別の次数の回折光が重なることがある．そのような場合は，適当なフィルタ（filter）を用いて必要な波長の光のみが取り出される．

入射する光の中の最短波長が λ_1 であれば，m 次において $m\lambda_2 = (m+1)\lambda_1$ で決まる波長 λ_2 までの波長領域

$$\delta\lambda = \lambda_2 - \lambda_1 = \lambda_1 / m \tag{6.8}$$

を自由スペクトル領域（free spectral range）と呼び，この領域ではスペクトルの重なりはなく，高次ほどその領域は狭くなる．

エシェレット回折格子の回折効率の例を**図 6.3** に示す．回折光は格子の溝面に対して鏡面反射する方向に最も効率よく回折される．この方向には，法線に対して回折光が入射光と同じ側にあるとき $\beta > 0$，反対側にあるとき $\beta < 0$ とすると

$$\theta_B = (i + \beta) / 2 \tag{6.9}$$

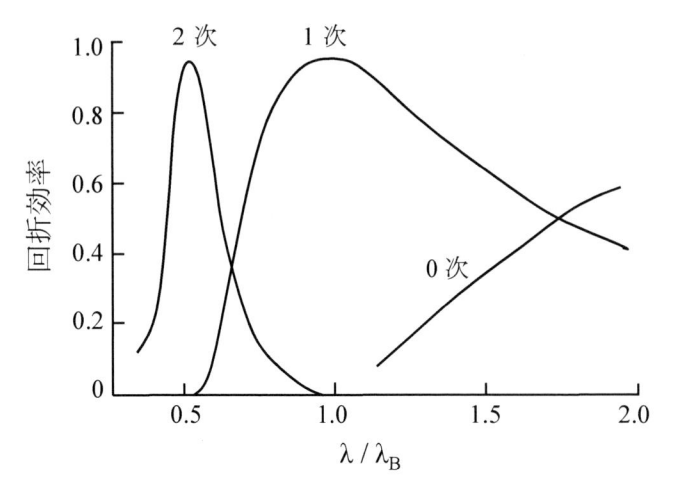

図6.3 エシェレット回折格子の回折効率
（横軸はブレーズ波長 λ_B で規格化）

の関係が成り立つ．θ_B をブレーズ角（blaze angle）と呼ぶ．入射角がブレーズ角と等しいとき，入射と同じ方向に強い回折光が返り，このような光学的配置を6.1.3で述べるリトロー配置（Littrow mount）という．このとき

$$\lambda_B = (2l\sin\theta_B)/m \qquad (6.10)$$

であり，格子溝が直角に階段状であるとき $l\sin\theta_B$ はその階段の高さである．リトロー配置はその高さの1往復分の長さが λ_B の m 倍と一致するときであると言える．分光器以外でも，例えばレーザにおいては波長選択して発振線を得たいとき，出力側と反対側の共振器鏡として回折格子がリトロー配置で用いられる（図2.9 参照）．

　プリズムの場合と同様に，回折格子の場合も単位波長当たりの回折角の変化量を角分散として定義できる．即ち式(6.7)より，

$$\frac{d\beta}{d\lambda} = \frac{m}{l\cos\beta} \qquad (6.11)$$

である．

　回折格子の分解能は，周期 l でM個の幅 $2a$ のスリットが規則正しく並んだ格子を解析して求めることができる．そのフラウンホーファー回折強度はその最大値で規格化したとき

$$I(x) = \frac{1}{M^2}\left[\frac{\sin((k/f)ax)}{(k/f)ax}\right]^2 \left[\frac{\sin(M(k/2f)lx)}{\sin((k/2f)lx)}\right]^2 \qquad (6.12)$$

となる．ただし，f は集光鏡（またはレンズ）の焦点距離，$k=2\pi/\lambda$ である．この式はM個のスリットによる干渉縞（第3項）が，1つのスリットによる回折像（第2項）で変調された強度分布となることを示しており，強度が極大となる位置は第3項から決まる．レイリーの定義に基づく分解能 R を求めるには，第3項について考えればよく，波長 λ の主ピークの強度が最初に0となる位置が，波長 $\lambda+d\lambda$ の主ピークの強度が最大の位置と一致する条件の下で，

$$R_G = \frac{\lambda}{d\lambda} = mM \qquad (6.13)$$

と求められる．

6.1.3　マウンティングおよびスペクトル幅

赤外分光器の分散系のマウンティングは，**図6.4** に示すリトロー（Littrow）型とツェルニー・ター

ナ(Czerny-Turner)型が主である．入口スリットからの光を凹面鏡に導いて平行光束とし，分散素子であるプリズムまたは回折格子に入射する．プリズムの場合はその後ろに平面鏡を置いてプリズム内に光を往復させる．素子からの分散光は入射光と同一方向に返され，同一の凹面鏡で入口スリットとほぼ同一場所に位置する出口スリットに集光するのがリトロー型で，異なる凹面鏡で分散素子に対して対称に位置する出口スリットに集光するのがツェルニー・ターナ型，それと同一配置で1枚の凹面鏡の場合，エバート(Ebert)型と言う．前者では光学系を小型にでき，後者では光学系が対称なのでコマ収差が補正される特長がある．

プリズムおよび回折格子の理論分解能はそれぞれ式(6.5)と(6.13)で与えられた．しかしこれはスリット幅が無限小のときで，実際には分光器のスリット幅は十分な出力を得るために有限であるの

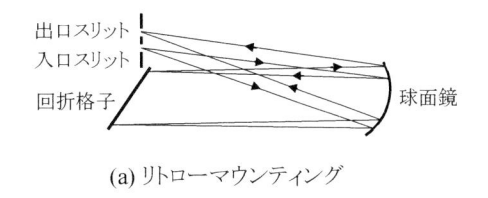

(a) リトローマウンティング

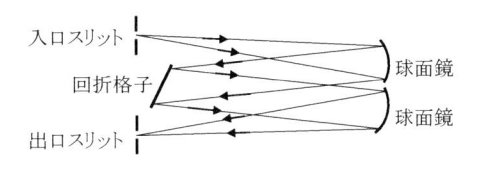

(b) ツェルニー・ターナマウンティング

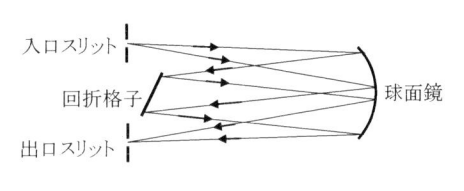

(c) エバートマウンティング

図 6.4 分光器のマウンティング

で分解能は低下し，スリット幅が実際の分解能を決める要因となる．集光鏡の焦点距離が f のとき，スリット幅を w とすると $w = f d\beta$ なので，スリットからの出力に含まれるスペクトル幅 $(\Delta\lambda)_w$ は回折格子のとき，式(6.7)とから $(\Delta\lambda)_w = w\cos\beta/(mf)$ である．波数幅は $(\Delta v)_w = |\lambda^{-2}(\Delta\lambda)_w|$ より求められ，分光器の光学系が完全であるとき実際の分解できる Δv は，有限スリット幅による $(\Delta v)_w$ とスリット幅が無限小のときの理論値 $(\Delta v)_d$ とで

$$(\Delta v)^2 = (\Delta v)_w^2 + (\Delta v)_d^2 \tag{6.14}$$

で与えられる．

6.2 フーリエ分光法[1〜3,7,8]

単一の光源からの光を2つに分け，それらの間に光路差を与え再び重ねて干渉させると，光源のスペクトルをフーリエ変換した形の光路差を関数とする干渉信号が得られる．それをフーリエ逆変換してスペクトルを得る方法がフーリエ分光法である．

この方法は1891年にマイケルソン(Michelson)が見出し，現在いくつかの種類のフーリエ赤外分光器(Fourier transform infrared spectrometer, FTIR)が用いられている．その基本原理を**図 6.5** のマイケルソン型干渉計で説明する．

光源 S から出た光は平行光束にされた後，ビームスプリッタ BS で2光束に分けられ，それぞれの光束は鏡 M_1, M_2 で反射して再び BS を介して合成されて検出器 D に達する．BS から M_1 と M_2 の

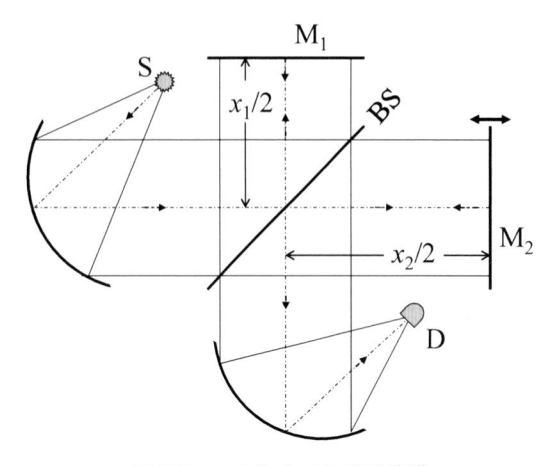

図6.5　マイケルソン型干渉計

鏡までのそれぞれの距離 $x_1/2$, $x_2/2$ が等しければ，全ての波長の光に対して両光束は強めあう．片方の鏡 M_2 のみを平行移動させると，2光束の間に光路差 $x = x_1 - x_2$ ができ，$x = m\lambda$（m: 整数）の光は強めあい，$x = (m+1/2)\lambda$ の光は弱めあう．したがって M_2 の鏡の移動と共に検出器からの出力は，例えば光源が図6.6(a) に示すような単色光の場合は，その右図のように干渉計出力は余弦波形となり，図6.6(b) のようにスペクトル幅を有すれば，$x = 0$ で最大となり x の増加と共に波打ちながら出力は

減少する．白色光の場合は sinc 関数となる．この x を変化させた干渉計出力波形をインターフェログラム（interferogram）と呼び，これをフーリエ逆変換するとスペクトルが得られる．

　鏡 M_1, M_2 の反射率は 1 と仮定すると，光が鏡で反射するときその位相は π だけ変化するので，鏡の振幅反射率は $\exp(i\pi)$ である．またビームスプリッタ BS の振幅反射率と振幅透過率をそれぞれ $r_0\exp(i\phi_r)$, $t_0\exp(i\phi_t)$ とすると，検出器 D へ入射する光の振幅 E は位相シフトしたそれぞれの光束の振幅の和であるので，光束分割前の光の振幅を E_0 とすると

$$E = E_0 r_0 t_0 \exp[i(\phi_r + \phi_t)]\{\exp[i(kx_1 - \pi)] + \exp[i(kx_2 - \pi)]\} \tag{6.15}$$

である．ただし $k = 2\pi/\lambda$ である．したがって検出器への光の入射強度 $I(x)$ は

$$I(x) = EE^* = 2B_S RT(1 + \cos 2\pi vx) \tag{6.16}$$

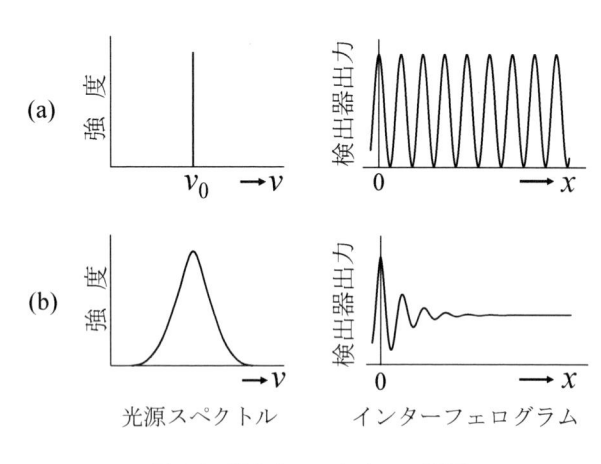

図6.6(a) 上段：強度，$v_0 \to v$ ／ 検出器出力，$0 \to x$
図6.6(b) 下段：強度，$\to v$（光源スペクトル）／ 検出器出力，$0 \to x$（インターフェログラム）

図6.6　出力とスペクトルの関係

である．但し，$B_S = E_0 E_0{}^*$, $R = r_0{}^2$, $T = t_0{}^2$, $v = 1/\lambda$ であり，それぞれ光源の輝度分布，ビームスプリッタのエネルギー反射率と透過率，および波数である．$I(x)$ は R と T の積で支配され $\eta = RT$ をビームスプリッタの効率と呼ぶ．その最大値は 0.25 で，できるだけ吸収のない $R = 0.5$ に近い材料が選ばれる．新たに $B(v) = 2B_S RT$ とおき，また光源が単色でなくスペクトル分布していれば，上式は積分の形で表され，スペクトルに関係しない光路差がゼロ

のときの項を除外すると

$$I(x) = \int_0^\infty B(v)\cos2\pi xv dv = \int_{-\infty}^\infty \frac{B(v)}{2}\cos2\pi\, xv\, dv \tag{6.17}$$

となる. 但し, スペクトルを負の波数領域にも拡張し $B(-v)=B(v)$ としている. ここに $I(x)$ は $B(v)/2$ のフーリエ余弦変換になっていることを表しており, 逆に $I(x)$ をフーリエ余弦変換すれば $B(v)/2$ が得られることを意味する. 即ち

$$B(v) = 2\int_{-\infty}^\infty I(x)\cos2\pi vx dx = 4\int_0^\infty I(x)\cos2\pi\, vx\, dx \tag{6.18}$$

であり, インターフェログラム $I(x)$ が得られれば, それをフーリエ余弦変換してスペクトル $B(v)$ を求めることができる. しかし実際には鏡 M_2 を無限長まで移動できず, 有限の光路差 L で打ち切ることになる. 即ち, 得られるインターフェログラム $I_L(x)$ は, $I(x)$ と次の方形関数

$$A(x) = \begin{cases} 1: |x| \le L \\ 0: |x| > L \end{cases} \tag{6.19}$$

とを掛け算した $I_L(x) = I(x)A(x)$ となる. $I_L(x)$ をフーリエ余弦変換して得られるスペクトルを $B_L(v)$ とすると

$$B_L(v) = 2\int_{-\infty}^\infty I(x)A(x)\cos2\pi vx dx \tag{6.20}$$

である. 式 $(6\cdot20)$ はコンボリューション (convolution) の定理にしたがって

$$B_L(v) = 2\int_{-\infty}^\infty B(v')a(v-v')dv' \tag{6.21}$$

となる. $a(v)$ は $A(x)$ のフーリエ余弦変換で

$$a(v) = \int_{-\infty}^\infty A(x)\cos2\pi vx dx = 2L\frac{\sin 2\pi vL}{2\pi vL} \tag{6.22}$$

であり, 装置関数 (instrumental function) とよばれる. ここに得られる $B_L(v)$ は, 真のスペクトル $B(v)$ を $a(v-v')$ で走査したスペクトルになることを意味する. したがって, スペクトル幅が無限小のスペクトルに対し観測スペクトルは式 (6.22) のように広がり, 分解能のレイリー定義にしたがうと, その波数幅は

$$\Delta v = \frac{1}{2L} \tag{6.23}$$

となり, これが理論的分解能を与える. また $a(v)$ のサイドローブである副極大は主ピークの約22 ％と大きく, 観測スペクトルに寄生バンドが現れてスペクトルの S/N を低下させる. これは $A(x)$ が $x=L$ において1から0に急激に変化することによるものであるので. 通常は光路差 x が0から L まで大きくなるにつれて緩やかに0へと変化する, いわゆるアポダイゼーション (apodization) 関数を乗じてフーリエ変換がなされる. このとき分解能は低下するので, 出来る限り分解能低下が小

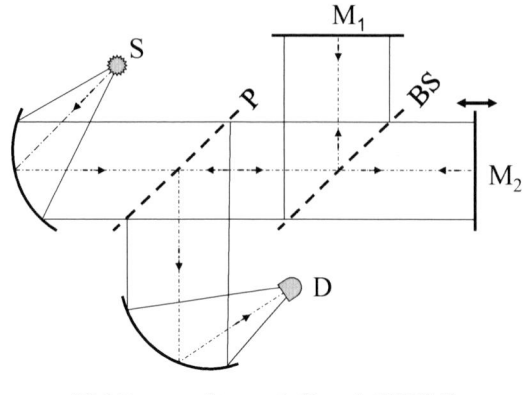

図6.7　マーチン・パプレット型干渉計

さく，副極大も小さくするアポダイゼーショ
ン関数を選択しなければならない.

　2光束干渉計であるフーリエ分光器は，上
記の振幅分割により2光束を得るマイケル
ソン型が最も多く使われているが，波面分割の
ラメラー（lamellar）格子型（4.3.2参照）や，偏
光分割のマーチン・パプレット（Martin-
Puplett）型の干渉計も遠赤外領域では用いら
れている. ラメラー格子型干渉分光器では，
断面が矩形の格子（図4.7（c）参照）を用い，
通常は格子溝の山と谷の幅は等しくそこから

の反射光量はほぼ等しい. そして溝の深さを連続して変化させ，格子の山と谷の両面からの光束の
干渉を利用する. マーチン・パプレット型干渉計では[8]，図6.7に示すようにワイヤグリッドの偏
光子Pで入射光を直線偏光にし，それに対して45度傾いたワイヤグリッドをビームスプリッタ
BSとして光束を2分割し，移動鏡で互いに光路の差を与えてインターフェログラムを得る.

　フーリエ分光がプリズムや回折格子による分散型分光に比べて高感度であるのは，同時測光の利
得（multiplex or Fellgett's advantage）と光量利用の利得（Jacquinot's advantage or ètendue or throughput）が
高いことによる. 波数 $v_1 \sim v_2$ の領域を Δv の波数幅で時間 t を要して測定するとき，分散型分光器
では $m = (v_2 - v_1)/\Delta v$ の回数だけ測定することになるので，1回の測定に t/m の時間がかかる. し
たがってS/Nは $\sqrt{t/m}$ に比例する. フーリエ分光器では，全波数領域を同時測定するのでS/N $\propto$
$\sqrt{t}/2$ である（半分の光は光源に戻り，残る半分のエネルギーが利用されているので信号はS/2）.
したがって分解能も測定時間も同一条件の下では，フーリエ分光法は分散型のそれに比べてS/N
が $\sqrt{m}/2$ 倍大きく，また同一S/Nの下では $4/m$ 倍の短時間で測定ができる. 光量利得に関しては
分解能が同じ場合，フーリエ分光器がプリズムや回折格子の分光器に比べ，おおむね600〜13000
倍大きな光量が利用できる.

6.3　ファブリー・ペロー干渉分光法[1〜3]

　平行光束を2つの平行な面内に導き，それらの面間で反射を繰り返し起こさせ，反射のたび毎に
一部の光が外部に取り出され，それらの多光束干渉によって分光するのがファブリー・ペロー
（Fabry-Perot）干渉分光法である.

　平面度が $\lambda/50$ よりも良い半透明板，即ち近赤外域においてはガラス板の片面にAgなどの金属
を薄く蒸着した半透明鏡を，中赤外域ではNaClやKBrなどの透明板表面にGe, Teなどを多層にし
た反射膜をつけたものを，遠赤外やTHz波域では金属メッシュを，図6.8に示すようにそれらの
反射面を向かい合わせて平行に置いた構造をとる. これに平行光束を入射すると，2つの反射面間
で多重反射を起こし，取り出された光は重なって干渉縞を生じる. 2つの反射面の間隔 d が固定さ

れたものがエタロン(etalon)であり，可変であるものがファブリー・ペロー干渉計と呼ばれるが，区別せずに後者の名前で呼ばれることが多い．

ファブリー・ペロー干渉計内(媒質)に光が入るとき，反射面での振幅透過率と振幅反射率をそれぞれ t と r とし，

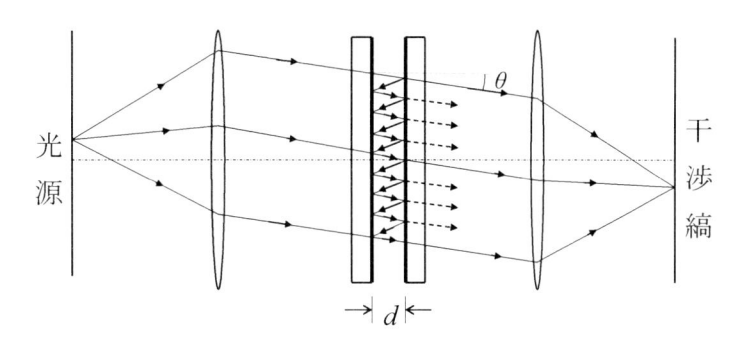

図 6.8　ファブリー・ペロー干渉計

内側から出るときのそれらを t' と r' とする．入射光の振幅を 1 としたとき透過光の振幅 τ は，干渉計内で内面反射を繰り返して出てくる光の振幅を重畳して，媒質に吸収がないとすると

$$\tau = tt' + tt'r'^2 e^{i\delta} + tt'r'^4 e^{2i\delta} + \cdots = \frac{tt'}{1 - r'^2 e^{i\delta}} = \frac{1 - r^2}{1 - r^2 e^{i\delta}} \tag{6.24}$$

となる．但し，光の逆行の原理より $tt' = 1 - r^2$，$r' = -r$ の関係を用いた．δ は多重反射の際の隣り合う光線間の位相差

$$\delta = \frac{4\pi}{\lambda} nd\cos\theta = 4\pi\nu nd\cos\theta \tag{6.25}$$

で，θ は屈折角，n は媒質の屈折率，波数 $\nu = 1/\lambda$ である．反射界面のエネルギー透過率 $T = tt'$ と反射率 $R = r^2 = r'^2$ を用いると，ファブリー・ペロー干渉計の透過率は

$$I_t = \tau\tau^* = \frac{T^2}{T^2 + 4R\sin^2(\delta/2)} = \frac{(1 - R)^2}{(1 - R)^2 + 4R\sin^2(\delta/2)} \tag{6.26}$$

と表される．反射率も同様にして

$$I_r = \frac{4R\sin^2(\delta/2)}{(1 - R)^2 + \sin^2(\delta/2)} \tag{6.27}$$

と表される．これらをエアリー(Airy)の式と呼ぶ．図 6.9 は式(6.26)に基づいて R をパラメータにして計算したファブリー・ペロー干渉計の透過率である．I_t は $\delta = 2m\pi\,(m = 1,2,3,\cdots)$ のとき最大，$\delta = (2m + 1)\pi$ のとき最小となる．R が大きいほど最小の透過率は小さくなり，最大付近の透過する幅が狭くなるのがわかる．最大透過率を示す波数は

$$\nu_m = \frac{m}{2nd\cos\theta} \tag{6.28}$$

である．このとき隣り合う最大ピークの波数間隔は

$$\delta\nu = \nu_{m+1} - \nu_m = \frac{1}{2nd\cos\theta} \tag{6.29}$$

となる．この次数の重なりのない領域を自由スペクトル領域(free spectral range)という．この波数幅より狭い光でないと分光できず，広い場合は適当なフィルタと組み合わせる必要がある．また透

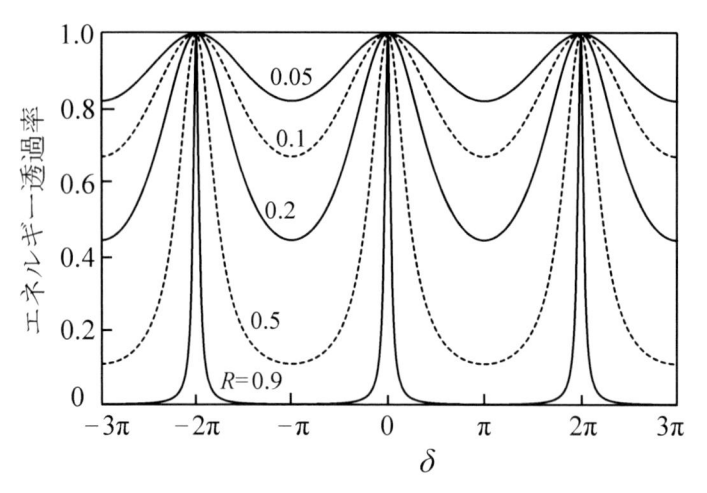

図6.9　ファブリー・ペロー干渉計の透過特性

過ピークの半値全幅(full width at half maximum)は

$$\varDelta v = \frac{1}{\pi n d \cos\theta} \sin^{-1}\left(\frac{1-R}{2\sqrt{R}}\right) \tag{6.30}$$

である. δv と $\varDelta v$ の比は

$$F = \frac{\delta v}{\varDelta v} = \pi \left\{ 2\sin^{-1}\left(\frac{1-R}{2\sqrt{R}}\right) \right\}^{-1} \tag{6.31}$$

となる. この値をフィネス(finesse)とよび, 多光束干渉の鮮鋭度を表す. そして分解能 R は式 (6.28)〜(6.31) より

$$R_{\mathrm{F}} = \frac{v_m}{\varDelta v} = mF \tag{6.32}$$

である.

　ファブリー・ペロー干渉計の媒質内の吸収が無視できないときは, 複素屈折率 $\tilde{n} = n + i\kappa(\kappa：消衰係数,\ \text{extinction coefficient})$ を用いて考えなければならない. 同様の手順で, 吸収のあるときのファブリー・ペロー干渉計の透過率および反射率は, それぞれ

$$I_T = \frac{(1-R)^2 A}{(1-RA)^2 + 4RA\sin^2\dfrac{\delta}{2}} \tag{6.33}$$

$$I_R = \frac{R(1-A)^2 + 4RA\sin^2\dfrac{\delta}{2}}{(1-RA)^2 + 4RA\sin^2\dfrac{\delta}{2}} \tag{6.34}$$

となる. A は多重反射における光線の1往路あたりのエネルギー減衰率 $A = \exp(-\alpha d/\cos\theta)$ (α：吸収係数 $= 4\pi\kappa/\lambda$) である. また R は吸収のあるときのフレネルのエネルギー反射率であり, 入射角を θ_i とすると, 式(1.31)から

$$R_s = \frac{(\cos\theta_i - a)^2 + b^2}{(\cos\theta_i + a)^2 + b^2}, \quad R_p = R_s \times \frac{(a - \sin\theta_i \tan\theta_i)^2 + b^2}{(a + \sin\theta_i \tan\theta_i)^2 + b^2}$$

$$a^2 = \frac{1}{2}\left\{\sqrt{(n^2 - \kappa^2 - \sin^2\theta_i)^2 + 4n^2\kappa^2} + (n^2 - \kappa^2 - \sin^2\theta_i)\right\} \tag{6.35}$$

$$b^2 = \frac{1}{2}\left\{\sqrt{(n^2 - \kappa^2 - \sin^2\theta_i)^2 + 4n^2\kappa^2} - (n^2 - \kappa^2 - \sin^2\theta_i)\right\}$$

となる.

ファブリー・ペロー干渉計で波数(波長)走査してスペクトルを得るには,δ を連続的に変化させればよく,式(6.25)より次の方法がある.

(a)屈折率 n を変化させる:ファブリー・ペロー干渉計内を空気,酸素,窒素などの気体で満たし,それを真空ポンプで排気しながら容器内圧力を変え,屈折率を連続して変化させる.この場合,光軸方向の光束のみを利用し,適当な開口を入れて不必要な次数の光を取り除いて検出する.

(b)入射角を変化させる:ファブリー・ペロー干渉計を光軸に対して傾けて入射角を変化させて走査して光軸方向の光束を利用する.または傾けずに固定し,焦点面内にはリング状スペクトルが現れるので,θ と $\theta + \Delta\theta$ の間の光のみを通すリング状開口を置き,その開口の半径を変化させる.実際には機構が複雑で,角分散が最もよい入射角 0 近傍は利用できず,また干渉縞の極めて一部しか利用しないので光量は少ない.

(c)間隔 d を変化させる:ファブリー・ペロー干渉計の2つの鏡の一方または両方を可動にして,それらの間隔を連続に変化させる.多くの場合は機械的に,あるいは PZT(lead zirconate titanate)に代表される電歪素子を用いて鏡は平行移動される.この場合も光軸方向の光束のみを検出して測定する.多くの赤外レーザ共振器のチューニングもこの方法でなされる(図 2.9 参照).

6.4 ヘテロダイン分光法

周波数の異なる二つの光を混合して生じるビート(beat, 唸り)を検波する分光法を,ヘテロダイン分光(heterodyne spectroscopy)と言う.即ち,入力信号(RF)の周波数 f_{RF} に近い周波数 f_{LO} の信号を局部発振器(local oscillator, LO)で発生し,それらを混合して,入力信号情報をそのまま中間周波(IF)帯 $f_{IF} = |f_{RF} - f_{LO}|$ に周波数低減する.ヘテロダイン検出器は RF 信号に対して $f_{LO} + f_{IF}$ と $f_{LO} - f_{IF}$ の両方の帯域に感度をもち,前者は USB(upper sideband),後者は LSB(lower sideband)と呼ぶ.USB と LSB の両側帯波を検出する場合は DSB(double-sideband)受信,フィルタ等により単側帯波のみを検出する場合は SSB(single-sideband)受信と呼ぶ.IF 帯は RF 帯と比べて狭帯域であるため,周波数選択性をもたせやすく,混信や雑音等の軽減には都合が良い場合があり,ヘテロダイン検波はラジオやテレビなどの受信でも広く利用されている.

微弱なサブミリ波や赤外線の分光観測では,信号を高感度に検出して直接増幅するのは難しく,ヘテロダイン分光法が適用される.その最大の特徴は,周波数分解能が $f/\Delta f \approx 10^6 \sim 10^8$ と極めて高いことにあり,例えば電波天文観測では分子や原子のスペクトル線のドップラシフトや線幅から,

銀河に分布する星間分子雲や原始惑星系円盤などのダイナミクスや物理・化学状態について情報が得られる．

　ヘテロダイン分光システムは，高速応答のミキサ検出器，コヒーレントでかつ安定な出力をもつLO源，広帯域で高分解能の分光計から構成される．ヘテロダイン受信では検出可能な信号強度ΔT_{rms} は，一般に

$$\Delta T_{rms} = \frac{T_{RX} \cdot e^{\tau} + T_{sky}(e^{\tau} - 1)}{\sqrt{B \cdot t}} \tag{6.36}$$

と表わされる．ここに B [Hz]：帯域，t [s]：観測時の積分時間，T_{RX} [K]：受信機雑音温度，T_{sky} [K]：外気温，τ：水蒸気の吸収などによる大気の光学的厚みである．図6.10に，このシステムの構成と T_{RX} の関係を示す．通常は用いる増幅器の利得 G_{AMP} は 20 dB 以上あるので，受信機の感度は入力伝送部，ミキサ検出器，IF 系の等価雑音温度と利得(もしくは損失)によってほぼ決まる．

6.4.1　ミキサ

　サブミリ波帯の高感度ミキサには Nb/AlOx/Nb 接合の超伝導 SIS (superconductor-insulator-superconductor)ミキサが最も良く用いられる．これはリーク(漏洩)電流が小さく，鋭い非線形の電流電圧特性をもつため量子雑音限界に近い感度($3 \sim 5h\nu/k_B$, k_B: ボルツマン定数)をもつ．その RF 帯域は中心周波数の 20% 程度であり，IF 帯域は極低温 HEMT(high electron mobility transistor)増幅器などの広帯域化が進み，現在，12 GHz 程度までの読み出しが可能である．SIS ミキサでは，接合部に準粒子の光子誘起トンネリング(photon assisted tunneling, PAT)を発生させる必要がある．LO 信号の入射 RF 信号に対する結合強度は 1/100 程度であるので，LO 発振器に求められる電力は 10 〜 100 μW である．電子クーパ対によるジョセフソン電流は，雑音の増加や不安定性を誘起するため，通常は SIS 接合面に平行に外部磁界を印加して抑制する．

　Nb のクーパ対による超伝導ギャップ周波数 $2\Delta/h$ は約 0.7 THz である．これよりも高周波数になると，同調回路の Nb 薄膜表面で損失が急増して感度が著しく低下する．このため，同調回路に NbN や NbTiN などの超伝導体や，Al などの良導体を利用する研究開発がなされ，チリ共和国のア

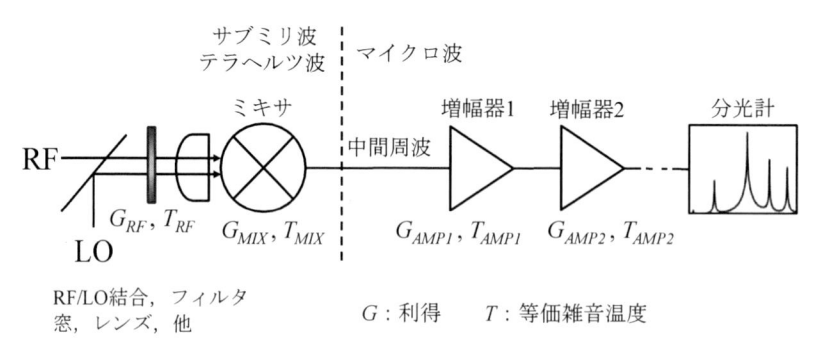

図6.10　ヘテロダイン分光システムと受信機の等価雑音温度の概略

タカマミリ波サブミリ波大型干渉計(Atacama large millimeter/submillimeter array, ALMA)で日本が担当する最高観測周波数帯(0.78 ～ 0.95 THz)の受信機では NbTiN/SiO$_2$/Al 線路を用いて, ヘテロダイン受信機の感度は 160 K($\sim 4h\nu/k_B$)までに抑えられている.

観測周波数が 1 THz を超えると RF 帯域確保のために SIS 接合の微細化と 10 kA/cm^2 以上の臨界電流密度が求められ, 1.2 THz 帯で 0.24 μm^2 の大きさの Nb/AlNx/NbTiN 接合を用い 330 K(~ 6 $h\nu/k_B$)の感度が得られている [9]. さらに高周波数帯では, 原理的に周波数上限の無い超伝導 HEB (hot electron bolometer) ミキサが用いられる. 超伝導 HEB では常伝導金属の電極間に厚さが数 nm, 長さが 150 nm 程度の極薄膜の超伝導細線が橋渡しされる. 電磁波が細線に集光されて臨界温度付近で常伝導－超伝導間で相転移が起こると, 抵抗値が急峻に変化し非線形な電流－電圧特性が現れ, ミキシングが可能となる. 励起に必要な LO パワーは SIS ミキサよりも一桁小さい. 典型的な感度は量子雑音の 5 ～ 10 倍程度であり, 5.25 THz の RF 帯で雑音温度は約 1150 K である [10]. IF 帯域は, NbN や NbTiN などの超伝導細線を超薄膜化・微細化することで, 熱電子の拡散と格子冷却を高効率化することができ, 現在までに 7 GHz 程度が達成されている.

これら SIS ミキサや HEB ミキサを搭載したサブミリ波ヘテロダイン受信機のサイドバンドの分離には, マーチン・パプレット型の準光学フィルタを用いる. あるいは 2 つのミキサを用いて, LO 入力部・IF 出力部に 90 度ハイブリッド回路を組み込み一緒に 4 K まで冷却し, USB と LSB の信号を同時に取り出す [11].

電力や寒剤の確保が困難な航空機や衛星によるヘテロダイン分光観測ではショットキーバリアダイオード(Schottky barrier diode, SBD)ミキサが良く利用される [12,13]. SBD ミキサは, SIS ミキサと比べて雑音温度が 1 ～ 2 桁高く, また 1 mW 以上の大きな LO パワーを必要とするが, 20 K ～常温で動作できる点が強みである. 近年は, プレナ接触(平行平板)型の SBD ミキサの開発が進み, 従来のウィスカ点接触型と比べて耐久性や感度性能などが大幅に改善されている.

この他にも高純度真性導体や不純物をドープした光伝導(photoconductor, PC)型の量子型検出器などもミキサとして動作する. これは光の吸収に伴う電気伝導度の変化を利用したもので, 極低温環境下において, Ge:Ga や低温で結晶成長させた低温成長(LT)-GaAs などを用いた PC 型検出器では時定数が 10 ns 程度, エピタキシャル InP を用いた光伝導型検出器では 1 ns 程度の時定数を有し, サブミリ波や遠赤外領域でミキサとして利用される.

6.4.2 局部発振器

ヘテロダイン分光では, コヒーレントで連続発振(continuous wave, CW)し, かつ出力が安定した LO 発振器が必須である. 大出力の LO 発振器としては, CO$_2$ や CH$_3$OH, HCN などの気体レーザや BWO(backward wave oscillator, 後進波管)などがある. サブミリ波帯では, シンセサイザやガン発振器の数 10 GHz 帯を原振とし, これを多段の SBD ミキサを通して高調波を発生させる逓倍型 CW 固体発振器も, SIS や HEB のミキサを励起するのに利用される. これら LO の周波数安定化の際, 組み込む位相同期回路(phase locked loop, PLL)やシンセサイザは, 原子時計や GPS 信号などを

参照信号として高確度に位相固定される.

CW の量子カスケードレーザ(quantum cascade laser, QCL)は,1 〜 10 THz 帯のいわゆるテラヘルツ周波数ギャップを埋める高出力 LO として着目され,HEB ミキサにも適用されている [14]. また中赤外領域においても周波数可変 QCL と光伝導型の MCT(HgCdTe)ミキサによるヘテロダイン受信機が開発され,波長 10 μm 近傍で惑星大気の分光観測などにも利用されている [15].

6.4.3　分光計

ヘテロダイン分光の観測帯域と周波数分解能を最終的に決めているのが分光計である. 従来の音響光学型分光計(acousto-optical spectrometer, AOS)は安価に製作できるが,AO 偏光素子での一次回折光を CCD(charge-coupled device,電荷結合素子)に結像するなどの特殊な光学調整技術が必要であり,出力特性が周囲温度の影響を受けやすい. そうした背景もあり近年は,自己相関(X)とフーリエ変換(F)による XF 型や FX 型の分光計が主流となってきている. 例えば日米欧が共同で建設した巨大電波干渉計 ALMA に搭載した FX 型デジタル分光相関器では 8192 のチャネル数に対して 16 〜 2000 MHz の範囲で周波数帯域を選択できる. また,A/D 変換回路や FPGA(field programmable gate array)の高性能化に伴い,帯域 1 GHz,分解能約 61 kHz 程度の汎用のデジタル FFT(fast Fourier transform)分光計も安価に入手が可能となってきた. この他,宇宙探査機に搭載可能な堅牢で小型かつ消費電力が 30 W 以下の帯域 205 MHz,チャネル数 4096,40 dB 以上のダイナミックレンジをもつチャープ変換型分光計(chirp transform spectrometer, CTS)や,帯域 8 GHz,チャネル数 1024 の

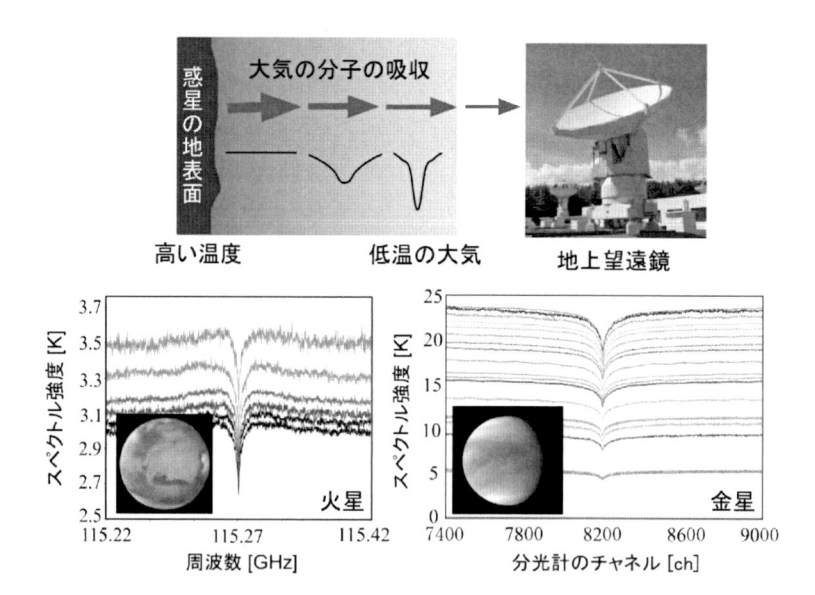

図 6.11　地上電波望遠鏡(口径 10 m)を用いた,火星および金星の一酸化炭素のスペクトル線の観測
　　　　　望遠鏡からは,惑星の温かい低層を背景に惑星の冷たい大気が見えるため,吸収線の形で計測される.

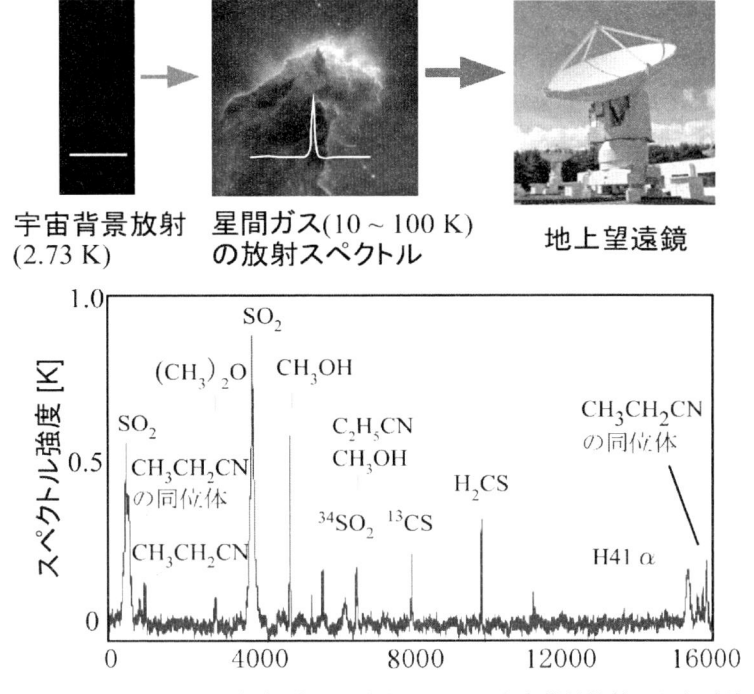

図 6.12 地上電波望遠鏡(口径 10 m)を用いた，宇宙背景放射よりも手前にあるオリオン巨大分子雲の分子の放射スペクトル線の観測

XF 型分光計(オムニシス社)なども実用化されている．

　地上の電波望遠鏡に超伝導 SIS 受信機を搭載して，アンテナを太陽系の惑星やオリオン巨大分子雲に向け，そこに含まれる微量分子のスペクトル線を分光し，計算機で解析処理した結果を**図 6.11 と図 6.12** に示す．地球や惑星の大気の高層や星間物質などの低温ガスの熱的な細い線幅からなるスペクトル線を周波数高分解能に捉えることができるのは，ヘテロダイン分光法の大きな強みとなっている．

6.5　レーザ分光法

　レーザは単色性，可干渉性，指向性，集光性に優れ，また高い制御性があるなどの特長がある．これらレーザの性質を分光に利用したのがレーザ分光で，高分解能，高精度，高感度分光が実現されている [16,17]．

　レーザを光源として気体原子・分子などの分光を行う場合，レーザ発振周波数を固定して用いる方法と可変にして用いる方法がある．発振周波数を固定したレーザ光源を用いる場合は，測定対象となる試料に電場あるいは磁場をかけ，シュタルク効果(Stark effect)あるいはゼーマン効果(Zeeman effect)により，エネルギー準位間を掃引し，レーザ光に共鳴させてスペクトルを観測する．それぞれレーザシュタルク分光およびレーザ磁気共鳴分光と呼ばれる [16,17]．使用されるレーザの発振線の周波数が精度よく分かっていることや発振線の本数が多いことが必要であり，$CO_2(9 \sim 11$

μm)，N_2O(10 μm)，CO(5 ～ 7 μm)レーザや，電子スピン共鳴分光などでは CO_2 レーザ励起の遠赤外レーザが使われる．

　周波数可変レーザを用いる場合は，レーザ周波数を掃引しながら試料に吸収される光量を測定してスペクトルが得られる．遠赤外領域での光源としては，遠赤外レーザ光とマイクロ波をショットキーバリアダイオード上で混合し，マイクロ波周波数を掃引することにより，周波数可変のサイドバンド光を得る方式や，CO_2 レーザの 2 本の発振線の差周波を利用する方式などがある．中赤外および近赤外領域では，バンドギャップの温度依存性を利用した赤外半導体レーザが優れた周波数可変レーザとして，高分解能で高感度な赤外分光に利用され，分子構造研究や気相反応の追跡などその応用範囲は広い．また最近は，量子カスケードレーザが注目されている[18,19]．量子カスケードレーザは発振波長が量子井戸の幅で連続的に選択できる特長があり，特に化学物質の振動回転遷移が多く存在する 3 ～ 15 μm の波長帯において波長可変であり，気体分子の分光に応用されている．他に，利用できる施設は限られるが，自由電子レーザは赤外の全領域において，それぞれの装置に応じた周波数領域で，ピークパワーの高い周波数可変レーザとして分光に利用されている[20]．

　吸収分光では波長純度の高い単一モードのレーザが要求される．例えば回折格子を組み込んだ分布帰還型(distributed feed back, DFB)の量子カスケードレーザを用い，CH_4 および N_2O の吸収分光計測がなされている[18,19]．その発振波長は 7.6 ～ 7.7 μm であり，駆動温度により発振波長が可変で，約 0.49nm/K の波長掃引が可能で，レーザ出力は 77 K で 400 mW，300 K で 150 mW である．N_2O の同位体分子種($^{14}N^{14}N^{16}O$，$^{14}N^{15}N^{16}O$，$^{15}N^{14}N^{16}O$，$^{14}N^{14}N^{17}O$)の吸収線を明瞭に分離することができる程度の高分解能を有する．また，検出限界は 50 ppb と見積もられ高感度である．

　非線形分光には，ラマン分光法(6.6参照)，二重共鳴分光，飽和分光などが考案されている．二重共鳴に関して，**図 6.13** に示すように赤外レーザと可視光レーザを組み合わせた場合を述べる[21]．対象分子の電子基底状態 S_0 から励起状態 S_1 への遷移の共鳴波長よりも長い発振波長を有する可視光レーザと振動遷移を励起する赤外レーザを用いる．(a)のように可視光レーザのみでは S_0 状態から S_1 状態まで励起されないが，同時に赤外レーザを照射し，赤外レーザが分子の振動状態と共鳴すると振動準位を経由した電子励起が起こり，強い蛍光(過渡蛍光)が発生する．過渡蛍光の強度は分子の赤外吸収量に比例するため，赤外レーザの波長を変化させることにより，

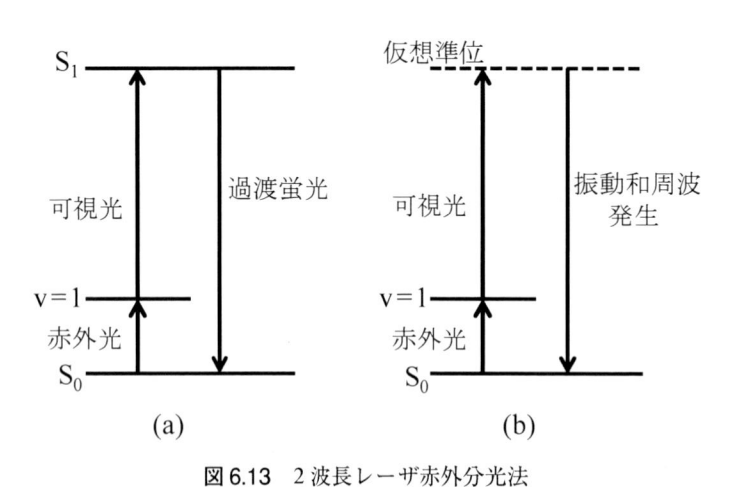

図 6.13　2 波長レーザ赤外分光法
(a)過渡蛍光検出赤外分光法，(b)振動和周波発生分光法

赤外吸収スペクトルに相当する過渡蛍光検出赤外スペクトルが得られる．これを過渡蛍光検出赤外 (transient fluorescent detected infrared, TFD-IR) 分光という．蛍光を発しない分子に対しては(b)のようにラマン過程と同様に，仮想準位を経て発せられる赤外レーザと可視光レーザとのそれぞれの振動数の和に等しい振動数をもつ光を観測することにより，蛍光法と同様のスペクトルを測定することができる．これを振動和周波発生 (vibrational sum frequency generation, VSFG) 分光と呼ぶ．TFD-IR および VSFG の分光は，観測するのは赤外線ではなく可視光なので回折限界から決まる空間分解能はより向上し，赤外分光イメージングなどに利用される．

　入射光強度が大きいと試料のエネルギー準位間では誘導吸収と誘導放出が釣り合い，正味の吸収はほぼゼロとなる飽和吸収が生じる．この現象を利用するのが飽和分光 (saturation spectroscopy) である．一般にスペクトルの広がりは均一広がり (homogeneous broadening) と不均一広がり (inhomogeneous broadening) からなる．例えば固体の局在中心のスペクトルの場合，1つの局在中心についてはその励起状態での寿命やフォノンとの相互作用などによって均一広がりをする．そして個々の局在中心はそれぞれに周辺との相互作用が僅かずつ異なるので遷移周波数も異なって分布し，結果として全ての局在中心の均一広がりが重なって不均一広がりをする．気体では励起状態の寿命や衝突による全ての分子に同等である均一広がりと，熱運動によるドップラー効果で遷移周波数が異なり不均一広がりをする．不均一広がり内に十分にスペクトル幅の狭いレーザをポンプ光として入射するとそれに共鳴する局在中心や分子が飽和吸収し，もう1つのレーザをプローブ光として吸収スペクトル線を測定するとホールバーニング (hole burning) と呼ばれる穴のあるスペクトルが観測される．レーザ光をビームスプリッタで2つに分けて対向して試料セル中央付近で交差させてレーザ周波数を掃引したとき，ドップラフリーの鋭い吸収スペクトルが得られ，精度良い吸収周波数を知ることができる．その測定は2つに分けた一方のビームをポンプ光とし他方をプローブ光として検出する，あるいはそれぞれのビームを異なった周波数で断続し，試料セル内に取り付けたマイクロフォンからの光音響信号の和周波数成分をロックイン増幅器で検出して測定することができる[22]．

　ピコ秒あるいはフェムト秒レーザのような超短パルスレーザを用いると時間分解した分光が可能となる．レーザを2つのビームに分け，強度の大きいビームをポンプ光として試料を励起し，他方のビームはプローブ光として光学系で光路差を与えて時間的に遅延して試料の同一点に照射する．そして遅延時間を変えながらその反射光あるいは透過光の強度を測定し，試料の励起後の緩和過程を知ることができる．このいわゆるポンプ・プローブ法によって，例えば電子や励起子あるいはフォノンなどのダイナミクス，電子−格子結合のダイナミクス，相転移のダイナミクスなどの研究に利用される．

6.6　ラマン分光法

　ラマン分光は，インドの C.V. ラマン (Raman) らが 1928 年に雑誌 Nature に発表したノーベル物理学賞受賞に至る半ページ足らずの短い論文 "A New Type of Secondary Radiation" に始まる．可視光を

物質に照射し，その散乱光から物質の赤外 /THz 波域の情報を得ることができるのがラマン分光である．その応用分野は，レーザと微弱光の固体(半導体)検出器の発明と発展によって急速に進展した[23,24]．

6.6.1　ラマン散乱

ラマン散乱は光の非弾性散乱(inelastic scattering)である．エネルギー $\hbar\omega_i$ と運動量 $\hbar k_i$ の光(フォトン)が物質に入射すると，物質中の散乱体との間でエネルギー $\hbar\omega_q$ と運動量 $\hbar q$ のやり取りをした後，エネルギー $\hbar\omega_s = \hbar\omega_i \pm \hbar\omega_q$ と運動 $\hbar k_s = \hbar k_i \pm \hbar q$ のフォトンとして物質外に散乱される．ここで $\hbar = h/2\pi$(h：プランク定数)，ω は角周波数，k と q はそれぞれ光と散乱体の波数ベクトルである．この2つの式は入射フォトン，散乱フォトン，散乱体の間に成り立つエネルギーと運動量の保存則に対応する．低エネルギー側($\hbar\omega_i - \hbar\omega_q$；ストークス(Stokes)光)，高エネルギー側($\hbar\omega_i + \hbar\omega_q$；アンチストークス(anti-Stokes)光)のラマン散乱光のどちらも観察できるが，測りやすいストークス光が使われることが多い．

図6.14に示す2原子分子の熱振動を例にして，ラマン散乱を古典的に説明する．(a)に示すように原子核 A と B(正電荷)が価電子の雲(負電荷；灰色部)に取り囲まれて化学結合し，平衡位置付近で振動数 $\nu_q = \omega_q/(2\pi) \sim 1\times10^{13}$Hz で熱振動(伸縮振動)しているところに，(b)のように波長 500 nm の可視光が入射したときを考える．これは ν_q より高い振動数 $\nu_i = \omega_i/(2\pi) \sim 6\times10^{14}$Hz の光の交流電界

$$E(t) = E_0\cos(2\pi\nu_i t) = E_0\cos(\omega_i t) \tag{6.37}$$

で電子雲を揺さぶるために正負電荷の重心がずれ，

$$P(t) = \alpha E(t) = \alpha E_0\cos(\omega_i t) \tag{6.38}$$

の電気分極が生じる．ここで α は電子分極率で，電子雲分布で決まる．この交流電気分極が(c)のように電磁場放出アンテナとして働いて散乱光を生じる．実際の原子核は(d)のように ν_q で熱振動しているので，α にはこの振動数成分が含まれ，直流成分と ω_q の交流成分の和

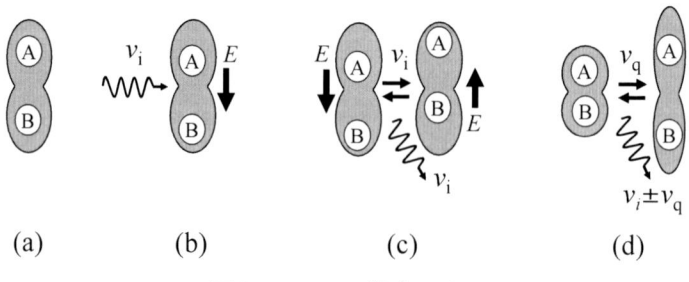

(a)　　　　　(b)　　　　　(c)　　　　　(d)

図6.14　ラマン散乱の原理

$$\alpha(t) = \alpha_0\left[1 + \cos(2\pi v_q t)\right] = \alpha_0\left[1 + \cos(\omega_q t)\right] \tag{6.39}$$

として表される．これを式(6.38)に代入すると

$$P(t) = \alpha_0 E_0 \cos(\omega_i t) + \alpha_0 E_0 \left\{\cos\left[(\omega_i - \omega_q)t\right] + \cos\left[(\omega_i + \omega_q)t\right]\right\}/2 \tag{6.40}$$

となって，散乱光にはレイリー光(第1項)以外に，ラマン散乱光(第2項：ストークス成分，第3項：アンチストークス成分)が現れる．例えば，Si結晶に波長$\lambda = 488$ nm(約20500 cm^{-1})の青緑色Arレーザを入射してSi原子の熱振動である格子振動(フォノン)を観察する場合，フォノン周波数は約520 cm^{-1}と入射光の周波数に比べてかなり小さいので，入射光にかなり近い周波数の散乱光成分を観察することになる．このように一般にラマン分光では，強度の高いレイリー光の周波数近くにある微弱な信号を検出する工夫が必要となる．

6.6.2 ラマン選択則

分子や結晶の全ての振動様式がラマン観察されるのではなく選択則がある．これについてCO_2直線状対称分子を例に，**図6.15**(a)のように平衡状態②を中心に2つの酸素原子が分子軸に沿って同位相で振動する場合(対称振動)と，(b)のように逆位相で振動する場合(逆対称振動)とを比べる．原子の結合長の伸縮に応じて電子雲(灰色部)の分布が変化するが，(a)では①〜③の各瞬間で電子分極率αの値は異なり，原子変位Qに対してαは右図のように①→③で単調変化する．したがって，平衡点②で$\partial\alpha/\partial Q \neq 0$となる．一方(b)では，①と③は180°回転すれば同じ状態を表すので，平衡点②の前後でαは対称的な関数で$\partial\alpha/\partial Q = 0$となる．式(6.39)で見たように$\alpha$に原子の熱振動周期成分が含まれることがラマン散乱の条件なので(a)はラマン活性，(b)はラマン不活性である．さらに複雑な分子や結晶でも同様に$\partial\alpha/\partial Q \neq 0$がラマン活性の条件である．実際には振動様式以外に，結晶であればその結晶軸に対する入射方向と偏光成分，および散乱光の方向と偏光成分とでラマン活性かどうかが決まる．赤外吸収では熱振動で電気分極が誘起されるかどうかで決まるので，**図6.15**の対称分子なら逆に(a)が赤外不活性，(b)が赤外活性となる．

対象とする物質に応じて，フォノンや分子振動以外に多くの光散乱体(素励起)がある．固体中の電子励起が関与する電子ラマン散乱や，スピン波(マグノン)による散乱なども含め，電子分極率に

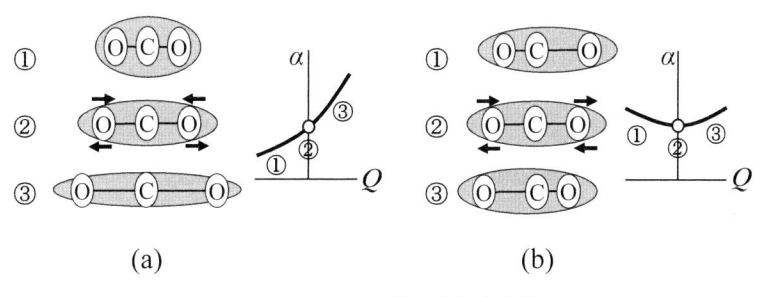

(a)　　　　　　　　　　　　(b)

図6.15　分子振動と分極率変化

変動をもたらすもの全てが散乱体の候補であり，ラマン選択則も各場合で異なる．

6.6.3　ラマン散乱の応用例

　ラマン分光は赤外分光と同様に，原子や分子の熱振動をもとに分子種の同定や結合状態などの微視的情報をもたらす．Si 結晶のフォノン観察から結晶格子の乱れを調べる試みを次に示す．

　フォノンのラマン信号が影響を受ける要因を図 6.16 に示す．フォノン周波数は熱振動する原子の質量と原子間結合力に依存する物質に固有の量であるが，応力や加熱などの構造歪み要因があると，原子間結合力が変化して周波数シフトする．また欠陥の無い理想結晶では鋭いローレンツ型ピークが期待されるが，結晶性乱れのためにピークが非対称に広がったり，選択則で観察できないはずの信号が現れたりする．これらの因果関係をもとに構造乱れが議論できる．

　図 6.17 に Si の(a)フォノン分散（周波数と波数の関係）と(b)フォノン状態密度（周波数とフォノン密度の関係）を示す [25]．(a)で Γ→L は結晶の［111］方向，Γ→X は［100］方向に伝搬するフォノンを示す．波数は中心の Γ 点で最小値 $q=0$，［100］方向の端(X)で $q_m=2/a=1\times10^8$ cm^{-1} 程度(a は

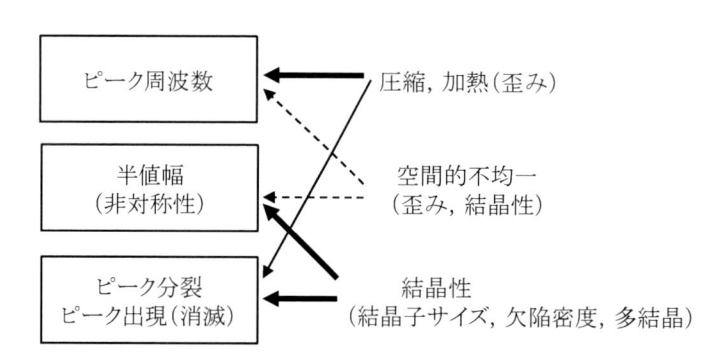

図 6.16　ラマン散乱フォノンピーク形状に影響する因子

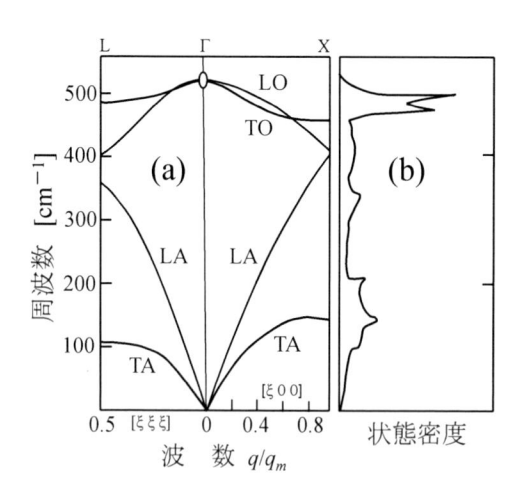

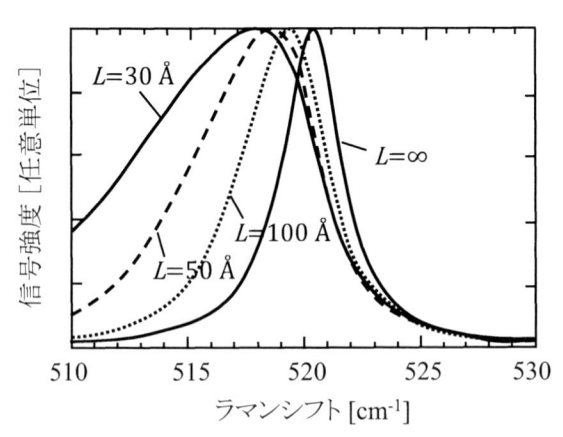

図 6.17　Si の(a)フォノノン分散．および
　　　　　(b)フォノン状態密度 [25]

図 6.18　Si フォノンスペクトルシミュレーション
　　　　　(L は結晶子サイズ) [26]

格子定数 5.4 Å）である．縦波・横波の光学フォノン（LO，TO）と音響フォノン（LA，TA）のフォノン分枝から成る．波長 $\lambda = 488$ nm の Ar レーザを入射した場合，入射フォトンの運動量の大きさは $k_i = 2\pi/\lambda \sim 10^5$ cm^{-1} で，q_m に比べて十分に小さいので運動量保存則 $h\boldsymbol{k}_s = h\boldsymbol{k}_i \pm h\boldsymbol{q}$ を満たす光学フォノンは，(a) の白丸（Γ 点，520 cm^{-1}）付近のフォノンに限られる．図 6.18 は観察されるフォノン信号のシミュレーション例を示す[26]．L は欠陥が無い領域の広がりを表すパラメータで，結晶格子に乱れが無ければ（$L = \infty$），周波数 520 cm^{-1} に半値幅 3 cm^{-1} 程度のローレンツ型ピークが観察されるが，イオン注入損傷により欠陥を含む場合や，結晶成長が不十分だと L が小さくなりこの領域にフォノンが閉じ込められると，不確定性関係から分かるようにフォノン周波数は $\Delta q \sim 1/L$ 程度に広がる．すると図 6.17(a) で白丸（Γ 点）を中心に，Δq 程度の領域のフォノンがラマン散乱に寄与するので，図 6.17(b) のフォノン状態密度を反映して，低波数側に裾を引く非対称形状にピークが広がる．図 6.18 で分かるように L が nm オーダーに小さくなると特にこの効果は著しい．このようにシミュレーションと観察結果を比較することで結晶乱れが議論できる．

6.6.4 ラマン分光学の動向

ラマン分光学は，物理学，化学，生物学，医学，環境などの広汎な分野に及んでいる．進展分野には，励起光エネルギーを物質の紫外域電子遷移に共鳴させて信号増大をはかる「紫外共鳴ラマン」，物質の励起状態の時間進展を調べるためのピコ・フェムト秒の「時間分解ラマン」，光学顕微鏡の分解能を超える「近接場ラマン」，ユニークな物理現象を活用した「表面増強ラマン」，種々の「非線形ラマン分光」などがある[27]．また固体光検出器，特に高感度の 2 次元半導体撮像素子と可視化表現ソフトの著しい発展に基づく「ラマンイメージング」は[28]，構造や物性に関するラマン情報を観測部位の関数として瞬時に直観的に理解させるもので，標準的な表現手法の 1 つとなろう．

6.7 テラヘルツ時間領域分光法

フェムト秒（fs; femtosecond, 1fs $= 10^{-15}$s）レーザの発展や非線形光学の進展により，テラヘルツ（THz）波を発生させる技術が進歩した．この THz パルス波を試料に入射し，透過または反射させた後，その THz パルス波の電界の時間変化をフーリエ変換し，周波数ごとの振幅と位相を得るのが THz 時間領域分光法（terahertz time-domain spectroscopy, THz-TDS）である[29~33]．この方法は，電磁波の波形そのものを計測する点で通常の光計測とは異なる．THz-TDS を用いて得られた振幅と位相を解析することにより，試料の複素誘電率や複素屈折率の周波数依存性を調べることができる．

6.7.1 THz-TDS 装置

典型的な THz-TDS 装置を図 6.19 に示す．この計測系により，サブピコ秒（1ps $= 10^{-12}$s）の短い THz パルス波の波形を計測することができる．fs レーザから放射された光パルスは，ビームスプリッタを経てポンプ光とプローブ光に分けられる．ポンプ光は THz 波発生素子へ，プローブ光は検出素子へと導かれる．両素子共に光伝導アンテナ素子（2.4.1 参照）が用いられるが，検出素子には

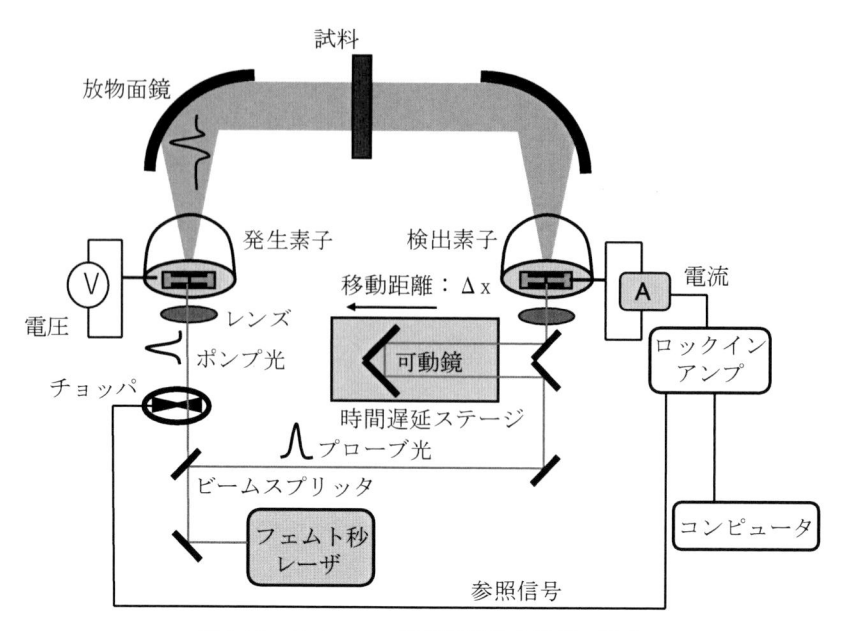

図 6.19　テラヘルツ時間領域分光装置の構成

ギャップに電圧を印加せず，プローブ光が照射されるとギャップにキャリアが生成されて短絡され，同時に試料を通過した THz 波がギャップに入射するとキャリアはその電界によって加速され，そこに発生する電流を計測する．プローブ光を導く光路上の可動鏡により，光路長を変化させて時間遅延を与え，検出素子の動作タイミングを調整する．即ち，可動鏡を移動させながら検出素子からの出力値を読み，THz パルス波形を計測する．一般に用いられる fs レーザのパルス幅は 100 fs 以下であり，パルス繰り返し周波数は数 10 MHz や 100 MHz などである．THz 波発生素子からの放射パルス波の繰り返しは，fs レーザのそれと同じになる．

6.7.2　計測原理

　THz パルス波の計測は**図 6.20** に示すように，その波形をサンプリングして行う．即ち，THz パルス波は fs レーザと同じ繰り返し周波数（数 10 MHz）で検出素子に到達し，それをプローブ光で $\Delta\tau$ の時間刻みで遅延しながらサンプリングする．その出力電流は nA 程度と微弱であり，プリアンプで約 10^6 倍に増幅する．S/N を向上するのに，ポンプ光をチョッパで数 kHz に変調し，ロックインアンプで同期検波する．THz パルス波は，繰り返し周波数が変調周波数に比べ十分に大きいので，連続光とみなせる．このようにして計測した THz パルス波の波形と，それをフーリエ変換して得られたスペクトル（振幅の二乗）を**図 6.21** に示す．そのスペクトルは，0.1 ～ 5 THz にわたる広い周波数範囲に分布しているのが分かる．100 THz 程度の超広帯域にわたる発生・検出を行うためにはパルス幅が 10 fs 程度の光パルスを用いる[34]．

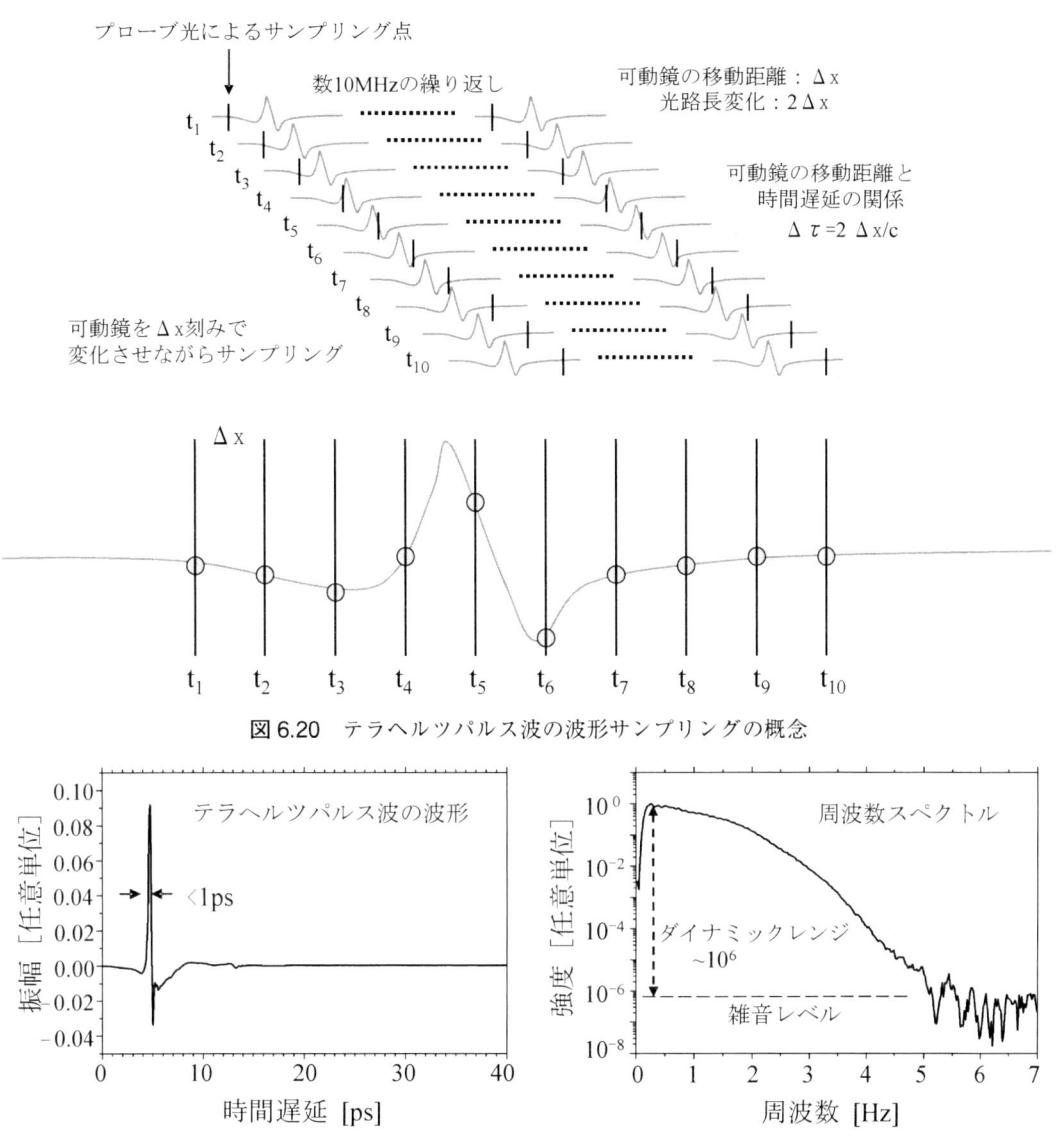

図 6.20　テラヘルツパルス波の波形サンプリングの概念

図 6.21　テラヘルツパルス波の波形と周波数スペクトル

6.7.3　分光測定

　試料の透過率を測定する場合には，まず，THz パルス波の光路上に試料を入れないで波形 $E_{ref}(t)$ を測定し，それをフーリエ変換して参照用の振幅 $|E_{ref}(\omega)|$ と位相 $\theta_{ref}(\omega)$ を得る．続いて，試料を挿入して波形 $E_{sam}(t)$ を測定し，フーリエ変換して振幅 $|E_{sam}(\omega)|$ と位相 $\theta_{sam}(\omega)$ を得る．試料の複素振幅透過率 $t(\omega)$ は，

$$t(\omega) = \frac{E_{sam}(\omega)}{E_{ref}(\omega)} = \frac{|E_{sam}(\omega)|}{|E_{ref}(\omega)|} \, e^{i[\theta_{sam}(\omega) - \theta_{ref}(\omega)]} \tag{6.41}$$

であり，エネルギー透過率 $T(\omega)$ は，$T(\omega) = t(\omega)t^*(\omega)$ から求められる．＊は共役複素数である．

このように THz-TDS は，分散素子を用いる分光法とは異なり複素振幅透過率が容易に得られる．反射率についても同様であるが，試料と参照用鏡を入れ替えて測定した場合，位相に誤差が生じるので測定に工夫を要する．

　試料の準備は他の分光法と同様である．吸収の小さい試料は透過法により透過スペクトル $T(\omega)$ を得，ランベルトの法則(Lambert's law)より $1/T(\omega)$ の常用対数を計算して吸光度(absorbance)が求められる．固体試料は平板状にして，吸収が大きいときは反射法で，気体試料はセルを用いて透過法で測定する．粉末試料は錠剤成型機で錠剤化してから，あるいは THz 周波数領域で透過性の高いポリエチレン粉末と混ぜて錠剤化して測定する．液体は液体セルを用いて測定するが，窓材として吸収の少ない高抵抗シリコンや合成石英などを用いる．水は THz 波を吸収して透過し難いが，光路長を短くすることで透過測定を行うことができる．また，減衰全反射(attenuated total reflection, ATR)測定は THz-TDS 法も可能であり，種々の試料の測定に用いられる [35]．

6.7.4　応用

THz-TDS の特徴を生かして，分光やイメージングへの応用が広がっており，分析や非破壊検査において有効な手段となる．これまで基礎科学から産業まで広範囲に応用されてきている [36〜39]．半導体，誘電体，超伝導体，高分子，フォトニック結晶，ナノコンポジット，水，糖，アミノ酸，タンパク質，DNA など，さまざまな材料のスペクトルが測定されている．また THz-TDS の特徴を生かした計測法が確立され，非破壊検査への応用が試みられている．また，微小領域を計測するために THz 近接場顕微鏡の研究もなされている [32]．

6.8　光音響分光法

　光音響分光法(photoacoustic spectroscopy, PAS)は，光と物質との相互作用において光吸収の結果として生じる熱の大きさを音の変化として捉える分光法である．即ち，試料に断続的な光を照射することによって試料内に発生した周期的な熱が，周囲の気体に生じさせた圧力変化を音としてマイクロフォンや圧電素子で検出する．この分光法はセンサを直接試料に取り付ける必要がなく，試料形状によらず前処理なしで測定できることから，非破壊／非接触で材料評価が可能で，薄膜などの熱物性値の測定に有効な手段である．赤外領域における応用はフーリエ変換赤外分光法(FT-IR)の普及とともに様々な分野で利用されている [40]．

　尚，短パルスレーザを照射すると，その吸収に伴って発生する超音波の伝搬時間から吸収体の位置情報が，またその強度から吸収係数の情報が得られる．この現象を利用した光音響イメージング(photoacoustic imaging, PAI)などの応用については文献を参照されたい [41,42]．

6.8.1　光音響分光法の原理 [43]

　光音響分光法の測定原理は，断続的な光を物質に照射すると光の断続周波数と同じ周波数の音波が物質から発生するという光音響効果にもとづいており，1880 年に A.G.Bell によって発見された．

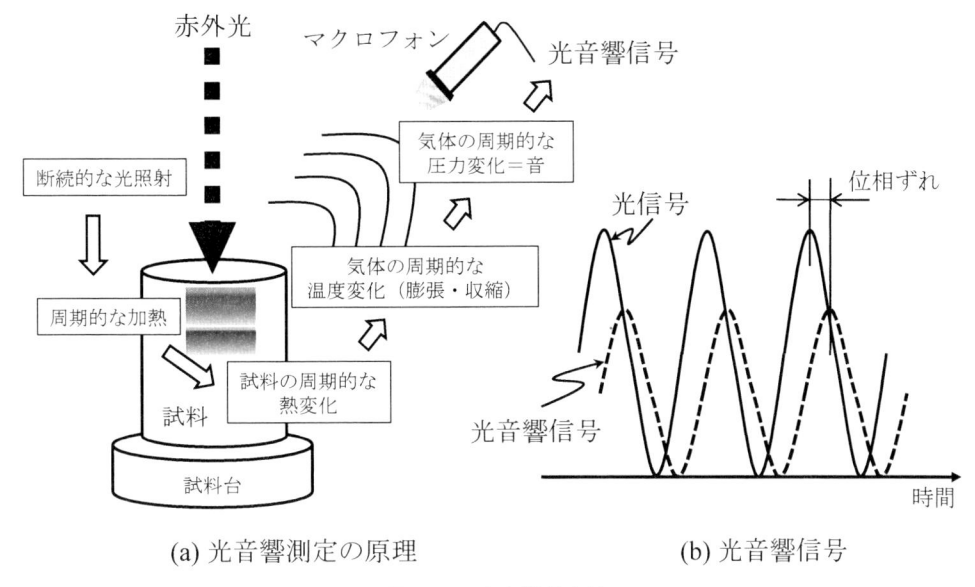

図 6.22　光音響分光法

　光音響分光法の理論は，固体試料に対する光音響信号の発生機構における熱拡散方程式にもとづく Rosencwaig と Gersho による RG 理論が広く知られている．その原理を図 6.22 に示す．式(6.42)のように一定の角周波数 ω で変調された周期的な強度 $I(t)$ の断続光を試料に照射すると，その照射光は試料層の表面及び内部で吸収，励起され，非発光遷移過程で熱が発生する．

$$I(t) = \frac{1}{2} I_0(1 + \cos\omega t) \tag{6.42}$$

これにより，試料層では周期的な温度変化が生じ，その結果，試料表面の気体境界層を膨張・収縮させ，気体層の圧力は式(6.43)に示す周期的な変動 $\Delta P(\mathrm{t})$ が生じる．

$$\Delta P(t) = Q\exp\left\{i\left(\omega t - \frac{\pi}{4}\right)\right\} \tag{6.43}$$

ここで，圧力変動の大きさ Q は，光音響信号強度に相当する．試料が光学的に不透明で，光の浸入深さ μ_β が熱拡散長さ μ_s より大きい場合には，理論的に

$$Q \cong \frac{-i\beta\mu_s}{2a_g}\left(\frac{\mu_s}{k_s}\right)\mathrm{Y} \tag{6.44}$$

で与えられる．ここで β：試料の吸収係数，a_g：気体層の熱拡散係数，k_s：試料の熱伝導度，Y：光源強度や気体層の状態などで決る定数である．圧力変動 $\Delta P(t)$ は，光音響信号(角周波数 ω，振幅 $|Q|$ の音波)として高感度マイクロフォンで検出される．

　光音響信号(図 6.22 参照)の振幅から光エネルギーの吸収量を，また変調された入射光との位相差から断続的な入射光に対する音波発生の遅れの情報を得ることができる．振幅と位相差は，試料，支持台(基盤)の熱拡散率，熱伝導率などの熱物性値，入射光に対する吸収係数，試料厚さなどに依

存する．振幅の大きさは，試料の入射光に対する吸収率に比例するため，入射光を分光して用いる場合は，分光吸収率を直接求めることができ，分光分析を行うことが可能となる．位相差からは，熱拡散率などの物性値を測定することができる．

6.8.2　FT-IR 光音響分光法

　一般に光音響分光法の測定装置は，光源，変調器（光学チョッパ），光音響セル（試料容器），高感度マイクロフォン，増幅・信号処理系で構成される．測定試料は，高感度マイクロフォンを取り付けた光音響セルの密閉容器に設置する．マイクロフォンは周波数帯域が広く，高精度なものを用いる．音波の出力を増大するためには，光音響セルの気密性を高め，密閉された空間体積をできるだけ低減して用いることが望ましい．

　FT-IR 光音響分光の場合，フーリエ赤外分光器からの変調された干渉光を光音響セルに導く．そこに発生した圧力変化は高感度マイクロフォンにより光音響信号として検出される．光音響信号は，変調入射光と同じ周波数の成分だけを，ロックインアンプにより増幅し，入射光との位相差（位相遅れ）を出力する．このとき得られた光音響信号をフーリエ変換することにより吸収スペクトルを算出することが可能となる．参照信号は同一の光音響セルに試料としてカーボンブラックを用いて得ることができる．

参考文献

1) 三石明善：“赤外分光と散乱分光”,「光学技術」(桑原五郎偏) 11 章, 共立出版 (1984).
2) 工藤惠栄：“分光の基礎と応用”, オーム社 (1985).
3) F.L.Pedrotti, L.S.Pedrotti : "Introduction to Optics", Prentice-Hall (1987).
4) 久保田広：” 応用光学”, 岩波全書 (1963).
5) 池田優二, 小林尚人：” イマージョン回折格子の加工および評価技術の概観とその動向”, 精密工学会誌, 83(4), pp.313-318 (2017).
6) 海老塚 昇：” グリズムを用いた天体観測”, 光学, 39(12), pp.566-571 (2010).
7) 阪井清美, 藤田 茂：” 分光機器 - 第 2 講 干渉分光法 -”, 分光研究, 34(2), pp.122-139 (1985).
8) P.R.Griffiths and J.de Haseth : "Fourier Transform Infrared Spectroscopy (2nd edition)", John Wiley & Sons (2007).
9) A.Karpov D. Miller, F. Rice et al. : "Low noise 1 THz-1.4 THz mixers using Nb/Al-AlN/NbTiN SIS junctions", IEEE Trans. Appl. Superconductivity, 17(2), pp.343-346 (2007).
10) W. Zhang, P. Khosropanah, J. R. Gao et al. : "Noise temperature and beam pattern of an NbN hot electron bolometer mixer at 5.25 THz", J. Appl. Phys., 108(9), 093102 (2010).
11) D. Meledin, A. Pavolotsky, V. Desmaris et al. : " A 1.3-THz balanced waveguide HEB mixer for the APEX telescope", IEEE Trans. Microw. Theory Tech., 57(1), pp.89-98 (2009).
12) J.W. Waters, L. Froidevaux, R. S. Harwood, et al. : "The Earth observing system microwave limb sounder (EOS MLS) on the Aura satellite", IEEE Trans.Geosci. Remote Sens., 44(5), pp.1075-1092 (2006).
13) C.R.Englert, B.Schimpf, M.Birk et al. :"The 2.5 THz heterodyne spectrometer THOMAS: measurement of OH in the middle atmosphere and comparison with photochemical model results", J. Geophys. Res., 105(D17), pp.22210-22223 (2000).
14) Y. Ren, J. N. Hovenier, R. Higgins et al. : "High-resolution heterodyne spectroscopy using a tunable quantum cascade laser around 3.5 THz",Appl. Phys. Lett. 98, pp.231109-1-3 (2011).
15) P. Krötz, D. Stupar, J. Krieg et al. : "Applications for quantum cascade lasers and detectors in mid-infrared high resolution heterodyne astronomy", Appl. Phys. B, 90(2), pp.187-190 (2008).
16) レーザ学会編：” レーザハンドブック（第 2 版）”, (2005).
17) 日本化学会編：第 4 版実験化学講座 6 - 分光 I -, pp.43-152, 丸善出版 (1994).

18) 秋草直大，枝村忠孝，杉山厚志，落合隆英，山西正道，菅博文：”量子カスケードレーザの分光応用”，映像情報メディア学会技術報告，30(10), pp.19-24(2006).

19) 秋草直大，枝村忠孝，杉山厚志，落合隆英，山西正道，菅博文：”DFB 量子カスケードレーザとその分光応用”，レーザ研究，36(2), pp.75-79 (2008).

20) 綱脇恵章，草場光博，浅川 誠：”赤外自由電子レーザーの半導体物性研究への応用”，日本赤外線学会誌，16(2), pp.76-85 (2007).

21) 井上圭一，藤井正明，酒井誠：”2 波長レーザ分光法を用いた赤外超解像イメージ測定法”，分光研究，59(5), pp.233-234 (2010).

22) Y.Tsunawaki, M.Yamanaka, M.Kobayashi and S.Fujita : "Pump offset frequency measurements on CH_3OH and CH_2F_2 far-infrared lasing molecules by means of Doppler-free optoacoustic spectroscopy", Infrared Phys., 22(4), pp.229-236 (1982).

23) 尾崎幸洋：”分光学への招待―光が拓く新しい計測技術 “，産業図書 (1997).

24) 日本分光学会編：”赤外・ラマン分光法”，分光測定入門シリーズ 6，講談社 (2009).

25) P. Giannozzi, S. de Gironcoli, P. Pavone and S. Baroni : "Ab initio calculation of phonon dispersions in semiconductors", Phys. Rev. B, 43(9), pp.7231–7242 (1991).

26) X. Huang, F. Ninio, J. Brown and S. Prawer : "Raman scattering studies of surface modification in 1.5 MeV Si-implanted silicon", J.Appl.Phys., 77(11), pp.5910-5915 (1995).

27) J. J. Laserna(Ed.) : "Modern Techniques in Raman Spectroscopy", John Wiley & Sons (1996).

28) G. Turrell and J. Corset (Eds.) : "Raman Microscopy, Developments and Applications", Academic Press (1996).

29) 西澤潤一編著：”テラヘルツ波の基礎と応用”，工業調査会 (2005).

30) K. Sakai (Ed.) : "Terahertz Optoelectronics", Topics in Appl.Phys., Vol.97, Springer (2005).

31) 斗内政吉監修：”テラヘルツ技術”，オーム社 (2006).

32) X.-C. Zhang and J. Xu : "Introduction to THz Wave Photonics", Springer (2010).

33) 阪井清美：”テラヘルツ時間領域分光法”，分光研究，50(6), pp.261-273 (2001).

34) 深井亮一：”テラヘルツパルス波の発生と検出”，電子情報通信学会誌，89(6), pp.467-473 (2006).

35) 永井正也，田中耕一郎：”テラヘルツ時間領域分光の基礎と応用”，応用物理，75(2), pp.179-187 (2006).

36) 萩行正憲，谷正彦，長島健：”テラヘルツ波応用技術”，応用物理，74(6), pp.709-717 (2005).

37) 深澤亮一：”テラヘルツ波による材料分析”，応用物理，79(4), pp.312-316 (2010).

38) P. U. Jepsen, D. G. Cooke and M. Koch : "Terahertz spectroscopy and imaging-Modern techniques and applications", Laser Photonics Rev., 5(1), pp.124-166 (2011).

39) M. Naftaly, N. Vieweg and A. Deninger : "Industrial Applications of Terahertz Sensing: State of Play", Sensors, 19(19), pp.4203-4237 (2019).

40) 星宮 務：”最近の光音響法・光熱変換法の応用と今後の展開”，光学，34(2), pp.62-68 (2005).

41) 石原美称：”光音響イメージングの最近の展望”，日レ医誌，34(1), pp.10-13 (2013).

42) A.B.E. Attia, G.Balasundaram, M.Moothanchery, et al. : "A review of clinical photoacoustic imaging: Current and future trends", Photoacoustics, 16, 100144 (2019).

43) 沢田嗣郎編：”光音響分光法とその応用－PAS”，日本分光学会測定法シリーズ 1，学会出版センター (1982).

7章　物質の赤外分光スペクトル

　物質は，赤外光の周波数に依存した固有の吸収を示す．この吸収を縦軸とし，周波数や波長，あるいは波長の逆数である波数を横軸として図示したものをスペクトル(spectrum)と呼び，このスペクトルを観測することを分光という．物質の分光学的研究は，その特性を調べる上で重要であるとともに，その特性を利用した種々の光学素子の開発のためにも重要である．

　本章では，原子，分子，液体，固体および生体物質に関して赤外領域で観測される固有の吸収と，その起源について述べる．

7.1　原子の赤外スペクトル

　ボーア(Bohr)の量子論によれば，水素原子のエネルギー準位は

$$E_n = -R_\infty hc/n^2 \quad (n=1,2,3,\cdots)$$
$$R_\infty = m_0 e^4/8\varepsilon_0^2 h^3 c$$

(7.1)

で与えられる．ここで，n：正の整数，R_∞[m^{-1}]：リュードベリ定数(Rydberg constant)，m_0[kg]：電子の質量，e[C]：電子の電荷，c[m/s]：光速，ε_0[F/m]：真空の誘電率，h[J・s]：プランク定数である．電子軌道の半径は$r_n = n^2 h^2 \varepsilon_0/e^2 \pi m_0$[m]で与えられ$r_1$はボーア半径である．水素原子のスペクトル線は異なる二つの状態間n，$n'(n>n')$の遷移に伴って発せられるもので，一般に次の関係式で特徴付けられ

$$\Delta E = E_n - E_{n'} = h\nu = \hbar\omega = R_\infty hc \left\{ (1/n'^2) - (1/n^2) \right\}$$

(7.2)

ここで，$\hbar = h/2\pi$であり，νとωはそれぞれ電磁波の周波数(振動数)と角周波数(角振動数)である．波数$k_\nu = 1/\lambda = \nu/c$で表すと

$$k_\nu = R_\infty \left\{ (1/n'^2) - (1/n^2) \right\} \quad (n = n'+1, n'+2, n'+3, \cdots)$$

(7.3)

となる．各n'に対し，$n-n'=1$が最も小さい波数(長い波長λ_{max})を与え，nとともにスペクトル線の間隔は次第に狭くなって波数はある値に漸近する．各n'に対するスペクトル線群は以下のように呼ばれる(括弧内は発見年)．

$n'=1 (n=2,3,4,\cdots, \lambda_{max}=121.6$ [nm]$)$　ライマン(Lyman)系列(1906年)

$n'=2 (n=3,4,5,\cdots, \lambda_{max}=656.3$ [nm]$)$　バルマー(Balmer)系列(1885年)

$n'=3 (n=4,5,6,\cdots, \lambda_{max}=1.875$ [μm]$)$　パッシェン(Paschen)系列(1908年)

$n'=4 (n=5,6,7,\cdots, \lambda_{max}=4.05$ [μm]$)$　ブラケット(Brackett)系列(1922年)

$n'=5 (n=6,7,8,\cdots, \lambda_{max}=7.5$ [μm]$)$　プント(Pfund)系列(1924年)

上記のスペクトルのエネルギー領域は広範囲に及ぶ．ライマン系列は紫外領域に，バルマー系列は

可視及び近紫外領域に存在する．赤外〜遠赤外領域で観測されるのはパッシェン系列，ブラケット系列及びプント系列である．

　赤外分光の分野では，原子スペクトルに関する研究はそれほど盛んではないが，リュードベリ原子について興味ある研究がなされている．原子の外殻電子が非常に高い主量子数状態に励起された状態にある原子をリュードベリ原子と呼び，軌道半径が大きく，例えば $n=30$ では $r_{30}\sim 1000\,\text{Å}$ にも及ぶ．そしてそれは，大きな電気双極子能率，長い寿命など興味ある特性を有する．このような原子は，星間には n が 350 にまで及ぶものが実在し，実験室においても波長可変レーザを用いて n が $10\sim 290$ 程度のものを作り出すことが可能である．そして，これらの高い準位間の $\varDelta n=\pm 1$ の遷移が赤外線からミリ波帯のエネルギーに相当する．これらを利用してリュードベリ原子を用いた黒体放射の検出やメーザなどが研究されている [1]．

7.2　分子の赤外スペクトル

　分子は電磁波の吸収や放出によってそのエネルギー状態を変化させる．電磁波が赤外領域である場合，状態の変化の多くは分子の回転状態や振動状態の変化である．以下でこれらの状態変化がどのような赤外スペクトルを与えるのかについて述べる．

7.2.1　回転スペクトル

　赤外スペクトルを生じるには，HCl，CO など分子が永久双極子モーメントを持つことが必要である．簡単のため，質量 m_a と m_b の 2 原子からなる剛体分子を考える．回転のハミルトニアンは，次式で与えられる．

$$H^{rot}=I_e\omega^2/2=L^2/2I_e \tag{7.4}$$

ここで，$I_e\,[\text{kg}\cdot\text{m}^2]$ は平衡原子間隔 $r_e\,[\text{m}]$ での分子の慣性モーメント，$L\,[\text{kg}\cdot\text{m}^2/\text{s}]$ は分子軸に垂直な角運動量 $(L=I_e\omega)$ である．$\mu\,[\text{kg}]$ を換算質量 $(\mu^{-1}=m_a{}^{-1}+m_b{}^{-1})$ とすると，慣性モーメントは $I_e=\mu r_e^2$ で与えられる．式(7.4)のハミルトニアンは，L を軌道角運動量演算子と見なし，2 原子分子の回転運動を座標系の原点から r_e の距離で回転する質量 μ の質点の運動と見なすことで，水素原子様のエネルギー固有値を与えることが分かる．水素原子の軌道量子数 l と磁気量子数 m に対応して回転の量子状態も二つの量子数 J, M で表され，回転エネルギーの固有値は

$$E^{rot}=E(J)=(\hbar^2/2I_e)J(J+1) \tag{7.5}$$

で与えられる．各状態 J には $M=0$, ± 1, $\cdots$, $\pm J$ の $(2J+1)$ 重に縮退した状態がある．選択則は $\varDelta J=\pm 1$ で，状態 J と $J+1$ のエネルギー差 $\Delta E(J)=E(J+1)-E(J)$ を波数で表すと，

$$k_v=\Delta E(J)/hc=(h/2\pi cI_e)\,(J+1)=2B_e(J+1) \tag{7.6}$$

が得られる．ここで $B_e=h/(4\pi cI_e)$ は分子に固有の定数である．**図7.1** に回転エネルギー準位と模式

的な吸収スペクトルを示す．回転によるスペクトル線は J とともに高波数側に $2B_e$ の間隔で現れる．また B_e は I_e に逆比例するから，同じ J で比べると重い分子ほどスペクトル線は低波数側に現れる．そしてスペクトル線の吸収強度はある J でピークを持っている．これは状態 J にある分子数と関係がある．各準位の占有率はボルツマン(Boltzmann)分布に従うため J が低いほど大きい．一方，状態 J には $(2J+1)$ 個の状態が縮退(縮重)するので，この縮重度は J とともに大きくなる．したがって各準位を占有する分子の総数は，両者の兼ね合いで適当な J で最大となる．スペクトル線の強度の変化はこれらの分子の数と関係する．

実際の分子は剛体ではなく，遠心力により原子間距離が若干増加する．この効果を取り入れると回転エネルギーは

$$E^{rot} = E(J) = (\hbar^2/2I_e)J(J+1) - d_e\{J(J+1)\}^2 + \mathrm{L} \qquad (7.7)$$

となる．$\Delta E(J)$ は波数で表すと

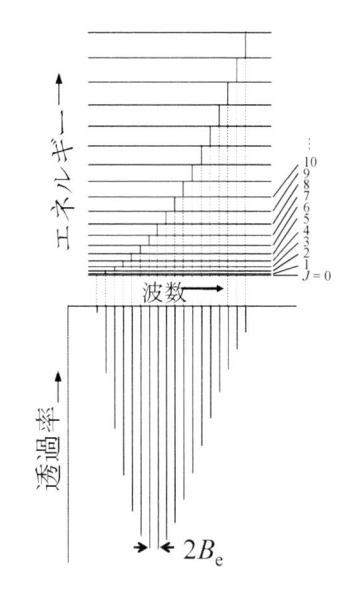

図 7.1　2 原子分子の回転エネルギー準位と模式的な純回転吸収スペクトル

$$k_v(J) = 2B_e(J+1) - 4D_e(J+1)^3 \qquad (7.8)$$

で与えられ，$D_e = d_e/hc$ で，一般に $D_e/B_e \cong 10^{-4}$ である．

2 原子以上の直線型分子の回転エネルギーも上式のように表される．一般の分子では，慣性主軸 A，B，C についての慣性モーメント I_A，I_B，I_C の関係によって，$I_A = I_B = I_C$ の球対称分子(CH_4 など)，$I_B \neq I_A = I_C$ の対称こま分子(NH_3，CH_3Cl など)，$I_A \neq I_B \neq I_C \neq I_A$ の非対称こま分子(H_2O など)の三者に分類される．球対称分子の場合は回転エネルギーは式(7.5)で与えられるが，電気双極子モーメントがないので赤外活性でない．対称こま分子では，対称軸を主軸 A に取ると，回転エネルギーは剛体モデルの場合，次式で表される．

$$E(J, K) = BJ(J+1) + (A-B)K^2$$
$$A = h/4\pi cI_A, \quad B = h/4\pi cI_B \qquad (7.9)$$

K は対称軸 A の周りの分子の回転の角運動量に対する量子数で，$K = 0$，± 1，$\cdots$，$\pm J$ である．式(7.9)の右辺の第 2 項は $I_B > I_A$ で正，$I_B < I_A$ で負になる．赤外スペクトルに対する選択則は $\Delta J = \pm 1$，$\Delta K = 0$ で

$$\Delta E(J) = 2B(J+1) \qquad (7.10)$$

である．非対称こま分子に対してはエネルギーは簡単な式で表せない．

7.2.2　振動スペクトル

振動モードが赤外活性であるには，振動によって電気双極子モーメントが誘起されなければならない．2原子分子の場合，原子核は，その平衡点を中心に振動している．その2原子分子をバネで結合された調和振動子と近似すると，この振動のポテンシャルは，平衡点r_eの近傍では放物線

$$V(r) = \frac{1}{2} k(r - r_e)^2 \tag{7.11}$$

で近似できる．ここでkはバネ定数である．調和振動子に対する波動方程式のエネルギー固有値はよく知られ，

$$E^{vib} = E(\mathrm{v}) = \hbar\omega_0\left(\mathrm{v} + \frac{1}{2}\right) \quad (\mathrm{v} = 0, 1, 2, 3, \cdots) \tag{7.12}$$

で与えられる．ここで$\omega_0 = 2\pi v_0 = \sqrt{k/\mu}$（$\mu$：換算質量）である．調和振動に対しては選択則は$\Delta \mathrm{v} = \pm 1$である．しかし実際のポテンシャルは非調和性を持ち，これを考慮した振動エネルギーは

$$E(\mathrm{v}) = \hbar\omega_0\left(\mathrm{v} + \frac{1}{2}\right) - \chi_e \hbar\omega_0\left(\mathrm{v} + \frac{1}{2}\right)^2 + \mathrm{L} \tag{7.13}$$

と表される．赤外スペクトルに対する選択則は$\Delta \mathrm{v} = \pm 1$のほか$\Delta \mathrm{v} = \pm 2$，$\pm 3$，$\cdots$が許されるようになる．遷移確率は$\Delta \mathrm{v} = \pm 1$の場合が最も大きく，したがってその遷移に基づくスペクトルの強度が最も大きい．

7.2.3　振動回転スペクトル

実際の分子は振動しながら同時に回転もし，そのエネルギーは次式で表される．

$$E = E^{rot-vib} = E(J, \mathrm{v}) = hcB_v J(J+1) + hck_{v0}\left(\mathrm{v} + \frac{1}{2}\right) - \chi_e\, hck_{v0}\left(\mathrm{v} + \frac{1}{2}\right)^2 \tag{7.14}$$
$$(\mathrm{v} = 0, 1, 2, 3, \cdots, \quad J = 0, 1, 2, 3, \cdots)$$

ここで$k_{v0} = v_0/c$である．一般にB_vはわずかであるがvに依存して変化する．この式においては，振動のポテンシャルの非調和性のみが考慮され，遠心力の効果は含まれていないが，通常はこの様な近似で十分な精度が得られる．式(7.14)より振動回転子の状態が(J', v')から(J, v)に変化するときのエネルギー差を波数k_vで表すと，

$$k_v = \Delta E(J, \mathrm{v})/hc = k_{v0}(\mathrm{v}' - \mathrm{v}) - x_e k_{v0}\left\{\left(\mathrm{v}' + \frac{1}{2}\right)^2 - \left(\mathrm{v} + \frac{1}{2}\right)^2\right\} + B_{v'} J'(J'+1) - B_v J(J+1) \tag{7.15}$$

が得られる．赤外スペクトルに対する振動回転子の選択則は$\Delta J = J' - J = \pm 1$，$\Delta \mathrm{v} = \mathrm{v}' - \mathrm{v} = \pm 1$，$\pm 2$，$\cdots$である．式(7.15)より，例えば$\mathrm{v} = 0$から$\mathrm{v}' = 1$への遷移に関するスペクトルは，波数$k_v(1,0) = k_{v0}(1 - 2x_e)$を中心に，その左右に選択則$\Delta J = \pm 1$を満たすスペクトル線を示す．即ち，$J' - J = -1$の場合は波数$k_v(1,0)$より低波数側に，一方$J' - J = 1$の場合は波数$k_v(1,0)$より高波数側にそれぞれスペクトル線群を生じる．前者の低波数側の線群はP枝（ブランチ，branch）と呼ばれ，

後者の高波数側のそれは R 枝と呼ばれる. $\Delta v = 2$ の場合にはおおよそ $k_v(1,0)$ の 2 倍の波数 $k_v(2,0)$ $= 2k_{v0}(1 - 3x_e)$ を中心に同様のスペクトル線群を生じるが, 強度は $\Delta v = 1$ に比べるとはるかに弱い.

多原子分子では複数の振動モードが存在する. 一般に N 個の原子からなる分子は $3N$ 個の運動の自由度を持っており, このうち並進の自由度 3 個と回転の自由度 3 個(直線分子の場合は 2 個)を除いた $3N-6$ 個(直線分子の場合は $3N-5$ 個)の自由度に対応する基準振動モードが存在する. 図 7.2 は 3 原子からなる直線分子(CO_2)と非直線分子(H_2O)の基準振動モードである. 直線型分子の場合は, 振動によって誘起される電気双極子モーメントの向きが分子軸に対して平行な場合と垂直な場合とで異なる吸収バンドをつくる. 平行な場合のスペクトルは平行バンドと呼ばれ, 2 原子分子と同じ P 枝と R 枝の両者が見られる. 一方垂直な場合に生じる垂直バンドでは, P 枝と R 枝の他に, 図 7.3 に示すように新たに $\Delta J = 0$ に対応する Q 枝が生じる. 式(7.15)において $\Delta J = 0$ の場合, 例えば v = 0 から 1 への遷移に関しては $k_v = k_v(1,0) + (B_v' - B_v)J(J+1)$ $(J = 0, 1, 2, \cdots)$ が得られ, $(B_v' - B_v)$ がゼロではないために $k_v(1,0)$ 付近に密にスペクトルが生じる. これが Q 枝である.

既に述べたように, 対称こま分子の場合の回転エネルギーは式(7.9)で与えられる. 平行バンドでは, 選択則は $\Delta J = 0, \pm 1, \Delta K = 0$ になり, 多原子直線分子の垂直バンドと同様に P, Q, R 枝が生じるが, 垂直バンドの場合は $\Delta J = 0, \pm 1, \Delta K = \pm 1$ になるため, P, Q, R 枝にそれぞれ K の変化による構造が加わる.

このように赤外スペクトルから, 分子構造に対する詳細な情報を得ることが出来る. 複雑な分子になると, 計算で基準振動数を求めることが容易ではなくなるが, 種々の原子団(OH, NH, NH_2, CH, CH_2, CH_3, C−C, C=C, C≡C, C=O など)の特性振動数やその強度といった知見が十分に

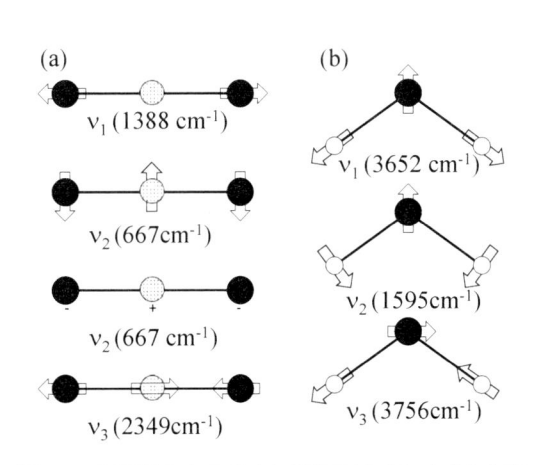

図 7.2 3 原子からなる(a)直線分子 CO_2 と(b)非直線分子 H_2O の基準振動モード
ν_1：対称伸縮振動, ν_2：変角振動, ν_3：逆対称伸縮振動
CO_2 分子では二つの互いに垂直な変角振動 ν_2 は縮退している.

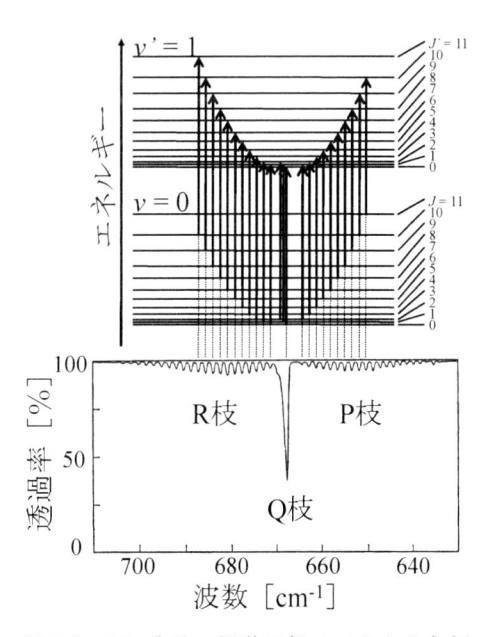

図 7.3 CO_2 分子の振動回転スペクトルと振動及び回転エネルギー準位との関係[2]

蓄積されており，これらを活用することでスペクトルの帰属を明らかにすることができる．

7.3　液体の赤外スペクトル

　赤外領域は 1.1.2 で述べたように，近赤外，中赤外，遠赤外の 3 つの領域にわけられるが，その波数(波長)領域は分野によって異なる．ここでは，近赤外領域を 4000 ～ 15000 cm^{-1}(2.5 ～ 0.67 μm)，中赤外領域を 1000 ～ 4000 cm^{-1}(10 ～ 2.5 μm)，遠赤外領域はおおよそ 10 ～ 1000 cm^{-1}(1000 ～ 10 μm)とする．各領域で観測される液体固有の振動モードと，そのスペクトル線の形状について概説する．

7.3.1　液体の振動モードと赤外領域

　液体や溶液を測定対象とした場合，遠赤外領域では分子の低振動モード，例えば大振幅振動や分子会合体の分子間振動などが観測される．水では，衝振運動と呼ばれる並進を伴わない分子全体の周期的な運動(やじろべえの運動)が，約 1000 cm^{-1} 以下の低波数域に幅広いスペクトル成分を持つ．液体中では分子衝突がピコ秒の時間スケールで起こるため，分子の配向は常に変化しており，回転状態を定義することはできない．したがって，気相中で観測される回転スペクトルは液体中では観測されない．そして分子の配向が絶えず変化することによる配向緩和，または回転緩和は，一般にはマイクロ波の領域で観測される．しかし，速い回転緩和の場合には遠赤外領域にもスペクトル成分が観測されることがある．

　中赤外領域では分子固有の吸収スペクトルが現れるため指紋領域と呼ばれ，分子の同定や分子構造の変化，あるいは化学反応における中間体の同定などに使用されている．例えば，カルボン酸の C＝O 伸縮振動は 1650 ～ 1800 cm^{-1} に，またニトリルの C≡N 伸縮振動は 2240 ～ 2260 cm^{-1} に非常に強い赤外吸収バンドを持つ．さらに，注目している振動子に他の分子が結合すると振動数が大きく変化する．例えばカルボン酸の二量体(dimer)形成はこれに相当し，二量体の形成により C＝O 伸縮振動は 1710 cm^{-1} 付近に赤外活性の吸収バンドを，1660 cm^{-1} 付近にラマン活性のスペクトルバンドをもつ．このことから，カルボン酸の濃度を変えて C＝O 伸縮振動バンドを観測することにより，二量体形成の平衡定数を求めることができる．種々の官能基とその吸収バンドの波数領域については，詳しく参考文献(3)にまとめられている．

　近赤外領域ではこれらの振動モードの倍音や結合音などが現れるが，一般的にはこれらの吸収強度は，基音のそれに比べ非常に弱い．そのため，倍音や結合音を観測するには，基音の測定に比べ試料セル内の光路長を長く取る，または試料濃度を高くするなどの工夫が必要である．逆にこの性質を用いて，基音では光学密度(optical density，または吸光度(absorbance))が非常に大きくて観測できなくても，倍音や結合音のスペクトル測定が可能であることもあり，特に食品産業や農業などの分野での品質管理や成分分析などに使われている．

7.3.2 液体の赤外スペクトル線の形状

液体や溶液の赤外スペクトルは，気相のそれに比べ，スペクトルの線幅は必ず広がる．そしてピーク位置のシフトが観測されることがある．これは，測定対象である分子が，周辺の分子と相互作用するために起こる．したがって，液体や溶液のスペクトルのシフトや形状を解析することにより，分子間の相互作用や分子の動的な挙動に関する微視的な情報を得ることが，原理的には可能である．多くの場合，気相に比べてスペクトル幅が広くても，物質の同定には十分に狭いので赤外分光を活用できる．しかし，水素結合性液体中の OH 伸縮振動のスペクトルのように，線幅が極めて広くなり，スペクトルに構造が観測されないため，赤外線の指紋領域としての活用が困難な場合もある．

液体の吸光係数は，

$$\alpha(\omega) = \frac{2\pi}{3hcn}(1 - e^{-\beta h\omega})\omega\int_{-\infty}^{\infty} dt e^{-i\omega t}\langle \mathbf{M}(0)\cdot\mathbf{M}(t)\rangle \tag{7.16}$$

と表すことができる[4,5]．ここで $\mathbf{M}(t)$ は系の全双極子モーメント演算子，$\langle\cdots\rangle$ は時間相関関数，c は光速，n は媒質の屈折率である．この結果は，吸光係数（吸収断面積）と屈折率の積が系の全双極子モーメントの時間相関関数と関係づけられることを示している．

一般にスペクトルの形状は，注目している振動子と周辺の分子との相互作用や動的な過程（振動子と溶媒分子の衝突や振動子の回転緩和など）に依存しており，それらは式(7.16)の全双極子モーメントの時間相関関数に包含される．そして線幅は，不均一幅と均一幅に大別することができる．溶媒分子から受ける瞬時の揺動や励起振動状態の寿命はどの振動子に対しても同等であり，その効果によって生じる幅が均一幅で，均一広がり（homogeneous broadening）と呼ぶ．また，注目している振動子の周辺の微視的な環境が同等ではなく異なることにより遷移振動数がそれに依存することがある．これによる線幅が不均一幅で不均一広がり（inhomogeneous broadening）と呼ぶ．不均一幅が支配的になるとスペクトル形状はガウス（Gauss）型になり，均一幅が支配的になればローレンツ（Lorentz）型になる．

［1］均一幅

均一広がりによるスペクトルの半値全幅は，以下の式で与えられる．

$$\Gamma = \frac{1}{\pi T_2} = \frac{1}{\pi T_2^*} + \frac{1}{2\pi T_1} + \Gamma_{or} \tag{7.17}$$

ここで，T_1 は v = 1 の振動励起状態の振動緩和時間，Γ_{or} は回転緩和による寄与，T_2^* は純位相緩和時間である．**図 7.4** に示すように振動緩和時間 T_1 は，振動エネルギー緩和時間，または振動分布緩和時間とも呼ばれ，v = 1 の振動励起状態の寿命である．純位相緩和時間 T_2^* は，注目している振動子が，周辺の溶媒分子と衝突を繰返し，振動の位相がそのたびごとに乱れることによって生じる．

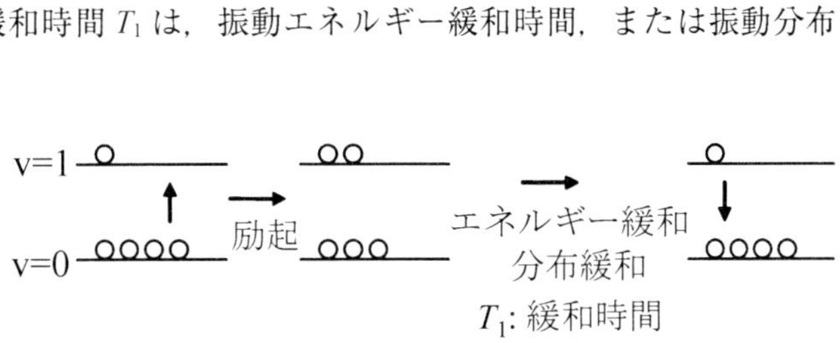

図 7.4 振動励起と振動緩和

回転緩和による寄与 Γ_{or} は，回転拡散定数 D_{or} と以下の関係がある．

$$\Gamma_{or} = \frac{2D_{or}}{\pi} \tag{7.18}$$

線幅の解析だけからは，T_1, D_{or}, T_2^* を独立に求めることはできない．T_1 と D_{or} の値を独立に求めるためには，赤外領域の短パルス光を用いた赤外ポンプ－プローブ法を用いる必要があり，通常は時間幅がサブピコ秒のパルスレーザが用いられる．回転緩和を調べるには，直線偏光の赤外パルス光をポンプ光として入射し，その後の遷移双極子モーメントの方向の乱れを直線偏光したプローブ光で追跡することにより調べることができる．

　相互作用の弱い例えば四塩化炭素の溶媒に，高濃度で会合する分子フェノールを溶かす場合を考える．溶質の濃度が低いときには，単量体のフェノールの OH 伸縮振動によるシャープなバンドが観測される．このとき，この振動バンドはローレンツ関数で再現することができる．しかし濃度が増加すると，フェノール分子が水素結合により会合する．OH 伸縮振動の振動数は会合している二つのフェノール分子間の距離や角度などに強く依存し，スペクトルに会合体の構造の分布に応じた不均一幅が観測される．また水素結合による OH 基が大きく分極し結合長が増加するため，振動数が低波数側にシフトする．**図 7.5** にその様子を模式的に示す．このように溶液中では注目している振動子がどのような微視的な環境にあるかにより，スペクトルのピーク波数やその形状，およびその幅が大きく変化する．

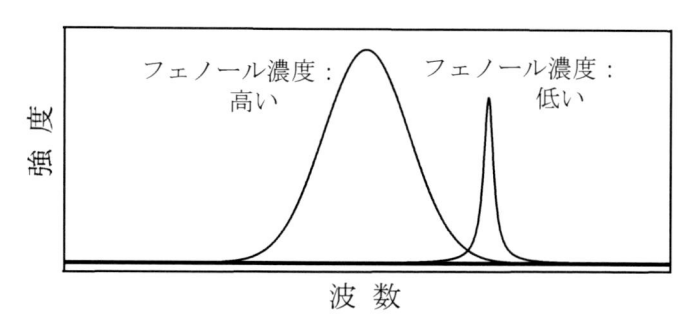

図 7.5　四塩化炭素中のフェノールの OH 伸縮バンドの濃度依存性

[2] 不均一幅

　不均一幅は溶媒分子による微視的な環境の違いによるものであるが，液体中では，固体と異なり，分子は位置や配向を時々刻々と変化させている．この振動数の時間的な変化が十分に遅い場合には，スペクトルの形状はガウス型になる．液体中では，このような遷移振動数の揺らぎの時間変化を十分に遅いとみなせない場合があり，そのときのスペクトル形状はローレンツ型でもガウス型でもない．その場合は，赤外短パルス光を用いたフォトンエコー(photon echo)法や二次元赤外分光法を用いると揺らぎの時間変化を詳しく追跡することができ，揺らぎの大きさや揺らぎを特徴づける時定数を求めることができる．フォトンエコー法は磁気共鳴のスピンエコー法と原理を同じくする．二次元赤外分光法も二次元 NMR 法を振動状態に応用した手法であり，二次元スペクトルの形状が振動数揺らぎに関する情報を与え，振動モードの相関を調べる上で有用である．この実験では，**図 7.6** に示すように異なる振動モード間の相関を二次元スペクトル上のクロスピークとして観測する

ことができる. 分子内における非調和結合だけでなく, 分子間における振動モードの相関についてもこの手法が適用されている. この手法の最初の適用は 2000 年頃に液体に対してなされ, 初期の段階では単純な構造を持つ金属カルボニル化合物や短いペプチドなどの振動モードの相関の解析などに使われていた. 最近では, タンパク質や DNA などの生体高分子の構造解析や揺らぎ, 反応への応用が報告されている.

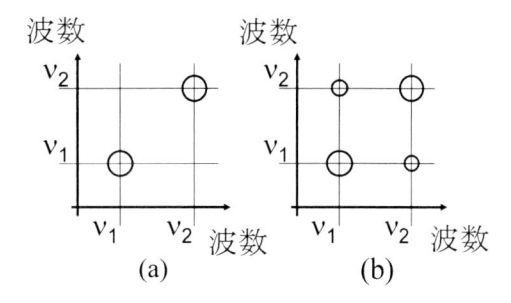

図 7.6 二次元赤外スペクトルの概念図
(a) 二つの振動モード間に相関がない場合, (b) 二つの振動モード間に相関がある場合, クロスピークが観測される.

7.4 固体の赤外スペクトル

固体では, 格子振動, 電子励起, 磁気励起, 超伝導ギャップなど多様な吸収が赤外領域に現れる. この吸収を解析することにより, 固体に関する固有の情報が得られる. ここでは, 赤外領域で, 全ての固体で観測される格子振動と, 半導体, 誘電体, 磁性体および超伝導体で特徴的に観測される吸収について述べる.

7.4.1 格子振動

[1] 結晶格子の格子振動

格子振動は結晶原子の弾性振動として理解される. 最も簡単な例は立方格子の[100], [110], [111]方向の伝搬であり, この方向では振動は原子面全体として波動ベクトルに平行か垂直に同位相で伝わる. このような場合, 振動は 1 次元の問題として帰着でき, 1 つの縦波と 2 つの横波として記述される. 基本格子に 2 原子を含む格子を考え, 結晶の弾性的応答を線形と仮定すると, 進行波の解は, 波数ベクトル q の関数として固有角振動数 ω を与える.

$$\omega_{\pm}^2 = C\left(\frac{1}{M_1} + \frac{1}{M_2}\right) \pm C\left\{\left(\frac{1}{M_1} + \frac{1}{M_2}\right) - \frac{4\sin^2(qa)}{M_1 M_2}\right\}^{1/2} \tag{7.19}$$

ここで M_1, M_2 はそれぞれの原子の質量, C は隣接原子面間の力の定数を表し, q は $-\pi/2a$ から $\pi/2a$(a：格子間隔)の間で離散的な値をとる. この分散関係を図 7.7 に示す. 格子振動のエネルギーは量子化されてフォノン(phonon)と呼ばれ, 結晶中の弾性波はフォノンからなる. ω_+ は光学的モード, ω_- は音響的モードと呼ばれる. 現実の結晶は 3 次元的で, s 個の原子が含まれる場合, 3(s−1) 個の光学的モード(optical)と 3 個の音響的モード(acoustic)が生じる. 今の 1 次元の場合は縦波(longitudinal)と 2 重縮退している横波(transverse)があり, それぞれの分枝は図 7.7 の LO, LA, TO, TA のようになる. 横光学的モード TO と横音響的モード TA に対する原子の変位は図 7.8 に示す通りである. 各原子は相互に振動するが, 重心は固定されている. 2 種類の原子が異なる符号の電荷を有するなら, 光学的モードの運動は電気分極を有しているため光波の電界によって励起できるので, このモードを光学的モードと呼ぶ. 一方, 音響的モードの場合は, 原子とその重心は長

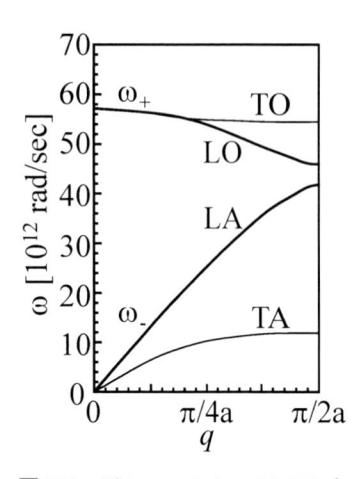

図7.7 ゲルマニウムの80Kにおける[111]方向のフォノンの分散関係[6]

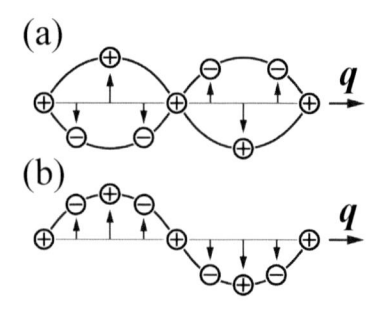

図7.8 同じ波長で，縦軸を原子の平衡位置からの変位として示した1次元2原子格子の振動モード．(a)横光学的モードと(b)横音響的モード．なお，横向きの矢印は波数qの方向．

波長の音の振動に類似して一緒に振動しているため音響的モードと呼ぶ．赤外光の波長は結晶の格子定数よりもはるかに大きいので，波数ベクトルqでみるならば，赤外活性なモードは，$q=0$で電気双極子能率をもつTOモードで起こる．

この他にフォトンとフォノンの相互作用は，結晶ポテンシャルの非調和性，電気分極の高次の項によりフォトン（光子）と複数個のフォノンの相互作用による多フォノン過程がある．2フォノン過程の場合は，

$$\hbar\omega(\boldsymbol{k}) = \hbar\omega_i(\boldsymbol{q}_1) \pm \hbar\omega_j(\boldsymbol{q}_2), \quad \boldsymbol{k} = \boldsymbol{q}_1 \pm \boldsymbol{q}_2 \tag{7.20}$$

が成り立ち，フォトンの波数ベクトルの大きさ$|\boldsymbol{k}|$が小さいことから$\boldsymbol{q}_1 = \pm\boldsymbol{q}_2$となるので，2個のフォノンの和と差のモードの赤外吸収が存在することになる．この2フォノン過程は構造を持った連続的な弱い吸収スペクトルを示すが，和のモードによる吸収は温度を絶対零度に近づけても有限な吸収を持つ一方で差のモードによる吸収は低温で消失する．多くの絶縁体では，TOモードより長波長側の吸収は差のモードに起因することが多く，極低温でこの波長領域は透明になる．

[2] ガラスの格子振動

　以上は，周期的構造を持つ結晶格子に対しての説明であったが，非晶質(amorphous)固体やガラス状(vitreous)物質の場合は全く異なる．ガラス状シリカ(溶融石英)は，並進対称性を持たない複雑なSi-Oネットワーク構造をしている．Siへ架橋した酸素の非対称伸縮振動に起因する赤外吸収が1100 cm^{-1}に存在する[7]．これはガラスの構造を反映して変化する．また，ガラスにはボゾン(Boson)ピークと呼ばれる低エネルギー励起が知られている．比熱においては10 K付近に幅広いピークが見られ，ラマン散乱では40〜80 cm^{-1}に，中性子散乱では5 meV[8]に幅広い吸収が観測されている．遠赤外では室温では明瞭ではないが低温では40 cm^{-1}付近を中心に広い吸収が存在する[9,10]．このボゾンピークは，ガラス特有の大きな原子空孔内をSi-Oネットワークが動くため生じると考えられているが，そのモデルは多数あり[11]，今なお未解決の問題である．

7.4.2　半導体

　半導体ではバンド構造に特徴的なエネルギースケールが赤外領域にあることから，多彩な現象が観測される．これらの性質を利用して半導体は赤外領域における検出器，発光ダイオード，半導体レーザなどに用いられている．また，赤外線と磁場を組み合わせたサイクロトロン共鳴測定は，半導体の有効質量の決定に用いられている．

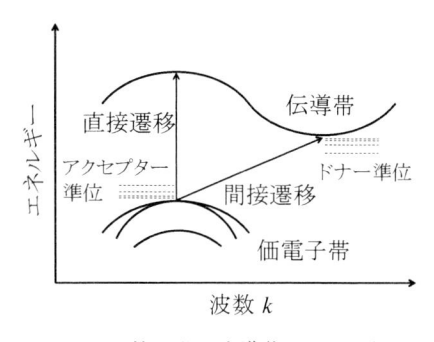

図7.9　間接遷移型半導体のバンド構造

［1］半導体の電子遷移

　図7.9に間接遷移型半導体のエネルギーバンドを模式的に示す．半導体における主要な電子遷移は，バンド間遷移，バンド内遷移および不純物遷移である．バンド間遷移はさらに直接遷移と間接遷移に分類することができる．直接遷移とは同じ波数ベクトル **k** の状態間で遷移する場合で，フォトンの運動量は無視できるほどに十分に小さいので，非常に急峻な吸収スペクトルを示す．多くの半導体材料（Si，Ge，GaAs，InSb，$Hg_{1-x}Cd_xTe$ など）ではギャップエネルギー E_g が近赤外から中赤外領域にあり，$E \geq E_g$ の領域で大きな吸収係数を示す．一方，間接遷移では価電子帯の頂点から伝導帯の底へフォノンの助けを借りて遷移が起こる．そのため，吸収スペクトルには遷移端にフォノンによる構造が現れ，吸収は徐々に増加する．

　遠赤外領域ではフリーなキャリアによるバンド内遷移も観測される．これは伝導帯内（または価電子帯内）での電子（またはホール（正孔））の吸収によるものであり，フォノンや不純物の散乱による高次の摂動を含む過程である．吸収係数は ω^2 に逆比例し，半導体の特性に強く依存した反射スペクトルが得られる[12]．このスペクトルを解析することによりキャリア濃度，移動度，有効質量，緩和時間などに関する情報を得ることができる．

　また，半導体では不純物の導入によりドナー準位やアクセプタ準位を形成するものが多い．これらの不純物準位は，第一近似として水素原子モデルで近似することができる．イオン化エネルギー E_i は比誘電率 ε，半導体内電子の実効的な質量である有効質量 m^*，および自由電子の質量 m_0 を用いて

$$E_i = \left(\frac{13.6}{\varepsilon^2} \frac{m^*}{m_0} \right) \ [eV] \tag{7.21}$$

で与えられる．Si に対して $\varepsilon = 11.7$，$m^*/m_0 = 0.2$ の値を用いると $E_i \sim 20$ meV となる．実際には不純物によりドナーあるいはアクセプタのイオン化エネルギーは異なっている[13]．不純物半導体（外因性半導体ともいう）を用いた光伝導検出器では，この不純物準位を用いて赤外線を検出している[14]．代表的な不純物半導体検出器として Ge:Cu，Ge:Ga，Si:P などがある．

　また近年では量子ドットやナノ構造などの新しい半導体材料が開発されており，人工的に半導体のエネルギー状態を制御することが可能になっている．波長可変の高強度コヒーレント光源である自由電子レーザ（free electron laser，FEL）の半導体量子ナノ構造への応用も報告されている[15]．

　赤外線を用いたサイクロトロン共鳴分光（cyclotron resonance spectroscopy）は，半導体研究に重要

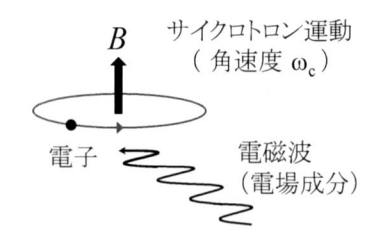

図7.10 サイクロトロン共鳴の原理

である．磁場中ではキャリアは静磁場のまわりにらせん運動（サイクロトロン運動）し，その角速度すなわちサイクロトロン角周波数 ω_c と等しい角周波数をもった電磁波を外部から照射すると，**図7.10** に示すようにサイクロトロン共鳴と呼ばれる共鳴吸収が起こる．このときのサイクロトロン共鳴の条件は次式で表される．

$$hv = h\omega_c \tag{7.22}$$

ここで，hv は電磁波のエネルギーを表す．サイクロトロン角周波数は $\omega_c = qB/m_c$（q：電荷，B：印加磁束密度，m_c：サイクロトロン有効質量）と書ける．このことから，電磁波の周波数と共鳴磁場の関係からサイクロトロン有効質量を実験的に決定することができる．

　半導体ではサイクロトロン有効質量 m_c が自由電子の質量 m_0 に比べて非常に小さいことから，磁束密度が数 T（テスラ）の磁場でも赤外領域の電磁波が必要になる．また，サイクロトロン共鳴を観測するためにはキャリアの回転運動が完結する必要があるため，$\omega_c\tau > 1$（τ: キャリアの散乱時間）の条件を満たす必要がある．実際の解析ではスピン－軌道相互作用や異方的質量テンソルも考慮する必要がある [16]．

　自由電子モデルの範囲内では赤外線のエネルギーとサイクロトロン共鳴磁場には比例関係が期待される．しかし，実際はエネルギーバンドの非調和項により強磁場領域でしばしば比例関係からのずれが観測される．また，近年，グラフェン（graphene）と呼ばれる単層のグラファイトにおいては $hv \propto \sqrt{B}$ の関係を満たすサイクロトロン共鳴が実験的に観測されている [17]．これはディラック電子（Dirac electron）と呼ばれる特殊なエネルギー分散を持つ系に特徴的なサイクロトロン共鳴として理解されている．

7.4.3　強誘電体・誘電体

　電場を印加した場合，電気双極子が誘起され分極が生じる物質を誘電体（dielectrics），電場を印加しなくても分極が生じる物質を強誘電体（ferroelectrics）と呼ぶ．誘電体や強誘電体の誘電分極は，電子雲の変形による電子分極，格子振動によるイオン分極，極性分子による配向分極によって生じる．それらのうち格子振動による共鳴吸収が，赤外から THz の周波数領域に光学スペクトルとして現れる．そのようなモードと強誘電性を密接に結ぶ関係式として，リデン－ザックス－テラー（Lyddane-Sachs-Teller, LST）の関係式が有名である [18]．即ち，強誘電転移に伴って静的な誘電率が大きくなる場合，光学フォノンの共鳴振動数が低エネルギーにシフト（ソフト化）することが予想される．実際，$BaTiO_3$ などの強誘電体において，格子振動モードが相転移に向かってソフト化し，そのモードの凍結によって相転移が生じることが明らかにされてきた．このように，強誘電体の誘電的性質を理解する上で，光学測定，特に遠赤外領域からテラヘルツ波領域の分光測定は重要な貢献をしてきた．

最近，磁場で電気分極を，電場で磁化を制御することが，磁性と強誘電性を合わせ持つ物質群であるマルチフェロイックス(multiferroics)によって可能となってきた [19]．マルチフェロイックスの誘電的性質やスピンの動的な挙動を明らかにする過程で，テラヘルツ波帯に光の電界成分で誘起される磁気励起が現れることが明らかとなり，理論，実験ともに活発な研究が行われている [20,21]．この新しい素励起は図7.11に示すように，光の電界成分で電気双極子活性なマグノン(magnon)が誘起されることから，エレクトロマグノンと呼ばれている．それまで，磁性体のミリ波からテラヘルツ波帯には，光の磁界成分で駆動される磁気励起，即ちマグノンの共鳴吸収が光学スペクトルに現れることが知られていた(7.4.4参照)．従来，電子スピン共鳴法をはじめとする研究が磁気共鳴現象に関して行われてきた結果，磁気異方性など磁性体の基礎的な物性が明らかにされてきた．一方，エレクトロマグノンは，マルチフェロイックスにおける誘電分極の起源だけでなく，従来の磁気共鳴の概念を大きく拡張するものであり，電場による磁化の高速制御とも関連して，ますます研究が活発化してきている．

エレクトロマグノンの研究で威力を発揮したのが，フェムト秒レーザを励起源とするテラヘルツ分光法である(6.7参照)．物質中に電磁波を入射し，その反射や吸収などの光学応答を測定することで，物質の誘電応答が測定できる．放射したテラヘルツ波の電界成分と磁界成分は直交しており，測定可能な結晶面に対して，その偏光依存性を測定する事で，共鳴吸収の起源を明らかにする事ができる．現在まで，数々のマルチフェロイックスにおいて，テラヘルツ波帯の磁気共鳴を注意深く測定すると，$RMnO_3$（R: 希土類），RMn_2O_5 など非常に多くの物質でエレクトロマグノンが現れることが明らかになってきた [20,21]．特に，強磁性体である $Ba_2Mg_2Fe_{12}O_{22}$ [22] や反強磁性体である $Ba_2CoGe_2O_7$ [23] などの強誘電性を示さない磁気相においても，エレクトロマグノンが現れる事は特筆すべきである．さらに図7.11に示すように $Ba_2Mg_2Fe_{12}O_{22}$ では，磁場の印加によってスピン構造

を制御することで，エレクトロマグノンのスペクトルが600%も変化する巨大テラヘルツ磁気クロミズムが現れることが明らかとなっている [24]．即ち，ゼロ磁場で誘起されるプロパースクリュー型らせん磁気相においては，エレクトロマグノンは励起されないのが，磁場を印加し縦円錐型のスピン構造を誘起すると，エレクトロマグノンが活性化する．さらに3T以上の磁

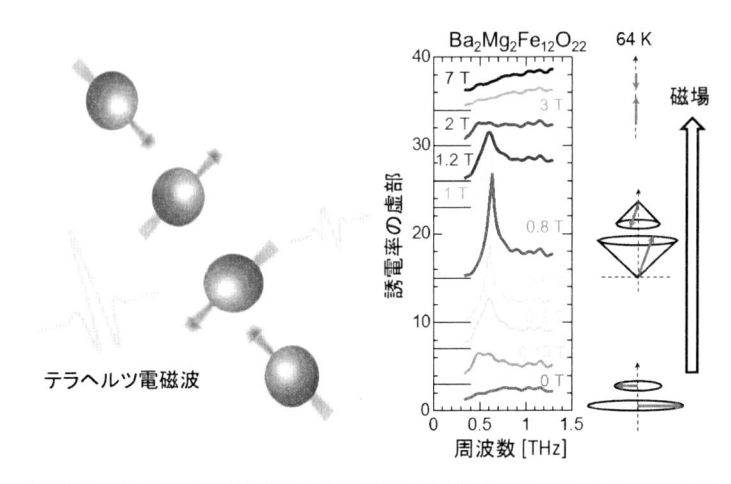

図7.11　テラヘルツ電磁波の電界成分で励起されるエレクトロマグノン(テラヘルツ分光法によって明らかにされた $Ba_2Mg_2Fe_{12}O_{22}$ 結晶におけるエレクトロマグノン共鳴吸収)

場を印加するとフェリ磁性相が誘起され，エレクトロマグノンが不活性化する．このようにエレクトロマグノン共鳴を利用することで，テラヘルツ波帯において巨大な磁気クロミズムが発現する．このようなエレクトロマグノンの起源として，磁気構造に起因する交換歪によって，マグノンが電気双極子を活性化することにあることが明らかになってきた[20]．このことは，マルチフェロイックスではない多くの磁性体において，普遍的にエレクトロマグノンが存在している事を示唆している．実際，$CuFeO_2$ において反強磁性共鳴と思われていた2つのモードの内の1つが，エレクトロマグノンであったことが，最近のテラヘルツ分光法を用いた偏光依存性の測定によって明らかになっている[25]．

7.4.4 磁性体，強磁性体，反強磁性体

磁性体の磁気状態としては，基本的にスピン間の相互作用が弱く，熱的にスピン同士が互いにランダムな方向を向いている常磁性状態(paramagnetism)，スピン間の強磁性的相互作用によりある温度(キュリー温度，Curie temperature)以下でスピン同士が同じ方向にそろう強磁性状態(ferromagnetism)，そしてスピン間の反強磁性的相互作用によりある温度(ネール温度，Néel temperature)以下で隣りあうスピン同士が反対方向にそろう反強磁性状態(antiferromagnetism)に大きく分けられる．これら状態の低エネルギー励起(マグノン)をはじめとした磁気状態を調べる方法の一つとして赤外分光が利用される．

これら磁気状態の磁場に対する応答が異なるため，磁気状態を調べるには磁場を印加するのが一般的である．例えば，常磁性状態を調べるには，電子スピン共鳴(electron spin resonance，ESR)が一般的に利用される．詳細は文献[26]に譲るが，ESR は磁場下での電磁波吸収を観測して電子状態を調べる方法である．一般的な ESR 装置は，X-band(9.5 GHz)のマイクロ波と水冷磁石を用いるが，ESR は高い周波数と強磁場で測定するほど高いスペクトル分解能が得られるため[27]，サブミリ波やテラヘルツ波とパルス強磁場を用いて測定が行われる[26,28,29]．このような高周波数・強磁場の測定は，吸収線幅が広い磁性体やゼロ磁場分裂を持つ磁性イオンの測定にも有効である．特に，後者に相当する還元型高スピンヘム鉄(Fe^{2+}，$S = 2$)を持つヘモグロビンの共鳴を，ラメラー格子分光器による遠赤外分光で観測した例もある[30]．このように，特定の磁性イオンのエネルギー準位を周波数掃引による分光で観測することは可能であるが，テラヘルツ波領域には格子振動によるフォノンも多数存在するので，磁気的な励起であることを確認するために磁場に対する応答を確認することがのぞましい．

強磁性状態においては，磁性体の表面にいわゆる N 極と S 極が生じたことによる反磁場効果[18]により，ESR の共鳴磁場が常磁性状態のものから大きくずれた強磁性共鳴(ferromagnetic resonance，FMR)が観測される．この場合も，磁化が飽和するに十分な強磁場と高周波数で観測すると非常に解析が簡単な周波数と磁場の関係が得られる[29]．強磁性体の場合，常磁性体ほど大きなゼロ磁場分裂を持つことは希であるので，周波数を固定した磁場掃引で FMR を観測することが多い．

反強磁性状態では，隣りあったミクロな磁石に相当するスピンが逆を向いて互いの磁気モーメン

トを打ち消しあっているので，マクロな磁化はゼロ磁場でゼロであるが，磁気異方性により秩序化する時スピンが向きたがる方向（容易軸）があり，それに磁場を平行または垂直にかけるかで，その磁化応答は大きく異なる [18]．また，秩序化したスピンは，隣のスピンに大きな内部磁場を生じるので，反強磁性状態における反強磁性共鳴（antiferromagnetic resonance，AFMR）は，常磁性状態のESR から内部磁場の分だけ大きくずれる [26]．また，別の見方をすれば，反平行の二つのスピンを平行にするには反強磁性相互作用に打ち勝つ大きなエネルギーを要するので，ゼロ磁場には大きなギャップ（反強磁性ギャップ）が生じる．したがって，反強磁性相互作用と磁気異方性が大きな反強磁性体の AFMR の観測にはテラヘルツ波領域の分光と，パルス磁場をはじめとした大きな磁場が必要である [26〜29]．これまでは，ガン発振器，後進波管や遠赤外レーザといった固定周波数に対する磁場掃引で AFMR が観測されることが多かったが，テラヘルツ時間領域分光法（terahertz time domain spectroscopy，THz-TDS）（6.7 参照）の発達により，固定磁場中での THz-TDS による AFMR の観測が増えている．また，AFMR の理論はマクロな磁化を分子場理論で扱うもので [18,29]，その詳細な解析から磁性体の磁気異方性を正確に決定することができる [31,32]．

なお，基本的な反強磁性共鳴は，マクロな磁化を分子場理論で扱うので，今では初等的な固体物理の教科書で扱われるが，これに関する最初の理論は大阪大学の永宮健夫，芳田圭，東京大学の久保亮五という当時の物性物理学の錚々たる著者によるもので（1955 年），当時もっとも詳細な測定が行われていた $CuCl_2 \cdot 2H_2O$ の反強磁性共鳴を見事に説明することに世界に先駆けて成功し [32]，この論文は発表された当時，世界に驚きをもって迎えられ，日本の磁性研究のレベルの高さを示す金字塔となった [33]．

7.4.5 超伝導体

物質が超伝導状態になると電気的，磁気的特性に劇的な変化が現れる．この現象は，フェルミエネルギー（ε_F）にエネルギーギャップが生じて，フェルミ面近傍の電子がより安定なエネルギー状態を取るために起こる．図 7.12(a) に示すように，このエネルギーギャップを超伝導ギャップ（2Δ）と呼ぶ．BCS 理論によれば超伝導ギャップエネルギーは $2\Delta = 3.53 k_B T_c$（k_B：ボルツマン定数，T_c：超伝導転移温度）となることから，転移温度の高い物質ではギャップエネルギーの大きさは遠赤外領域に相

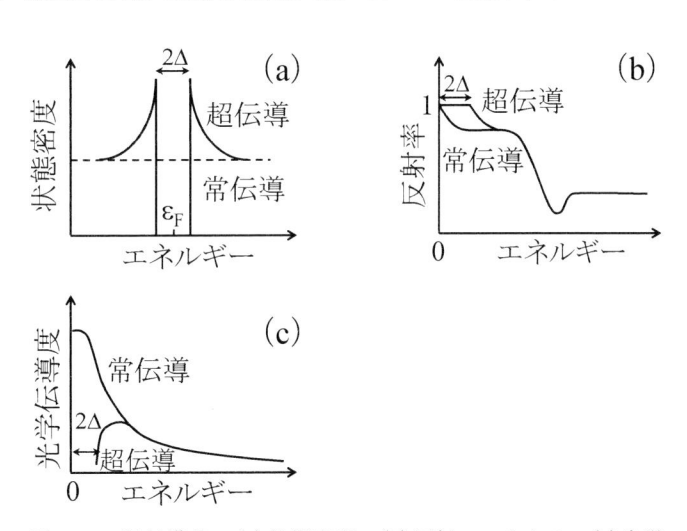

図 7.12　超伝導体の(a)状態密度，(b)反射スペクトル，(c)光学伝導度

当する.

　このように超伝導状態ではフェルミ面上に超伝導ギャップが開くため，超伝導転移温度よりも低い温度では，2Δよりも低エネルギー領域に，赤外反射スペクトル(図7.12(b))や反射スペクトルのクラマース・クローニッヒ(Kramers-Kronig)解析などから求められる光周波数における伝導度，即ち光学伝導度(図7.12(c))に変化が現れる.　赤外線を用いたBCS超伝導体の超伝導ギャップの最初の観測はティンカム(M.Tinkham)らにより行われた[34].　超伝導転移前後における反射スペクトルの変化はBCS理論の結果とよい一致を示すことが実験的に示されている[35].

　高い超伝導転移温度を示すことで知られる高温超伝導体でもギャップエネルギーの大きさが$2\Delta > 10$ meVとなるため，赤外線を用いた超伝導ギャップの直接観測が期待された.　しかし，高温超伝導体では光学スペクトルが偏光方向，試料純度などに大きく依存するため，解析には注意を要する.　超伝導ギャップが観測された例として，$YBa_2Cu_3O_{7-\delta}$単結晶のc軸偏光光学スペクトルの例が挙げられる[36].　一方その後，波超伝導で波数k空間のあらゆる方向でギャップが開いているBCS超伝導体と異なり，波数k空間の特定の方向にはnodeが存在しギャップが開いていない高温超伝導体では赤外分光があまり有効でないことが次第に明らかとなった.　そこで，最近では分解能が格段に向上して赤外分光に近づき，k依存性を持って計測可能な角度依存光電子分光が，フェルミ面近傍の計測手法として主流となってきている.　高温超伝導体においてはまた，超伝導転移温度が最高になるドープ量よりも少ない，いわゆるアンダードープの領域の結晶ではT_c以上の常伝導状態において何らかのギャップの存在が実験的に報告されている.　しかしその起源については議論が続いている.

　超伝導体物質の常伝導状態における赤外分光スペクトルは超伝導発現のメカニズムを探るうえで重要な知見を与える.　例えば，高温超伝導体では絶縁体である母物質にキャリアをドープしていくことで金属相が現れ，最適ドープ量で最も高い転移温度を示すことが知られている.　これに対応して低エネルギー領域における光学伝導度はドープ量とともに上昇し，超伝導を示す領域ではドルーデ(Drude)型に変化していく振る舞いが観測されている[37].

　高温超伝導体をはじめとする新奇な超伝導体では，伝導層が積層した層状構造をもつものが少なくない.　このような試料では電磁波の電界成分が伝導層に対して平行あるいは垂直に印加されるかによって赤外スペクトルが大きく変化する.　そのため詳細なスペクトル解析を行うためには，単結晶試料を用いた測定が重要である.　特に高温超伝導体のように2次元的な電子状態が実現している系では，キャリアは伝導層内で自由電子的に振舞う一方，層間ではホッピング伝導的に振舞うことが知られており，赤外スペクトルから電荷のダイナミクスについて知見を得ることができる[38].

　高温超伝導体は異方性が大きいため2次元シート状の超伝導がジョセフソン結合により弱く結合した系(固有ジョセフソン接合, intrinsic Josephson junction)と考えることができる.　その場合，クーパー対のプラズマ周波数は遠赤外領域まで低下し，超伝導状態の層間方向の赤外反射スペクトルに鋭いエッジが観測される.　この現象はジョセフソンプラズマ共鳴と呼ばれる.　$La_{2-x}Sr_xCuO_4$[39]では遠赤外領域に，$Bi_2Sr_2CaCu_2O_{8+\delta}$[40]では数10 GHzのマイクロ波領域にジョセフソンプラズマ共鳴

が観測された．ジョセフソンプラズマ共鳴は電子状態の異方性と密接に関連しており，層間コヒーレンスの研究に用いられている．また，固有ジョセフソン接合を用いたテラヘルツ発振素子への応用も報告されている[41,42]．

7.5 生体物質の赤外スペクトル

赤外スペクトルは"分子の指紋"とも呼ばれるようにそれぞれの分子に特徴的なスペクトルを与えるために，生体物質関連分野においても様々な形で利用されている．

生命活動のしくみを明らかにするには，それを構成する生体物質の構造と機能との関連を調べる必要がある．代表的な生体物質には，遺伝情報に関わるデオキシリボ核酸(deoxyribonucleic acid, DNA)とリボ核酸(ribonucleic acid, RNA)，生体内での様々な化学反応で触媒の働きをする酵素などのタンパク質や，細胞や細胞内小器官の境界を区切る脂質二重層を構成するリン脂質などがある．DNA や RNA はヌクレオチド，タンパク質はアミノ酸が重合した高分子である．また，生体エネルギーの貯蔵に重要な多糖類の一種であるグリコーゲンは単糖であるグルコースが重合した高分子である．多糖類は細胞膜に存在する膜タンパク質や脂質を修飾して，細胞間の情報伝達やウイルス感染の際の分子認識部位としても重要な役割を果たしている．赤外分光法により，これらの高分子やその構成単位の低分子の構造を解析するために，それぞれの精製試料を用いた計測だけでなく，最近では各種顕微観察技術の発展により細胞や組織に対する計測もなされている．

生体物質を赤外線で解析するために留意するべき点として，試料に含まれる水分による赤外線の吸収がある．水の OH 伸縮振動(3400 cm^{-1} 付近)や OH 変角振動(1650 cm^{-1})領域の計測を透過法で行う際には光路長を 5 μm 以下にまで薄くするか，重水(^2H_2O, D_2O)を用いて水の OH 伸縮および変角振動バンドを低波数シフト(OD 伸縮振動；2480 cm^{-1}, OD 変角振動；1200 cm^{-1})させて計測する必要がある．タンパク質の二次構造解析に用いられるアミド(amide)I(1700-1610 cm^{-1})のバンドでは，重水中で計測したアミド I' によって解析されることが一般的である．また，全反射型光学系(attenuated total reflection, ATR)で，シリコンやゲルマニウムなど高屈折率の ATR プリズム結晶表面に吸着させた試料の赤外吸収を結晶表面から数 μm 程度しみ出したエバネッセント(evanescent, 近接場)光によって計測する手法が用いられることもある．その例を図 7.13 に示す．左側の写真は ATR 装置であり，中央のスペクトルは DNA(D_2O 中)，リン脂質，膜タンパク質について，ATR プリズムにそれぞれの試料を滴下して乾燥後，フーリエ赤外分光装置を用いて測定した結果で，右側にそれぞれの試料物質の分子構造を示す．膜タンパク質のスペクトルは 1655 cm^{-1} にピークを示すアミド I のバンドをフォークト(Voigt)関数により 3 成分(1678, 1656, 1637 cm^{-1})に分解した結果も示す．尚，用いられている試料は，DNA は古細菌型ロドプシンの一種である *pharaonis halorhodopsin* (*p*HR)の遺伝子配列を持つ環状プラスミド，リン脂質は卵黄由来フォスファチジルコリン，膜タンパク質は *p*HR の精製試料をリン脂質膜に再構成したものである．

生体内での様々な化学反応を理解するために，反応前後の差スペクトルを解析する手法がある．たとえば人間の視覚で働くロドプシンと呼ばれる膜タンパク質はレチナールを発色団として結合し

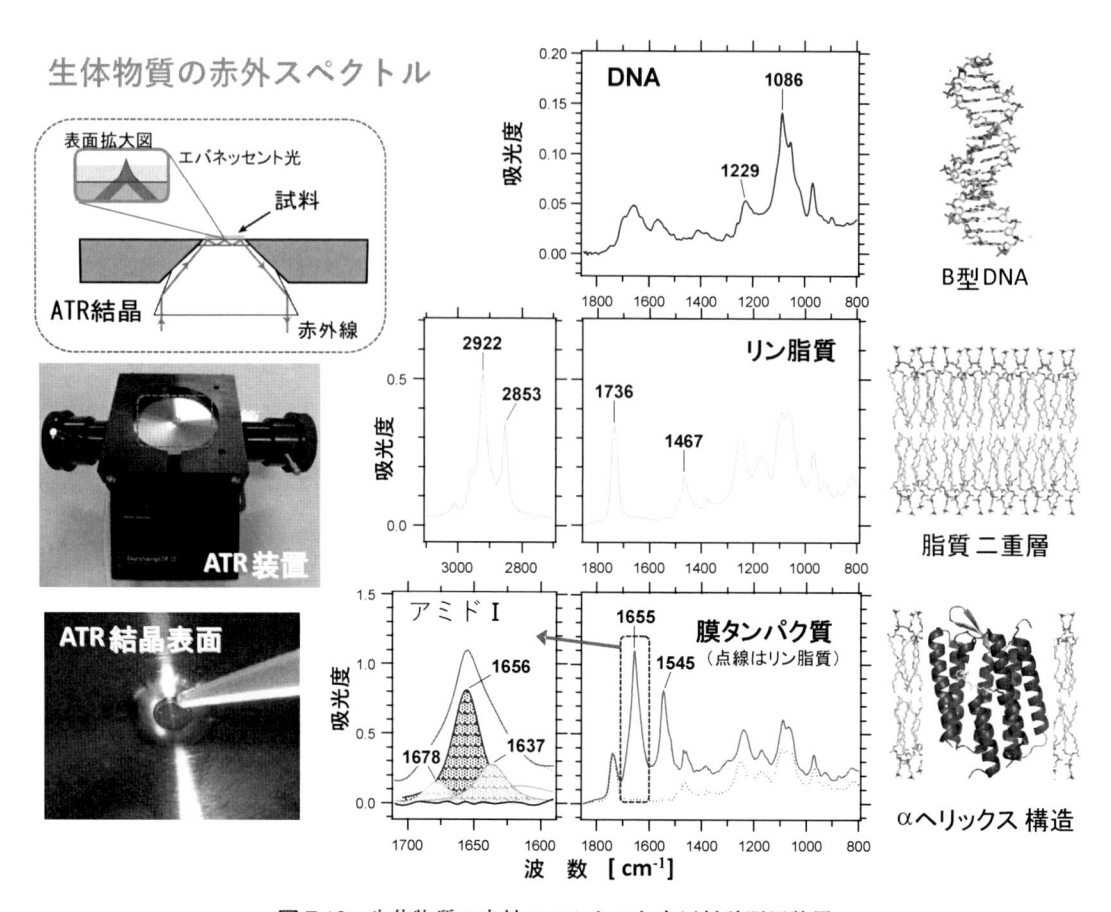

図 7.13　生体物質の赤外スペクトルと全反射計測用装置

ており，可視光によって光異性化反応を起こしタンパク質の構造が活性化状態に変化する．したがって可視光の無照射時と照射時の赤外スペクトルを比較する，いわゆる光誘起赤外差スペクトルによって，光反応に伴うレチナール分子やアミノ酸残基の構造変化が解析され，活性化状態に至る分子機構の詳細が調べられている [43,44)].

7.5.1　核酸の赤外スペクトル

　DNA や RNA といった核酸は，生命の設計図であるゲノムを構成する遺伝子の情報を保持する生体物質である．核酸の構成要素であるヌクレオチドはアデニン(A)，グアニン(G)，シトシン(C)，チミン(T)(RNA ではウラシル(U))を含み，A と T(RNA では A と U)および G と C が互いに水素結合を形成することで，相補的な二重らせん構造を形成する．この二重らせん構造には，右巻きらせん構造の A 型と B 型，そして左巻きらせん構造の Z 型と呼ばれる形態がある．A 型と B 型の違いは糖部分のリボースの積層状態の違いにあり，2' 位に OH 基がある RNA は立体障害のため常に A 型である．DNA は天然構造としては B 型が主流であり，低塩濃度下で安定である．高塩

濃度や脱水状態では A 型に転移する. また, GC 配列が連続した DNA では脱水時に Z 型になることが確認され, 天然状態でも Z 型構造が存在することも報告されている. これらの構造を特徴づける赤外吸収バンドとしては, リン酸基の逆対称伸縮振動(A；$1240\ cm^{-1}$ ⊥, B；$1225\ cm^{-1}$ 0, Z；$1215\ cm^{-1}$ 0)や対称伸縮振動($1089\ cm^{-1}$, A；∥, B；⊥, Z；⊥)の振動バンドの振動数や直線偏光依存性(垂直⊥, 平行∥, 依存性無し 0)がある[45]. 他にもデオキシリボースや塩基からの振動バンドも構造解析に用いられる[45].

　最近の研究例としては, DNA の構造と水和との関係を直接議論したものがある. DNA 構造の変化とリン酸基や塩基部分に水和する水分子が構造安定化に働いていることを示したものである[46]. また, DNA の相補鎖で形成される水素結合の性質を赤外線の超短パルスレーザを用いた非線形分光である二次元赤外分光法で解析した研究例もある[47]. さらには自然界の紫外線環境下で受ける DNA の傷害を光回復酵素が修復する過程を光誘起赤外差分光計測で明らかにした研究などもある[48].

7.5.2　脂質の赤外スペクトル

　脂質は細胞膜に代表されるように生体を構成する代表的な分子である. リン脂質など両親媒性の脂質は, 水中では親水性のリン酸基部分が外側を向き, 疎水性の炭化水素鎖が内側に向き合った脂質二重層を形成する. イオンや親水性分子の透過性が低く, 細胞内外の環境を仕切るのに重要な役割を果たしている.

　脂質二重層は温度, 圧力, 塩濃度などに応じて, 結晶相, ゲル相, 液晶相など様々な物理状態を取る. この構造転移の観測には, 図 7.13 のリン脂質のスペクトルに見られるような炭化水素鎖の CH_2 基の伸縮振動(逆対称；$2920\ cm^{-1}$, 対称；$2850\ cm^{-1}$)の振動数が, 液晶相など構造が乱れた状態では増加することが利用されている[49]. 生体膜など膜タンパク質が含まれる試料においては, リン脂質の炭化水素鎖を重水素化することで CH_2 伸縮を CD_2 伸縮($2100\ cm^{-1}$ と $2000\ cm^{-1}$ 付近)として観察する手法も利用されている. また, リン脂質のエステル基の $C=O$ 伸縮振動($1740\ cm^{-1}$)が現れ, 水分子との相互作用などが議論されている. 他にも CH_2 変角振動($1450\ cm^{-1}$)は, 斜方晶系結晶層では分子間でのカップリングによって多数のバンドに分割するが, 温度上昇に伴い六方晶系結晶層では分割は消失する. また, ゲル層から液晶層への相転移においては, バンドの広幅化とピーク強度の減少が見られ, 脂質の構造転移を反映した変化が現れる.

7.5.3　タンパク質の赤外スペクトル

　生体物質の赤外スペクトル分析法は, タンパク質の二次構造解析に最も利用されている手法の 1 つである. 主鎖のペプチド基のカルボニル($C=O$)伸縮振動が関与する振動モードであるアミド I は $1610 \sim 1700\ cm^{-1}$ の波数を示すが, カルボニル基同士の遷移双極子間相互作用により, タンパク質の二次構造によって波数が大きく変化することを利用している. 例えば, α ヘリックス構造では $1648 \sim 1657\ cm^{-1}$, β シート構造では $1623 \sim 1641\ cm^{-1}$ および $1674 \sim 1695\ cm^{-1}$, ターン構造

では 1662 ～ 1686 cm^{-1}，ランダム構造では 1642 ～ 1657 cm^{-1} と報告されている [50]．これらの周波数は重水中で計測したアミド I′ においては若干の低波数シフトを示す．

　膜タンパク質では脂質二重層中での配向性を直線偏光の垂直および水平成分を利用することで，膜法線に対する α ヘリックスの傾きを解析することも行われている．特に全反射（ATR）赤外分光法では結晶表面の平坦性から表面近傍の脂質二重層の配向性が良く，より多層の脂質二重層からなる透過試料に比べて，直線偏光2色性が利用しやすい．糖の膜間輸送に働く膜タンパク質において，糖の結合に伴って α ヘリックスの傾きが変化することを明らかにした例もある [51]．

　タンパク質の機能発現の分子機構を理解するために，様々な刺激による赤外スペクトルの変化を差スペクトルによって解析する手法がある．既に例を挙げた光受容タンパク質だけでなく，ミトコンドリアでの呼吸や葉緑体での光合成などの酸化還元反応，基質やイオンの結合など様々な例がある．特に全反射赤外分光法は膜タンパク質試料を液中に浸した状態で計測することが可能なため，基質やイオンの結合に伴う差スペクトル解析に適している [52,53]．現在では，内部反射結晶の大きさが小さくなったので，結晶内部を赤外線が9回反射する結晶においても，表面を覆う試料は数 µg 程度で十分な計測が可能である．

7.5.4　今後の展望

　赤外スペクトルによる生体物質の解析は，X 線結晶構造による詳細な構造情報が得られてから益々重要性が増してくるものと思われる．特に，様々な物理的および化学的刺激に伴う赤外差スペクトルを計測することにより，生体物質の構造変化を高い感度で解析することが可能となり，その重要性が増すと考えられる．赤外スペクトル測定では，試料調製の要求が比較的低いことから，核磁気共鳴法の適用が難しい膜タンパク質などの生体物質についても今後さらに適用が進むことが期待される．また，細胞など生体物質が本来存在する環境下での計測も顕微技術の発展により進むであろう．原子間力顕微鏡と赤外レーザを組み合わせた手法 [54] が良い例である．また，非線形光学効果を利用した超解像技術 [55] の進展も期待される．

参考文献

1) P. Goy : "Millimeter and Submillimeter Waves Interacting with Giant Atoms (Rydberg States)", Infrared and Millimeter Waves (ed. K. J. Button), 8, Chap. 8 pp. 341-386, Academic press (1983).
2) 平石次郎編 : "フーリエ変換赤外分光法 – 化学者のための FT-IR", 日本分光学会測定法シリーズ 10, 学術出版センター （1985）.
3) 濱口宏夫, 平川暁子編 : "ラマン分光法", 日本分光学会測定法シリーズ 17, 学会出版センター (1988).
4) D. A. McQuarrie : "Statistical Mechanics", University Science Books, (2000).
5) 日本化学会編 : "第 5 版実験化学講座 9　物質の構造 I", pp. 275-288, 丸善 (2005).
6) G. Nilsson and G. Nelin : "Phonon Dispersion Relations in Ge at 80ºK", Phys. Rev. B, 3, pp.364-369 (Jan. 1971).
7) E. Dowty : "Vibrational interactions of tetrahedra in silicate glasses and crystals", Phys. Chem. Minerals, 14, pp. 542-552 (Nov. 1987).
8) Y. Inamura, M. Arai, O. Yamamuro, et al. : "Peculiar suppression of the specific heat and boson peak intensity of densified SiO$_2$ glass", Physica B 263-264, pp. 299-302 (Mar. 1999).
9) T. Ohsaka and S. Oshikawa : "Effect of OH content on the far-infrared absorption and low-energy states in silica glass", Phys.

Rev. B, 57, pp. 4995-4998（Mar. 1998）.

10) T. Ohsaka, T. Shoji and K. Tanaka : "Temperature change of the far-infrared absorption and nature of low-frequency modes in silica glass", J. Phys. Soc. Jpn., 69, pp. 3711-3714（Nov. 2000）.

11) T. Nakayama : "The origin of the boson peak in network-forming glasses", J. Phys.: Condens. Matter, 10, pp. L41-L47（Jan. 1998）.

12) R. T. Holm, J. W. Gibson and E. D. Palik : "Infrared Reflectance Studies of Bulk and Epitaxial-Film n-Type GaAs", J. Appl. Phys. 48, pp. 212-223（Jan. 1977）.

13) S. M. ジィー : "半導体デバイス（第 2 版）", 産業図書（2004）.

14) テラヘルツテクノロジーフォーラム編 : "テラヘルツ技術総覧", 4.3 節, エヌジーティー（2007）.

15) J. Cerne, A. G. Markeltz, M. S. Sherwin, et al. : "Quenching of Excitonic Quantum-Well Photoluminescence by Intense Far-Infrared Radiation: Free-Carrier Heating", Phys. Rev. B 51, pp. 5253-5262（Feb. 1995）.

16) 浜口智尋 : "半導体物理", 朝倉書店（2001）.

17) M. Orlita and M. Potemsiki : "Dirac Electronic States in Graphene Systems: Optical Spectroscopy Studies", Semicond. Sci. Technol. 25, pp. 063001/1-22（Jun. 2010）.

18) C. Kittel : "Introduction to Solid State Physics", John Wiley & Sons,（1996）.

19) 永長直人, 十倉好紀 : "磁性と誘電性の物理 − マルチフェロイックス", 日本物理学会誌, 64, pp. 413-420（2009-06）.

20) 貴田徳明, 十倉好紀 : "テラヘルツ光電場で誘起される磁気励起 − エレクトロマグノン", 特集号「動的光物性の新展開」固体物理 46, 699-710（Nov. 2011）.

21) N. Kida, Y. Takahashi, J. S. Lee, R. Shimano, et al. : "Terahertz time-domain spectroscopy of electromagnons in multiferroic perovskite manganites［Invited］", J. Opt. Soc. Am. B, 29, pp. A35-A51（Sep. 2009）.

22) N. Kida, D. Okuyama, S. Ishiwata, Y. Taguchi, R. Shimano, K. Iwasa, T. Arima and Y. Tokura : "Electric-dipole-active magnetic resonance in the conical-spin magnet $Ba_2Mg_2Fe_{12}O_{22}$", Phys. Rev. B, 80, pp. 220406（R）-1-4（Dec. 2009）.

23) I. Kezsmarki, N. Kida, H. Murakawa, S. Bordacs, Y. Onose and Y. Tokura : "Enhanced directional dichroism of terahertz light in resonance with magnetic excitations of the multiferroic $Ba_2CoGe_2O_7$ oxide compound", Phys. Rev. Lett., 106, pp. 057403-1-4（Feb. 2011）.

24) N. Kida, S. Kumakura, S. Ishiwata, Y. Taguchi and Y. Tokura : "Gigantic terahertz magnetochromism via electromagnons in the hexaferrite magnet $Ba_2Mg_2Fe_{12}O_{22}$", Phys. Rev. B, 83, pp. 064422-1-8（Feb. 2011）.

25) S. Seki, N. Kida, S. Kumakura, R. Shimano and Y. Tokura : "Electromagnons in the spin collinear state of a triangular lattice antiferromagnet", Phys. Rev. Lett., 105, pp. 097207-1-4（Aug. 2010）.

26) 電子スピンサイエンス学会監修 : "入門電子スピンサイエンス＆スピンテクノロジー", pp. 145-157, 米田出版（2010）.

27) C.P. Poole, Jr. and H.A. Farach（Eds.）: "Handbook of Electron Spin Resonance Vol. 2", Springer-Verlag（1999）.

28) H. Ohta, H. Nojiri and M. Motokawa（Eds.）: "Proceedings of the International Workshop on Application of Submillimeter Wave Electron Spin Resonance for Novel Magnetic Systems", J. Phys. Soc. Jpn. 72, Supplement B（June 2003）.

29) 安岡弘志, 本河光博編 : "磁気測定 II 共鳴型磁気測定（実験物理学講座 7）", pp. 55-80, 丸善（2000）.

30) P.M. Champion and A.J. Sievers : "Far infrared magnetic resonance of deoxyhemoglobin and deoxymyoglobin", J. Chem. Phys. 72, pp. 1569-1582（Feb. 1980）.

31) 伊達宗行 : "電子スピン共鳴", 培風館（1991）.

32) T. Nagamiya, K. Yoshida and R. Kubo : "Antiferromagnetism", Advance in Phys. 4, pp. 1-112（Jan. 1955）.

33) 金森順次郎 : "永宮健夫先生を偲んで", 日本物理学会誌, 61, p. 640（2006）.

34) R. E. Glover and M. Tinkham : "Transmission of Superconducting Films at Millimeter-Microwave and Far Infrared Frequencies", Phys. Rev. 104, pp. 844-845（Nov. 1956）.

35) L. H. Palmer and M. Tinkham : "Far-Infrared Absorption in Thin Superconducting Lead Films", Phys. Rev. 165, pp. 588-595（Jan. 1968）.

36) J. Schützmann, S. Tajima, S. Miyamoto and S. Tanaka : "c-axis optical response of fully oxygenated $YBa_2Cu_3O_{7-\delta}$: observation of dirty-limit-like superconductivity and residual unpaired carriers", Phys. Rev. Lett. 73, pp. 174–177（Jul. 1994）.

37) S. Uchida, T. Ido, H. Takagi, T. Arima, Y. Tokura and S. Tajima : "Optical Spectra of $La_{2-x}Sr_xCuO_4$: Effect of Carrier Doping on the Electronic Structure of the CuO_2 Plane", Phys. Rev. B 43, pp. 7942-7954（Apr. 1991）.

38) K. Tamasaku, T. Ito, H. Takagi and S. Uchida : "Interplane Charge Dynamics in $La_{2-x}Sr_xCuO_4$", Phys. Rev. Lett. 72, pp. 3088-3091（May 1994）.

39) K. Tamasaku, Y. Nakamura and S. Uchida : "Charge Dynamics across the CuO_2 Planes in $La_{2-x}Sr_xCuO_4$", Phys. Rev. Lett. 69, pp. 1455-1458（Aug. 1992）.

40）Y. Matsuda, M. B. Gaifullin, K. Kumagai, K. Kadowaki and T. Mochiku : "Collective Josephson Plasma Resonance in the Vortex State of $Bi_2Sr_2CaCu_2O_{8+\delta}$", Phys. Rev. Lett. 75, pp. 4512-4515 (Dec. 1995).

41）L. Ozyuzer, A. E. Koshelev, C. Kurter, et al. : "Emission of Coherent THz Radiation from Superconductors", Science 318, pp. 1291-1293 (Nov. 2007).

42）山下務, 王華兵 : "固有ジョセフソン接合とテラヘルツ・デバイス", 日本赤外線学会誌, 12(2), pp. 33-38 (Mar. 2003).

43）H. Kandori, Y. Shichida and T. Yoshizawa : "Photoisomerization in rhodpsin", Biochemistry (Mosc.), 66(11), pp.1197-1209 (Nov. 2001).

44）R. Vogel and F. Siebert : "Fourier transform IR spectroscopy study for new insights into molecular properties and activation mechanisms of visual pigment rhodopsin", Biopolymers, 72(3), pp.133-148 (Apr. 2003).

45）E. Taillandier and J. Liquier : "Infrared spectroscopy of DNA", Method. Enzymol. 211, pp307-335 (1992).

46）H. Khesbak, O. Savchuk, S. Tsushima and K. Fahmy : "The role of water H-bond imbalances in B-DNA substate transitions and peptide recognition revealed by time-resolved FTIR spectroscopy", J. Am. Chem. Soc., 133(15), pp.5834-5842 (Apr. 2011).

47）T. Elsaesser : "Two-dimensional infrared spectroscopy of intermolecular hydrogen bonds in the condensed phase", Acc. Chem. Res., 42(9), pp. 1220-1228 (Sep. 2009).

48）Y. Zhang, T. Iwata, J. Yamamoto, et al. : "FTIR study of light-dependent activation and DNA repair processes of (6-4) photolyase", Biochemistry, 50(18), pp. 3591-3598 (May. 2011).

49）K. K. Tamm and S. A. Tatulian : "Infrared spectroscopy of proteins and peptides in lipid bilayers", Q. Rev. Biophys., 30(4), pp. 365-429 (Nov. 1997).

50）A. Barth and C. Zscherp : "What vibrations tell us about proteins", Q. Rev. Biophys., 35(4), pp. 369-430 (Nov. 2002).

51）V. A. Lórenz-fonfría, M. Granell, X. León, G. Leblanc and E. Padrós : "In-plane and out-of-plane infrared difference spectroscopy unravels tilting of helices and structural changes in a membrane protein upon substrate binding", J. Am. Chem. Soc., 131(42), pp. 15094-15095 (Oct. 2009).

52）P. R. Rich and M. Iwaki : "Methods to probe protein transitions with ATR infrared spectroscopy", Mol. Biosyst., 3(6), pp. 398-407 (Jun. 2007).

53）Y. Furutani, T. Murata and H. Kandori : "Sodium or lithium ion-binding-induced structural changes in the K-ring of V-ATPase from Enterococcus hirae revealed by ATR-FTIR spectroscopy", J. Am. Chem. Soc., 133(9), pp. 2860-2863 (Mar. 2011).

54）C. Policar, J. B. Waern, M. A. Plamont, et al. : "Subcellular IR imaging of a metal-carbonyl moiety using photothermally induced resonance", Angew. Chem. Int. Ed. Engl., 50(4), pp. 860-864 (Jan. 2011).

55）K. Inoue, M. Fujii and M. Sakai : "Development of a Non-scanning Vibrational Sum-Frequency Generation Detected Infrared Super-Resolution Microscope and Its Application to Biological Cells", Appl. Spectrosc., 64(3), pp. 275-281 (Mar. 2010).

8章　赤外線応用

　赤外線の研究は，理学や工学などの各研究分野の進展と相伴いながら発展し，多くの分野で応用されている．その範囲は，新素材，半導体，エネルギー，通信，宇宙，環境，食品，医療など社会の基盤となる先端技術から日常生活に直結する分野まで幅広い．本章では，これら分野での赤外線応用について述べる．

8.1　放射温度計測

　温度を知りたい対象物から放出される赤外線強度を測定することによって温度計測するのが放射温度計測である．検出した赤外線強度を 1.3.4 で述べたプランク(Planck)の放射法則(放射強度の波長と温度の関係)やステファン・ボルツマン(Stefan-Boltzmann)の法則(全放射強度と温度の関係)を利用して温度に変換する．このとき対象物の種類によって同じ温度でも放射率(emissivity)が異なるので赤外線放射強度は異なり，補正を行って真の温度を知ることができる．

　物体からの赤外線放射は，温度が数 100℃ までであれば殆どの放射エネルギーは波長が数 µm から約 25 µm の領域にあり，一般にはこの波長域で測定を行えば十分である．特に波長 8 ～ 14 µm の帯域は大気の窓でもあるので放射エネルギーが大気に吸収されずに届き，放射温度計やサーモグラフィ(thermography)，リモートセンシング(remote sensing)などで利用される．

8.1.1　放射率の補正

　放射温度計は物体の温度を離れた場所から測定する機器であるが，温度を正しく測定するにはその放射温度計が測定に用いている帯域(通常は 8 ～ 14 µm)におけるその物体の放射率の値を放射温度計に設定することが必要である．種々の物質の放射率はいくつか報告されており，その値を利用するのが簡便である．

　ここで放射率を分光放射率から求める方法を述べる．分光放射率 ε_λ は，黒体炉と同じ温度の試料物体からの放射スペクトル強度を分光器で測定(**図 2.2**(a)参照)し，

$$\varepsilon_\lambda(T) = \frac{L_s(\lambda, T) - L_e(\lambda, T_r)}{L_b(\lambda, T) - L_e(\lambda, T_r)} \tag{8.1}$$

から求められる．ここで $L_b(\lambda, T)$ および $L_s(\lambda, T)$ は，それぞれ黒体炉と試料の温度 T における放射輝度スペクトル，$L_e(\lambda, T_r)$ は測定系周辺温度 T_r の背景放射輝度スペクトルである．このようにして求めた $\varepsilon_\lambda(T)$ に黒体の分光放射輝度 $L(\lambda, T)$ を乗じることで試料の分光放射輝度が算出され，波長域 $\lambda_1 \sim \lambda_2$，温度 T の放射率は，

$$\varepsilon(\lambda_1, \lambda_2, T) = \frac{\int_{\lambda_1}^{\lambda_2} \varepsilon_\lambda(T) L(\lambda, T) d\lambda}{\int_{\lambda_1}^{\lambda_2} L(\lambda, T) d\lambda} \tag{8.2}$$

から求められる．

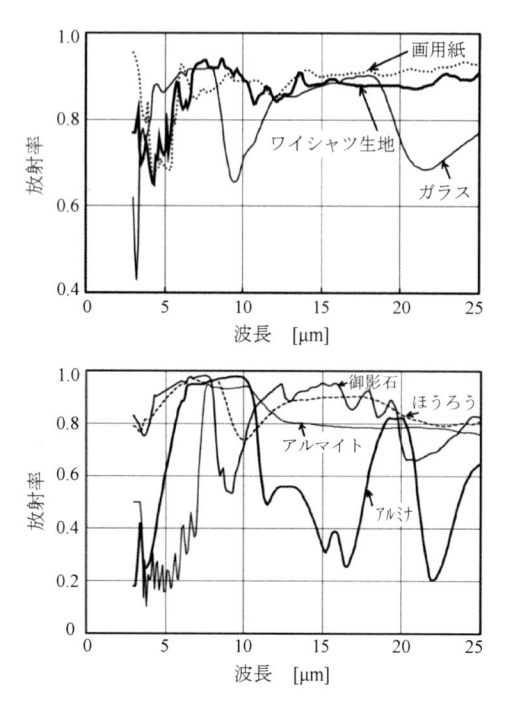

放射率

波長　[μm]

御影石
ほうろう
アルマイト
アルミナ

波長　[μm]

図 8.1　身近な物質の分光放射率(温度 100℃)

式(8.1)から求めた身近な物質の分光放射率の値を図 8.1 に示す．またその値をもとに 8 ～ 14 μm の波長域およびそれより広い 3 ～ 25 μm の波長域の放射率の値を式(8.2)から求め，図 8.2 に示す．

放射率を求める場合に人の皮膚のように温度変化する物体では，それと同一温度にした黒体炉を用いる通常の方法は使えないため，反射率と透過率の測定から放射率を算出する方法が使われる[1]．赤外域で透過率が 0 である物質では，吸収率と反射率の和は 1（式(1.13)），吸収率と放射率は等しいというキルヒホッフ(Kirchhoff)の熱放射に関する法則(1.3.3 参照)を用いて，反射率を測定することによって 1 − 反射率から放射率を測定する[1]．

放射温度計を用いて物体の放射率を比較的簡易に知る方法がある．対象物の温度を表面温度計で測り，放射温度計の指示がその温度になるように放射率を設定することで知る方法[2]，黒化テープのような放射率既知の物質を被測定物体部位に貼り，放射温度計の放射率を黒化テープの値に設定してその表面温度を測り，次にテープ近傍の被測定物体を狙って同一の測定温度となるように放射温度計の放射率を再設定することで知る方法などである[2]．

放射温度計での温度測定で周辺に温度差のある物体が存在していると，その物体からの放射が対象物に入射反射して対象物の放射量が変化し，ひいては放射温度計への入射量も変化し測定誤差の原因となる．人体も含め周辺に温度差のある物体がある場合には，アルミ箔や断熱材などで温度差

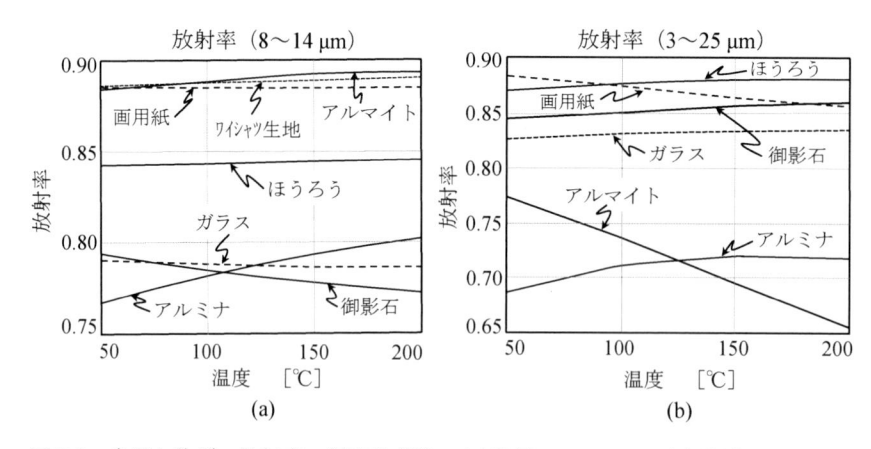

図 8.2　身近な物質の放射率の温度依存性　(a)波長 8 ～ 14 μm　(b)波長 3 ～ 25 μm

のある周辺物体からの放射を遮断するなどの工夫が，殊に放射率の小さい物質の測定時には必要である．

　また対象物を斜め方向から計測する場合には，対象物のその角度における放射率を放射温度計に設定する必要がある．黒体の放射率は全ての角度で1であるが，黒体以外の物体の放射率は角度に依存して変化することが報告されている．図8.3にその一例を示す[3]．紙と酸化銅は共に観測角の増加と共に徐々に放射率は小さくなり，角度が増すほどその傾向は強くなる．放射率の高い他の物体においても同様に，角度が増すと放射率が減少するとの研究結果が報告されている[4]．

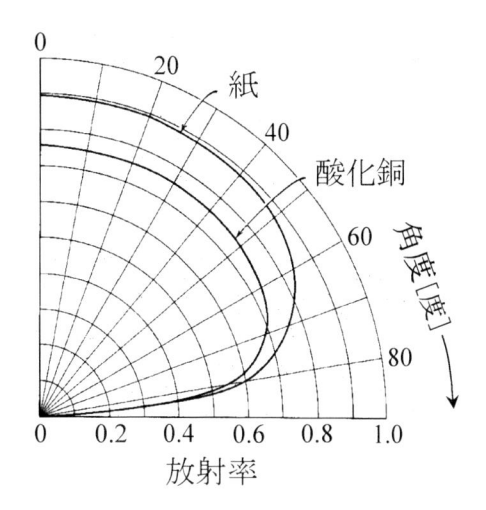

図8.3　紙と酸化銅の放射率角度依存性

8.1.2　放射体温計

　電子式体温計や水銀体温計は，腋の下に体温計を数分間入れて熱平衡に達した時の温度を測定する．それに対して放射体温計は数秒で測定が可能で，皮膚から 1 ～ 3 cm 離れた位置で測定するもの，耳孔に入れて測るものがある．それらは「非接触体温計」「皮膚赤外線体温計」「耳式体温計」などの名前で市販されている．

　これらは乳幼児や介護施設の入居者の体温測定に便利よく使われている．そのセンサ部の構造は図8.4 に示すように，中央にある厚さ数 μm のダイヤフラムで赤外線を吸収して熱に変換する[5]．そのとき生じる約 1/1000℃ の微小な温度変化をセンサである サーモパイル（thermopile, 熱電堆）で電気信号として取り出す．測定感度はダイヤフラムの熱抵抗により決まり，応答時間は熱時定数（センサ部の熱容量と熱抵抗に比例）で決まり，熱容量を小さく熱抵抗を大きくすることによって，感度

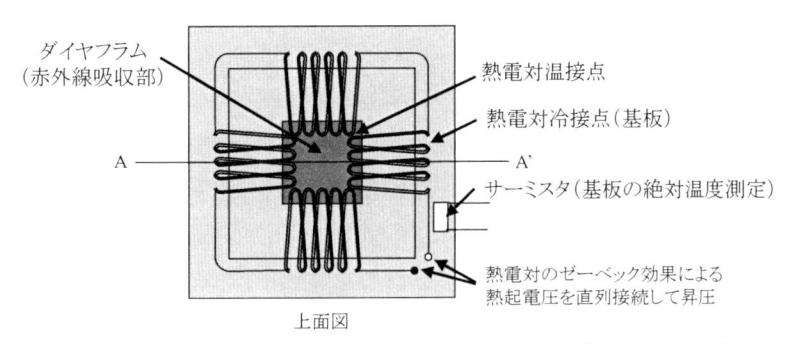

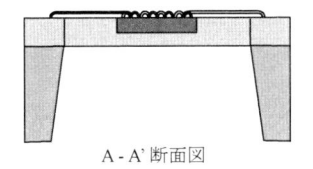

図8.4　サーモパイル型センサ部の構造

が良く応答時間が 1 秒程度の放射体温計ができる．サーモパイルは熱電対(thermocouple)が直列に繋げられ，その出力信号は基板との温度差を示す．従って絶対温度を測定するためのサーミスタ(thermistor)も内蔵されている．耳式の体温計では鼓膜からの赤外放射を検出して温度を計測する[6]．即ち，視床下部に流れる内頚動脈の温度を反映した鼓膜温が測られる．正確な体温を測定するにはセンサが鼓膜の方向に向く必要があるが，耳穴内壁の温度を計測しないよう，角度を変えて動かすと最も温度が高くなった温度を記憶して，体温として表示する工夫がなされているものもある．測定温度範囲は概ね 34 〜 42℃ で，精度は ±0.2℃ である．

8.1.3　非接触式放射温度計

放射温度計は計測対象に接触することなく温度計測ができるので，熱電対などの接触式温度計が設置できない箇所の温度測定ができる，および多数の測定箇所のデータを効率的に取得できる特徴がある．したがって製造ラインの温度制御や監視が必要な場所で多く使用されている．その測定系の構成は**図 8.5** のようになる．温度計は固定して使用する設置型や持ち運びできる携帯型，遠隔操作できるようにファイバと組み合わせたもの，回転鏡を用い測定視野を走査または検出素子を並べることで温度分布を観測できるものがある．測定に際しては，放射温度計の検出器は測定物面に対し垂直に設置され，被測定箇所のみが検出器の視野内にあることが必要である．一般に検出波長が短い温度計では，測定物の放射率の違いによる影響は小さい．

検出素子には熱型としてサーモパイルと焦電(pyroelectric)素子が，光伝導型や光起電力型として InSb, PbSe, PbS, InGaAs, Si が使用されている．熱型では 8 〜 16 μm の波長域が利用され，サーモパイルは応答時間が約 1 s で −50 〜 1200℃ の，焦電素子は応答時間が約 0.2 s で 0 〜 1000℃ の測定に使用される．光伝導型や光起電力型はその素子の種類に応じて観測波長域が異なる．光伝導型の例

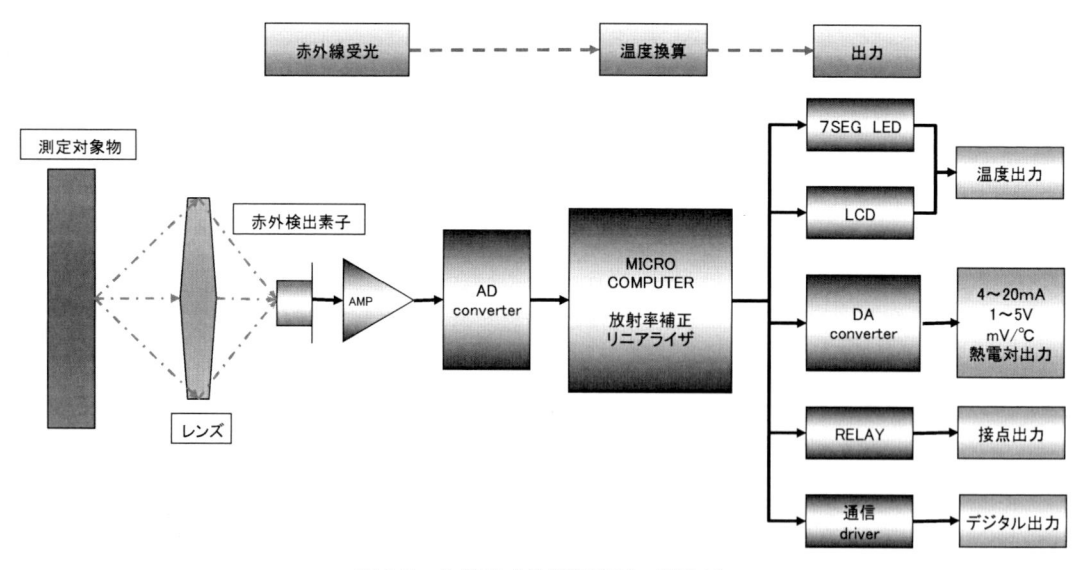

図 8.5　非接触式放射温度計の測定系

えば InSb では 2 〜 6.8 µm の，InGaAs や Si では 0.8 〜 2.3 µm の波長域を利用して，測定温度範囲は前者では 0 〜 1350℃，後者では 50 〜 2000℃ で，応答時間はいずれも 1 〜 2 ms と速い．測定精度は測定温度によって変わるが，概ね±0.2 〜 ±1% である．但し，サーモパイルで温度が氷点下の場合は，±5 〜 ±10% である．測定位置は放射温度計のファインダを覗く，あるいは内蔵されたレーザの照射位置で確認することができる．レーザ照射点の温度を予め接触式温度計で測り，その後の放射温度計の計測値を補正する装置もある．

8.1.4　人感センサ

人感センサは，防犯や省エネルギー対策などに広く使われている．検出は人が発する赤外線を検知するパッシブ（passive）方式でなされるが，赤外発光素子と受光素子を組み合わせ，発光素子からの赤外線の人による散乱（反射）光や，人が遮ることによる赤外強度変化を受信するアクティブ（active）方式も，ここでは広義に人感センサに含めて述べる．センサは量子型も利用されているが，多くは熱型のサーモパイルや焦電素子が用いられている．焦電素子は赤外吸収による温度変化を素子の自発分極変化として検出するので，静止する人物や物体を検知しない．焦電素子として TGS（triglycine sulfate, 硫酸三グリシン），$PbTiO_3$，$LiTiO_3$ の結晶や $PbZrO_3$ のセラミックスなどが広く用いられているが，フィルムの上に複数の PVDF（polyvinylidene difluoride, ポリフッ化ビニリデン）のような有機材料素子を並べ，人の存在のみならずその動きの方向や速度も知ることができる薄型フィルム人感センサも開発されている．

照明機器の場合，人感センサを用いることによって自動スイッチを働かせ，不必要なときは消灯し省エネルギーに役立たせることができる．焦電素子の場合，人が静止して動きのないときと不在の時を区別することができないので，人が離れても点灯後の一定時間は点灯し続けるように設定される．できるだけ省エネルギーに寄与するには人の存在を正確に把握する必要があり，パッシブ方式で広範囲に検知し，そしてアクティブ方式で三角測量の原理に基づき人体と静止物体の判別を行う，あるいは撮像素子を用い画像認識によって僅かな人の動きも検知して点灯保持時間を短くし，さらに部屋内のいくつかの照明をそれぞれに制御するなどがある．会社のオフィスにおける広い部屋の場合，天井に一定間隔でサーモパイルの人感センサを設置し，人が在席時にはそのゾーン内のエアコンは設定温度で運転し，不在になるとエアコンの負荷を下げ，また照明も人の動きに応じて光度を制御して省エネルギーを図ることができる．一般家庭では，庭先・玄関・ガレージなどの夜間における人がいるときのみの照明に，また室内では廊下のフットライト自動照明に使用されている．

洗面台で手を差し出せば自動的に水が出る，トイレの便座の自動開閉・自動洗浄，エスカレータの自動運転，自動ドア，店の出入り口での自動アナウンス，等々は全て人感センサで人を検知してそれぞれ専用の機器が動作することによっている．これらは一般にパッシブな方式で動作する．病院や食品工場のような衛生管理が重視される施設の自動ドアでは，アクティブ方式で足や手をかざして開閉する．

エレベータの扉の開閉に赤外線を利用する方法では，複数個の人感センサをエレベータかごの上部に並べ，入射視野角がエレベータ扉付近全体に広がるように配置され，扉部の人を検知して扉開閉の制御がされる．センサへの入射赤外線はチョッパ(chopper)で断続してチョッパ温度も検出し，センサ素子群の信号とチョッパ温度の信号を比較して，扉付近の大気温度等の変化があっても人の検知が正確に行えるようになっている．

防犯への応用では，パッシブ方式では周辺よりも高い温度の不審者の赤外線を人感センサで検出し，アクティブ方式ではLEDやレーザなどの赤外線が不審者によって遮蔽あるいは反射されるのを検知し，警報を出したり検出信号で機器を制御したりして監視することが行われている．

8.1.5 赤外センサ付き家電

赤外センサを人感センサとして内蔵したLED電球，扇風機，空気清浄機などの家電製品がある．電球の場合，人がいるとその赤外線を感知してLEDを点灯し，いなくなると一定時間後に消灯する．そして周囲が一定以上の明るさであるときは点灯しない働きもするようにされている．扇風機では，人が発する赤外線を受け，その方向の人のいる範囲を首振りして風が送られる．空気清浄機では，赤外センサ(人感センサ)で人を認識して動作し，人が入室時に持ち込む，あるいは室内を動くと舞うダストを回収する．

赤外センサの温度情報を基にして製品の動作制御がされる家電製品として以下のようなものが挙げられる．

電子レンジの庫内温度測定は，一般にサーミスタや熱電対が用いられる．食品の表面温度を検知して加熱を終了する，あるいは食品の仕上がり具合を管理するのに赤外センサが取り付けられる．表面温度の低いところは電波の強いところに食品をターンテーブルで移動したり，あるいは複数個の赤外センサを配してまたは走査して，複数の食品の温度の高低を検知してマイクロ波強度を制御したりする．赤外センサは蒸気が殆ど出ないときに有効であるので，蒸気センサで食品から出る蒸気量をチェックし庫内温度と合わせて，赤外センサの補正をするタイプもある．

空調機の制御は，部屋や壁あるいは床の温度を測定してなされてきており，赤外センサを搭載して人の位置と温度を測定し，効率的に冷暖房が行われる．即ち，複数の赤外センサを広角に動かして温度測定してサーモ画像として処理し，人の部位を判別して～0.1℃の単位で温度測定する．そして空調機の風の吹き出し口にある複数のフラップの角度を制御して，人のいるところや体の一部を狙った空調をすることができる．センサが人を感知しないとき，省エネルギーモード運転に自動的に切り替えられる．

冷蔵庫のチルド室内で効率よく食品の急速冷却や急速半解凍をするのに，食品の表面温度を赤外センサで検知して，ファンで冷気を循環させる．

ヘアドライヤーにLED(波長：0.8 μm)と放射温度計としてサーモパイルを内蔵し，髪の温度を波長8～14 μmで測定し，同時にLED赤外光の髪からの反射強度から距離を測り，これらの測定値に基づいてヒータと送風機の両者またはどちらか一方を制御し，髪の熱損傷を防止する．

8.2　赤外分光・分析

　赤外放射や吸収は，その物質固有のスペクトル特性を有している．その特性を利用して，火炎検出や環境モニタ，医療や食品における検査，文化遺産の調査，微量・微小分析，等々の広範な分野で赤外線技術は応用されている．

8.2.1　火炎センサ

　火災警報器には，煙を検知するものとサーミスタで温度を測るものが家庭用として広く普及しているが，赤外線を利用する方式もある．赤外線で火災を検知する場合，炎特有の放射スペクトルを利用するものと，火炎の黒体放射を検出する方法がある．前者では，**図 8.6** に示す燃焼時に発生する二酸化炭素の共鳴放射（ピーク波長：4.4 μm）を利用して火災を検知する．この場合，火災であることをより確実に検知することが

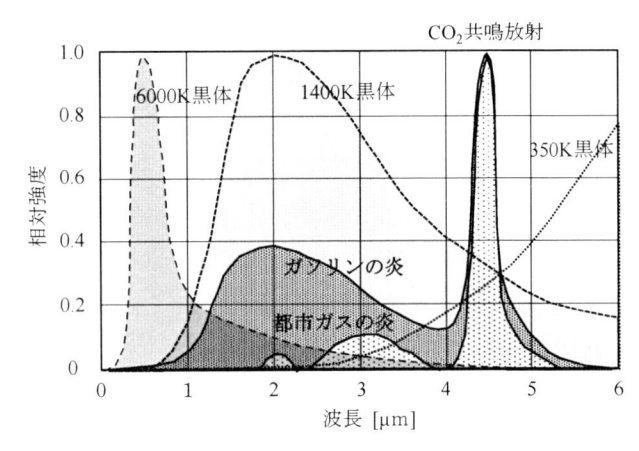

図 8.6　炎からの二酸化炭素共鳴放射と黒体放射スペクトル

できるように，共鳴放射のピーク波長とその両側の 2 波長，あるいは 3 波長を使う方法もある．後者の黒体放射を検出する方法では，例えば高速道路などのトンネル用の火災検知器では，波長が 3 μm より短い赤外線を受光して火災を検出している．一般に，炎は 1 〜 15 Hz の周波数で揺らいでいるので，受光した赤外線の揺らぎを調べて検出確度を向上する手法も実用化されている．

8.2.2　犯罪捜査

　赤外分光分析の犯罪捜査への応用としては，例えば文字のインク分析による書類の鑑定，薬物・毒物の鑑定，さらに事故現場，犯罪現場に残された微小な塗膜片や繊維片などの鑑定などがあげられる[7,8]．文字のインク分析では，インクはメーカーによって異なる化学成分を有していることを利用し，後から加筆されたものかの判別などに用いられる．自動車の塗膜片の分析では，メーカーや車種によって使われる塗料の種類や塗装の多層構造が異なることから，事故や犯罪に関わった自動車の車種や年式の推定などに用いられる．また爆破現場に残された火薬[9]や，指紋に付着している微粒子の赤外分光分析[10]なども報告されている．即ち，火薬の分析では爆発物の特定に使われ，指紋ではその痕跡の検出と同時に，指紋に付着した微粒子のスペクトル分析を通じて，その人物の指紋を残す前の行動を推測することに利用される．このような研究では測定対象が微小かつ微量であるため，8.2.8 で述べる赤外顕微鏡を用い，かつ高輝度な赤外シンクロトロン放射光(synchrotron radiation, SR)を用いて測定される場合も多い[8〜10]．

8.2.3　環境汚染物質のモニタリング

　工業の急速な発展に伴う化石燃料消費の増大や自動車の急激な普及により，二酸化硫黄，塵埃，一酸化炭素，窒素酸化物，及びこれら汚染による副産物のオゾンが大気の環境汚染源として問題になっている．また，「温室効果ガス」とよばれる水蒸気，二酸化炭素，メタン，亜酸化窒素（一酸化二窒素），フロンガス類など大気中の微量気体は，地表から放射されるエネルギーのうち波長の長い赤外線を大気圏外に届く前に吸収して，そのエネルギーが大気圏の内側に滞留するため，地球の平均気温を上昇させ，海面上昇，異常気象，感染症の増加等の悪影響を与えることが懸念される．

　したがって，これら汚染ガスおよび温室効果ガスの量を継続的にモニタリングすることが求められる．それらのガスは，図 8.7 に示すように各分子固有の吸収スペクトルを持ち [11]，そのスペクトルの吸光度を計測することにより，濃度および分子の状態を知ることが出来る．

　ガスを分光分析するには，紫外領域ではガス分子の電子のエネルギー準位間遷移による吸収強度から測定対象物質の濃度測定が，非分散型紫外吸収（non dispersive ultraviolet, NDUV）法や分光器を用いた紫外分光（ultraviolet absorption, UVA）法などでなされる．また，赤外領域においては分子の振動・回転エネルギー準位間の吸収強度から対象ガスの濃度が，非分散型赤外吸収（non dispersive infrared, NDIR）法や分光的手法のフーリエ変換赤外分光（Fourier transform infrared, FTIR）法，および量子カスケードレーザ分光（quantum cascade laser infrared, QCL-IR）法で測定される．このようにガス分子固有の吸収帯を利用して測定するが，ガスの種類やその濃度範囲，共存ガスの存在とその種類により利用できる波長域が異なり，それに応じた最適な計測方法と測定波長が決定される．表 8.1 に紫外，赤外領域における計測装置と測定対象ガスの代表的例を示す [11]．同じガス種であっても，測定対象が異なれば使用する計測方法も異なり，条件に合った最適な計測法を用いることが重要であることが分かる．

　以上の分析法の中で非分散型赤外吸収法は，分析対象となる単一成分ガスの選択性に優れ他成分ガスの影響を受けにくく，分光のための分散素子を必要とせず，検出器に波長選択性を持たせるだけなので，装置の構造は簡単で堅牢などの特徴を有する．したがって長期的安定性に優れ連続モニ

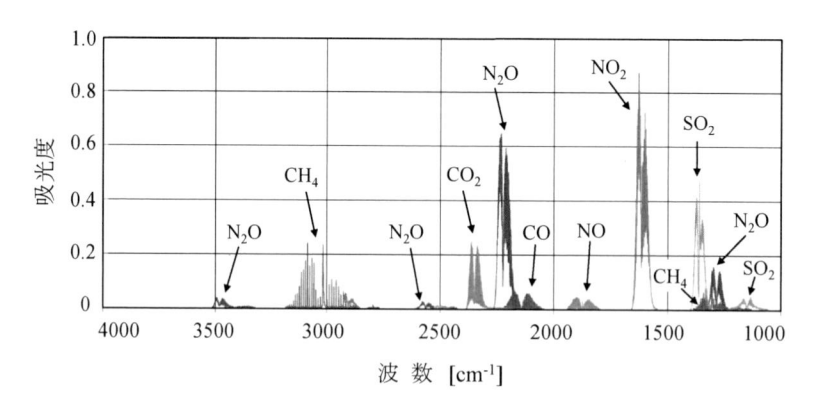

図 8.7　各種ガスの赤外吸収スペクトル

表 8.1　光吸収を用いるガス計測装置

測定対象	測定項目	NDIR	FTIR	QCL-IR	NDUV	UVA
大気	CO/CO₂	◎	○	○		
	O₃				◎	○
プロセス／煙道排ガス	CO/CO₂	◎	○	○		
	NO/NO₂	◎	○	○	○	◎
	SO₂	◎	○	○	○	◎
	NH₃		○	○		
エンジン排ガス	CO/CO₂	◎	◎	○		
	NO/NO₂/N₂O	◎	○	◎		○
	NH₃		◎	◎		○

◎：適切な計測原理　○：計測可能

NDIR：Non Dispersive Infrared, ：FTIR: Fourier Transform Infrared, QCL-IR：Quantum Cascade Laser Infrared
NDUV：Non Dispersive Ultraviolet, UVA：Ultraviolet Absorption

タリングに適している．このことから大気環境ガス，煙道排ガス，自動車等のエンジン排ガスなどの計測やモニタリングに幅広く用いられている．また水質分析では，全有機炭素計（total organic carbon analyzer, TOC 計）が広く用いられる[12]．有機性汚濁物質を含む一定量の水を高温の電気炉で燃焼し，水中に含まれる全ての有機体炭素を酸化して二酸化炭素にし，この二酸化炭素のみを非分散型赤外吸収法で分析して有機体炭素量を定量し，水中の有機性汚濁物質を計測する．工場などの事業場排水や河川・湖沼の水質を常時監視し，環境保全に広く活用されている．

8.2.4　考古学，古美術

考古学に対する赤外分光の応用例として，遺跡から出土した繊維（絹や麻など）の成分や経年劣化の分析がある[13]．これら繊維文化財は，長年の埋蔵によって著しく劣化しており，外見は繊維状態を保っていてもその材質が変化したり，本来持つ光沢やしなやかさが失われたりしている場合が多い．このような成分変化や劣化が，中赤外スペクトルの測定をして分子振動の立場から考察されている．例えば，動物性繊維である絹では植物性繊維である麻に比べ，より著しく劣化している可能性がその赤外スペクトルから示唆されている[13]．このような分析では試料が微量かつ微小であるため，8.2.8 で述べる顕微赤外分光法で，さらには高輝度光源であるシンクロトロン放射光と組み合わせてなされる．

古美術に対しては，読み取ることのできない木簡の字や，壁や木片あるいは紙に描かれた絵や下絵を，赤外撮像技術によって非破壊で浮かび上がらせることができる．**図 8.8**（p.233）は，源氏物語絵巻の源氏が赤子を抱く絵である．絵巻の肌裏紙を剥がして赤外線で透過して観測し，(a)の本画とは異なり(b)の下描きでは，赤子の両手が描かれているのが発見された．

歴史的価値の高い絵画などでは試料を採取できない場合が多く，美術史研究に重要な絵画に用いられている顔料の成分や表層の下に隠れた多層構造などを，テラヘルツ光を用いると非破壊で分析することができる[14]．顔料の成分となる物質の多くはテラヘルツ波領域に特徴的なスペクトルを

示すことが知られており，多種多様な物質や材料についてテラヘルツ波帯スペクトルのデータベースが構築され[15]，成分の特定に利用されている[14].

8.2.5　血液検査

[1] 血液中の酸素濃度

突然の事故や疾患の急激な悪化，手術・麻酔時には，生命維持のための最低限必要な酸素供給力が失われないように，血液中の酸素飽和度を連続的に監視することが必要である．血液は酸素を肺から受け取って組織へと運ぶ役割があるが，酸素の溶解度は不十分であるのでそれを担っているヘモグロビン（hemoglobin）が利用されている．

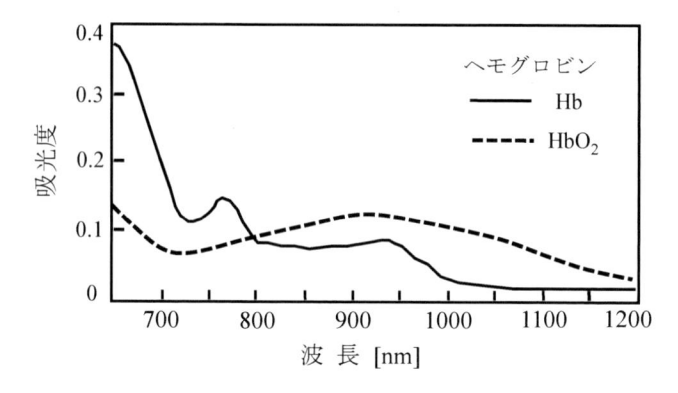

図 8.9　ヘモグロビンの光吸収スペクトル

ヘモグロビンは 1 分子当たり 4 つの酸素分子を結合する能力があり，血液 100 ml で約 20 ml の酸素がヘモグロビンに含まれる．酸素と結合したヘモグロビン HbO_2 と酸素と結合していないヘモグロビン Hb は近赤外域で異なる光吸収スペクトルを示す．図 8.9 に示すように，吸光度は波長が 805 nm 付近で交差し，短波長側では Hb の吸収が強く，長波長側では HbO_2 の吸収が強い．交差波長付近の 2 つ以上の波長における透過光強度の比から HbO_2 の割合を決定し，血液中の酸素濃度を求めることができる．パルスオキシメータ（pulse oximeter）は，鼓動に同期した透過光強度の変化を検出する装置で動脈血の酸素濃度を示す[16].

[2] 血糖値

平成 30 年の国民健康・栄養調査によると，糖尿病が強く疑われる人および糖尿病の可能性を否定できない人を合わせると，全国に 2410 万人いると推定されている．糖尿病の判定には，空腹時の血糖値（126 mg/dl 以上），経口糖負荷試験（oral glucose tolerance test, OGTT）（2 時間後の値が 200 mg/dl 以上），ヘモグロビン A1c（6.5% 以上）が用いられている[17,18].　患者自身による血糖値の測定のために，指先から極小の針を用いて血液を採取し，グルコース酵素電極による酵素法を用いて電気的に測定する装置が市販され広く用いられている．しかし，この測定法は，糖尿病患者にとっては相当な負担であり，感染症などの危険性もある．また，血糖値の時間経過を観測する経口糖負荷試験には向かない．

採血を伴わない非侵襲血糖計の実現のために光計測が試みられ，小型，安価な光源および光検出器が揃うことから近赤外光がよく利用されてきた．この場合，主にグルコースの波長 1600 nm 付近の吸収（高次振動モード）を検出する方式と，グルコースによる散乱係数の変化を検出する方式が提案されている．前者の方式では実際の血糖の濃度を考えると，グルコースの吸収は微弱であり，

ベースとなる水の吸収の温度変化の影響を受けやすい．後者のグルコースによる散乱係数を検出する方式は，吸収測定に比べて大きな割合の信号の変化が得られるという特徴があるが，スペクトル情報が使えないので信号の変化がグルコースに起

因することを確認できないという短所がある．しかし，非侵襲血糖センサは血糖値を連続して検出できるという利点もあり，必要性は高く，人体への適用にさらなる信頼性，再現性が向上することが期待されている[19,20]．一方，最近になって，Yb:YAG マイクロチップレーザと光パラメトリック発振器(optical parametric oscillator, OPO)で構成される手のひらサイズの9 μm 帯高輝度中赤外レーザが開発され，図 8.10 に示すように，これを用いたグルコース非侵襲計測装置の開発が進められている[21]．この場合は，グルコースの指紋スペクトルにおける光吸収(基準振動モード)を検出できることが最大の利点である．臨床試験において，光吸収測定から予測されるグルコース濃度を基準測定器で測定したグルコース濃度と比較した結果を図 8.11 に示す．計測結果(血糖値範囲 61 〜 198 mg/dL)は図中の A

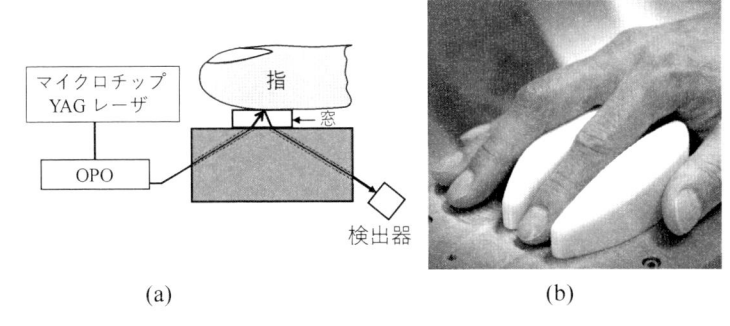

(a)　　　　　　　　　　(b)

図 8.10　中赤外線を用いた非侵襲血糖計
(a)概略図　(b)写真

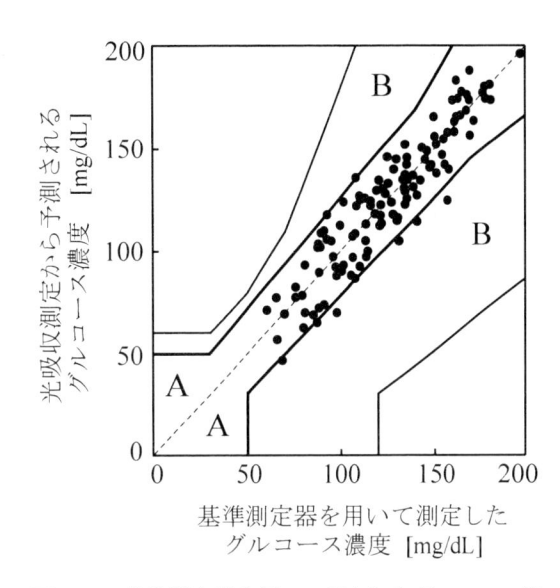

図 8.11　基準測定器を用いて測定したグルコース濃度(横軸)と中赤外レーザーを用いた光吸収測定から予測されるグルコース濃度(縦軸)の比較．A ゾーン：測定誤差が臨床行動に影響を与えない，B ゾーン：測定誤差が臨床転帰にほとんど影響を与えない．

ゾーンの範囲に95%以上収まり，国際標準化機構(International Organization for Standardization, ISO)が定める血糖値計測に対する基準(ISO15197:2013)を満たすことが示されている．

8.2.6　脳計測

8.2.5 の[1]で述べた近赤外光による血中の酸素濃度の計測を多チャンネル化することで，頭皮上から非侵襲的に血中濃度分布を検出し，脳の活動状況をマッピングする装置が開発されている[22,23]．

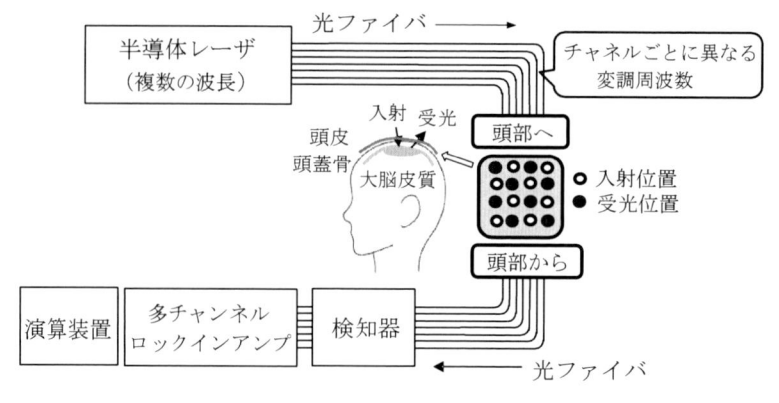

図 8.12　光トポグラフィの構成

具体的には，**図 8.12** に示すように間隔を空けて配置された複数の光ファイバによって近赤外光（2つ以上の波長）を頭皮表面から入射し，間隔を空けて配置した複数の受光用の光ファイバを通して検出する．近赤外光は脳内で散乱されるが光吸収も受けるために伝搬路における血液内の HbO_2 の濃度の情報も得ることができる．入射光は入射位置ごとに異なる周波数で変調されているので，受光された光を周波数分離することで入射光の位置を知ることができる．各領域における酸素濃度分布を求めることができ，脳の活性領域を知ることができる．

　現在，国内で主に販売されている多チャンネル近赤外光脳機能計測装置には，基本原理は同じであるが光トポグラフィ（optical topography）と NIR Station がある．光トポグラフィの名称が一般的になり，厚生労働省においてもこの名称が収載されている．光トポグラフィは簡便な脳機能計測手法として，脳の研究及び脳機能に関わる臨床分野での応用が期待されている．脳神経外科領域では既に保険適用になっており，厚生労働省にうつ病の診断を補助する先進医療として承認されている．

8.2.7　食品検査

　食品の主要成分となる水，タンパク質，脂質，澱粉，糖類などは近赤外域においてそれぞれ特有な吸収スペクトルを示す．特定の成分の割合と吸収スペクトルから，吸光度に対する検量線と呼ばれる多項式で表せる標準曲線が作成され，試料の目的成分の割合の推定に用いられている．桃，リンゴ，ミカンなどの果実の糖度は，透過光あるいは拡散反射光の近赤外分光特性を測定し，予め作成された糖度の測定値と複数の波長における吸光度の検量線を用いて推定されている[24]．さらに，食品のカロリーの測定値と複数の波長における吸光度の検量線を求め，食品の吸収波長特性からカロリーを推定する装置も開発されている[25]．

　最近，近赤外組成分析を目的として 1000 ～ 2350 nm に波長感度域をもつタイプⅡ超格子半導体アレイセンサを受光素子とする近赤外カメラが開発されている．水，脂肪などのスペクトルを検出して，食品の良否判定，異物検出，食肉の評価などに適用されている[26]．

8.2.8 赤外顕微鏡

　測定試料が微小であったり微量しか使えない場合や，試料を空間的に高い分解能で赤外分光分析したい場合などは，赤外分光器と顕微鏡を組み合わせた顕微赤外分光法が広く用いられる[27]．現在多くのメーカーよりフーリエ変換赤外分光器(FTIR)と組み合わせた赤外顕微鏡が市販されている．図 8.13(a)に赤外顕微鏡の概要を示す．その構造は通常の光学顕微鏡に似ているが，広いスペクトル領域で色収差の影響を受けないで観測できるよう反射光学系が用いられ，赤外スペクトル測定と可視像観察の両方が可能になっている．対物鏡は図 8.13(b)に示すようなカセグレン(Cassegrain)(または，シュワルツシルト(Schwarzschild))鏡が用いられ，多くの場合は透過または反射の配置に光路を切り替えることができる．尚，カセグレン鏡は一般に望遠鏡での使用を想定し観測対象が無限遠にあるので光束が平行であるが，図 8.13(b)では測定対象が有限距離にあるので集束している．

　顕微鏡の試料位置での赤外光の理論的スポット径は，回折限界により

$$d \sim 0.6\,\lambda/NA \tag{8.3}$$

と与えられる．ここで NA はカセグレン鏡の開口数(numerical aperture, NA)であり，図 8.13(b)の角

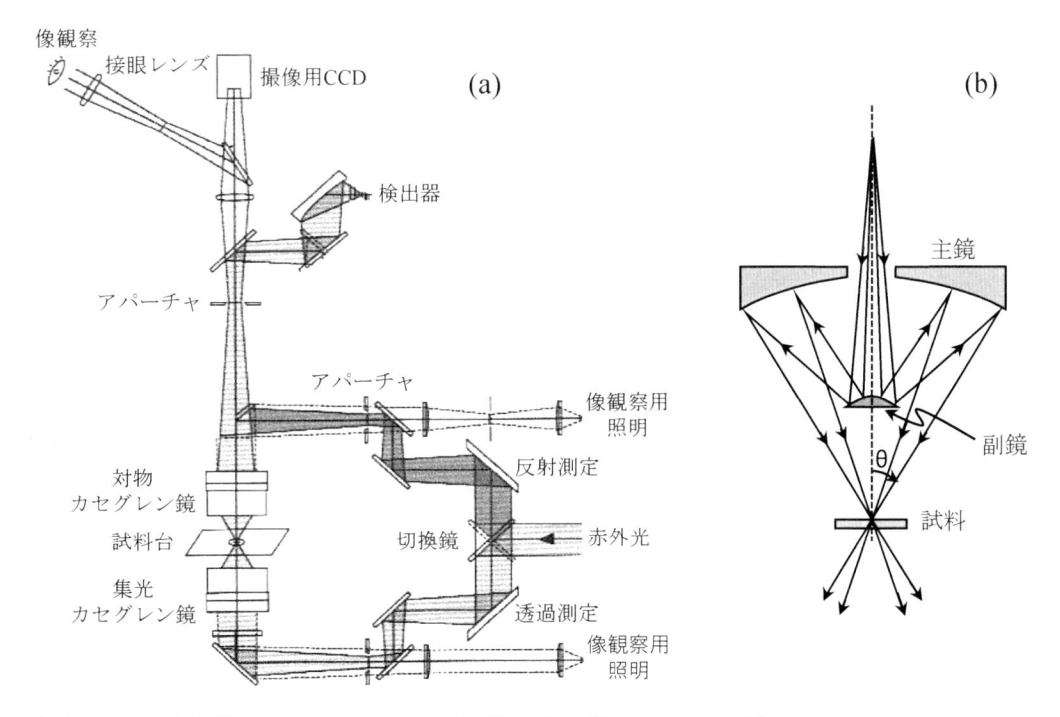

図 8.13　(a)赤外顕微鏡システム(ブルカー・オプティクス(株)カタログより)
　　　　　(b)赤外顕微鏡の対物鏡(カセグレン式)．
　　　　　透過測定の場合が描かれており，反射測定では試料からの反射光は，入射光と同じ経路を逆方向に進む．

度 θ を用いて $NA = \sin\theta$ と表される．市販の赤外顕微鏡では一般的に $NA = 0.5 \sim 0.7$ 程度であり，$d \sim \lambda$ である．しかしこれは点光源を仮定した値であり，実用上のスポット径は λ と NA に加えて実効的光源サイズ，つまり光路中に挿入するアパーチャの径によって決まる．このため同じカセグレン鏡でもアパーチャを小さくするほどスポット径が小さくなる．市販の FTIR に内蔵の赤外光源は黒体放射による熱光源(SiC, グローバ)であり，その輝度は低い．よって空間分解能を式(8.3)に近づけるためにアパーチャ径を小さくすると，さらに光強度は低下する．実際の測定は許容できる信号雑音比(SN 比)の範囲で行う必要があり，これがアパーチャ径の下限を決め，実用的なスポット径を決める．通常の単一素子の検出器を用いる場合，空間分解能は赤外光のスポット径で決まり，市販の赤外顕微鏡では中赤外領域(波長 $5 \sim 10$ μm 程度)において，$20 \sim 50$ μm 程度である．また試料を走査することで試料の赤外スペクトル・マッピング(イメージング)が可能となる．しかし測定点数の増加と共に測定に要する時間は膨大になり，実質的には数 100 点程度が限界であり，個々の測定点での SN 比や空間分解能も，結局は測定時間で制限を受けることになる．

　アパーチャ径を小さくすると光強度が不足する問題を改善するのに，高輝度な赤外光源であるシンクロトロン放射光(SR)を用いた顕微赤外分光が，国内外の多くの放射光施設でなされている[28]．赤外 SR は放射光の広がり角が極めて小さいので指向性良く(**図 2.22** 参照)，その輝度は中赤外領域でグローバ光源に比べほぼ 2 桁高く，顕微鏡にアパーチャを用いなくても高い SN 比で回折限界かそれに近い空間分解能を得ることができる．このため測定時間を大幅に短縮でき，赤外マッピング測定には非常に有利となる．また赤外 SR と顕微鏡の組み合わせは，ダイヤモンド・アンビル・セル(diamond anvil cell)のような高圧発生装置を用いた高圧下の赤外分光[28,29]や，超伝導磁石を用いた赤外磁気光学の実験[28]にも適している．

　一方，近年は赤外アレイ検出器が非常に進歩し，顕微 FTIR でも 1 次元もしくは 2 次元にアレイ化した MCT(HgCdTe)や InSb 検出器が用いられている[27,30]．検出器位置の焦点面(focal plane)に適切な倍率で投影された試料像をアレイ検出器で検出すると，空間分解能は試料位置における赤外光のスポット径ではなく，試料像に対する(1 個の)検出器素子の大きさや，隣り合う素子の間隔で決まる．このためアパーチャでスポット径を絞る必要はなく，単一素子検出器の場合より空間分解能を向上させることができる．そして複数の素子で同時にスペクトル測定ができるので，マッピング測定の際の測定時間が単一素子検出器の場合に比べて大幅に短縮できる．このため，素子あたりの積算時間をより長く設定することが可能になり，結果的に SN 比の向上にもつながる．

8.2.9　赤外近接場分光

　光の波長より十分に小さい物体や開口で光が散乱や回折をするとき，そのごく近傍に伝搬しないで減衰する近接場の光が存在する．この近接場中に別の物体を近づけると近接場光は散乱されて伝搬し，物体表面上の波長より小さな領域の観測をすることができる．したがってこの現象を利用すると，8.2.8 で述べた回折限界に制限されない空間分解能が得られる．この手法は近接場光学(near-field optics, NFO)技術として大きく発展している[31]．赤外線技術の分野では，分子振動の指紋領域

に対応する波長 5 〜 10 μm(波数 2000 〜 1000 cm^{-1})の中赤外光と NFO を組み合わせて, 回折限界を大きく上回る 20 〜 50 nm の空間分解能で赤外分析が行われている. この方法は主に Keilmann らによって発展したもので, 原子間力顕微鏡(atomic force microscope, AFM)において, 金属でコーティングされた探針の先端と試料表面の間隙にレーザ光を集光し, 発生した近接場光を検出する. この手法は散乱形 SNOM(scanning near-field optical microscopy;走査型近接場光顕微鏡)とよばれる. 当初は CO$_2$ レーザなどの単色赤外レーザを用いて, 基板上に置かれた微小な有機分子などの顕微赤外分析が行われた [32] が, 単色光のため分光情報は得られなかった. その後, 赤外レーザと非線形結晶を用いた差周波発生によりスペクトル幅が数 100 cm^{-1} の準白色中赤外レーザ光を発生させ, 分光情報と数 10 nm の空間分解能を併せ持つ近接場 FTIR 手法("Nano-FTIR")を報告している [33]. この装置は商品化され市販されている.

8.2.10 テラヘルツ波分光[34,35]

波長が 30 〜 3000 μm の遠赤外線は 10 〜 0.1 THz の振動数(周波数)に相当し, おおよそこの領域の赤外線はテラヘルツ波(光)と呼ばれる. この領域には物質における様々な現象に基づく特徴的振動数が含まれており, 例えば固体中の光学フォノン, プラズマ振動, 超伝導ギャップ, イオン分極や配向分極などによるものが挙げられる. 同様に, 有機物質, 生体物質においても様々な分子の特徴的振動が観測される.

実験技術の観点から見たテラヘルツ波領域は, 電波技術が基本となるマイクロ波領域と, 光学技術が基本となる光領域の狭間にある未開拓領域であった. この領域の本格的な分光実験が日本で始まったのは, 1952 年に大阪大学の吉永弘らが遠赤外回折格子分光器を開発したことによる [36]. その後干渉計を用いたフーリエ変換分光法(6.2 参照)が普及してテラヘルツ波領域の分光にも用いられた. いずれの場合も液体ヘリウム冷却の検出器(ボロメータ)を必要とするなど実験装置が大がかりで, テラヘルツ波領域の分光実験は大学や公的研究機関における基礎研究にほぼ限られていた.

しかしこの状況は, 「テラヘルツ時間領域分光法(THz-TDS)」(6.7 参照)が 1980 年代から 1990 年代にかけて発展したことにより大きく変化した. 即ち光源から分光装置, 検出器まで全て室温動作する固体素子で構成された THz-TDS 装置が使えるようになったことにより, テラヘルツ波分光は実験室での基礎研究のみならず, より幅広い用途に応用されるようになった. これに加えて, パルスレーザと非線形結晶を用いたテラヘルツ光のパラメトリック発生や差周波発生, さらにテラヘルツ波領域の量子カスケードレーザも開発されており, これらの新しい光源を用いたテラヘルツ波分光はますます盛んになってきている. その用途としては, 従来からある固体の基礎研究や半導体の評価に加えて, 麻薬や爆発物のその場非接触検査, カード偽造などの犯罪捜査, 美術品や住宅建材の非破壊検査, 食料やバイオ分野におけるタンパク質や DNA の評価など, 非常に多岐にわたっている [34,35].

8.3　赤外イメージャ

　赤外検出素子を2次元に配列したアレイ検出器を搭載した撮像装置を，赤外イメージャや赤外カメラと呼ぶ．波長が3〜5 µmや8〜14 µmでの中赤外域では，対象物が発している赤外線を受光するのが主で，それらよりも短い波長の近赤外域では，自然または人工光源の光が対象物で反射した光を観測することが多い．

8.3.1　サーモグラフィと中赤外イメージャ [37,38]

　2次元アレイ赤外検出器を赤外イメージセンサとして用いると，観測対象の温度分布を画像として認識でき，また照明のない暗闇でも，あるいは視界を遮る煙や霧などの中でも赤外線は散乱減衰を受け難いので視認距離を伸ばして「視覚」をもつことができる．尚，赤外検出素子を1列あるいは数列に配した1次元アレイ検出器を機械的走査して赤外イメージセンサと同じ機能を持たせて使用する場合もある．このようなイメージセンサ機能を温度計測の目的に用いる装置をサーモグラフィ，その画像を暗視装置やEFVS(enhanced flight vision system)，消防用やその他のEVS(enhanced vision system)に用いるものをイメージャと呼んでいる．したがって両者ともに赤外画像を取得するための装置の基本構成は同じであるが，サーモグラフィでは絶対温度を計測して表示できるようハードおよびソフトの両面で種々の工夫がなされている．その結果例えば，赤外イメージャでは検出素子からの出力の大きさをグレースケールで表示するのが殆どであるのに対し，サーモグラフィは内部校正データにより換算した温度に対応させた疑似カラーで表示する機能を有しているのが一般的である．図8.14にサーモグラフィと赤外イメージャの応用例を示す．

　サーモグラフィ応用の主要例として設備保全がある．電気や機械設備は老朽化して発熱することがある．したがって正常時の設備の温度分布を把握しておくと，その経時変化をみることで，発火などの異常に至る前の発熱状態や，異常が発生した初期段階の発熱を検知すると故障による事故を未然に防ぐことができる．サーモグラフィを用いると，設備を止めることなく非接触で検査を行なうことができる．設備診断の一例として，変電設備をサーモグラフィで観察した画像を図8.15

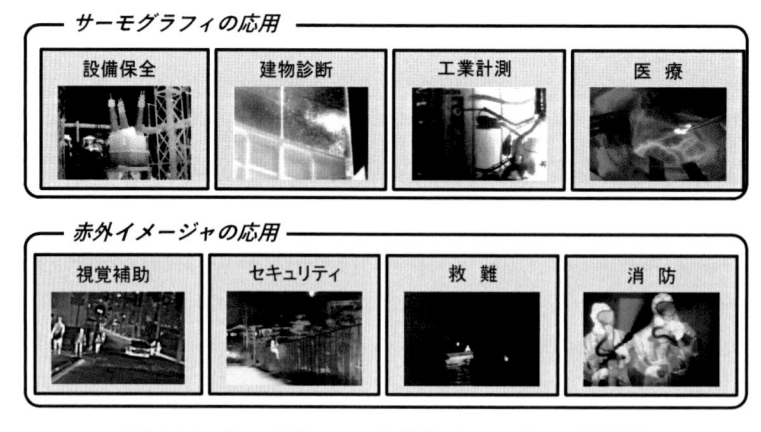

図8.14　サーモグラフィと赤外イメージャの応用例

（p.233）に示す．可視光像では異常は見られないが，サーモグラフィの赤外像では，左端の碍子の先端の配線取り付け部分が他と比べ高温になっているのが見られ，そこで不具合が発生している可能性があることが分かる．

　建物診断へのサーモグラフィの応用は，建造物の断熱特性の評価や冷暖房効果の確認，漏水・滞水箇所の特定などの個人用建築物に関するものから，ビルやトンネルの壁面剥離，橋梁の老朽化などの社会インフラ設備の点検まで幅広く，いろいろな分野での活用が検討されている．その多くは，定常状態の温度分布を観測するのではなく，外部から検査対象に熱エネルギーを与え，温度変化を観測して不具合を見出す方法がとられる．例えば，均一なコンクリート構造物の内部に空洞ができているような場合について，その診断方法を**図 8.16** に示す．空洞部は低熱伝導異物に相当し，その構造

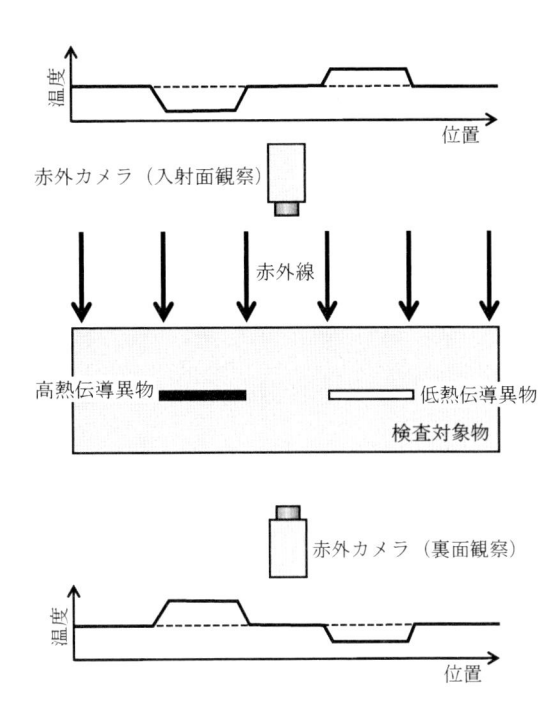

図 8.16　加熱された構造物の表面温度変化観察による内部異常の検出

物を加熱（または冷却）して，その表面の温度変化をサーモグラフィで観測すると，空洞部の熱伝導が他の部分より悪いので，空洞上の表面の温度上昇（または下降）は他の領域に比べ大きくなる．逆に，裏面から観測すると，空洞を通した裏面の温度上昇（または下降）は他の領域に比べ小さくなる．したがって構造物の表面温度変化を観測することによって構造物内の異常を検出することができる．

　加熱（または冷却）に太陽光や外気などの自然の熱・冷却源を使う方式をパッシブ法，ランプなどの人工熱源を用いる方式をアクティブ法と呼ぶ．また人工光源を用いて加熱をパルス的に行い，パルスに同期した時間分解サーモグラフィ解析を行うパルス赤外サーモグラフィ法や，加熱エネルギーを正弦波的に変化させ位相を考慮した温度解析を行うロックイン赤外サーモグラフィ法も，非破壊検査の技術として利用することができる．**図 8.17**（p.233）にアクティブ赤外サーモグラフィ法でアルミハニカム構造の接着不良を検出した例を示す．これは，ハニカム構造を裏面から加熱したときの表面の温度分布を観測した結果で，中央付近の3つの黒い領域とハニカム構造がはっきりしない部分は接着が不良の部分である．

　電気電子機器などにおける熱設計はその信頼性に重要な係わりを持ち，試作機器あるいは装置が熱設計通りにできていることを確認するのに，サーモグラフィは有用な計測器の一つである．工業

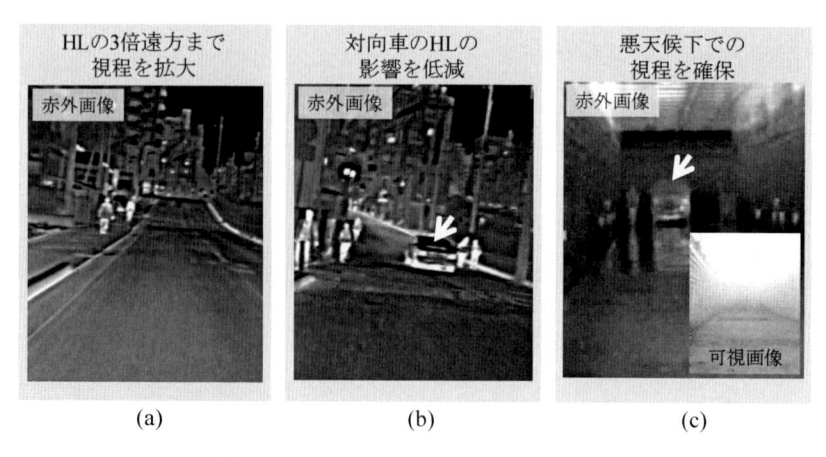

図8.19　自動車用ナイトビジョン装置の視認効果（HL: ヘッドライト）

計測の分野では，このような設計確認以外に，鉄鋼などの温度管理が必要な製造工程でもサーモグラフィが利用されることもあり，その低価格化に伴い，工場内での活用がさらに進むと期待される．

　医療分野では，空港検疫でのサーモグラフィの利用が広く普及しており，2002 〜 3 年の SARS（severe acute respiratory syndrome, 重症急性呼吸器症候群）対策などで，高熱発生患者の初期選別にその有用性は十分認識されている．また最近では，中国に始り 2020 年に急速に蔓延し，全世界をパンデミック状態にした新型コロナウィルス（coronavirus disease 2019, COVID-19）感染での発熱検診に，サーモグラフィは赤外放射温度計とともに使用されている．**図 8.18**（p.233）に人の顔をサーモグラフィで観察し，発熱の有無を検出した例を示す．容易に瞬時にして発熱状態を知ることができる．その他の医療分野では，乳癌の診断や手術の際の支援装置として，サーモグラフィは期待されている．

　赤外イメージャは様々なところでそれぞれの目的でその画像が利用されている．暗視に用いる赤外イメージャは，ナイトビジョン装置として航空機や自動車の視覚補助装置に，あるいは監視カメラなどに実用化されている．その一例として**図 8.19**に自動車の夜間運転時のナイトビジョン像を示す．白く見える部分が高温箇所で矢印が対向する車両である．図(a)のようにヘッドライト（HL）で視認できる距離よりも大きく視程が伸びている．また図(b)に見られるように対向車の HL の影響を低減し，図(c)のように悪視程時でも十分な見通し距離が得られ，明確に人や車を認識して運転することができる．このように照明することなくパッシブに遠方の人を確認できる特徴は，侵入監視や不審者発見などの防犯にも活かされ，また海上の遭難者捜索のための救難機や救難艇にも赤外イメージャは搭載されている．また，赤外線は煙に対する透過性が可視光に比して高く，消防活動下で赤外イメージャは重要な役割を果たしている．

8.3.2　近赤外イメージャ

可視光に近い波長の近赤外線は，種々の物質に対し禁制遷移（forbidden transition）が主である波長

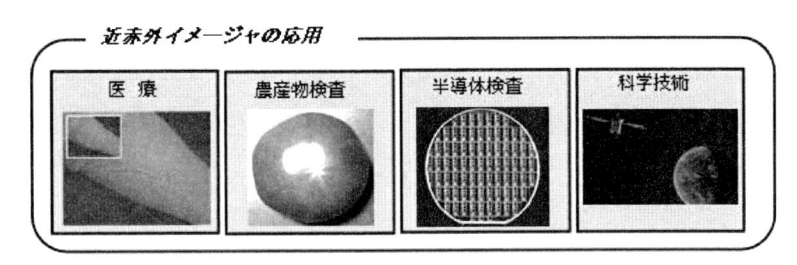

図 8.20　近赤外イメージャの応用例

帯であるため，観測対象を透過しやすく非破壊検査測定に適している．特に 700 ～ 1100 nm の波長域は，水やヘモグロビンといった生体を構成する要素の吸収が少なく，光の振る舞いとしては散乱現象が支配的となるため「生体の窓」と呼ばれ，生体内の多くの情報を得ることができる．また 1300 ～ 2500 nm の波長域は，農産物や石油化学製品の倍音（overtone）や結合音（combination tone）が多く存在し，異物選別やリサイクル選別などに使用されている．いずれの場合も，分光器またはバンドパスフィルタなどと組合せ，スペクトルを分析することで，判別を行っている．図 8.20 に近赤外イメージャの応用例を示す．

　農産物の異物選別への近赤外イメージャの応用は，可視光像では選別ができない同色同形状の異物を水分の含有量の違いで選別することや果物の圧痕などを検査するのに用いられている．農産物の選別の一例として，コーヒー豆の中の石を観察した画像を図 8.21（p.234）に示す．

　プラスチック選別への応用には，プラスチックごみの樹脂材料選別があり，マテリアルリサイクルやケミカルリサイクルに使われている．プラスチックは，自動車，家電，日常品梱包など多くの分野で大量に使われている．2019 年のバーゼル条約第 14 回締約国会議（14th conference of the parties, COP14）において「汚れたプラスチックごみ」の輸出規制が強化され，自国での選別，再利用が必要となっている．その際，近赤外線の波長に吸収のある，例えば，アクリルや，ポリ塩化ビニル，ポリエチレンなどは，光学的に選別することができる．近赤外イメージャを用いることで，形状と材料種を同時に仕分けができることは，他の選別方法に対して，前処理にかかる時間を短縮できる特徴を持つ．図 8.22（p.234）に樹脂種の違いによる識別例を示す．図(a)は可視光像で区別できないが，図(b)に示すように波長毎の反射率に違いがある．したがって，スペクトル分布解析により特徴を抽出することによって，4 種類のプラスチックを識別できた．図(c)に色識別した結果の疑似カラー化像を示す．

　8.3.1 のサーモグラフィは観測対象の温度を観察するのに対し，近赤外イメージャは反射を観察する．図 8.23（p.234）にサーモグラフィと近赤外イメージャおよび可視カメラで，即ち感度波長の異なるカメラで同じ実験室を撮影した例を示す．波長の違いにより，相補的な情報が得られていることが確認できる．

8.4　赤外加熱・加工

　赤外放射は熱源として，暖房や加熱および乾燥，さらには物質を溶融することなどに用いられる．赤外加熱の分野では波長がほぼ 3 μm 付近より短い放射を用いるとき近赤外放射加熱，長いときを遠赤外放射加熱と呼ぶが，さらに波長域が 2 〜 4 μm のときを中赤外放射加熱と区分する場合もある．

　赤外レーザは集光性に優れてその強度も高く，吸収を通じての熱作用や，レーザの高電界特性を利用した物質の加工，医療への応用がなされている．

8.4.1　赤外放射加熱

　基本的には赤外放射強度はプランクの放射法則の式によって知ることができ，加熱源の温度が T のとき，放射強度が最大となる波長 $\lambda_m[\mu m] = 2898/T[K]$ より短波長側と長波長側での放射エネルギーの割合は 1:3 であり，等しい割合で放出される境界となる波長は，$\lambda_c[\mu m] = 4017/T[K]$ である．

　赤外放射は熱が空間を伝わるのではなく，対象物体表面で赤外線が吸収されて熱となり，それが物体内部において熱伝導する．しかし赤外放射体の加熱にガスやオイルが用いられることも多く，外部空間での伝導や対流による加熱も合わさることが多い．一般に熱風加熱に比べ，赤外放射加熱の場合は短時間で済むことが多く省エネルギーとなる．前者では物体への熱流量パワーは熱風と物体の温度差に比例することから，図 8.24 の例のように物体の表面温度が上昇すると共に直線的に減少し，熱風と同じ温度に達すると平衡になりそれ以上の熱流入は無い．それに対して放射加熱では，放射体から物体へ流入するパワーは，ステファン・ボルツマンの法則から，それらの幾何学的な形状や配置を考慮せず，全ての放射が関係するとすれば，

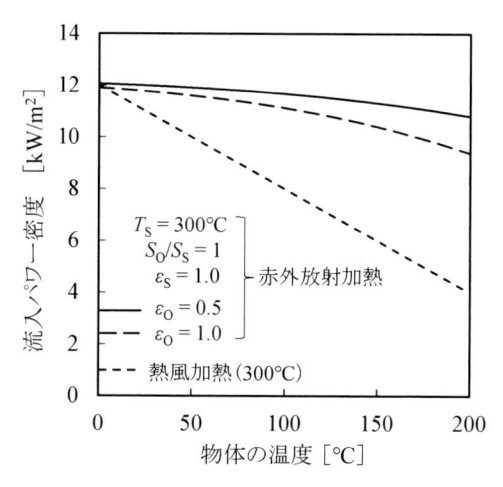

図 8.24　熱風加熱と赤外放射加熱における物体への流入パワー密度

$$W = \sigma(\varepsilon_s S_s T_s^4 - \varepsilon_o S_o T_o^4) \tag{8.4}$$

（σ：ステファン・ボルツマン定数，添字 s と o：それぞれ放射体と物体を示す，ε：放射率，S：断面積，T：絶対温度）と表される．図 8.24 の計算例で示されるように，物体の温度が上昇しても物体に流入するパワーの減少は熱風加熱に比べ小さく，このことが短時間加熱を可能にしている要因と考えられていれる [40]．

　以下に赤外放射加熱源としてのヒータのいくつかについて述べる．

[1] バーナ

多孔質のセラミックボードやセラミックファイバボードにガスを浸透させて燃焼し赤外放射を得るシュバングバーナ，あるいは金属ファイバを用途に合った形に編んでバーナとしたものなど，バーナ表面からの赤外放射と同時に燃焼ガス（燃焼には灯油が用いられるものもある）熱の対流が加熱に利用される．例えば，コンベア型調理器や家庭用・業務用厨房機[41]，大空間を有する大型施設の暖房[42]，自動車の塗装，紙，織布などの乾燥などに利用されている．

[2] セラミックヒータ

セラミックスなどを塗布した物質を加熱すれば赤外放射の効率は高くなる．穀物乾燥では米の変質や胴割れを考慮すれば $40 \sim 55℃$ で $0.8\%/$ 時以下の水分の乾燥処理速度が実用的とされ，灯油の燃焼熱の一部で放射体を加熱し，他の熱は外気と混合して温風として籾に送り，赤外放射光と温風とで穀物を乾燥させる．これにより熱風乾燥機よりも乾燥時間が短縮されると同時に消費電力も大きく減少する[43]．衣類乾燥においても，ガスや灯油，あるいは電気で温められた空気と放射体からの赤外放射光が利用されている．

平面状金属ケースに断熱材と抵抗発熱体を内蔵したモールドタイプの，および金属（合金）薄帯を発熱体とし，その表面をプラズマ溶射でセラミック処理したセラミックヒータが，例えば携帯電話や液晶，燃料電池，太陽電池関連の部品で印刷が施された後工程としての乾燥や塗装物の乾燥に用いられる[44]．またスマートフォンやタブレットなどのモバイル機器の基板材料である FCCL（flexible copper clad laminates）の銅箔に塗布されたポリイミド前駆体の溶剤揮発と，熱硬化（イミド化）や透明電極としての ITO（indium tin oxide）膜のアニーリングに，**図 8.25** に示すようなロール to ロール式遠赤外加熱装置を用いて処理されている[45]．これによって従来の熱風バッチ式に比し，大幅な処理時間の短縮と生産効率の向上が見られている．

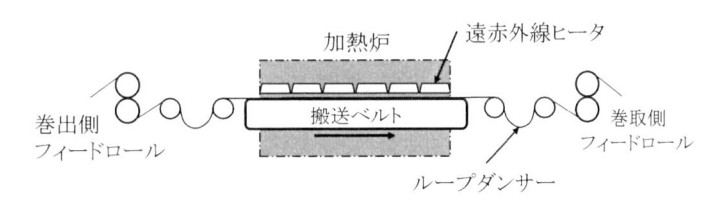

図 8.25 ロール to ロール式遠赤外加熱装置（ITO 膜製造システム）[45]

[3] ハロゲンヒータ

ハロゲンランプ[46]は W や Mo などの金属フィラメントを入れた石英管内に，窒素や Ar などのガスの他に臭素などのハロゲンが微量封入されており，熱損失の少ない効率の高い赤外放射源である．フィラメントの熱容量は小さいのでセラミックヒータなどの他のヒータに比して，昇降温時間が極めて短い．したがって，フィラメントに流す電流で加熱条件を迅速に変えることができ，形状や性状が種々に異なる加熱処理物体が搬送されるようなライン作業に合わせてコンピュータ制御ができる特徴があり，次のように様々に応用されている．

楕円面あるいは放物面を持つ筒状の鏡で直管型ハロゲンランプを取り囲んで炉を形成し，その中央部で放射光を集光して高温にする，あるいは平行光で広い面積を均一加熱するなどの方式で，種々の雰囲気下での金属の焼鈍，複合材料の耐熱評価，ガラス・セラミック基板のアニールなどに

用いられている．直管型ハロゲンランプを複数本平面状に並べてその背後に反射鏡を置く，あるい
は管の半面が反射膜コートされたハロゲンランプを平面状に並べると，一方向に放射光が集中する．
放射温度計などで対象物の温度分布を測りそれをフィードバックしてハロゲンランプ出力を瞬時制
御しながら均一加熱することができる．自動車などの塗装乾燥，あるいは半導体ウェーハのアニー
ルや焼成，太陽電池などの大型ガラス基板の加熱に利用される．このとき基板加熱では，配置され
た複数のハロゲンヒータを組毎に異なる制御をして，基板周辺部の温度補正をしてその変形や割れ
が生じないように均一加熱がなされる．

　回転楕円体面の反射鏡の第1焦点にハロゲンヒータを置くと，第2焦点に放射光は集光し，そこ
から石英ロッドで全反射によって外部に取り出して熱源として種々に利用できる．（超）高真空内の
試料加熱をクリーンに行うことができ，また強磁場下や高圧力下での限られた空間内で試料のみを
加熱できるなど，既存の種々の研究用・試験用装置に取り付けて利用されている．一方，ハンディ
タイプの局所加熱用としても製品化され，プリント基板の予熱・半田付け・印字やパイプ穴加工の
際の割れ防止予熱ヒータとしてなどにも利用されている．

8.4.2　放射暖房・冷房

　人が感じる暑さ寒さ，あるいは温かさや冷たさは，人体の代謝量と人体からの呼吸や発汗などに
よる蒸発放熱量，放射，対流ならびに伝導による放熱量のバランスで決まる．このときその場の気
温の制御が十分にできなくても，周囲の天井や壁などの表面温度を上下することによって，それぞ
れ暖冷の空間を作り出すことができる[47]．これが放射暖房・冷房であり，空間の気温分布の一様
性が高く，適当な風速，湿度条件の下で快適な空間が得られることが知られている．

　熱力学第2法則により，熱は高い温度から低い温度に移動する．例えば冷水を流して冷えたパネ
ルに正対すると人体表面からパネルへ放射熱が移動し涼しく感じ，逆に人体より高い温度の水を流
すと熱の移動は逆になって暖かく感じる．これらの熱移動は8.4.1の赤外放射加熱の場合と同様に
$\lambda[\mu m]T[K]=2898$で決まる波長を中心とする赤外線の放射が関係している．実用化されている放
射暖房・冷房装置の多くは，天井または床に配管を巡らし，夏は露点温度よりも高い $15 \sim 20$℃程
の，冬には $25 \sim 33$℃程の水を流すことが多い．この場合，水をヒートポンプ熱源で冷却・加温し，
夏には除湿器を併用することが一般的である．このため，水に井水を利用して省エネルギー化を図
る試みも報告されている[48,49]．冷温水を流す配管をインテリアも兼ねてデザインし室内空間に設置
したり，壁面に取り付けるものも市販されている．放射暖房・冷房装置は壁や天井，床などの熱容
量が大きい放射面の加温・冷却には時間を要するため間欠運転に向いていない．一方，対流式の冷
暖房装置は熱容量が小さい空気の加温・冷却に時間を要さないため立ち上がり性能に優れている．
したがって，放射暖房・冷房を間欠運転するような場合，多人数が滞在する熱負荷の大きい部屋，
体育館や劇場のような大空間では，放射と対流式を組み合わせたハイブリッド型空調システムが使
われることが多い．例えば天井冷房のとき，冷却された空調空気が天井懐空間に送られ，懐空間内
にある蓄熱材を冷却し，天井面に開けられた多数の微小穴から室内に緩やかに流れ出て部屋内を巡

った後，床付近に設置した吸入口で取り込みこれを冷却，必要に応じて除湿，加湿し天井懐に戻して空調する．このようにして，蓄熱材で冷やされた天井面で放射冷房の効果が，空調空気によって対流冷房の効果が同時に得られる．

建物躯体に適当な熱容量があり日射を十分に遮蔽して断熱し，夜間に通風して躯体を蓄冷するパッシブな手法で，不十分な場合は放射式冷房を加えて周壁温度を下げれば室内放射環境が改善される．特に夏期の夜間室内気温が29℃で相対湿度が70%と高くても，気流が0.15 m/s以上であれば対流伝熱が促進されることから，放射冷房を薄く行いつつ窓からの風を室内へ取り入れることがエアコン冷房による冷え過ぎを嫌う場合には有効な手段である[50]．

空調方式に比べて放射を利用した暖冷房は，空間の気温分布の一様性が高く，気流速度が小さいなどの特徴がある．放射暖冷房空間の温熱快適性は，MRT（平均放射温度）[注1]，PMV（予測平均温冷感申告）[注2]，SET*（標準新有効温度）[注3] などの指標で評価される．同じ快適性を維持する場合，放射暖冷房は，エアコンなどの対流式空調に比べて室温を数℃，暖房時には低く冷房時には高くすることができ，電力の消費量を少なくできる可能性がある[51]．ただし，快適性の維持は人体表面から適切な放射移動が生じることが前提になるため，人体と放射面の位置関係や放射面の温度は設計や運用時に十分に配慮される必要がある．放射熱移動量は人体表面と放射面間の形態係数を用いて定量的に評価できるが，面間に障害物が存在する場合は障害物の影により生じる放射熱移動の遮蔽効果を考慮しつつ形態係数を算出する必要がある[52,53]．

8.4.3 食品加工

石焼き芋は赤外線の働きにより焼きあがると良く言われるが，熱は伝導，対流，放射（輻射）の効果が関係しており，輻射である赤外線のみに依存しているとは限らない[54]．しかし，温度が高くなると絶対温度の4乗に比例して全放射量は増大（ステファン・ボルツマンの法則）して赤外線の放射量も大きくなり，また食品に重要な役割を果たす水は波長2.7 μmと6.1 μmに大きな吸収があること，食材を構成する有機物質固有の吸収が赤外領域に多く存在することなどから，食品への赤外加熱機器が種々開発され実用化されている．そして波長が25 μmより長い赤外線は大気中の吸収が大きいので伝搬しないこと，常温の赤外ピーク波長は9.7 μm付近であること，および食材の吸収特性を考慮すれば，食品加工に使用される波長は分光学的定義での中赤外線が主である．

注1：MRT（mean radiant temperature, 平均放射温度）：人体が周囲の全方向から受ける熱放射（周壁表面の温度）の影響を平均化し，温度で表した指標．

注2：PMV（predicted mean vote, 予測平均温冷感申告）：デンマーク工科大学のFanger教授によって提唱された温熱指標．気温，湿度，平均放射温度，気流速度，着衣量，代謝量の6つのパラメータで計算可能．温熱感は−3（very cold）〜＋3（very hot）の数字で表され，0（neutral）が暑くも寒くもない快適な状態とされる．

注3：SET*（standard new effective temperature, 標準新有効温度）：人体の体温調節機能をモデル化し，体表面からの放熱量の等しい熱環境を同一の寒暑感覚を与えると仮定して計算によって求めた温熱指標である新有効温度ET*を相対湿度50%，椅座状態，着衣量0.6clo，気流0.1 m/sの状態に標準化し，温熱感覚の比較を可能にした表示方法．

　食品加工用赤外放射体として，ハロゲンランプ，セラミックス，カーボンなどが用いられ[41,55]，熱風と組み合わせた焼成機もある．多くはセラミックヒータが用いられ，ニクロム線などの電熱線を内蔵して加熱する，あるいはセラミックスまたはステンレス板にセラミックコートしたものの裏面から，電熱線または燃焼ガスやスチームで加熱して赤外放射を得る．赤外線は直進し食品の裏側では吸収されないので加熱効果をあげるには，放射体の配置およびその形状，さらに金属製反射板を置くなどの工夫が必要である．

　赤外線を利用した加熱では，吸収された食品表面近くで熱エネルギーに変わるので，照射から短時間で温度が立ち上がる．また赤外線による食材への光化学的な分解作用は殆どなく，食材品質への影響は小さいと言える．しかし，熱容量の大きい食品全体の加熱には必ずしも適しているとは言えない．したがって，それほど厚くない煎餅やビスケットなどの焼き上げ・海藻や野菜などの乾燥に，また表面加熱の迅速さが要求されるパン・クッキー・ローストチキンなどの焼き上げ，さらには蒲鉾やちくわなどの練製品の坐り（魚肉蛋白繊維が網状組織になって弾力性を生じる）や麺類の熟成（グルテン生成）の促進に，またパン・納豆・ヨーグルトの醗酵，茶葉・海苔など品質を保った状態での乾燥などに赤外加熱は適している[41]．

8.4.4　レーザ加工[56,57]

　レーザ加工は一般に，接合加工（溶接，ろう付，はんだ付，等），除去加工（穴あけ，切断，等），表面処理（焼入れ，肉盛り，マーキング，アニーリング，等），微細加工（一般的には加工領域が 0.1 mm 以下の加工を指す）に大別される[56]．表 8.2 にレーザ加工に用いられるレーザの種類と波長，加工用途，加工材を示す．尚，レーザ加工に重要な可視域・紫外域のレーザも参考のために載せている．レーザ加工は基本的に熱加工であり，入熱を制御するパラメータ（パルス幅，パワー密度，

表 8.2　レーザ加工に用いられるレーザ，加工用途，加工材

レーザの種類	波長[μm]	主な加工用途	主な加工材
CO_2	10.6	溶接　切断　穴あけ　表面処理　微細加工	金属　非金属
CO_2	9.3, 9.6	穴あけ	非金属
Yb: ファイバ（ガラス）	1.050, 1.060　1.03 〜 1.09	溶接　切断　穴あけ　微細加工　マーキング　3 次元造形	金属　非金属
Nd:YAG	1.064	溶接　切断　穴あけ　微細加工　ダイシング　マーキング	
Yb:YAG	1.030	溶接　切断　穴あけ　微細加工	
Nd:YVO₄	1.064	溶接　マーキング	金属　非金属
半導体	0.8 〜 1	溶接　表面処理　ろう付	金属　非金属
チタンサファイア	0.8	微細表面処理　微細加工	金属　非金属
Nd:YAG	0.532（第 2 高調波）	溶接　切断　アニール	金属　非金属
Nd:YAG	0.355（第 3 高調波）	微細溶接　微細切断	非金属
エキシマ	0.193 〜 0.351	半導体露光　アニール　微細加工	非金属

パルス波形，ビーム走査速度，等）が多いため，**表 8.2** のように一台のレーザ加工機で様々な加工ができ，また同じ加工用途に異なるレーザが用いられている．したがって，レーザの種類に対する加工用途を必ずしも明確に分類することはできない．しかし加工用途が決まると，製造現場で使用できる加工用レーザ光源は限られているので，その選択はそれほど困難ではない．

[1] 炭酸ガスレーザ加工とファイバレーザ加工

炭酸ガスレーザの波長は $10\ \mu m$ 近傍にあり，波長 $10.6\ \mu m$ のレーザは板金切断，レーザ溶接，レーザメスに，波長 $9.6\ \mu m$ のレーザはプリント基板の穴あけに幅広く用いられている．レーザメスおよびプリント基板の穴あけの場合，加工対象はそれぞれ生体軟組織と有機材料であり，ともに有機高分子である．有機高分子は波長 $9.6\ \mu m$ の方が強く吸収するが波長 $10.6\ \mu m$ の方が高い出力のレーザが得られる．そのため，高品質が求められる基板材料の穴明け加工には前者の波長が，品質より出力を必要とするレーザメスには後者が用いられている．金属の加工では波長 $10.6\ \mu m$ のレーザはその表面反射が問題になるが，炭酸ガスレーザの大出力化により加工が可能になっている．即ち金属表面で僅かに吸収されたレーザ光が金属を加熱・溶融し，溶融した金属表面の光吸収が増大することで加工が進展する．さらにキーホール型溶接のように加工対象の穴状の形状変化に伴い，光吸収率を増大させることができる．例えば厚板の金属をレーザ切断あるいはレーザ溶接する場合は，キーホールと呼ばれる穴を形成させることが多い．一旦，キーホールが形成されると，入射光は加工前の平らな反射面ではなく，キーホール側面で反射され，反射光はキーホール先端に向かい，更に吸収されていく．金属の加熱・溶融及びキーホールの形成によって，キーホール型溶接時では入射光の $70 \sim 80\%$ 程度が金属の溶融に寄与していると言われている．このように，炭酸ガスレーザを用いた金属加工では，大きなレーザエネルギーを投入することによって，レーザ照射中に光吸収効率を上げ，高効率の加工を実現している．

2000 年頃以降，この炭酸ガスレーザ等を代替するレーザ光源として，波長 $1.03 \sim 1.09\ \mu m$ 帯の高出力ファイバレーザが多く使用されている．これは炭酸ガスレーザに比べて短波長であり，金属に対して反射率が低下することから，キーホール型溶接やレーザ切断といった金属加工に適している．ファイバレーザは，製造現場での高い出力安定性を保持したまま，光ファイバでの導光や発振器の移設が可能である．これらの特徴を活かして，板金切断用のみならず，溶接用あるいはポータブル加工装置のレーザ光源として幅広く使用されている．尚，高反射材料の銅やアルミニウム等の金属材料に対しては，近赤外域の半導体レーザあるいは可視域のレーザを用いる場合もある．

[2] 短パルス・短波長レーザ加工

短パルスレーザおよび短波長レーザが用いられる加工用途として微細加工がある．代表的な応用例の 1 つとして，自動車部品の燃料噴射ノズル孔の非熱加工（加工部分周辺への不要な熱影響を抑えた加工）がある．このような加工では，エッジ部の形状制御が重要であり，加工領域のみへのレーザエネルギーの投入が求められる．これは，レーザの短波長化による高効率な光吸収と，レーザの短パルス化による最小限のレーザエネルギーの投入によって実現できる．エキシマレーザのような特殊用途で用いられる短パルス・短波長レーザ光源もあるが，製造現場で使用することを考慮し

て，Nd:YAG(yttrium aluminum garnet)レーザ等の波長 1.0 μm 近傍の近赤外域のパルスレーザを基本波として，短波長化と短パルス化を行っている．短波長化においては，非線形光学結晶を用いて基本波の波長変換を行い，可視域や紫外域のレーザを得ている．短パルス化においては，各種パルス化技術(Q スイッチ発振，モードロック発振，等)を用いて，ナノ秒(10^{-9} 秒)以下のパルス幅のレーザを得ている．このように，短波長化・短パルス化の基本波として使用されている近赤外域のパルスレーザは，微細加工用レーザ装置等を構築する上で，不可欠な基盤要素である．尚，基本波として使用されている近赤外域のパルスレーザは，波長 1 μm 近傍のパルスレーザである場合が多く，その波長での微細加工の導入事例(レーザマーキング等)も多い．

[3] 今後の加工用赤外レーザ

　前述したように，2000 年頃から炭酸ガスレーザ等を代替するレーザとして，連続発振あるいはパルス発振の近赤外域のファイバレーザの製造現場への導入が本格化している [57~59]．さらに，近年，中赤外域のファイバレーザの研究開発も進められている [60,61]．Er 添加フッ化物ファイバを用いて，波長 2.8 μm において Q スイッチ発振およびモード同期発振の動作確認を行っている [60]．また，CW 発振においても，レーザ出力 10 W で 1000 時間以上のレーザ発振に成功している．波長 2.8 μm はガラスや樹脂といった非金属材料の吸収率が高く，これらの加工用光源として期待されている [61]．

　また，近赤外域のファイバレーザを励起源に用いた，中赤外ハイブリッドレーザの実用化も進んでいる [62]．中赤外ハイブリッドレーザでは，中赤外利得媒質である Cr^{2+}，Co^{2+}，Fe^{2+} を拡散添加した ZnSe/Zn 多結晶セラミック利得材料を用いる．1.8 ～ 6 μm の波長範囲で発振し，CW から fs パルスまですべての動作モードに対応し，製品として販売されている．中赤外域には分子振動由来の強い吸収ピークがあり，中赤外ハイブリッドレーザは有機材料を加工するレーザとして期待される．

8.4.5　レーザ医療

　レーザの医療分野への適用は 1960 年にレーザが発明された翌年に，米国で網膜剥離の手術になされたのが最初である．骨以外の生体組織は水を最も多く含んでおり，赤外域ではタンパク質のアミド I (波長：6.05 μm)，アミド II (6.5 μm)や，リン酸基(～ 10 μm)などの生体を構成する物質の特徴的吸収があるが，その他のスペクトルは水の吸収が支配する．

　赤外レーザを用いた医療応用は，レーザ加工の一つとも見ることができ，その多くは生体がレーザエネルギーを吸収することによる熱作用を利用しており，吸収の大きい波長が選択される．例えば適当な波長のレーザを照射し，ある温度と時間になると細胞タンパク質が熱凝固して壊死し熱収縮する．従って血管切断面をレーザで熱凝固させると出血端が収縮して止血できる．このようにレーザによる凝固と止血に果たす役割は大きい．さらに温度が高くなると水分は沸騰して細胞も細胞間質も蒸散し，組織の切開が行える．臨床や医療研究に用いられている赤外レーザのいくつかについて [63]，その照射時の効果，および各診療科での適応疾患・症状・治療などを纏めて**表 8.3** に示す．

　これ以外によく使用される赤外レーザに Nd:YAG レーザ(1.064 μm)と GaAs 系半導体レーザ(0.8

表 8.3　赤外レーザの医療応用

レーザー / 効果	波長	診療科	適応疾患	症状	治療	レーザ処置種
Ho:YAG レーザー / ・水分吸収熱エネルギーによる蒸散 ・光熱エネルギー蓄積による異物破壊 ・光感受性薬剤との反応で活性酸素や蛍光の発生	2.1 μm	耳鼻咽喉科	下甲介切除術	鼻詰まりによる口呼吸，いびき，臭い不明	鼻中隔矯正術(切除)	蒸散
			骨性嚢胞壁開放術	嚢胞(口腔内の袋状のもの)発生	摘出，開窓	蒸散
			涙嚢鼻腔吻合術	鼻涙管閉鎖症	DCR(涙嚢鼻腔吻合術)(穴拡張)[注1]	蒸散
		泌尿器科	尿路結石破砕術	尿結石	破砕	エネルギー破壊
			前立腺肥大症に対する前立腺核出術	前立腺肥大症	前立腺内腺核出	蒸散
			上部尿路腫瘍切除術	腫瘍	患部切除	蒸散
			膀胱腫瘍切除術	腫瘍	患部切除	蒸散
		整形外科	経皮的レーザ椎間板減圧術	椎間板ヘルニア	髄核除去	焼く(蒸散)
			半月板切除術	半月板損傷	損傷部位除去	蒸散
			滑膜切除術	関節リウマチ	炎症部位(滑膜)除去	蒸散
			軟骨形成術			
		消化器内科	胆道鏡下胆石破砕術	胆石	破砕	エネルギー破壊
		循環器内科	レーザ血管形成術	動脈硬化	硬化病変組織除去	蒸散
		脳神経外科	脳腫瘍組織の低侵襲手術	脳腫瘍	PD T/D[注2]	光感受性薬剤との反応→活性酸素 / 蛍光
Er,Cr:YSGG レーザ / ・水分吸収熱エネルギーによる蒸散 ・光熱による殺菌	2.78 μm	歯科・口腔外科	硬組織の掘削（齲蝕除去，窩洞形成，歯石除去，歯根端切除，歯槽骨整形）	虫歯，歯石，歯周病	原因菌殺菌，炎症組織除去	水蒸気の瞬間生成で病理組織を破壊
			口腔軟組織の切開	—(施術全般)	鋭利な切開	水分吸収による熱蒸散
			歯肉のメラニン色素除去	歯肉の色素沈着	歯茎上皮の除去	蒸散
			歯周ポケット内殺菌	歯垢蓄積	細菌の死滅，毒素の無毒化，炎症組織の除去	光熱による殺菌，蒸散
Er:YAG レーザ / ・水分吸収熱エネルギーによる蒸散 ・光熱による殺菌 ・水分吸収熱による深層損傷	2.94 μm	歯科・口腔外科	硬組織の掘削（齲蝕除去，窩洞形成，歯石除去，歯根端切除，歯槽骨整形）	虫歯，歯石，歯周病	原因菌殺菌，炎症組織除去	水蒸気の瞬間生成で病理組織を破壊
			口腔軟組織の切開	—(施術全般)	鋭利な切開	水分吸収による熱蒸散
			歯肉のメラニン色素除去	歯肉の色素沈着	歯茎上皮の除去	蒸散
			歯周ポケット内殺菌	歯垢蓄積	細菌の死滅，毒素の無毒化，炎症組織の除去	光熱による殺菌，蒸散
		美容皮膚科	レーザリサーフェシング	肌の老化，ニキビ	表皮の除去	蒸散
			フラクショナルレーザー療法	肌の老化，肌荒れ，傷跡	真皮からの皮膚再構築	真皮層に微細な熱損傷発生(水分の加熱)

次ページに続く

CO₂ レーザ /　 ・水分吸収熱エネルギーによる蒸散 ・水分吸収熱による深層損傷 ・フィブリン膜の癒着 ・組織・血液の凝固 ・再石灰化促進等	10.6 μm	皮膚科・形成外科	皮膚小腫瘍の蒸散切除	粉瘤，イボ，黒子	患部の除去	蒸散
			脂漏性角化症・色素性母斑・毛細血管拡張性肉芽腫などの切除	イボ，黒子，傷に後発する血管腫	患部の除去	蒸散
			汗管腫の蒸散	エクリン汗腺の肥大	患部の除去	蒸散
			ホクロやイボの蒸散除去	黒子，イボ	患部の除去	蒸散
		美容皮膚科	レーザリサーフェシング	肌の老化，ニキビ	表皮の除去	蒸散
			フラクショナルレーザー療法	肌の老化，肌荒れ，傷跡	真皮からの皮膚再構築	真皮層に微細な熱損傷発生
		耳鼻咽喉頭頸部外科	アブミ骨手術	耳硬化症	硬化部の焼灼切断	焼灼
			鼓膜穿孔の新鮮化	中耳炎	鼓膜中心に小さな穿孔	蒸散
			真珠腫の蒸散	真珠腫性中耳炎	真珠腫の焼灼	焼灼・蒸散
			硬化性病変の焼灼	鼓室硬化症	硬化部の焼灼切断	焼灼
			口腔・咽頭の扁平上皮がん，前がん病変，良性疾患，舌扁桃肥大の蒸散切除	腫瘍	病理部の除去	切除(水分吸収による熱蒸散)
			いびき及び睡眠時無呼吸症候群に対する手術	鼻詰まりによる口呼吸，いびき，臭い不明	鼻中隔矯正術(切除)	蒸散
			口蓋扁桃摘出術	扁桃腺炎	肥大部の切除	蒸散
			喉頭がん・喉頭乳頭腫，喉頭血管腫，喉頭狭窄のラリンゴマイクロ手術	腫瘍，声帯病変	病変部の切除	蒸散
		心臓血管外科	レーザ血管吻合術	―(施術過程)	端端接合	フィブリン膜の癒合
			末期的虚血性心疾患に対する心筋内血管形成術	狭心症，心筋梗塞	心筋内血管形成	蒸散
		歯科・口腔外科	萌出困難歯の開窓	乳歯が抜けた後，永久歯が出て来ない	歯肉切開	蒸散
			エプーリス(歯肉に生じた良性腫瘍)切除	エプーリス	エプーリスの切除	蒸散
			小帯切除	上唇小帯異常	切除	蒸散・凝固(止血)
			粘液嚢胞摘出	嚢胞(口腔内の袋状のもの)発生	摘出，開窓	蒸散
			歯肉整形	虫歯，歯石，歯周病	原因菌殺菌，炎症組織除去	水蒸気の瞬間生成で病理組織を破壊
			抜歯後や軟組織切開時の止血	虫歯，歯槽膿漏	抜歯・止血	凝固(止血)
			エナメル質強化	虫歯，歯石，歯周病	エナメル質や象牙質の強化	エナメル質の溝封鎖，象牙細管析出，再石灰化促進

注1　DCR: Dacryo-Cysto-Rhinostomy
注2　PD T/D: Photo-Dynamic Therapy/Diagnosis，光線力学的 治療 / 診断

〜1 μm)がある．前者のレーザでは，直接目に照射して後発白内障における後嚢切開に，あるいは出力部にサファイア製端子をつけ，生体組織に接触させてレーザ照射すると，接触面での吸収に因る発熱と端子形状による集光効果で組織の切開ができ，同時に凝固にも使うことができる．KTP (KTiOPO$_4$, potassium titanyl phosphate)結晶で周波数逓倍した波長 532 μm の第2高調波を用いて，メラニン色素やヘモグロビンの吸収を利用したホクロやアザの治療にも利用されている．後者の半導体レーザは，装置がコンパクトになり軽量で比較的安価である．800 nm の波長帯に大きい吸収をもつ血流検査薬 ICG(indocyanine green)で組織を染色し，非接触照射で組織の蒸散や切開ができる．

8.5 赤外リモートセンシング

赤外リモートセンシング(infrared remote sensing)は，赤外線を用い，離れた位置から非接触・非破壊で，対象物を計測する技術である．計測する赤外線は，①対象物からの熱放射，②太陽光などの透過・反射光，③人工光源(artificial source)から照射された赤外線の透過・反射光である．①および②はパッシブ・センシング，③はアクティブ・センシングである．中・長距離のリモートセンシングには，大気の窓の波長帯(表 1.6 参照)が用いられる．あらゆるものが計測の対象になるが，本節では主に気象や環境，地表(鉱物，土壌，植生，河川・湖沼，人工構造物)および海洋面の情報取得，測位などを目的とした赤外リモートセンシングについて述べる．

8.5.1 放射カメラによる熱環境計測

赤外放射カメラによる撮像(赤外サーモグラフィ)は，熱環境に関する広域の空間情報を得ることができ，環境の可視化に役立つ．

都市や郊外，農村などの広い地域のスケールでは，人工衛星や航空機からのリモートセンシングによる熱環境計測が有効である．航空機搭載のマルチスペクトルスキャナ(multispectral scanner, MSS)により，夏季の日中に取得された赤外放射の熱画像から，海，水田および森林の表面温度が気温と等しいかそれ以下であるのに対し，建築・舗装面で覆われた市街地や郊外の団地の表面温度は気温よりも高く，ヒートアイランド現象が観測されている[64]．

都会などの生活空間における赤外放射カメラを用いた熱環境計測では，例えば図 8.26(p.235)に示すように，夏季の日中に商業地区の歩道で収録した全球熱画像により，歩道に立った人間をとり囲む周囲の全ての面の表面温度が可視化され，コンクリートと樹木や日向と日陰での熱環境の差を明確に知ることができる[65]．

8.5.2 長光路吸収法による大気分子の計測

長光路吸収法は，大気中に赤外光を長い距離伝搬させ，大気分子の固有スペクトルや浮遊粒子による吸収を計測することにより，これらの大気成分の伝搬光路中の柱密度(コラム密度，column density)を測定する方法である．

地上からの距離を z として測定対象の大気成分が密度 $n(z)$ $[\mathrm{m}^{-3}]$ で光路($z = 0 \sim L$ $[\mathrm{m}]$)中に分布

表8.4　主な大気分子，大気汚染分子の赤外吸収バンド [66～68]

分子名	英語名	化学式	波長[μm]	波数[cm⁻¹]
亜酸化窒素	nitrous oxide	N_2O	2.872	3482
			3.89	2570
アセチレン	acetylene	C_2H_2	13.89	719.9
アンモニア	ammonia	NH_3	9.220	1085
			10.55	948.2
一酸化炭素	carbon monoxide	CO	4.709	2124
			4.745	2107
一酸化窒素	nitric oxide	NO	5.263	1900
1,3-ブタジエン	1.3-butadiene	C_4H_6	6.215	1609
1-ブテン	1-butene	C_4H_8	10.79	927.0
エチレン	ethylene	C_2H_4	10.53	950.8
塩化水素（塩酸）	hydrogen chloride	HCl	3.573	2799
塩化ビニル	vinyl chloride	C_2H_3Cl	10.6	940
オゾン	ozone	O_3	2.536	3943
			9.507	1052
四塩化炭素	carbon tetrachloride	CCl_4	12.6	793
トリクロロエチレン	trichloroethylene	C_2HCl_3	10.59	944.2
二酸化硫黄	sulfur dioxide	SO_2	3.003	33330
			4.001	2499
			8.775	1140
			8.881	1126
			9.024	1108
二酸化炭素	carbon dioxide	CO_2	4.337	2306
二酸化窒素	nitrogen dioxide	NO_2	4.482	2231
			6.229	1605
フレオン-11	Freon-11	CCl_3F	9.220	1085
			11.8	847
フレオン-12	Freon-12	CCl_2F_2	10.86	920.8
フレオン-113	Freon-113	$C_2Cl_3F_3$	9.604	1041
ペルクロロエチレン	perchloroethylene	C_2Cl_4	10.83	923.0
ベンゼン	benzene	C_6H_6	9.639	1037
プロパン	propane	C_3H_8	3.391	2949
プロピレン	propylene	C_3H_6	6.069	1648
水	water	H_2O	2.7 付近	3700 付近
			5.8, 6.6 付近	1700, 1500 付近
メタノール	methanol	CH_3OH	9.676	1033
メタン	methane	CH_4	1.67	5990
			3.270	3058
			3.391	2949
六フッ化硫黄	sulfur hexafluoride	SF_6	10.25	946.0

しているとすると，柱密度 $N\,[\mathrm{m^{-2}}]$ は

$$N(L) = \int_0^L n(z)\,dz \tag{8.5}$$

で求められる [66].

　赤外域では**表8.4**に示すように，アンモニア，一酸化炭素，一酸化窒素，塩化水素（塩酸），オゾ

ン，トリクロロエチレン，二酸化硫黄，二酸化炭素，フレオン(フロンともいう)，ベンゼン，プロパン，水(水蒸気)，メタノール，メタンなどの多数の大気分子の吸収バンドが存在するので，それらを検知して柱密度を測定することができる．

[1] 長光路の構成

図8.27 に示すように光源とセンサを対向させ，その2点間の光路で測定するものと，光源とセンサを近い位置に設置し，離れた所に置いた反射器(光線を入射した方向に戻すリトロリフレクタ(retroreflector)など)や反射物(壁など)で光線を折り返した往復光路を用いるものがある．反射による折り返しを多数回繰り返すとさらに長い光路を実現でき，より微量の大気成分の密度を測定できる．また光源，センサあるいは反射器の位置を変えて計測することにより，大気成分の密度の空間分布が求められる．

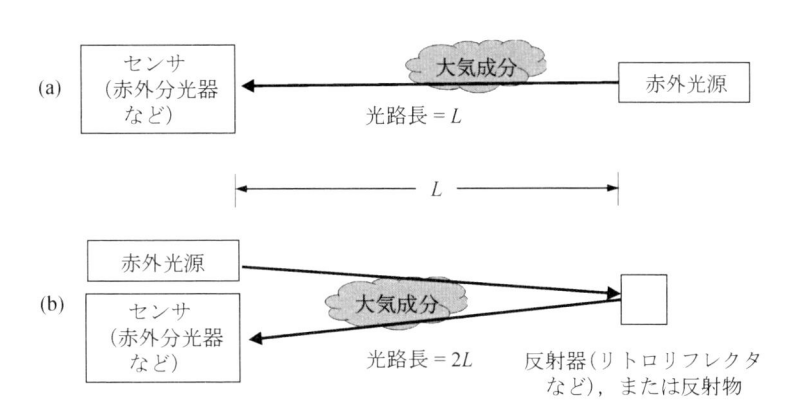

図 8.27 長光路吸収法における大気成分の測定装置の構成

[2] 大気成分の分光イメージング

望遠鏡の焦点部にフーリエ赤外分光(FTIR)装置を接続し，背景からの放射を光源として受信した赤外線を分光しながら，分光器の視野を2次元に走査して，光路中の大気分子成分の吸収スペクトルの2次元分布の画像が得られる[69]．

[3] レーザセンサによるガス漏れモニタ

レーザを光源として用いることにより，容易に高い波長分解能，高精度で大気分子の吸収スペクトルを測定できる[66,70]．ガス漏れセンサは，光源として赤外域の半導体レーザや非線形光学効果による波長可変レーザを用い，気体分子の吸収線に同調した波長とその近傍の吸収線の無い波長の2つとで，それらの差分吸収を測定する．この方法により，一酸化炭素，二酸化炭素，メタン，プロパン，塩化水素，アンモニア，エチレン，亜酸化窒素など(表8.4 参照)が測定される．都市ガスや毒性ガスの漏れの効率的な検知が可能であり，工場や貯蔵タンク，配管などの故障や事故，地震などの自然災害での漏洩による災害防止への利用に有効である．

[4] 衛星搭載リムサウンダによるオゾン，温室効果ガスの観測

人工衛星から，地球の地平線を見て大気の鉛直分布を測定するリムサウンダ(limb sounder)は，地球規模の距離の長光路吸収法による測定装置である．この方法では，太陽光を光源として，周回衛星から地球の大気周縁部を分光観測する．日本が1996年に打ち上げた地球観測衛星みどり

(ADEOS)に搭載された改良型大気周縁赤外分光計(ILAS)は，地球環境変動の原因とされるオゾンやメタンなどの地球温暖化ガスの鉛直分布を観測した [71]．

8.5.3 レーザレーダ

遠方の物体とその距離を探知するレーダ(radar)は電波(主にマイクロ波)を用いるが，光・赤外線のレーザ光を用いるレーダがレーザレーダ(laser radar)で，ライダ(lidar, light detection and ranging)とも呼ばれる．電波よりも何桁も波長の短い光・赤外線を用いるので，その波長と同程度あるいはそれ以下の微小な浮遊粒子や大気分子の測定が可能である．

[1] 装置とライダ方程式

レーザレーダ装置は図 8.28 に示すように，光源のレーザと送信望遠鏡からなる送信系，受信望遠鏡，光学フィルタおよび赤外検出器からなる受信系と計測制御および信号・データ処理などのエレクトロニクス系から構成される．

光源は大きな信号対雑音比と高い距離分解能を得るために高いピーク出力のパルスレーザを用い，また自由空間を伝搬させるためにアイセーフティの MPE(maximum permissible exposure, 最大許容露光量)(8.8.2 参照)の基準を満たす必要がある．受信法には PD (photodiode)を用いる通常の赤外強度測定の他に，APD(アバランシェフォトダイオード，avalanche photodiode) を用いる高感度なフォトンカウンティング法，および高速 PD のミキサと局発光レーザを用いてより高感度で対象物の移動速度も測定できるヘテロダイン検出法がある．

距離 z にある物体で散乱された受信光の強度は，

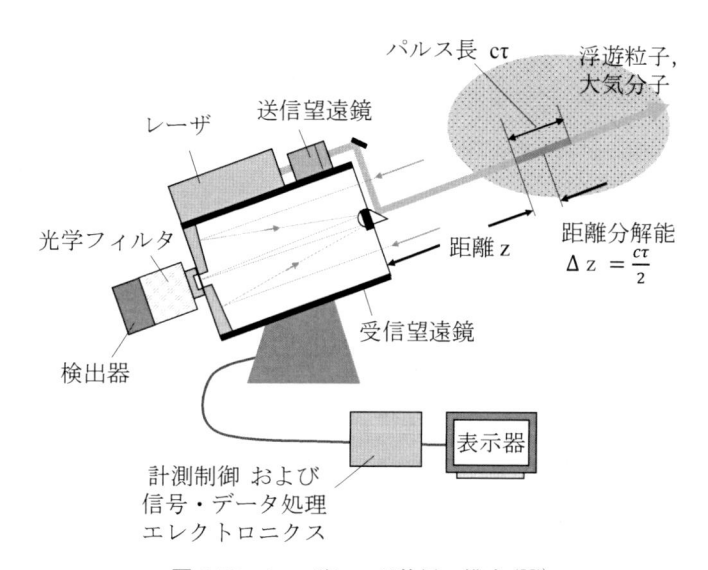

図 8.28 レーザレーダ装置の構成 [67,72]

$$P(z) = \frac{P_0 \cdot K \cdot T(z)^2 \cdot Y(z) \cdot \beta(z) \cdot A_r \cdot \Delta z}{z^2} \tag{8.6}$$

のライダ方程式で求められる [67,72]．ここで，P_0：レーザ光のピーク出力，K：送受信光学系の全効率，$T(z)$：距離 z までの赤外線の大気透過率，$Y(z)$：送信ビームと受信視野との重なり度合い(対象距離で 1 になるように設計する)，$\beta(z)$：求めるべき測定物体の体積後方散乱係数(volume backscattering coefficient)$[m^{-1}sr^{-1}]$)，A_r：受信望遠鏡の集光面積，Δz：距離分解能である．Δz はレーザーパルスの空間長の半分の値で，パルス時間幅 τ と光速 c を用いて $\Delta z = \frac{c\tau}{2}$ である．

[2] ミー散乱ライダによる雲，粒子状物質などの計測

可視～近赤外レーザ光の波長と同程度の 0.4 µm 以上の大きさのエアロゾルによるミー散乱(1.4.4 参照)を計測するライダは，波長より遥かに小さい数 nm 域の微小粒子や分子による散乱を用いるレイリー散乱ライダと比較して，高い信号強度が得られ，GaAs-LD(波長 0.8 ～ 0.9 µm)や Er 固体レーザ(1.54 µm)などを用いる小型の装置[73]でも高感度に計測できる．ミー散乱ライダは，空港の気象データ自動計測システムに雲底高度や視程(visibility)を測定する雲高計(ceilometer)や視程計(visibilitymeter)として用いられている．

球状粒子による後方散乱ではレーザ光の偏光方向に直交した成分がゼロであるのに対し，球状でない非対称な形状の粒子では偏光解消度(＝直交偏光成分／平行偏光成分)が大きくなるので，雲中の水滴(球形)と氷の粒子(非球形)の比率や，中国砂漠地帯から飛来する尖った形を持つ黄砂の輸送の計測が，偏光測定によって行われている[67, 74]．

[3] 差分吸収ライダ(DIAL)による大気汚染，地球温暖化ガスの計測

ライダで計測される後方散乱光は，往復の光路距離に応じて，大気浮遊粒子と分子の消散(1.4.4 参照)による減衰を受ける．大気中の特定の分子の吸収波長とその近傍の非吸収波長の 2 つのレーザ光を用いると，浮遊粒子の体積後方散乱係数はほぼ変わらないので，2 つの波長の信号の差より，大気分子の密度分布を測定できる．これが差分吸収ライダ(differential absorption lidar, DIAL)の原理[72]である．DIAL 装置を用いて大気汚染ガス，地球温暖化ガスの密度分布の計測が行われる．

[4] ドップラーライダによる風の計測

ドップラーライダ(Doppler lidar)は，大気の風にのって運動するエアロゾルのミー散乱を測定し，散乱時に生じるレーザ周波数のドップラーシフトを検出し風速を計測する．

検出の方式には，直接検波とヘテロダイン検波があるが，赤外線では主に，後者のコヒーレントドップラーライダ(coherent Doppler lidar, CDL)が用いられている．送信機の波長はアイセーフの 1.5 ～ 2.1 µm が主流であり，そのため Tm(ツリウム)，Ho(ホロニウム)，Er(エルビウム)などを添加した固体レーザやファイバレーザが開発されている[75, 76]．

ドップラーライダは高い空間分解能の測定が可能で，空港離着陸時や飛行中に航空機にとって危険となる晴天乱気流(clear air turbulence, CAT)や航空機の翼端から発生する後方乱気流の可視化が可能である．また，気象計測装置として風のベクトル(風速，風向)の分布の測定，風力発電機の羽根近傍の風速の検出などに用いられる[77]．図 8.29(p.235)は，2 µm 帯レーザを用いた風測定用コヒーレントライダの測定例である[78]．

8.5.4 測距・3次元センサ

赤外測距装置は，赤外光を送信し，対象物や反射器(リトロリフレクタなど)で反射されて戻ってきた光を受信するまでの時間を測定し，対象物までの距離を求める．光速を c，光の往復時間を t とすると，距離 L は次式で求められる．

$$L = \frac{1}{2}ct \tag{8.7}$$

　光源は近赤外の LD または LED を用い，パルス光の送信 − 受信時間差，または一定の周期で点滅あるいは強度変調した光の位相シフトの時間を測定する．

　赤外線を用いることにより，昼夜を問わず測定でき，小型の携帯用装置で比較的高い精度の測距が可能である[79]．ゴルフ場などのレジャー用のレーザ測距計は 0.5 m 程度の精度で 500 m まで，自動車衝突防止用レーザセンサは 30 km/ 時以下の走行で 30 m まで，精密測量用のレーザ測距装置では数 mm の精度で数 km までの距離の測距ができる．

　受信器にリニアアレイ検出器を用い，赤外線をライン状に照射し，1 次元の距離情報を同時に取得しながら，ラインに対し垂直方向に走査する 3 次元センサ[80]，さらに 2 次元アレイ検出器を用い，より高速に 3 次元情報を取得するセンサも開発されている．

8.5.5　衛星リモートセンシング

　人工衛星によるリモートセンシングでは，紫外線，可視光，赤外線および電波（マイクロ波）の広いスペクトル範囲で，気象・地球環境，土地利用・災害監視・資源探査，測地・地図作成，防衛などを目的として，全地球的（global）な観測が行われている．これらの目的のため赤外線では，マルチバンド放射計あるいは分光放射計のイメージング装置が用いられる．図 8.30 に示す紫外・可視・赤外域の地球表面の土，植生および水の太陽光の反射と地表および水面の熱放射の特性から分かるように，主に近赤外において太陽光の反射を，中赤外で地球の熱放射を観測する．また，気象・地球環境観測にレーザレーダ（8.5.3 参照）が，測地・地図作成の目的でレーザ高度計が用いられる．

[1] 気象観測

　世界気象機関（world meteorological organization, WMO）の提唱により，赤道上空に配置されたゴーズ衛星（GOES，米国），メテオサット衛星（Meteosat，欧州）など，世界各国（米国，欧州，日本，ロシア，インド，中国，韓国）の静止衛星とテラ衛星（Terra，米国）など複数の極軌道の周回衛星から

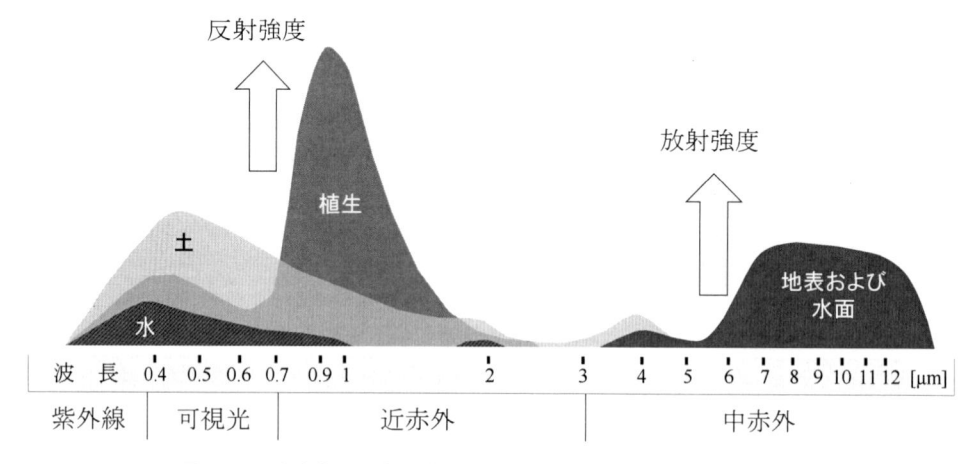

図 8.30　地球表面の太陽光の反射および地表の熱放射の特性[81]

なる気象観測網が運用されている.

日本の静止軌道の気象観測衛星は，2019年現在，ひまわり8号が運用中で，可視3バンド(0.46〜0.64 μm)，近赤外3バンド(0.86〜2.3 μm)および中赤外10バンド(3.9〜13.3 μm)の16バンドを用い，0.5〜1 km(可視)または1〜2 km(赤外)の水平分解能の可視赤外放射計により，雲，火山灰・大気浮遊粒子および海面水温のイメージング観測を常時行っている．図8.31は衛星ひまわり8号で観測した中赤外画像である．

図8.31 ひまわり8号による地球の赤外画像(波長 10.4 μm)[82]

[2] 地球環境観測

気候変動などの地球環境問題に対して，持続可能な社会の実現を目指して，国際協力による全地球観測システム(GEOSS)の枠組みが作られ，米国，欧州，カナダ，日本等が国際的な連携により，衛星と地上での観測を包括して行なっている[83]．テラ衛星には，国際協力で開発された複数のマルチバンド可視・赤外放射計，分光放射計のイメージング観測装置が搭載され，太陽放射，雲，粒子状物質，大気温度・湿度，海面温度，対流圏の汚染ガスや地球温暖化ガスの観測を行っている[84]．

日本の温室効果ガス観測技術衛星いぶき(GOSAT)(2009年1月打上げ)は，図8.32の近赤外3バンド(0.75〜0.77 μm，1.56〜1.72 μm，1.92〜2.08 μm)，中赤外1バンド(5.56〜14.3 μm)でフーリエ分光を行い[85]，二酸化炭素ガス，メタンガスなどの全地球的な濃度分布のデータを提供している．

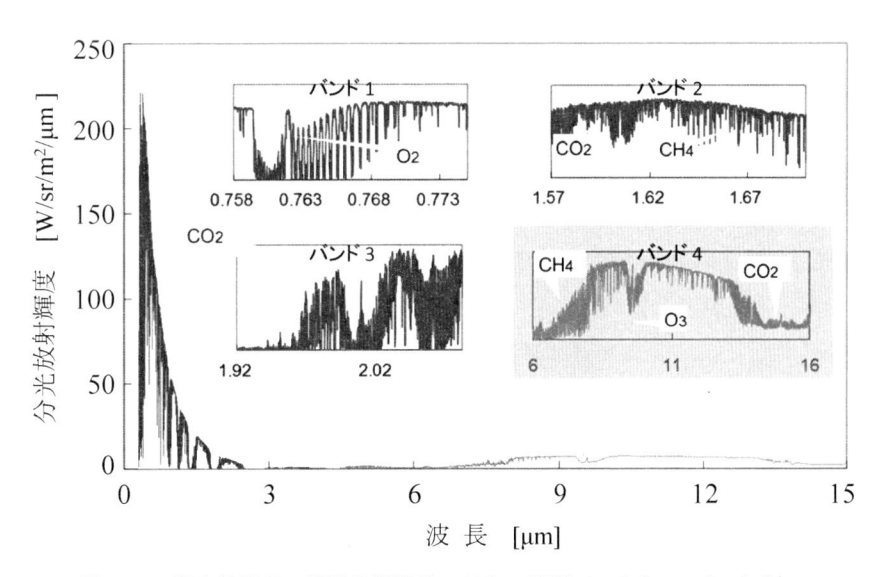

図8.32 温室効果ガス観測技術衛星いぶきの観測データ(アマゾン上空)
(久世暁彦氏提供)

[3] 陸域観測による災害監視，資源探査

　テラ衛星には，日本が開発した高分解能のイメージングを行う熱放射反射放射計アスター（ASTER）が搭載され，地球観測を行っている．アスターの観測バンドは，太陽光の反射を測定する可視・近赤外の9波長バンドと熱放射を測定する中赤外の5バンドで，空間分解能はそれぞれ15 m または30 m と90 m である．アスターの高い空間分解能を活用し，大地震による大規模な地すべり（図8.33）や火山の噴火による火口の陥没の観測など，災害監視に役立てられている[86]．

　石油，金属などの資源探査では，高分解能のマルチバンド可視・赤外放射計によるイメージングと，多偏波のマイクロ波合成開口レーダ（synthetic aperture radar, SAR）の地表面イメージングの情報から地質構造解析を行う．

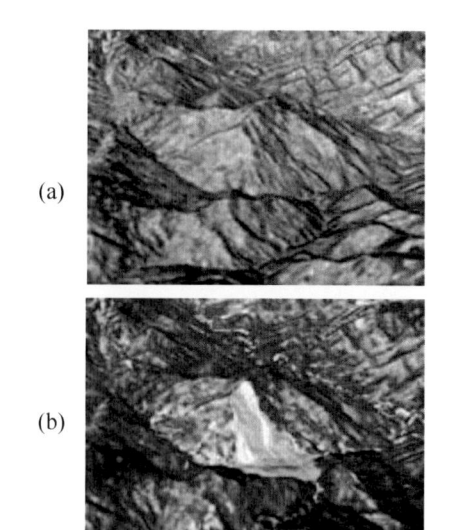

図8.33　パキスタン地震（2005年10月8日）で発生した大規模地すべりの観測[86]
(a)発生前（2000年11月14日），
(b)発生後（2005年10月11日）．

　日本の陸域観測技術衛星だいち2号（2014年5月打上げ）に搭載された非冷却の小型赤外カメラは，空間分解能210 m 以下で，森林火災[87]，活火山，都市のヒートアイランド現象などの検出が可能である．

[4] 宇宙ライダによる大気観測およびレーザ高度計

　衛星搭載レーザレーダ（宇宙ライダ）により，雲，エアロゾル分布などの大気観測とレーザ高度計として地表の高度分布の観測が行われている．

　1994年米国により，スペースシャトル搭載の Nd:YAG レーザ光源のライダ（LITE）を用い，大気観測が行われ[88]，2006年からはカリプソ衛星（CALIPSO）搭載の2波長（0.532 μm／1.064 μm）ライダ（CALIOP）により，エアロゾルおよび雲観測が行われた[89]．

　衛星搭載のレーザ高度計では，1996年および1997年にスペースシャトル搭載の SLA（shuttle laser altimeter）が地表面高度，樹木高度の測定を行い，2003年からアイスサット衛星（ICESat）搭載の測距ライダ（波長1.064 μm）のグラス（GLAS, geoscience laser altimeter system）[90]が，極地の氷河の減少など地形変化を高精度に観測した[91]．

　レーザ高度計は，惑星表面の精密な高度分布の観測にも用いられ，1996年に打上げられた米国の火星探査機マーズ・グローバル・サーベイヤー（Mars global surveyor, MGS）搭載のモラ（MOLA, Mars orbiter laser altimeter）は，火星表面の高度地図を作成し[92]，地表に水が流れた痕跡を発見した．

　日本の月周回衛星かぐや搭載のレーザ高度計（laser altimeter, LALT）（2007年打上げ）は，月全面の高精度地形図を作成した[93]．

8.5.6　ハイパースペクトルイメージング

ハイパースペクトルイメージング(hyperspectral imaging, HIS)[94]は，分光により多数の波長で画像を取得し，ビッグ・データの解析で特定の物質固有のスペクトルの特徴を探し出すことにより，画像上の分布を推定し明示する技術である．

ハイパースペクトルイメージングで航空機から地上を観測する場合，図8.34に示すように回折格子などの分散系の分光器，細長いスリットの撮像光学系，2次元アレイ検出器が用いられる．この場合2次元アレイ検出器の1辺は波長軸として回折格子の分散方向に，他辺は空間軸としてスリットの長手方向に配置され，1次元の空間軸の各画素について赤外スペクトルが得られる．スリッ

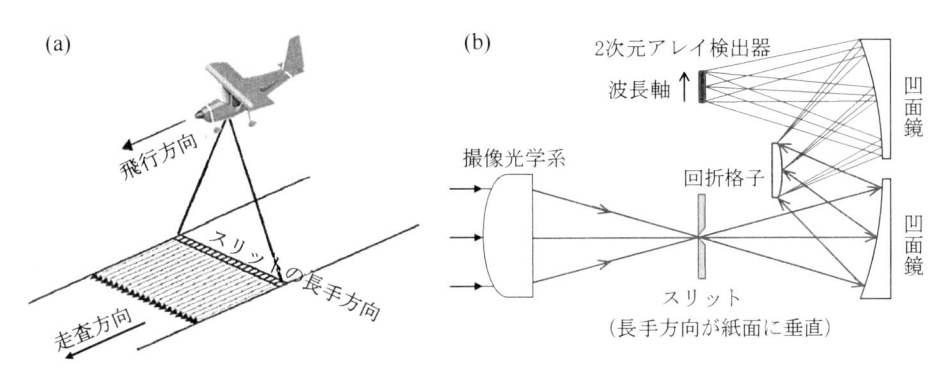

図8.34　(a)航空機によるハイパースペクトルイメージング観測，
(b)回折格子分光装置 [94]

トの長手方向は航空機の飛行方向に直交する方向に配置され，航空機が飛行して地上を走査することにより，2次元画像が取得される．このようにして，2次元画像の各画素がスペクトル情報を持つ3次元データが得られる(図8.35)．各画素のスペクトル情報を多変量解析(multivariate analysis)などのデータ解析手法を用いて，対象の特徴を抽出し，既知のスペクトルと照合することにより，対象の識別と空間分布の推定が可能となる．

これにより，土壌，鉱物，植生や水域を同定し，分布を求めることができる．また，地上の広い領域での人や車両などの捜索・救助[84]，農生産品の選定，空港でのテロ・犯罪防止などに用いられる[95]．

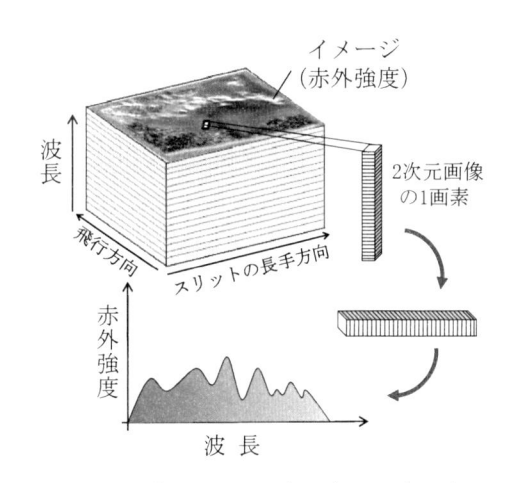

図8.35　ハイパースペクトルイメージングの3次元データと空間的2次元画像の1画素を連ねた分光データ[95]

8.6　赤外線・サブミリ波天文[96]

　宇宙科学・天文学の研究にとって，赤外線・サブミリ波の観測は最も重要な手段になっている．天文学においては，波長が 1 μm より短い赤外線を写真赤外，1〜5 μm を近赤外，5〜30 μm を中間赤外，30〜300 μm を遠赤外，300 μm 以上をサブミリ波と呼ぶことが多いが，必ずしも厳密な定義はなされていない．現在では可視光も合わせて光赤外線天文学と総称され，サブミリ波（テラヘルツ波）の観測は電波天文学の一分野とみなされている．

　天体から放射される電磁波には熱的電磁波と非熱的電磁波があるが，赤外線・サブミリ波においては熱的電磁波が主であり，プランクの放射法則の式で表現されるような放射エネルギースペクトルで代表される．即ちエネルギースペクトルの最大強度の波長は，ヴィーンの変位則（Wien's displacement law）すなわち波長 $\lambda_{\mathrm{m}}[\mu\mathrm{m}] = 2898/T[\mathrm{K}]$ で表される．この特性を利用して，各赤外線の波長帯において宇宙に存在する様々な温度の天体が観測されている．例えば，恒星や電離ガスは可視光や近赤外線，惑星や原始惑星系円盤は中間赤外線，暗黒星雲や分子雲などの星間物質は遠赤外線やサブミリ波での観測が，その本質を捉えるには最も有効である．

8.6.1　赤外線・サブミリ波による宇宙研究の重要性

　赤外線・サブミリ波の天文学における重要性は，以下の 5 点に要約できる．

1) 温度が数 K から数 1000 K の天体，つまり誕生しつつある恒星や，死を迎えつつある赤色巨星，あるいは恒星誕生過程の研究に最適の波長帯である．（原始星の発見）

2) 宇宙空間の固体微粒子（星間塵）による減光を受けにくく，天の川銀河系の遠方まで見通せる．近赤外線における減光度は，可視光に比べて 1/10 以下である．（銀河系中心の巨大ブラックホールの発見）

3) 宇宙膨張によるドップラー効果によって，宇宙誕生初期（つまり宇宙遠方の天体）は，恒星の放射のピークが近赤外線に赤方偏移する．宇宙誕生後数億年に放射された水素原子のライマン α 線（静止系波長 121.6 nm）の波長が 10 倍以上伸びて，近赤外線で観測される．（宇宙初代銀河の発見）

4) 原子やイオン，分子やラジカルなどについて，電子遷移（微細構造遷移），振動遷移，回転遷移など，多種多様なスペクトル線が豊富にある．（星間化学の進展）

5) 固体微粒子（星間塵）のバンド構造（組成，結晶度により変化）が豊富にある．（フラーレンや多環式芳香族炭化水素 PAH（polycyclic aromatic hydrocarbon）の発見）

　特に，(4) と (5) は，水素とヘリウムだけで誕生したこの宇宙において，どのように炭素，窒素，酸素，鉄，ケイ素などの元素が生成され拡散したか，さらにどのような化学反応の結果，より複雑な分子や固体，さらには有機物が生成されてきたかという，宇宙の物質進化の解明を，さらにはそれによってもたらされた宇宙の多様性を理解していく上で，極めて重要である．

8.6.2 望遠鏡

赤外線・サブミリ波天文学のための望遠鏡としては，大きく分けて地上望遠鏡と宇宙望遠鏡がある．地上望遠鏡としては，可視光から近赤外線を観測できる大望遠鏡が，ハワイ島やチリのアンデス高地，カナリア諸島などに建設されてきた．我が国のすばる望遠鏡(口径8.2 m)をはじめ，口径 8 〜 10 m 級の大望遠鏡が，現在すでに 10 数台稼働している．さらに GMT (giant Magellan telescope)，TMT

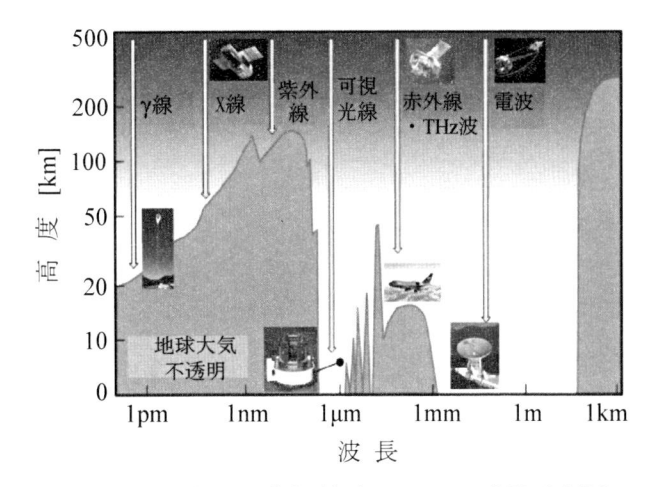

図 8.36 地球大気の電磁波吸収率，および天文観測手段とその高度

(thirty meter telescope)，ELT (extremely large telescope)という口径が 25 〜 40 m の巨大望遠鏡が，2020 年代の完成予定で建設が進んでいる．いずれも主鏡は単一の鏡ではなく，小口径の鏡を複数個配置した複合鏡である．これらは，地球大気が比較的透明でかつ望遠鏡の熱赤外放射の影響が小さい近赤外線で，きわめて高い性能を持つことが期待される．

図 8.36 に大気の吸収，および望遠鏡の位置する高度と観測波長の関係を示す．中間赤外線，遠赤外線に対しては地球大気が不透明で，かつ望遠鏡の熱赤外放射が主要雑音源になる．したがって，低温に冷却した望遠鏡衛星を宇宙に打ち上げることがなされてきた．米蘭英共同の IRAS(infrared astronomical satellite)(1983 年打ち上げ)，米国の COBE(cosmic background explorer)(1989 年)，わが国の IRTS(infrared telescope in space)(1995 年)，あかり(2006 年)，欧州宇宙機関の ISO(infrared space observatory)(1995 年)，Herschel(2009 年)などがその例である．現在でも米国の Spitzer(2003 年)が観測を続けているとともに，2021 年 12 月に口径 6.5 m 級の JWST (James Webb space telescope)が Hubble 宇宙望遠鏡の後継として打ち上げられ，翌年 7 月に最初の画像が公開された．いずれも望遠鏡自体が，放射冷却やスターリング(Stirling)冷凍機，液体ヘリウムなどで冷却され，宇宙空間という好条件と相まって超高感度を達成している．また Boeing747 を改造したジェット機望遠鏡 SOFIA (the stratospheric observatory for infrared astronomy)が米独共同で稼働中である．科学観測用大気球を用いた上空からの観測も多数おこなわれてきた．また，2020 年代後半の打ち上げを目指して，日欧共同で宇宙大赤外線望遠鏡 SPICA (space infrared telescope for cosmology and astrophysics)計画が準備中である．口径 2.5 m の望遠鏡を 8 K の温度まで冷却することで，超高感度の達成が期待される．

波長 350 μm 以上のサブミリ波においては，日米欧が共同で建設した巨大電波干渉計 ALMA (Atacama large millimeter/ submillimeter array)が，極めて高い性能を実現している．チリのアタカマ高地(高度 4800 m)に 64 台のサブミリ波用電波望遠鏡を設置し，全体で干渉計として動作させるこ

とによって，0.1秒角を切る超高解像度を達成している．地球上で最高の観測環境が得られる南極大陸中央高地(高度4000 m前後)に，赤外線・テラヘルツ望遠鏡を設置する計画も，米，中，欧，日でそれぞれに進められている．

8.6.3　検出器

天文学の観測対象は宇宙遠方の微弱な天体なので，非常に高い感度(低雑音)が検出器に要求される．この目的に最適化された検出器が米，欧，日で開発され，用いられてきた．近赤外線では，HgCdTeやInSbの4 K×4 Kアレイ，中間赤外線ではSi:Asの1 K×1 Kアレイ，遠赤外線ではGe:Gaや圧縮型Ge:Gaのアレイ，TES (transition edge sensor)ボロメータアレイが用いられている．また波長50 μm以上の遠赤外線とサブミリ波では，ヘテロダイン方式(6.4参照)の検出器も用いられている．またMKID (microwave kinetic inductance detector)が実用化段階に入っている．いずれの検出器も100%に近い高い量子効率と，究極的な低雑音性能を追求したものであり，高速性はさほど要求されていない．

これらの検出器とともに重要なのが，極低温読み出し回路(cryogenic readout electronics, CRE)である．極低温部に設置された多素子のアレイ検出器の信号を多重化して常温部の処理回路に伝送する機能であり，この技術も米欧日で開発されてきた．SiのMOSFET(metal-oxide-semiconductor field effect transistor)，GaAs FET，ジョセフソン(Josephson)素子などの能動素子によるCREが「極低温アナログASIC (application specific integrated circuit)」として実用化されている．尚，検出器の冷却法は5.2に述べた．また検出器とCREはともに，宇宙空間で用いる場合には耐放射線性が必要である．

8.6.4　観測装置

天文観測の各基本手法(撮像，測光，分光)に加えて，偏光測光，コロナグラフ撮像，補償光学撮像，時間変動測光など，さまざまな観測手法があり，それぞれに最適化された光学系が観測装置として用いられてきた．

撮像機能を実現する光学系としては屈折系と反射系がある．反射系には低膨張ガラス材あるいは金属面に，アルミニウムあるいは金などを蒸着したものが用いられる．近年の精密加工技術を応用し，複雑な反射面も使用可能である．屈折系には，KRS-5，CsI，Si，Geなどの赤外光学材料(4.1.2参照)が用いられ，ここでも複雑な形状の加工が実用化されている．高屈折材料には反射防止膜が重要であり，極低温でも安定な反射防止膜技術が開発されている．

地上望遠鏡では，恒星の可視光を用いて地球大気の揺らぎによる波面変動を検出し，実時間で近赤外線像を補正する補償光学装置(adaptive optics)が開発され，大望遠鏡でも回折限界に近い0.01秒角の解像度が実現されている．

分光機能は，分散型素子，干渉計，ヘテロダイン分光のいずれかが用いられる．分散型素子としてはプリズム，回折格子，およびプリズムと回折格子を組み合わせたグリズム(grism)がある(4.3

参照). 干渉計としてはマイケルソン(Michelson)干渉計および発展形のマーチン・パプレット (Martin-Puplett)干渉計によるフーリエ(Fourier)分光が用いられる(6.3 参照). ヘテロダイン分光には SIS(superconductor insulator superconductor)ミキサなどが用いられている(6.4 参照).

その他, ワイヤグリッド(wire grid)偏光子, イマージョン回折格子(immersion grating)などの特殊な素子が開発され用いられている(**図 4.7** 参照). また, 赤外線・サブミリ波天文学で特に重要な技術の一つが極低温冷却であり, 専用の宇宙用スターリング冷凍機や J-T(Joule-Thomson)冷却器が我が国を先頭に開発され用いられている(5.2.6 参照).

8.7 防衛

防衛分野における赤外線の応用は, 目標の捜索・追尾や夜間操縦支援など多岐にわたる. そのため, 赤外関連技術は, 諸外国においても安全保障上の重要な技術の一つとして位置づけられ, それぞれの政府主導の下で研究開発が進められている. 日本においては, 防衛装備庁(旧技術研究本部)が主導して研究開発を進め, それらの成果は長年にわたり自衛隊の各種装備品に採用されてきている. **図 8.37**[97~99](p.235)にこれまでの防衛装備庁における赤外センサ研究の流れを示す. 年と共にセンサの多画素化や 2 波長化, 高分解能化が進み, それらを進展させる QWIP(quantum well infrared photodetector)をはじめとする量子構造型センサも開発されてきたのが分かる.

赤外線は人間の眼には見えないため秘匿性が高く, 夜間や悪視程時でも視認性が高いことから, 様々な装備品に使用される. 特に熱赤外では, 3～5 μm 帯と 10 μm 帯の 2 つの波長帯が用いられ, **図 8.38** の画像例のように, 3～5 μm 帯では特有の炭酸ガスの放射により火炎が良く見える, あるいは 10 μm 帯では靄や砂塵, 煙の粒子による散乱の影響が小さく, さらに低温物体が見えやすいといった特長がある. これらを活かして例えばミサイル警戒装置には, ミサイルの排気プルームを検知しやすい 3～5 μm 帯を使用し, 上空で低温になりやすい航空機の捜索追尾装置には 10 μm 帯を用いるなど, それぞれの用途に応じて利用する波長は使い分けられている.

また, **図 8.39** に 3～5 μm 帯と 10 μm 帯の 2 つの画像の見え方の違いを利用して, 太陽クラッタ(clutter)に埋もれた船舶を抽出する例を示す. 2 つの波長帯の画像を融合することにより, 目標物を明確化することができる. このように防衛用途には, 複雑な背景下の映像から確実に目標を抽

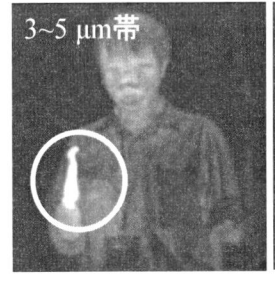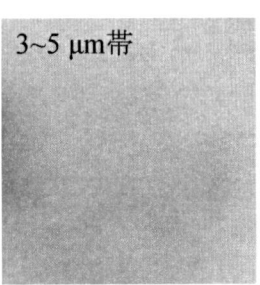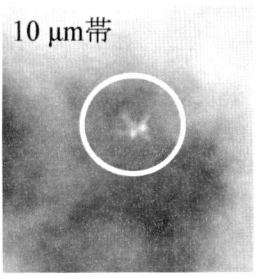

図 8.38 3～5 μm 帯と 10 μm 帯の見え方の違い[98]

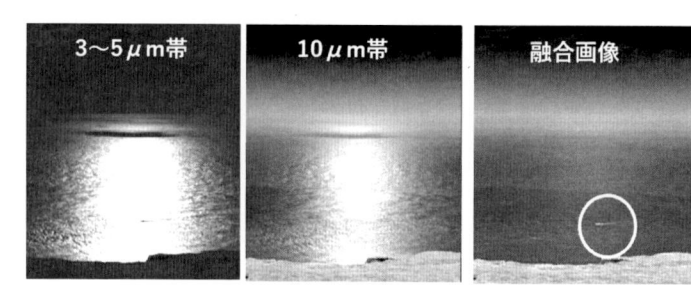

図 8.39　2つの画像を用いた融合処理 [100]

出するための画像処理が重要である．さらに航空機等の振動環境下でもブレのない高解像度の映像を取得するための光学系や視軸走査機構も必須であり，装備品の研究開発の現場では搭載プラットフォームに応じてこれらの技術を構築していく必要がある．以下に，赤外線を利用した代表的な防衛装備を紹介する．

8.7.1　偵察監視装置

敵味方や戦域の状況を撮像して表示する装置であり，操作者に視認性の高い映像を提供するために，運用環境に応じて微光暗視装置や熱赤外撮像装置など様々なセンサ方式

図 8.40　偵察監視装置(ヘリコプタ，ドローン) [101]

が採用される．双眼鏡のように人員が携行するもの，航空機や車両に搭載し移動状態で使用するもの，沿岸や基地周辺などに設置，固定して使用するものなど，様々な種類があり，**図 8.40** にヘリコプタとドローンに使用した例を示す．

8.7.2　捜索追尾装置

車両，艦艇，航空機，ミサイルあるいは人員を遠方から探知・識別・追尾するために使用される．事前に設定した捜索パターンでセンサの視野全体を機械的に走査し，視野内に入った目標を信号処理により自動抽出したのち，映像から目標を識別・追尾する装置である．レーダに使用されるマイクロ波に比して赤外線は雨による減衰が大きく，また雲に対する透過性が低いなど，必ずしも全天候性では

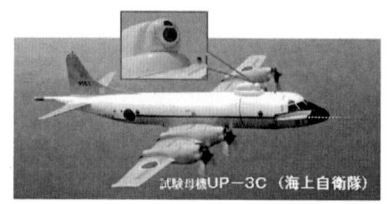

図 8.41　捜索追尾装置(航空機搭載) [101]

なく，測距も難しいこともあり，レーダの補完として使用されることも多い．**図 8.41** に捜索追尾
装置の搭載例を示す．

8.7.3 照準装置

目標を発見し，距離測定により目標
の精密な位置測定を行った上，ミサイ
ル等を誘導するためにレーザ照射など
を行う装置である（**図 8.42**）．ライフ
ル・スコープのように人が照準したり，
照準用ポッドのように航空機等に搭載
して地上目標を照準することもある．

図 8.42 照準装置（個人用，車両搭載用）[102]

後者では確実に識別し，ブレなくレーザで照射するために，振動を抑制し，高精度に視軸を安定さ
せるジンバル等の機構が必要となる．

8.7.4 自己防御装置

接近するミサイルを自動で探知し，
航空機搭乗員に警報を発するとともに，
強い赤外線を発するフレアを射出して
（**図 8.43** 左）ミサイルの赤外シーカ
（infrared seeker）をそちらに引き付け逸
らしたり，レーザをシーカに照射して
（**図 8.43** 右）幻惑・無効化することで，
自機を防御する装置である．

図 8.43 自己防御装置（赤外フレア，レーザ妨害装置）[101,103]

8.7.5 航法支援／操縦支援装置

前方の風景等の赤外線映像をパイロ
ットや操縦者に提供することで，夜間
において航空機や車両の操縦をサポー
トする装置である．微光暗視装置をヘ
ルメットに装着し，パイロットが直視
するタイプや機外に装着し（**図 8.44**），
撮像した画像を HMD（helmet mounted
display）等の表示機器に投影するタイ
プなどがある．

図 8.44 航法支援／操縦支援装置（航空機搭載）[101]

8.7.6　ミサイルシーカ

ミサイルの先端部に搭載する誘導装
置である．レーダよりも寸法・重量等
の制約が少なく，比較的小型なミサイ
ルに使用されることが多い(図 8.45)．
主として目標が発する赤外線を検知す
るパッシブ誘導やレーザ照準装置によ

図 8.45　ミサイルシーカ(対戦車誘導弾, 空対空誘導弾)[101]

り照射された目標に向かうセミアクティブ誘導などがある．

8.8　赤外無線通信

　赤外通信は，情報を運ぶ搬送波(キャリア，carrier)に赤外線を用いる通信である．光ファイバを
用いて情報を伝送する光回線の通信は，主に波長 1.3 μm と 1.5 μm 帯の赤外線を用いるが，一般的
に光通信(optical communication)とよぶ．赤外通信という場合は，1.5 μm 帯より長い波長の赤外線
を伝送する赤外ファイバ[104,105]を用いる通信を指すことが多いが，ファイバ材料の伝搬損失が大き
くまだ研究段階である．一方，自由空間を伝送する赤外通信は，光空間通信[106](free-space optical
communication, FSO)や赤外無線通信[107](wireless infrared communication)とよばれ，利用が進んでい
る．ここでは，自由空間を伝送する赤外通信について説明する．

　赤外無線通信の利点は，電波の無線通信に比べ，周波数帯域が広くかつ周波数割当の法的規制が
ないこと，屋外や通信路外への漏洩防止が容易で盗聴や傍受がされにくいこと，フェージング
(fading)による受信強度の変動が無いため簡単な通信システムでも信頼性が高いことである．

8.8.1　通信の技術

　赤外無線通信の波長帯は，光源，検出器，光
学系などの素子が多く開発され普及している
0.8 μm 帯の利用が中心であるが，高速大容量の
光ファイバ通信波長である 1.5 μm 帯[108]も使わ
れる．また，大気の窓でシンチレーション(大
気擾乱による受信強度の変動)が小さく 10 km
程度の長距離通信に適した 3 ~ 5 μm 帯[109]と
10 μm 帯[110]の赤外通信も研究されてきた．さら
に，利用は受動業務(電波天文，地球探索衛星
など)に限って，周波数割当が疎な 0.1THz 以上
のテラヘルツ帯の短距離の高速無線通信が第 5
世代移動通信システム(5G)の次世代システムの
ために検討されている．

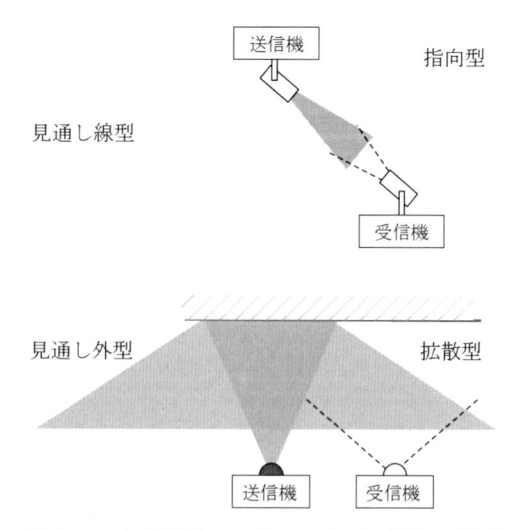

図 8.46　赤外通信の回線のタイプ－見通し線型
と見通し外型

　光源にはLEDや半導体レーザ(LD)が，検出器にはPINフォトダイオード(PD)やアバランシェフォトダイオード(APD)が用いられる．

　回線(link, connection)は図8.46に示すように，見通し線(line-of-sight, LOS)型と天井や壁の反射を利用する見通し外(non LOS)型の2つに分けられる．前者では指向(directed)型の狭いビーム(beam)と狭い視野(field of view)の送受信系，後者では拡散(diffuse)型など広いビームと広い視野の送受信系を用いるのが典型的であるが，利用形態により混合系も用いられる[111]．

　赤外線に情報をのせる変調方式は，光通信と同様，送信する赤外線をオンオフする強度変調(intensity modulation, IM)が，受信方式は最も単純なPDによる直接検出(direct detection, DD)が主に用いられる．したがって主要な通信システムはIM/DDである．

8.8.2 アイセーフティ

　空間に赤外線を伝送する赤外通信では，目に対する安全(アイセーフティ，eye safety)を保証しなければならない．伝搬光の安全性は，レーザ安全に関するIEC(International Electrotechnical Commission, 国際電気標準会議)の規格文書IEC 60825シリーズとJIS(日本工業規格)により，最大許容露光量(maximum permissible exposure, MPE)に基づい

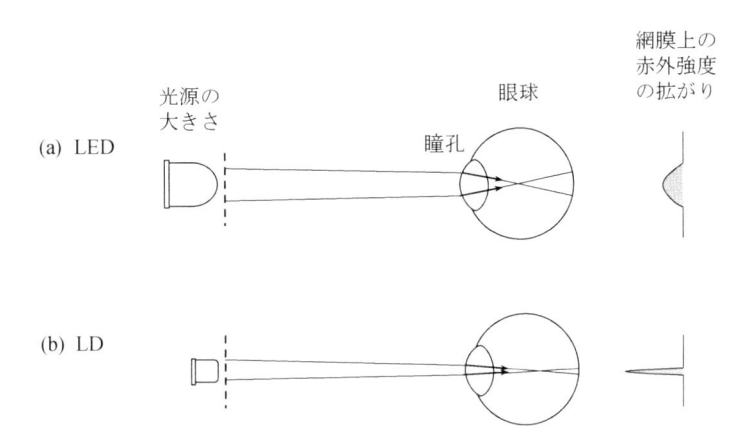

図8.47　光源の発光面の大きさによる網膜上の赤外強度の違い
(a)LED　(b)LD

て規定されている[112]．光無線通信システムについては，特に独立した規格(IEC 60825-12)[113]が2004年に定められた．

　波長0.38〜1.4 μm の可視光・赤外線は瞳孔(pupil)を通過して網膜(retina)に達するため，特に安全に注意が必要である．波長1.4 μm より長い赤外線は，眼の外側を覆う角膜(cornea)を透過せず，MPE = 100 mW/cm^2 程度であり比較的安全と言える．

　光源がLEDの場合は発光面が大きく，インコヒーレント光を放射するので，網膜上での赤外強度の密度が低くなる(図8.47(a))．しかし，高速通信に用いられるLDの場合は発光面が小さく，コヒーレント光であり，網膜上の小さな点に赤外線が集中し強度が高くなるため(図8.47 (b))[114]，アイセーフティの設計が重要である．光源として面発光レーザ(vertical-cavity surface-emitting laser, VCSEL)[115]を用いると，優れた高速変調性に加え，発光面が大きいためアイセーフティの面でも利点がある．

8.8.3　IrDA – 近接赤外通信

ノートパソコンと周辺機器を赤外無線で接続することを目的に，ヒューレットパッカード社，IBM 社，マイクロソフト社が中心となって，1993 年赤外線データ協会(Infrared Data Association)が設立され，IrDA という名の規格が策定されて，近接赤外通信が用いられるようになった．

IrDA は，Si-PIN フォトダイオードの最大感度波長の 0.86 μm の赤外線を採用し，通信可能距離 1 m 以内，送信機のビーム拡がり角 15 ～ 30°，受信機の視野角 15° 以上という仕様が定められている[107]．先ず 9.6 kbps(kilobit per second)で通信し調整した後，115.2 kbps 以下の適切な速度でデータ通信を行う規格として始まった[115]．

その後，高速方式や省電力方式が追加され，2.4 kbps ～ 4Mbps(IrFIR(fast speed infrared)方式)[116] の通信速度をサポートするようになった．さらに，ギガビット通信を目標とした方式(Giga-IR)が規格化[117]されている．

IrDA は，ノートパソコン，携帯電話や携帯情報端末，デジタルカメラなどに広く利用されている．

8.8.4　屋内無線 LAN

赤外線による無線 LAN(local area network)は電波(2.5 GHz 帯など)によるもの程には普及していないが，電気・電子分野の工業技術の標準化活動を行う IEEE(Institute of Electrical and Electronic Engineers)が，電波と同様に標準規格(IEEE 802.11 シリーズ)を定めている．送信波長は 0.85 ～ 0.95 μm を用い，10 m 以内の距離で信頼性の高い通信回線が保たれる必要がある．データ通信速度は，1 Mbps(megabit per second)と 2 Mbps がサポートされる[107]．

赤外無線の利点から，工場や倉庫内，工事現場などの監視，制御，データ収集での利用が進んでいる．また，LED 照明の普及に伴い，照明器具を用いる可視光通信[118]と赤外無線を組合せた無線 LAN も用いられる．

8.8.5　ビル間通信

数 10 m を超える中長距離の赤外無線通信では，受信機が十分な赤外信号強度を受信し，信頼できる通信回線を保持できるよう，主に見通し線型の点 – 点間回線が用いられる．さらに屋外の回線設計では，大気中の気体分子の吸収，雨，霧，塵などの浮遊粒子の吸収と散乱による大気中の伝搬損失，大気擾乱による受信強度の変動(シンチレ

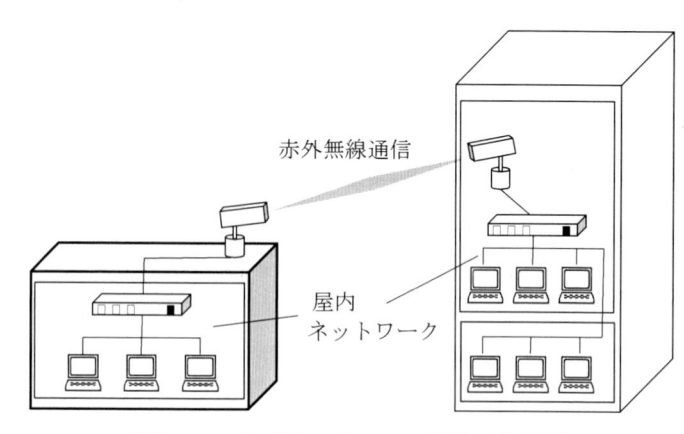

図 8.48　ビル間ネットワーク接続の構成[119]

赤外無線通信

屋内ネットワーク

ーション），温度変化による建物の変形や傾斜による光学軸のずれなどの影響を考慮しなければならない．

送信に使われる波長は 0.8 μm 帯が主で，通信距離は数 10 m から数 km，データ通信速度は数 Mbps から 1 Gbps（Gbit-Ethernet 対応）までの赤外通信システムが一般的である．

日本の主要都市での屋外赤外通信により，1 ～ 2 km 程度の距離で，99% 以上の稼働率を確保する回線が可能であることが示され [106]，現在，ビル間のプライベート回線（図 8.48）[119]，イントラネット，移動体通信基地局へのアクセス回線，災害時の臨時回線として利用されている．

光通信の大容量化のため，1.5 μm 帯の光通信技術を用い，1 チャネル 10 Gbps を超える波長多重（wavelength division multi- plexing, WDM）の高速赤外無線通信 [106] も研究されている [108]．また，光通信にリアルタイムデジタル信号処理を導入し，光信号の位相同期を実現するデジタルコヒーレント光通信 [120] を用いる大容量通信も，赤外無線通信に応用されると考えられる．

8.8.6　宇宙光通信

光・赤外線を用いる無線通信の利点（高速・大容量の通信が可能，送受信アンテナなどの装置が小型で軽量，通信の秘匿性が高い）から，宇宙光通信の研究開発が進められている．宇宙光通信で重要なのは，通信相手の精密な捕捉・追尾・指向装置，超長距離の通信回線を保証する高出力の光送信機やショット雑音限界（量子限界）に近い高感度の光受信機の技術である．

2001 年欧州宇宙機関（ESA）が中心となって，高度 31,000 km のアルテミス（ARTEMIS）衛星と低軌道の地球観測衛星スポット 4（SPOT-4）の間で世界初の衛星間光通信が行われた [121]．日本も実験衛星きらり（OICETS）を高度約 610 km の周回軌道に打ち上げ，2006 年アルテミス衛星との間で光通信を成功させた（図 8.49）[122]．また，米国 NASA を中心として，通信距離が 40 億 km ある火星周回衛星－地球間での光通信を行う計画もある [123]．

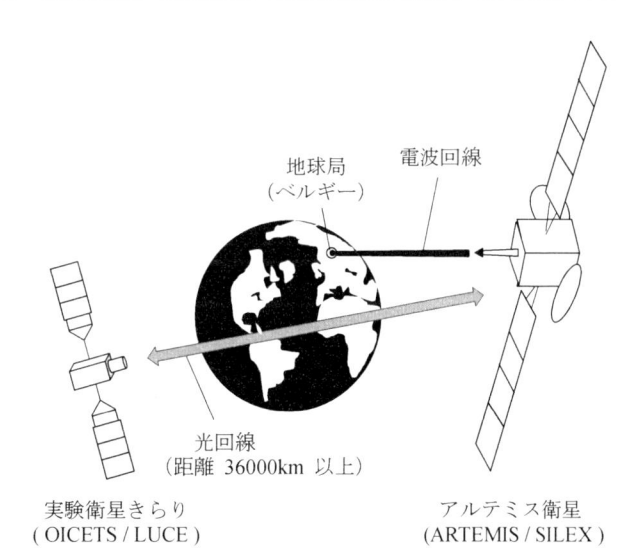

図 8.49　高軌道のアルテミス衛星と低軌道の周回衛星きらり間の衛星間光通信 [122]

8.8.7　テラヘルツ通信

テラヘルツ帯（1.4.5 参照）では，100 GHz より高い周波数の帯域で大気減衰が大きいが（図 8.50），広帯域で，かつ業務用の利用がまだなされていないため，短距離の 10 Gbps を超える高速無線通信に用いることが検討されている．

　100 ～ 275 GHz の電波は，我が国で
はアマチュア無線に割り当てられるほ
か，強い吸収線から外れた比較的大気
吸収の小さい 100, 150, 200 ～ 300 GHz
の帯域が主に電波天文などの受動業務
に割り当てられている．275 GHz 以上
は，世界無線通信会議(world radio-
communication conference, WRC) によ
る割り当てはされていないが，受動業
務が保護される限りにおいて，能動業
務(無線通信，レーダなど)への利用の
可能性がある [125]．

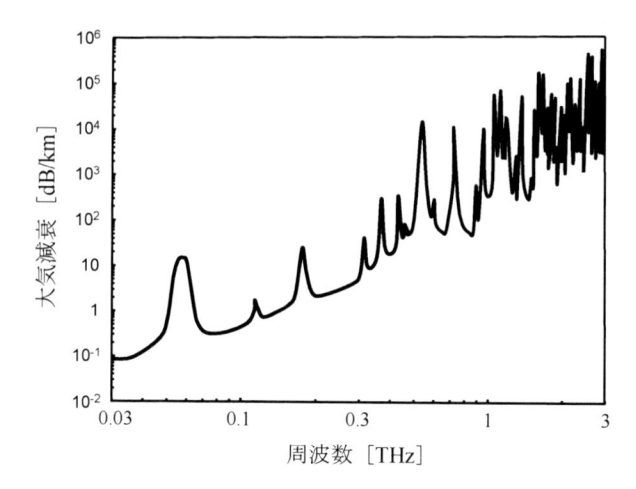

図 8.50　30 GHz ～ 3 THz の電波の大気減衰 [124]

　テラヘルツ無線は，電子技術が進みつつある 100 ～ 300 GHz 帯を中心に，多画素／高解像度テ
レビ(4 K / 8 K 規格など)の映像データの伝送システム，無線 LAN，大容量データを携帯端末へ高
速にダウンロードするホットスポットでの利用を目的に研究が進められている [125]．

　現在研究されているテラヘルツ無線システムの発信器には，フォトニクスに基づく UTC-PD(uni-
travelling-carrier photodiode)など高速フォトダイオードによる光電波変換素子と，エレクトロニク
スに基づく GaAs，InP，Si-CMOS の高速トランジスタや共鳴トンネルダイオード(resonance tunnel
diode, RTD)が用いられる．受信器にはショットキーダイオードや高速トランジスタの増幅回路が，
送受信アンテナにはホーンアンテナや誘電体レンズと組み合わせたものが用いられている [125,126]．

参考文献

1) 笹森宣文：" 赤外線透過率・反射率の測定による放射率の算出"，東京都立産業技術研究所研究報告，第 2 号，pp.45-
48 (1999)．

2) 青山　聡："放射温度計測と放射率"，日本赤外線学会誌，4(2)，pp.96-105 (1994)．

3) P. W. Kruse, L. D. McGlauchelin and R.B. McQuistan："elements of INFRARED TECHNOLOGY: generation, transmission,
and detection"，p.45, John Willey & Sons (1962)．

4) 中島敏晴，磯田和貴："高放射材の赤外分光放射率の角度依存性評価"，東京都立産業技術研究センター研究報告，第
10 号，pp.72-73 (2015)．

5) 重中圭太郎："耳式の体温計はどうなっているのですか？"，日本赤外線学会誌，13(1)，p.94 (2003)．

6) 越野昌謙，関　薫："鼓膜温度測定用放射温度計"，日本赤外線学会誌，4(2)，112-120 (1994)．

7) 大津留修：" 科学捜査と赤外分析"，日本赤外線学会誌，5(2)，pp.134-141 (1995)．

8) " 特集「赤外放射光分光分析法」"，ナノ・フォレンシック・サイエンス・ニュース Vol. 7, 高輝度光科学研究センタ
ー (2014)．

9) A. Banas, K. Banas, M. Bahou et al.："Post-blast detection of traces of explosives by means of Fourier transform infrared
spectroscopy", Vibrational Spectroscopy, 51, pp.168-176 (2009)．

10) A. Banas, K. Banas, M. B. H. Breese et al.："Detection of microscopic particles present as contaminants in latent fingerprints
by means of synchrotron radiation-based Fourier transform infrared micro-imaging", Analyst, 137(14), pp. 3459-3465 (2012)．

11) 井戸琢也："光吸収を用いたガス計測機器"，Readout (HORIBA Technical report), 42, pp.131-135 (2014)．

12) 中上英人，居原田健志，北村洋，田中美奈子，森田洋造："オンライン TOC 計の開発"，島津評論，53(3·4)，pp.271-
278 (1997)．

13) 奥山誠義, 佐藤昌憲, 赤田昌倫, 森脇太郎:"放射光顕微赤外分光分析法による出土繊維文化財の材質同定及び劣化状態の解析", 分析化学, 59(6), pp.513-520 (2010).

14) 福永香:"テラヘルツ分光による文化財非破壊調査", 情報通信研究機構季報, 54(1), pp.57-60 (2008).

15) http://thzdb.org/(2020年11月27日検索)

16) http://www.iryou.info/page/48.

17) http://www.mhlw.go.jp/stf/houdou/0000032074.html

18) http://www.jds.or.jp/

19) 田村 守:"無侵襲血糖値測定法の現状と課題", 光学, 33(7), pp.380-386 (2004).

20) 堀中博道:"平成19年度 医療及び健康・福祉分野を支える光技術と将来展望に関する調査研究報告書", pp.160-168, 日本機械工業連合 (2007).

21) 山川考一, 小川 奏, 赤羽温一, 青山 誠, 山川庸子:"中赤外レーザーを用いた採血不要の血糖値センサー", 日本赤外線学会誌, 29(2), pp.45-48 (2020).

22) http://www.hitachi-medical.co.jp/products/nirs/index.html

23) http://www.med.shimadzu.co.jp/products/nirs/01.html

24) 河野澄夫:"食品の非破壊計測ハンドブック", pp.33-40, サイエンスフォーラム (2003).

25) 花松憲光, 三浦克之, 岡山 透, 花松 学, 山端真弓:"近赤外分光法による食品のカロリー測定方法及び測定装置の開発", レーザー研究, 39(4), pp.243-249 (2011).

26) http://www.sei.co.jp/compovision/spec/#cv-n800hs

27) 西岡利勝, 寺前紀夫, 編著:"顕微赤外分光法", アイピーシー出版 (2003).

28) 池本夕佳:"シンクロトロン放射光を光源とした顕微赤外分光", 顕微赤外分光法, pp.329-345, アイピーシー出版 (2003).

29) 岡村英一:"赤外分光で探る高圧力下の物質の電子状態", 高圧力の科学と技術(日本高圧力学会誌), 25(1), pp.11-19 (2015).

30) 嶋田茂:"赤外分光イメージング", 赤外分光測定法・基礎と最新手法(日本分光学会編), pp.121-126, エス・ティ・ジャパン (2012).

31) 大津元一, 小林潔:"近接場光の基礎", オーム社 (2003).

32) B. Knoll and F. Keilmann : "Near-field probing of vibrational absorption for chemical microscopy", Nature, 399, pp.134-137 (1999).

33) F. Huth, A. Govyadinov, S. Amarie, W. Nuansing, F. Keilmann and R. Hillenbrand : "Nano-FTIR absorption spectroscopy of molecular fingerprints at 20 nm spatial resolution", Nano Lett., 12(8), pp.3973-3978 (2012).

34) 斗内政吉監修:"テラヘルツ技術", オーム社 (2006).

35) テラヘルツテクノロジーフォーラム編:"テラヘルツ技術総覧", エヌジーティー (2007).

36) 三石明善:"遠赤外分光研究の歩みⅠ-1890年頃から1970年頃まで", 日本赤外線学会誌, 16(1), pp.4-13 (2007), および"遠赤外分光研究の歩みⅡ", 日本赤外線学会誌, 16(2), pp.4-20 (2007).

37) M. Vollmer and K-P. Mollmann : "Infrared Thermal Imaging", WILEY-VCH Verlag GmbH & Co., (2010).

38) 木股雅章:"赤外線センサ 原理と技術", 科学情報出版 (2018).

39) H.Kaplan : "Practical Applications of Infrared Thermal Sensing and Imaging Experiment", 3rd ed. SPIE p.125(2007).

40) 木村嘉孝:"赤外加熱用放射体とそれを用いた加熱装置の特徴-それらを巡るいくつかの問題点や誤解への対応-", 日本赤外線学会誌, 24(2), pp.11-19 (2015).

41) 上岡章男:"加熱処理および厨房機器", 日本赤外線学会誌, 24(2), pp.29-36 (2015).

42) 吉田正四:"大空間暖房赤外線応用", 日本赤外線学会誌, 24(2), pp.37-42 (2015).

43) 日本機械工業連合会, 遠赤外線協会:"平成22年度放射伝熱の適用分野と具体的な事例による省エネ効果検証に関する調査研究報告書"(2011.3).

44) 樫本尊久:"高効率放射体と加熱装置", 日本赤外線学会誌, 24(2), pp.20-25 (2015).

45) 伊達和仁:"フィルム状電子材料向け加熱装置", 日本赤外線学会誌, 24(2), pp.26-28 (2015).

46) 上嶋由起夫:"ハロゲンヒータを用いた赤外線加熱の特長と加熱事例", 光技術情報誌, No.39, pp.10-19 (2013).

47) 高橋 達:"放射冷暖房で涼しさと温もりのある空間をつくる", 日本赤外線学会誌, 23(1) pp.56-63 (2013).

48) 瀬沼 央, 武田 仁:"長期実測による井戸水利用天井放射冷房システムの評価", 日本建築学会環境系論文集, 73(623), pp.31-38 (2008).

49) 塩谷正樹, 桑原亮一, 鬼頭則夫, 佐藤英樹:"天井放射空調システムにおける最適運転制御システムの構築", 日本建築学会技術報告書, 15(29), pp.167-172 (2009).

50) 岩松俊哉, 淺田秀男, 深井友樹, 福田秀朗, 宿谷昌則:"高温放射冷房と通風による温熱快適感と人体エクセル

ギー収支に関する研究", 日本建築学会環境系論文集, 75(653), pp.585-594 (2010).

51) 瀬沼 央, 武田 仁 : " 放射冷暖房システムに関する研究―第 1 報　水熱媒冷暖房システムの構築と従来システムとの比較", 空気調和・衛生工学会論文集, No.73, pp.57-63 (1999).

52) 宮永俊之, 中野幸夫 : " 放射冷房による居住熱環境の改善に関する研究―第 1 報 遮へいを考慮した形態係数の高精度計算法と熱環境解析への応用", 日本建築学会計画系論文集, No.518, pp.37-44 (1999).

53) 宮永俊之, 占部 亘, 中野幸夫, 梅干野 晁 : " 放射冷房による居住熱環境の改善に関する研究―第 2 報 熱放射環境評価のための居住者の簡易型モデル", 日本建築学会計画系論文集, No.526, pp.51-58 (1999).

54) 笹森宣文 : " 焼き芋の美味しい焼き方は？", 日本赤外線学会誌, 13(1), p.93 (2003).

55) 橋本健司 : " 遠赤外線加熱利用について", 釧路水試だより, 59 号, pp.8-15 (1988).

56) 新井武二 : "レーザ加工の基礎工学―理論からシミュレーションまで -", 丸善出版 (2007.1).

57) " レーザーによるものづくり中核人材育成講座　基礎講座テキスト", 光産業創成大学院大学 (2115.7).

58) 塚本雅裕 : "産業用ファイバーレーザの現状と将来", 高温学会誌,　35(4), pp.153-156 (2009).

59) 西澤典彦 : "ファイバーレーザーの進展と応用",　光学,　42(9), pp.438-445 (2013).

60) " 新加工用光源としての中赤外高出力ファイバレーザの開発",
http://www.amada-f.or.jp/r_report2/kkr/29/AF-2013214.pdf(2020 年 8 月 19 日検索).

61) " 中赤外線レーザー開発",
https://www.mitsuboshidiamond.com/technical/midirlaser/(2020 年 8 月 19 日検索).

62) " 中赤外ハイブリッドレーザー",
https://www.ipgphotonics.com/jp/products/lasers/mid-ir-hybrid-lasers(2020 年 8 月 19 日検索).

63) 石井克典, 粟津邦男 : "中赤外域におけるレーザーの医療応用の動向",　日本赤外線学会誌,　23(1), pp.64-70 (2013).

64) 梅干野晁, 小松義典 : "航空機マルチテンポラル MSS 画像と GIS データを用いた都市の土地被覆分類",　日本赤外線学会誌,　13(1),　pp. 50-56 (2013).

65) 梅干野晁, 小高典子 : "全球熱画像で見る様々な生活空間の熱放射環境",　日本赤外線学会誌,　20 (1), pp.8-9 (2010).

66) E. D. Hinkley, R.T.Ku and P.L.Kelley : "Techniques for detection of molecular pollutions by absorption of laser radiation," in Laser Monitoring of the atmosphere, Topics in Appl. Phys. Vol. 14 (Eds. E. D. Hinkley), pp. 237-295, Springer-Verlag (1976).

67) レーザー学会編 : "レーザーハンドブック　（第 2 版)", pp. 615-648 (2005.4).

68) 国立天文台編 : "理科年表,　第 80 冊", p. 物 131 (477), 丸善出版 (2007).

69) R. Harig, G.Matz and P.Rusch : "Scanning infrared remote sensing system for identification, visualization, and quantification of airborne pollutants," in Proc. SPIE 4574, instrumentation for Air Pollution and Global atmospheric Monitoring, pp.83-94 (Feb. 12, 2002).

70) 鈴木康友 : "6.4.2 大気測定",　電気学会技術報告,　第 1054 号,　pp. 44-46 (2006.6).

71) 国立環境研究所　地球環境研究センター, ILAS ホームページ　http://db.cger.nies.go.jp/ilas/index.html (2016 年 6 月 12 日検索).

72) R. T. H. Collis and P. B. Russell : "Lidar measurement of particles and Gases by elastic backscattering and differential absorption," in Laser Monitoring of the atmosphere, Topics in Appl. Phys. Vol. 14 (Eds. E. D. Hinkley), pp. 71-151, Springer-Verlag (1976).

73) 小林喬郎 : "地球環境のレーザーリモートセンシング技術の進展と今後の展望",　応用物理,　77 (11), pp.1281-1292 (2008).

74) 杉本伸夫 : "偏光ライダーネットワークによる黄砂と大気汚染エアロゾルのモニタリング",　レーザー研究,　39 (8), pp.579-584 (2011).

75) S. Ishii, K. Mizutani, H. Fukuoka et al. : "Coherent 2 μm differential absorption and wind lidar with conductively cooled laser and two-axis scanning device", Appl. Opt., 49 (10), pp.1809-1817 (2010).

76) F. Gibert, D.Edouart, C.Cénac and F.L.Mounier : "2-μm high-power multiple-frequency single-mode Q-switched Ho:YLF laser for DIAL application," Appl. Phys. B, 116, pp.967–976 (2014).

77) 亀山俊平, 小竹論季, 今城勝治, 梶山裕, 円城雅之 : "風力発電用途向け風計測ライダの開発", 日本赤外線学会誌,　26(1),　pp. 13-18 (2016).

78) 岩本宏徳, 石井昌憲, 水谷耕平 : "ドップラーライダーによる風計測と気象予測への応用",　電気学会誌, 136 (8), pp.534-537 (2016).

79) 小林啓二, 大田啓, 小松勝彦 : "Tm, Ho:YJF 画像レーザーレーダーを用いたヘリ用障害物警告回避装置",　レーザー研究,　29(6),　pp.364-370 (2001).

80) 亀山俊平："長距離・高分解能・リアルタイム撮像用 3D イメージングレーザセンサ"，日本赤外線学会誌，23(2)，pp. 10-16 (2013)．

81) 片山晴善："地球観測衛星における赤外線の応用"，日本赤外線学会誌，23(1)，pp. 24-29 (2013)．

82) 道城 竜，吉田 良，下地和希："静止気象衛星「ひまわり 8 号及び 9 号」の概要"，日本赤外線学会誌，26(1)，pp. 32-41 (2016)．

83) 内閣官房宇宙開発戦略本部事務局，"我が国及び海外のリモートセンシングの現状と動向"：https://www.kantei.go.jp/jp/singi/utyuu/RSSkentou/dai1/siryou2.pdf (2016 年 7 月 10 日検索)．

84) リモートセンシング技術センター　ホームページ：　https://www.restec.or.jp/satellite/terra(2016 年 7 月 13 日検索)．

85) 久世暁彦，須藤洋志，竹田 亨："「いぶき」搭載温室効果ガス観測センサ TANSO の概要と開発"，日本航空宇宙学会誌，57 (671)，pp.347-352 (2009)．

86) 産業技術総合研究所　ホームページ，ホーム＞研究成果＞研究成果記事一覧＞ 2016 年＞衛星観測データに付加価値を付けた「ASTER-VA」を無償提供：http://www.aist.go.jp/aist_j/press_release/pr2016/pr20160401_3/pr20160401_3.html(2016 年 4 月 1 日検索)．

87) 片山晴善，酒井理人，加藤恵里 他："衛星搭載小型赤外カメラによる地球環境の観測－だいち 2 号搭載地球観測用小型赤外カメラ(CIRC)－"，日本赤外線学会第 70 回研究会資料，IR-15-05 (2015.2)．

88) NASA ホームページ，NASA-Lidar In-space Technology Experiment (LITE)：http://www.nasa.gov/centers/langley/news/factsheets/LITE.hyml (2016 年 7 月 13 日検索)．

89) リモートセンシング技術センター　ホームページ，衛星総覧＞ CALIPSO：https://www.restec.or.jp/satellite/calipso (2016 年 7 月 13 日検索)．

90) NASA Goddard Space Flight Center ホームページ：http://icesat.gsfc.nasa.gov/icesat/glas.php (2016 年 7 月 14 日検索)．

91) NASA ホームページ，NASA – NASA's ICESat: One Billion Elevations Served：http://www.nasa.gov/vision/earth/lookingatearth/icesat_billion.html (2016 年 7 月 14 日検索)．

92) D. E. Smith, M.T.Zuber, H.V.Frey et al. : "Mars orbiter laser altimeter: Experiment summary after the first year of global mapping of Mars", J. Geophys. Res. 106 (E10), pp.23,689 -23,722 (2001).

93) 荒木博志，田澤誠一，野田寛大 他："「かぐや」搭載レーザ高度計(LALT)による月全球高度観測－初期成果より－"，日本惑星科学会誌，17 (3)，pp.167-171 (2008)．

94) M. T. Eismann, A. D. Stocker and N. M. Nasrabadi : "Automated Hyperspectral Cueing for Civilian Search and Rescue," Proc. IEEE, 97(6), pp.1031-1055 (2009).

95) V. C. Coffey : "Hyperspectral imaging for safety and security", Optics & Photonics News, Oct. 2015, pp.26-33 (2015).

96) "特集「日本の宇宙科学・天文学における赤外線技術」"，日本赤外線学会誌，19 (1&2)，(2010)．

97) 長嶋満宏："電子装備研究所における赤外線センサ技術の研究の足跡と展望"，防衛技術シンポジウム 2008，G7-4，防衛省技術研究本部 (2008.11)．

98) 木部道也，小山正敏，小林雅子，土志田実："防衛分野における応用"，日本赤外線学会誌，23(1)，pp.82-88 (2013)．

99) 岩佐まもる："電子装備研究所が取り組む宇宙領域における研究の現状と今後"，防衛装備庁技術シンポジウム 2019，防衛装備庁 (2019.11)．

100) 小山正敏，木部道也，前田真吾，長嶋満宏："2 波長赤外線センサの有用性について"，防衛技術シンポジウム 2014，P-20，防衛省技術研究本部 (2014.11)．

101) 土志田実："防衛分野における赤外線技術"，赤外・紫外応用技術展 2013 特別セミナー，UI-4，日本フォトニクス協議会 (2013.4)．

102) 陸上自衛隊ホームページ https://www.mod.go.jp/gsdf/equipment/fire/(2020 年 9 月検索)．

103) 海上自衛隊ホームページ https://www.mod.go.jp/msdf/equipment/aircraft/patrol/p-1/(2020 年 9 月検索)．

104) 山下俊晴："赤外ガラス光ファイバ"，日本赤外線学会誌，4(1)，pp. 56-67 (1994)．

105) 山田誠："フッ化物ファイバレーザおよび光増幅器"，日本赤外線学会誌，13(2)，pp. 74-82 (2004)．

106) 若森和彦："赤外線の現在と未来 - 情報通信 -"，日本赤外線学会誌，21(2)，pp. 35-38 (2011)．

107) J. B. Carruthers : "Wireless Infrared Communications", Encyclopedia of Telecommunication, John Wiley & Sons (2003).

108) 塚本勝俊，小牧省三，若林和彦，松本充司："Radio on Free Space Optics 技術とモバイルバックホールへの応用"，日本赤外線学会誌，22(2)，pp. 50-58 (2012)．

109) E. Luzhansky, F.-S.Choa, S.Merritt, A.Yu and M.Krainak : "Mid-IR free-space optical communication with quantum cascade lasers", in Proc. SPIE 9465, Laser Rader Technology and applications XX; and Atmospheric Propagation XII, pp.946512-1-7 (May 19, 2015).

110) A. Pavelchek, R.G.Trissel, J.Plante and S.Umbrasas : "Long-wave infrared (10-micron) free-space optical communication system" in Proc. SPIE 5160, Free-Space Laser Communication and Active Laser Illumination III, 247 (Jan. 27, 2004).

111) J. M. Kahn and J. R. Barry : "Wireless Infrared Communications", Proc. IEEE, 85 (2), pp.265-298 (1997).

112) 猿渡正俊 : "レーザ光の眼に対する安全基準", 日本赤外線学会誌, 13(2), pp. 83-90 (2004).

113) IEC 60825-12 : "Safety of free space optical communication systems for transmission of information" (Feb. 2004).

114) 北川雅之 : "ギガ bit/s クラスの高速赤外線通信技術", 日本赤外線学会誌, 22(2), pp. 23-28 (2012).

115) H. Soda, K. Iga, C. Kitahara and Y. Suematsu : "GaInAsP/InP Surface Emitting Injection Laser", Jpn. J. Appl. Phys.18 (12), pp.2329-2330 (1979).

116) 北角健太郎 : "赤外線通信とは？", 日本赤外線学会誌, 22(2), pp. 4-11 (2012).

117) "IrDA Announced New Infrared Wireless Communication of 1 Gigabit/s Speed as Part of Their International Standard Specifications", Infrared Data Association (Apr. 2009). http://www.irda.org/associations/2494/files/GigaIR_English_PR_Web.pdf (2010 年 10 月 28 日検索).

118) 春山真一郎 : "可視光線通信最新動向", 日本赤外線学会誌, 22(2), pp. 33-42 (2012).

119) 光無線通信システム推進協議会, "屋外光無線通信システム導入ガイドライン", http://j-photonics.org/icsa/activity/index_07_03_gl_1.htm (2005 年 3 月検索).

120) D. -S. Ly-Gagnon, K. Katoh and K. Kikuchi : "Coherent demodulation of differential 8-phase-shift keying with optical phase diversity and digital signal processing", IEEE LEOS Annual Meeting, no.WR2, Rio Grande,Puerto Rico, (Nov. 2004).

121) 小山善貞, 有本好徳 : "宇宙光通信の動向", 日本赤外線学会誌, 13(2), pp. 60-66 (2004).

122) Y.Fujiwara, M.Mokuno, T.Jono et al. : "Optical inter-orbit communications engineering test satellite (OICETS)," Acta Astronautica, 61 (1-6), pp.163-175, (2007).

123) B. L. Edwards et al. : "Overview of the Mars Laser Communications Demonstration Project", AIAA 2013-6417, Space 2003 (Sep. 2003).

124) C. M. Armstrong : "The Truth about Terahertz", IEEE Spectrum, 49(9), pp. 36-41 (2012).

125) 永妻忠夫 : "テラヘルツ波を用いた無線通信技術の進展", 応用物理, 83(7), pp. 571-575 (2014).

126) 枚田明彦, 矢板信 : "超高速テラヘルツ無線通信技術", 電子情報通信学会誌, 97(11), pp. 952-957 (2014).

(a)　　　　　　　　　　　　　　　　(b)

図 8.8　(a)源氏物語絵巻　柏木 三 絵(部分)・徳川美術館
　　　　(徳川美術館所蔵　© 徳川美術館イメージアーカイブ /DNPartcom)と
　　　　(b)その赤外線透過写真(撮影：岡墨光堂)

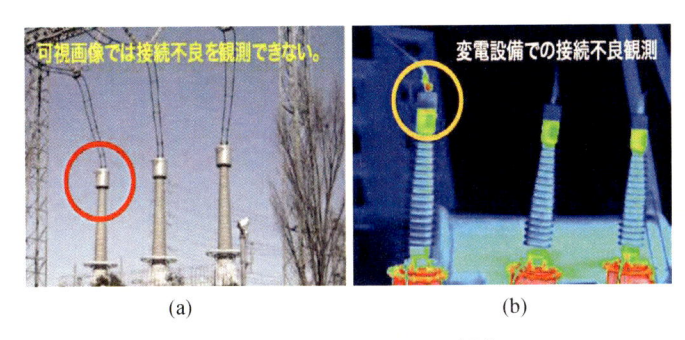

(a)　　　　　　　　　　(b)

図 8.15　変電設備のサーモグラフィによる診断
　　　　(a)可視光像
　　　　(b)赤外像(一番左の配線に異常発熱が見られる)
　　　　(日本アビオニクス㈱提供)

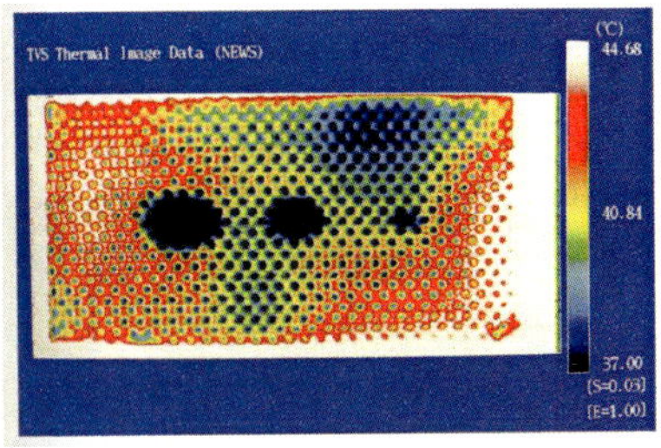

図 8.17　アクティブ赤外サーモグラフ
　　　　ィ法によるアルミハニカム
　　　　構造の接着不良部の検出例
　　　　(小笠原永久氏(防衛大学校)提供)

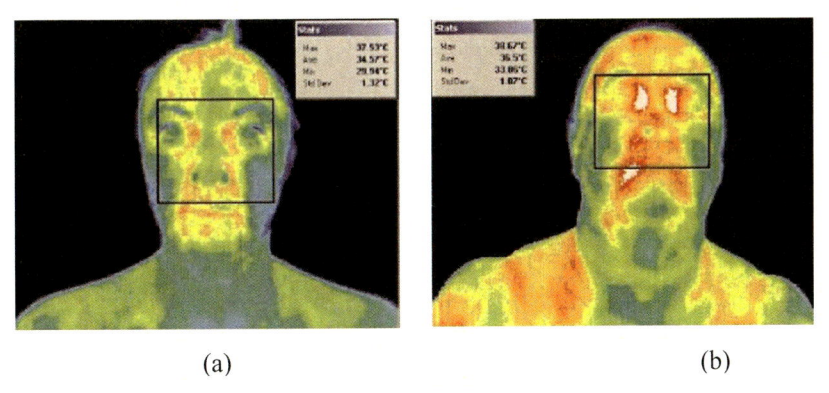

(a)　　　　　　　　　　　　　　　　(b)

図 8.18　顔のサーモグラフィ観察による発熱の有無の検出[39]
(a)正常　(b)発熱

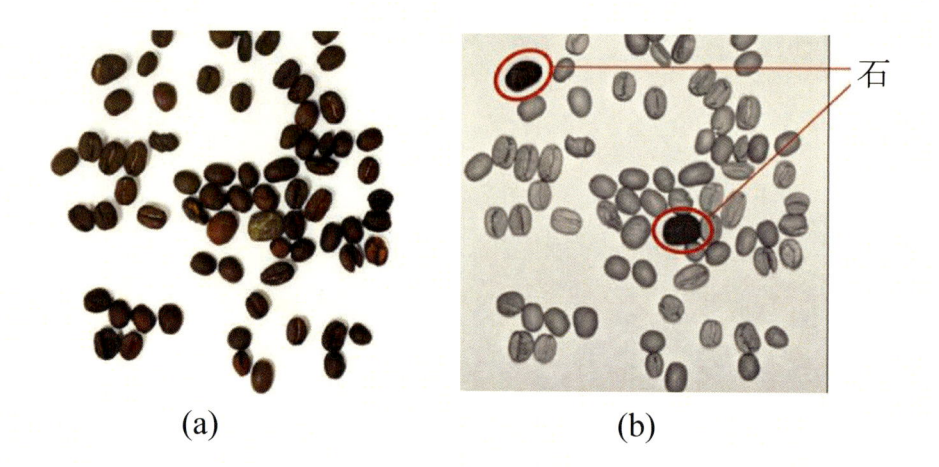

(a)　　　　　　　　　　　　　　　　(b)

図 8.21　コーヒー豆の近赤外イメージャによる選別
　　　　(a)可視光像　　(b)近赤外像：石が入っていることが確認できる.

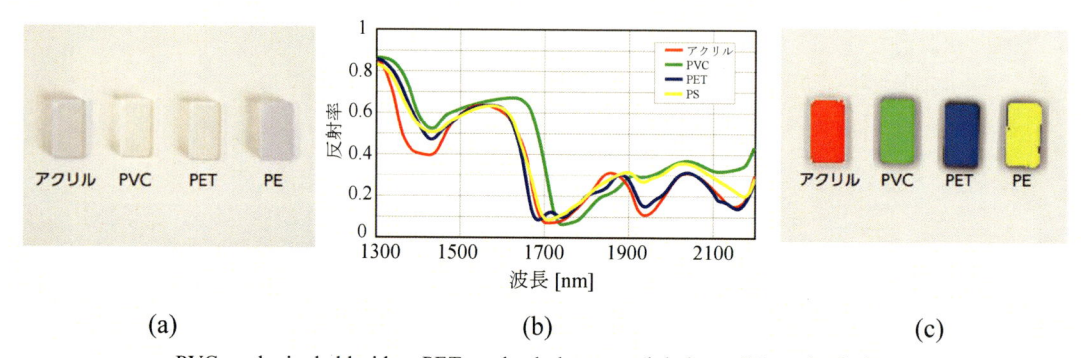

(a)　　　　　　　　　　　　　　(b)　　　　　　　　　　　　　　(c)

PVC : polyvinyl chloride,　PET : polyethylene terephthalate,　PE : polyethylene

図 8.22　ハイパースペクトルカメラでのプラスチック選別
　　　　（スペクトル分布解析により特徴を抽出し色識別）
　　　　(a)可視光像　　(b)各種プラスチックの反射率　　(c)疑似カラー化像

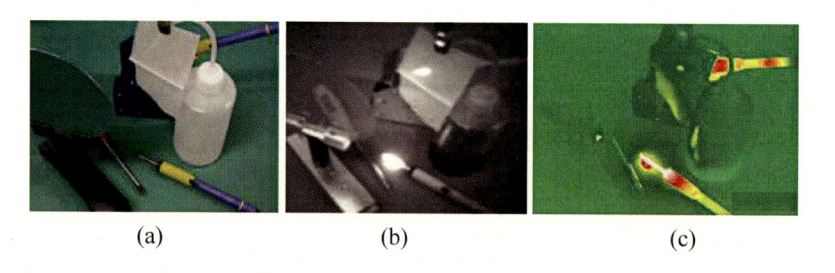

(a)　　　　　　　　　　(b)　　　　　　　　　　(c)

図 8.23　感度波長が異なるイメージャによる観測像の違い
　　　　（観測対象：はんだごて，シリコンウエハ，PE 容器入りエタノール，
　　　　ドライバー，紙ワイパーの組合せ）
　　　　(a)可視光像　　(b)近赤外像　　(c)サーモグラフィ像

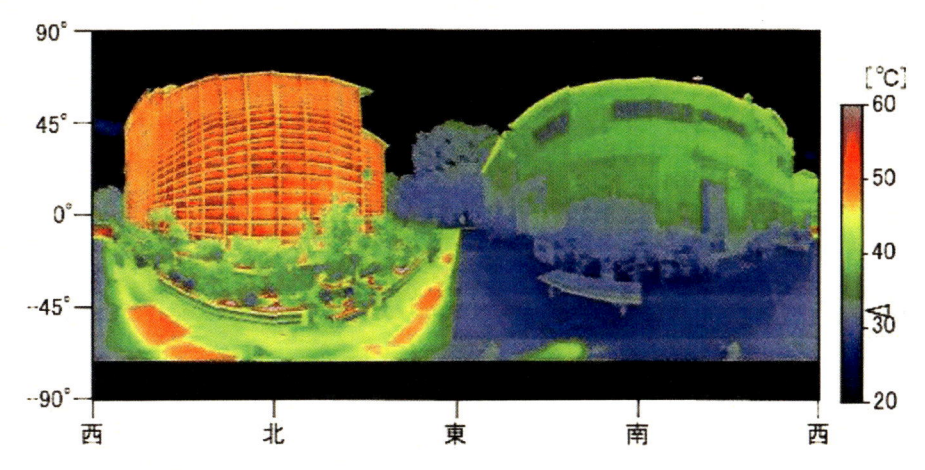

図 8.26　夏季日中，商業地区の歩道で収録された全球熱画像[65]

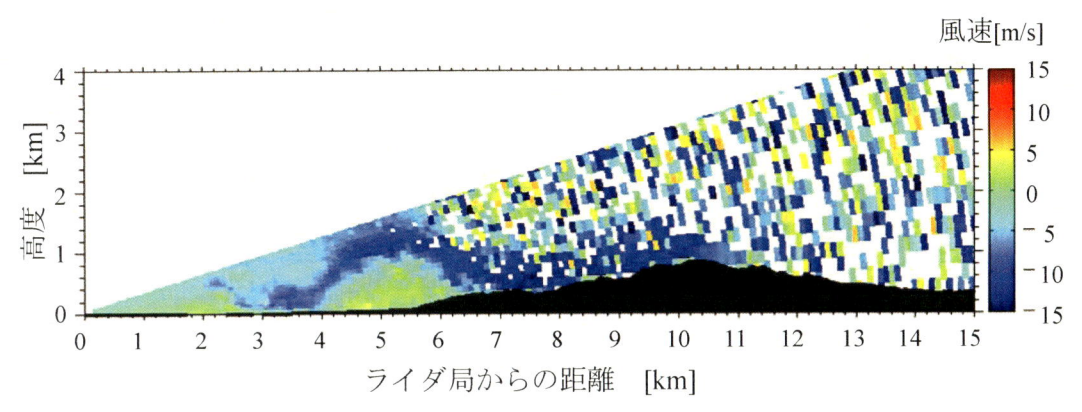

図 8.29　2 μm 帯コヒーレントライダを用いた六甲おろしの風の鉛直分布の測定

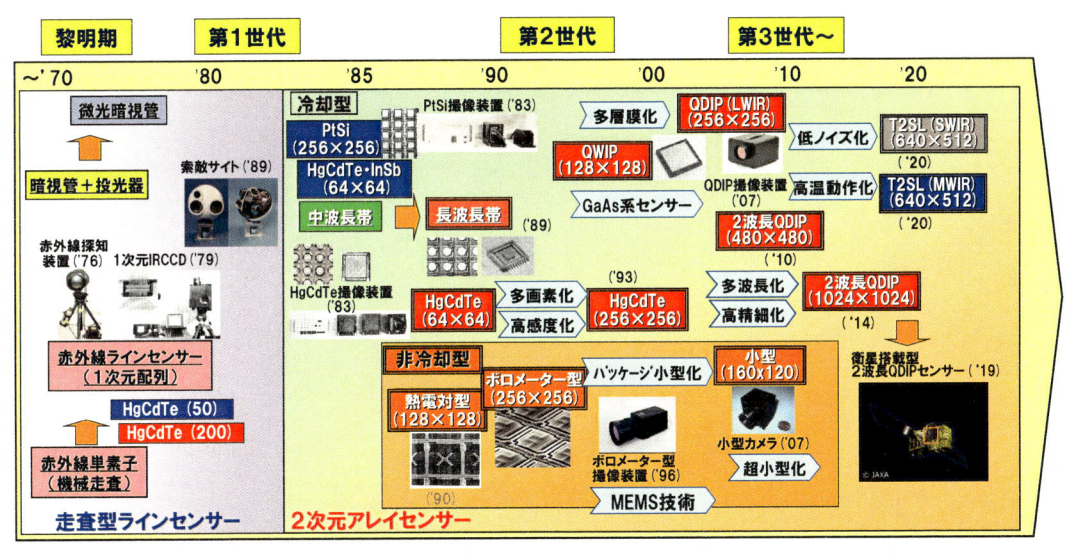

図 8.37　防衛装備庁（旧技術研究本部）における研究の流れ[97～99]

索　引

新版 赤外線工学 —基礎から応用まで—

2024 年 9 月 5 日　　第 1 版 1 刷発行

編　　　者　　一般社団法人　日本赤外線学会
発　行　元　　一般社団法人　日本赤外線学会
　　　　　　　〒 564-8680
　　　　　　　大阪府吹田市山手町 3 丁目 3 番 35 号
印刷・製本　　三　光　デ　ジ　プ　ロ

発売元　　八千代出版株式会社
　　　　　〒 101-0061
　　　　　東京都千代田区神田三崎町 2-2-13
　　　　　　　　TEL　03(3262)0420
　　　　　　　　FAX　03(3237)0723

ISBN978-4-8429-1875-4